重要度驱动的维修和韧性管理

兑红炎　陈立伟　陶俊勇　著

科学出版社

北　京

内 容 简 介

本书以可靠性、重要度相关方法为基础，研究工程系统中的维修和韧性优化问题。当失效发生时，对其进行机理分析研究有助于了解各个关键指标的变化趋势，找到失效发生的必要条件、失效的关键路径以及影响失效的重要因素，从而提出维修措施来修复系统。失效发生后，对其进行合理的维修决策，以便在最佳的时间来修复失效单元，从而最大限度地提高系统韧性。本书内容对于诸如电网系统、能源系统、交通系统、水利系统等工程系统具有很好的应用前景，能够深入准确地揭示失效机理，细致准确地分析系统性能，全面精准地分析韧性模型。并在此基础上给出有效的优化策略，评估系统性能恢复，提升系统安全保障能力，减少系统事故危机损失，对保障和促进实际工程系统的建设和安全稳定运行具有重要的科学意义和应用价值。

本书可供从事系统可靠性研究的科研人员阅读，也可供高等院校相关专业的高年级本科生和研究生参考。

图书在版编目（CIP）数据

重要度驱动的维修和韧性管理 / 兑红炎，陈立伟，陶俊勇著. —北京：科学出版社，2023.5

ISBN 978-7-03-075315-1

Ⅰ. ①重… Ⅱ. ①兑… ②陈… ③陶… Ⅲ. ①系统可靠性—研究 Ⅳ. ①N945.17

中国国家版本馆 CIP 数据核字(2023)第 055206 号

责任编辑：王 哲 / 责任校对：胡小洁

责任印制：吴兆东 / 封面设计：迷底书装

科学出版社 出版

北京东黄城根北街 16 号

邮政编码：100717

http://www.sciencep.com

北京中石油彩色印刷有限责任公司印刷

科学出版社发行 各地新华书店经销

*

2023 年 5 月第 一 版 开本：720×1 000 1/16

2023 年 5 月第一次印刷 印张：17 插页：1

字数：340 000

定价：148.00 元

作者简介

兑红炎，男，郑州大学管理学院教授、博士生导师，河南省高校科技创新人才、河南省青年骨干教师、教育厅学术技术带头人。研究方向包括系统重要度理论和维修决策、复杂网络韧性优化及其在基础设施领域、工程领域的应用。发表学术论文90余篇，主持国家自然科学基金2项、教育部人文社会科学规划基金、省级国际合作项目等。荣获河南省自然科学奖、省科技成果奖等，多篇论文获得河南省教育厅优秀科技论文一等奖。

陈立伟，男，2013年博士毕业于西北工业大学自动化学院控制科学与工程专业。现为郑州大学电气与信息工程学院副教授，硕士生导师，郑州大学电工电子实验中心主任。长期从事数据分析、图像识别、系统可靠性分析方向研究工作。主持参与国家自然科学基金项目3项、国家863计划项目3项，主持河南省重大科技专项1项、河南省科技攻关项目2项、基础前沿项目1项。发表SCI、EI、核心期刊30余篇，撰写学术专著(21万字)1部。获河南省自然科学奖三等奖1项、河南省科技成果二等奖1项、河南省自然科学优秀工程技术三等奖1项。任中国运筹学会可靠性分会理事、中国优选法统筹法与经济数学研究会工业工程分会理事，长期担任*Reliability Engineering & System Safety*、*Applied Sciences-Basel*、《运筹与管理》等国内外知名期刊审稿人。

陶俊勇，男，国防科技大学教授，博士生导师。航天装备试验鉴定委员会通用质量特性专家组专家，全国试验机标准化技术委员会振动试验设备分委会主任委员。研究方向包括复杂系统可靠性分析评估、体系抗毁性与韧性评估和装备试验鉴定与评估。发表学术论文90余篇，出版英文专著1部，中文专著6部，授权国家发明专利等23项、制定国家标准2项。主持国家自然科学基金、863计划、国家重点研发计划等课题40余项。荣获军队科技进步奖、军队院校育才奖银奖、省教育教学奖等。

序

该书作者兑红炎教授在 2018 年～2019 年，受邀到香港城市大学进行为期 6 个月的交流访问，在我本人的团队从事研究工作，主要负责重要度驱动的维修理论和韧性相关研究，并基于此研究内容成功申请一项香港特区政府 GRF 基金，并参与该项目的完成。因此，我对兑红炎教授从事的学术研究非常了解，对其在这个领域的工作亦非常肯定和支持。

兑红炎教授一直致力于系统可靠性方面的研究，建立了不同类型系统的重要度模型，并应用到了不同工程系统的维修工作中，特别是近 3 年内他从事的韧性研究，得到了学术和工程领域的认可。例如，他提出的用于评估可修系统性能恢复的维修优先级方法、典型冗余系统结构变化时的重要度漂移机理和韧性优化、基于重要度的无标度网络节点和边的维修模型及把相关理论应用到供应链系统成本和韧性分析，城市交通系统、电力系统、装备保障网络、集群网络等的性能恢复分析。

该书内容以可靠性、重要度相关方法为基础，研究工程系统中的维修和韧性优化问题。当失效发生时，对其进行机理分析研究有助于了解各个关键指标的变化趋势，找到失效发生的必要条件、失效的关键路径以及影响失效的重要因素，从而提出维修措施来修复系统。失效发生后，对其进行合理的维修决策，以便在最佳的时间来修复失效单元，以最大限度地提高系统韧性。其内容对于诸如电网系统、能源系统、交通系统、水利系统等工程系统具有很好的应用前景，能够深入准确地揭示失效机理，细致准确地分析系统性能，全面精准地分析韧性模型。并在此基础上给出有效的优化策略，评估系统性能恢复，提升系统安全保障能力，减少系统事故危机损失，这些对保障和促进实际工程系统的建设和安全稳定运行具有重要的科学意义和应用价值。

该书内容具有很好的理论价值和应用前景，可供相关专业的高年级本科生、研究生，以及从事可靠性及系统工程研究的学者、工程师和管理人员阅读。

谢旻

香港城市大学讲席教授

IEEE Fellow，欧洲科学和艺术院院士

2023 年 2 月 25 日

前　言

维修是保持系统可靠性和提高系统性能的主要手段，其贯穿于装备全寿命周期，是装备保障工程的重要内容之一。在系统全寿命周期过程中，科学合理的维修活动和维修策略是减缓系统整体劣化进程、保持系统高可靠性和降低系统突发故障的有效方法，已经在国内外重大、精密装备的运行过程中得到了广泛的应用，并取得了良好的应用效果。随着科学技术的进步和复杂系统技术的发展，民用航空飞机、核电站等重大装备和设施对面向全寿命周期的运行风险控制提出了越来越高的要求，事实表明重大装备和设施的风险失控不仅会造成国家财产的重大损失，而且也会给人类的发展甚至生存环境带来巨大的影响。

韧性是可靠性概念的拓展，是从体系层面，反映系统在遭受干扰、毁伤下进行重组后仍然能够完成任务的能力。与可靠性定义不同，韧性不仅能反映系统自身的抗毁能力，而且也反映了系统在遭受损失后的恢复能力。当前，韧性被广泛应用于系统工程领域，如电网、交通网等基础设施系统，以及金融市场、生态系统等。当多节点失效后，最好的解决方案是从恢复的角度出发，在最短的时间内对复杂系统网络进行最大程度的恢复。由于涉及系统网络复杂的动态特性，针对复杂网络韧性的研究具有局限性。因此，针对复杂系统韧性的研究对于解决实际复杂网络中出现多节点失效的问题以及减少经济损失具有现实和理论意义。

重要度理论是提高系统优化效率、降低优化成本、合理分配维修资源、提升韧性效率的有效工具。本书以重要度理论为基础，在可修系统中单个或多个组件发生故障的情况下，给出基于所提出预防性维修指标的维修策略优化模型。建立基于重要度的复杂网络韧性理论模型，研究复杂网络出现多节点和连边失效后，如何确定失效节点和连边的恢复顺序，使网络性能恢复至最优状态。由于本书是作者的研究成果专著，所以舍弃了一些基本的可靠性和概率论知识的介绍。阅读本书需要具备随机过程、高等概率论、可靠性数学、重要度理论的知识。本书的主要工作如下。

1. 提出基于重要度的维修优先级方法

首先，将重要性度量从二元系统扩展到多态系统，提高了其在实际应用中的可能性，并根据提出的基于成本的改进潜力，探讨了多状态系统零组件预防性维护的最优水平，对 PM 组件的数量进行了优化；其次，进一步面向多态系统组件的维修过程，提出了面向多态系统组件维修过程的优先级重要度，用于指导不同维修策略并切实提升系统性能；最后，提出了基于成本的系统期望总维修成本，并给出相关的定理，接着在期望成本函数的基础之上，构建基于成本评估的组件预防性维修优先级模型，并讨论了其在串并联和并串联系统中的应用。

2. 提出基于重要度的复杂网络韧性模型

首先，从不同角度对复杂网络的韧性和节点重要度模型进行探讨，根据所研究的问题建立了复杂网络剩余韧性模型、复杂网络韧性模型、复杂网络最优韧性模型；其次，基于重要度的研究，提出了复杂网络综合重要度模型，将复杂网络性能的损失和恢复与重要度相结合，提出了衡量节点和连边重要度的损失重要度、恢复重要度和综合重要度模型，研究复杂网络失效节点的恢复顺序；最后，基于经典重要度在海运网络中选取运量相对较大航线的港口为研究对象，进行剩余韧性分析；基于综合重要度在陆运网络中提取 12 个城市，进行韧性分析，验证了复杂网络韧性模型的正确性。

3. 提出城市地铁维修优先级应用

在地铁网络的级联故障背景下，提出了一种考虑时间价值的地铁系统网络性能评估框架。并且，基于节点重要度研究了级联失效后地铁系统受损节点的维修优先级和最佳维修顺序，这种方法可以在相同的维修时间内使系统性能恢复的程度最大，并最大程度地减少经济损失。最后，该方法的适用性通过郑州市的一个地铁网络得到了验证。

4. 提出交通网络维修策略应用

以城市道路交通网络为研究对象，基于边的空闲容量建立了拥堵传播模型，解释了城市道路发生拥堵后的传播规律。并且，通过拥堵传播模型分析了城市道路发生拥堵之后可能会造成的影响范围，其中包括拥堵规模、拥堵程度、拥堵节点与边的失效位置；针对城市路网不同的拥堵程度，建立不同的控制策略，由此得到了最优的拥堵路网的维护资源配置。最后，以郑州市的道路网络分析，对上述所提方法与建立的模型进行验证。

5. 提出航材备件维修配置应用

在两级保障模式的背景下，首先对保障系统中组件的状态转移规律进行分析，分别给出了可修组件与不可修组件备件满足率的计算方式，提出了系统级备件保障率，并基于此建立优化模型求解出各个组件的备份数量。之后，在同时考虑直接需求与横向需求的条件下，对备份航材根据不同站点的任务需求进行初次分配，又提出了基于横向供应时间的节点重要度，并借助这一概念对剩余航材备件进一步分配，最终得到了所有备件合理的仓储位置。这对现实条件下航材备件仓储方案的制定具有一定的现实意义。

6. 提出灌溉网络韧性应用

以灌溉网络为研究对象，研究分析了干旱灾害的发生对灌溉网络内作物生产的负面影响，为了降低由干旱造成的粮食产量损失，将韧性理论引入对灌溉网络的研究中；建立了灌溉网络的最优韧性模型并基于韧性提出了评价节点重要程度的指标，量化了预期损失和恢复，并对一个完整的性能变化过程的灾前和灾后管理进行系统分析。

7. 提出装备保障网络韧性应用

采用复杂网络方法，针对装备保障网络节点的异质性以及各个单元之间的交互联系，建立了包含作战和保障单元的三层装备保障耦合网络；为了识别网络中的关键节点和薄弱环节，提出了两种重要度方法：信息重要度和损失重要度；接着，从网络失效分析和韧性优化策略两个方面进行了装备保障网络韧性的研究，建立了剩余可分配任务量韧性策略。

8. 提出集群网络韧性应用

以无人机集群网络为研究对象，首先，分析了无人机集群多阶段任务的特征，并基于 n/k 系统对无人机集群进行可靠性计算与重要度分析优化；其次，基于重要度对集群进行韧性分析与优化，并以三角形六架机的侦察任务为例，进行编队结构优化。

本书的出版和所涉及的研究内容得到了国家自然科学基金项目(72071182)、河南省高校科技创新人才支持计划(22HASTIT022)、河南省重大科技专项(201111210800)和河南省高层次人才国际化培养项目(22180007)的资助。由于作者水平有限，疏漏在所难免，欢迎广大读者批评指正。

作　者

2023年4月

目　　录

第1章　绪　　论

基于重要度理论识别系统的关键组件，对维修决策提供技术支持，并在恢复过程中使系统性能达到最优。将动态韧性与多个节点重要度结合对比，研究失效节点的恢复顺序。从复杂网络脆弱性和恢复性角度出发，提出一种基于节点重要度的韧性评估方法，使复杂网络韧性值恢复至最优。

1.1　研究背景与意义

科技的进步、工程技术的高度发展使得各类工业系统变得越来越复杂，日益严格的质量与可靠性分析已经成为系统设计、运行及维护管理必须考虑的一项重要工作。近年来，随着系统监测技术的发展，许多复杂装备系统都配备了多种传感器以监控系统组件的实时运行状态。监测技术的应用为复杂工业系统的运营维护提供了大量的在线信息。借助于大数据分析的兴起，基于监控数据的系统预测与健康管理(Prognostics and Health Management，PHM)技术取得了长足的进步和发展，由此带来设备运行可靠性和可用性的提升、运行风险和运营成本的降低。PHM 技术包含预测和健康管理两部分内容：预测指通过分析系统故障数据、运行状态监测数据等信息，预测系统的剩余寿命和故障类型等，为后续健康管理提供基础；而健康管理指实时测量、记录和监控系统的运行状态，并根据预测的结果进行维修和保障的过程。

维修保障是 PHM 框架的另一个重要组成部分，对于维持复杂系统的可靠、高效运行至关重要。传统的维修理念包括事后维修和预防性维修，如今传感器技术和大数据理论的发展使得预测性维修成为可能。预测性维修是指根据系统的状态监测数据预测其剩余寿命等指标，并据此进行维修规划。借由对系统状态的可靠预测，预测性维修策略能有效避免传统预防性维修导致的维修不足或维修过度等问题。近年来，预测性维修在复杂装备系统可靠性改善、可用性提升、维修费用削减等方面得到了广泛的应用。

随着全球化和科学技术发展，复杂网络的规模逐步庞大，结构和类型也逐渐复杂，复杂网络中的节点更容易受到破坏而失效，研究表明复杂网络中 5%～10%的重要节点失效就将导致整个网络的失效。识别复杂网络中的重要节点已经成为复杂网络研究的重要组成部分并在各个领域内得到了广泛的应用，其中包括基础设施系统、生态系统和流行病防控等领域。例如，在现代战争中可以通过数据评估其关键军事地点，然后集中火力对其进行打击；在网络媒体管理中，可以通过数据寻找出对信息传播影响最大的节点，对其进行控制，可以有效地抑制或传播舆论信息；在传染病传播网络中，可以找出对病情传播影响最大的病人，对其进行有效的隔离和治疗，能够防止病毒的进一步扩散；在通信网络和交通网络中，找出对网络影响最大的通信或运输节点进行预防性保护，以此可以避免受到攻击时造成的毁灭性破坏。然而，由于这些攻击或者灾害是不可预见也不能改变的，所以不可能通过消除攻击或者灾害的发生来保护复杂网络不受影响。因此，只能选择在攻击发生后，通过尽快恢复较为重要的失效节点来快速恢复整个复杂网络的运行。目前关于韧性的研究主要集中在复杂系统上，普遍研究认为韧性是由系统中的组件发生故障后的性能恢复程度和速度决定的。关于系统中组件故障点的恢复策略也被认为是韧性管理的关键。因此研究复杂网络中节点和连边失效后复杂网络的韧性恢复过程在生产和生活中具有重要的应用价值。

大量的灾难事件都凸显了在复杂网络中进行韧性研究的重要性。例如，2003 年，美国大范围停电导致其交通和经济网络中断，造成了严重的社会影响和经济损失；2004 年，印度尼西亚苏门答腊岛海岸发生大地震，地震引起的海啸对沿海港口造成摧毁性损坏，对全球供应链造成了严重的影响；2008 年，中国的雪灾导致公路铁路电网通信中断，长江沿海的港口被迫关闭，沿海港口大量货轮无法正常停泊和航行，对国家经济造成严重的损失。2011 年，日本发生了地震并引起海啸，导致沿海多个港口被毁，造成了超过 34 亿美元的海上贸易损失；2019 年，南洋理工大学和剑桥大学的一份研究报告揭示了如果中国、日本、韩国、新加坡和马来西亚 5 个国家的 15 个港口因网络攻击而直接瘫痪，可能造成高达 1100 亿美元的经济损失。当灾难事件发生后，最好的解决方案是从恢复的角度出发，在最短的时间内对网络进行最大程度的恢复。因此，基于复杂网络研究建立网络韧性重要度模型，研究当复杂网络中出现多节点和连边失效后，快速准确评估复杂网络中失效节点的重要性，迅速恢复重要失效点，使复杂网络的韧性快速恢复至最大值，能够更好地控制和预测整个复杂网络的发展，减少经济损失。

1.2 国内外研究现状

1.2.1 理论现状

如今系统越来越复杂，构成系统的每个组件都有多种状态，其对应着系统的多种性能水平，状态的动态退化会导致系统性能水平下降直至故障[1]。为了提升系统的可靠性，需要合理安排组件进行预防性维修[2]。维修主要包括纠正性维修即事后维修(Corrective Maintenance，CM)和预防性维修(Preventive Maintenance，PM)。事后维修表示在组件或系统发生故障后执行维护操作[3]。然而，在系统失效之前，执行预防性维修可以有效地避免发生灾难性故障[4, 5]。

关于维修策略的讨论有很多，Hashemi 等[6]提出了两种新的针对复杂相干系统的最佳维修策略，建议的策略包括对每个组件和整个系统的最少维修。Zhang 等[7]在考虑了不完美的预防性维护和系统更换的条件下，建立了三种维护策略，并证明了最优策略的存在。Jiang 和 Liu[8]研究了执行多任务的系统的选择性维修策略。Lin 等[9]提出了一个退化系统的维修策略，该系统的运行成本取决于系统的年龄和状态。Gao 等[10]考虑了两种不同的维修策略：在每个生产周期的末尾维修和在每个设置点维修。Wu 等[11]利用风险总结的概念分析了维修策略的优化，并提出了针对一组不同系统进行优化的维修策略。李军亮等[12]构建了一种考虑混合维修策略和使用环境的复杂系统的区间可用度模型，假设系统的故障和维修时间服从任意分布，不同的故障模式采取不同的维修策略。李琦等[13]针对具有个体差异的缓慢退化系统，提出了基于半马尔可夫决策过程的维修策略，该方法能够更加精确地刻画系统的退化过程，并可以帮助制定兼顾成本与可靠性的维修策略。岳德权和高俏俏[14]针对在运行过程中不断受到冲击且有两种失效状态的系统，提出了一种冲击模型，以制定最优维修策略。张晓红和曾建潮[15]针对两组件串联系统，制定了周期性视情预防更换、机会更换和故障更换相结合的维修策略。

由于安全性、质量和可用性的提高，预防性维修是使行业受益的维修策略之一[16]。在预防性维修策略优化模型方面，赵斐和刘雪娟[17]考虑到关键组件与非关键组件失效对系统的影响不同，建立预防性维修策略优化模型，即最优的预防性维修周期可以利用最大化单位时间内的期望利润来确定。高俏俏[18]讨论的是由两个组件串联组成且有两种故障状态的系统的预防维修策略，通过更新过程和几何过程理论计算了系统经长期运行单位时间内期望费用。赵洪山和张路朋[19]主要是使用二次抛物线插值法，以总费用为目标函数对机会维修区间进行优化，来达到维修费用最小的目的。Dui 等[20]综合考虑维修成本和系统性能，提出一种识别关键组件和非关键组件的维修优先级方法。傅钰等[21]研究电气设备及风电机组各主要组件的故障概率和维修机会，提出了基于可靠性的风电场预防性机会维修策略，其目的同样是希望损失和维修费用最小。熊律和王红[22]引入效费比的经济性分析方式去决策每一次维修的具体方案。

不同领域的学者对复杂网络韧性进行了研究，Albert 等[23]为研究复杂网络韧性，将复杂网络理论与韧性结合，为多学科的学者提供了一个新的视角。Buldyrev 等[24]研究了级联失效过程中相互依赖网络的鲁棒性，得出相互依赖的网络的脆弱性更大，进一步推进了复杂网络韧性在复杂相互依存网络视角下的研究。Sun 和 Guan[25]从线路运营的角度对地铁网络脆弱性进行研究，为地铁网络的稳定性提供了可行性意见。Yang 等[26]基于复杂网络理论，以北京地铁系统为例，评估了地铁网络在随机失效和恶意攻击情况下的鲁棒性。Ma 等[27]基于复杂网络理论，从结构和功能两个方面提出了公交-地铁双层网络的鲁棒模型。兑红炎等[28]从可靠性角度定义了影响级联失效过程的关键指标，探讨网络中节点对整个网络可靠性的影响。根据可靠性、脆弱性、鲁棒性、冗余性[29]等系统特性，可以从不同角度对韧性进行定义，因此关于复杂网络韧性没有统一的定义，随系统特性的不同而定义复杂网络韧性。

在基础设施网络方面，Greco 等[30]利用熵和韧性指标度量配水网络的鲁棒性，评估了一两个环节故障对网络性能的影响。Pagani 等[31]研究由多尺度反馈回路产生的高维韧性测量来推断配水网络的韧性，并利用随机森林分析方法对韧性指标进行组合得到更准确的测度。Zhang 等[32]综述了城市公共交通网络复杂性、动态韧性、单分层网络和相互依存的网络的动态韧性。Gilani 等[33]提出了一种混合整数线性规划来恢复优先级负载，同时满足拓扑和运行约束，以增强分布式系统的韧性，并提出了一种韧性模型来形成动态微电网。Rocco 等[34]提出了评估网络组件因故障或攻击而断开连接对社区结构和整个网络的影响的方法，该方法可以对不同的网络恢复顺序所能实现的恢复能力进行评估。

在供应链网络韧性研究方面，Azadegan[35]研究了供应网络内部和之间不同类型的合作相关的韧性策略类型，提出不同策略下的微观、中观和宏观层面的供应网络韧性。Zhao 等[36]研究了供应网络在中断情况下的韧性，并从复杂网络拓扑的角度为供应链管理者如何构建韧性供应网络表达了见解。Levalle 和 Nof [37]引入了供应网络的形式主义，探讨了供应网络韧性的概念和维度，提出了两个韧性维度和两个韧性层次。Wang 和 Xiao[38]从欠载失效出发，利用蚁群的社会韧性，提出了一种集群供应链网络级联失效的恢复方法，能够提高企业的恢复和调整能力，可以增强集群供应链网络的韧性。Nair 等[39]使用满足的需求与出发地和目的地之间的总需求的比率，研究中断情况的多式联运网络的韧性。Verschuur 等[40]使用船舶跟踪数据分析过去由自然灾害造成的港口中断，评估了 74 个港口的 141 次中断和 27 次灾难，都显示多个港口同时受到影响，更好地估计了港口和海事网络的破坏程度和潜在韧性。Liu 等[41]分析海洋供应链中“脆弱性”的不同概念，并开发一个新的框架和支持模型，以识别和分析供应链中的相关脆弱性，得出所研究的网络对随机失效的鲁棒性比面对蓄意攻击时的鲁棒性更强。Wan 等[42]对运输网络韧性进行了系统的综述，重点介绍了其特点以及在不同运输系统中应用的研究方法。Feng 等[43]基于重要度提出了无人机集群的数量优化，并进行了韧性分析，提出了一个评估集群网络恢复能力的框架。Chen 等[44]基于中断环境下供应链运营的成本构成，建立了衡量供应链韧性的模型。Rahman 等[45]提出了一种利用综合方法来评估制造供应链网络韧性，并给出了其性能的变化规律。

在社交网络韧性方面，Liu 等[46]从信息扩散和个体警觉性的角度探讨了疾病传播和人群反应之间的相互作用，通过将多层网络映射成两层网络，并结合个人的风险意识，对系统进行建模，结果发现当个体的保护反应被引入时，疾病在整个传播阶段的速度有显著的减缓。Lopez-Cuevas 等[47]从社区情绪变化的角度来研究社区韧性，描述了在线社交网络的情绪稳定状态，并分析这种稳定状态在影响社区的特定扰动或事件下是如何受到影响的。Kameshwar 等[48]将社区网络韧性定义为实现基于鲁棒性和快速性的性能目标的联合概率，并利用贝叶斯网络对其进行量化，可以改善基础设施性能，以实现社区确定的复原力目标去改善基础设施性能。

1.2.2 应用现状

大多数文献研究了基于建模仿真的维修策略，周虹和陈志雄[49]针对民用飞机故障的动态特性及维修体制建立增强型有向图模型，有利于提高排故准确性，节省维修成本。崔建国等[50]以离散型概率序列运算理论为基础，创建了飞机液压系统库存备件综合保障决策模型。崔建国等[51]以飞机液压系统为具体研究对象，创建了基于灰色模糊与层次分析的多属性飞机维修保障决策模型，从而确定飞机液压系统的最优维修策略。Xu 等[52]通过建立液压助力器模型，进行了故障模式影响分析和故障树分析，提出了提高系统可靠性的有效维修措施。史永生和王艳新[53]提出了基于模糊时间着色 Petri 网的民用飞机维修保障过程可视化建模方法与仿真，为民用飞机维修保障过程的效率评估以及薄弱环节的确定提供支持。

在复杂网络节点重要度评估方面，朱敬成等[54]提出了有关度中心性和公共邻居数量的关键节点识别方法，来研究网络拓扑重合度对关键节点识别的影响，能更准确地评估出节点的重要性。Wang 和 Zhao[55]为消除网络结构对节点重要度的影响，基于节点的相对贴近中心性、聚类系数和拓扑潜力，提出了一种综合度量节点重要性的方法，相对于其他方法，更具有通用性。Zhang 等[56]为对供应链网络的节点重要度进行评估，以三角模糊数改进连边权值，通过节点自身重要度和邻域节点间关系重要度的加权来评估网络中节点的重要度。王梓行等[57]对军事供应链网络的风险和节点重要度的国内外研究现状进行对比综述，为维护应急条件下军事供应链网络安全和重要节点防护研究提供参考。Wang 等[58]基于复杂网络理论，提出了一种改进的加权 k 壳模型来识别陆运网络中的关键节点。Li 等[59]提出一种基于最小连通支配集的航空网络骨干网识别方法，并采用二进制粒子群优化算法求解该问题。

在复杂网络节点韧性重要度评估方面，Xu 等[60]提出了一种新的基于韧性的网络构件重要性测度。Fang 等[61]提出了最优修复时间和韧性降低值来度量网络系统组件的临界性。Si 等[62]提供了各种扩展的重要测度方程。Dui 等[63]研究了 Birnbaum 重要性测度、综合重要性测度以及系统整个生命周期中最优系统结构变化的平均绝对偏差。Almoghathawi 和 Barker[64]提出了组件重要性措施来分析网络恢复的变化。Miziula 和 Navarro[65]对具有依赖组件的系统的 Birnbaum 重要性测度进行了扩展，获得了相关的性质，并与其他测度进行了比较。Barker 等[66]提供了两种基于韧性的组件重要性度量方法来度量组件的重要性。Balakrishnan 和 Zhang[67]提出了两个韧性指数：节点临界性指数和节点敏感性指数，来处理与基础设施网络韧性相关的两类节点排名。Baroud 和 Barker[68]研究了基于韧性的组件重要性度量，在不确定性下使用贝叶斯内核技术对该度量进行建模。Dui 等[69]为研究灾后海运网络的韧性恢复措施，建立最优韧性模型，并将韧性和重要度结合，提出了一种节点韧性重要度新方法。兑红炎等[70]基于可靠性韧性指标，给出了系统韧性度量方法。Dui 等[71]提出一种基于重要度的电网韧性恢复新方法，目的是分析电网中故障节点的恢复顺序，使系统恢复更快、更有效。Li 和 Gao[72]提出了基于蒙特卡罗方法的韧性重要性测度分析方法，并对交通网络仿真，详细分析各环节的韧性重要性，验证了该方法的有效性。Wen 等[73]为遭受不同程度故障的系统提出了基于韧性的重要性度量方法，该方法包括结构重要性、冗余重要性和加固重要性。Dui 等[74]提出了数据驱动的系统维修优先级和韧性度量方法，并将其应用于核反应堆系统。

1.3 内容安排

本书共分为 9 章。

第 1 章　绪论：本章阐明本书的研究背景与意义，讨论维修和韧性的理论与应用的研究现状，并给出本书的研究内容、研究方法和章节安排。

第 2 章　基于重要度的维修优先级：本章基于重要度理论，分别给出成本维修优先级、基于优先级重要度的组件预防性维修策略、基于成本评估的预防性维修优先模型，案例分析验证其正确性。

第 3 章　基于重要度的复杂网络韧性：本章给出复杂网络剩余韧性模型、复杂网络韧性模型、复杂网络最优韧性模型以及基于损失和恢复的复杂网络综合重要度模型，案例分析验证其正确性。

第 4 章　城市地铁维修优先级应用：本章以城市地铁网络为背景，给出考虑时间价值的地铁网络典型模型、地铁网络级联失效模型、地铁网络性能模型、基于节点重要度的网络维修优先级，案例分析验证其正确性。

第 5 章　交通网络维修策略应用：本章以交通网络为背景，介绍交通网络城市道路的相关特性，给出道路拥堵传播模型以及在不同程度的道路拥堵情况下的控制策略模型，案例分析验证其正确性。

第 6 章　航材备件维修配置应用：本章以航材备件的仓储配置为背景，探讨两级保障模式下航材备件的维修保障过程，借助综合重要度提出系统级的备件保障率，基于该保障效能指标下建立优化模型，并给出相应的求解方法。

第 7 章　灌溉网络韧性应用：本章以灌溉网络为背景，探讨灌溉网络性能变化，给出灌溉网络内的损失分析、恢复分析、损失成本和韧性最优模型，案例分析验证其正确性。

第8章 装备保障网络韧性应用：本章以装备保障网络为背景，建立包含作战和保障单元的三层装备保障耦合网络，给出信息重要度、损失重要度分析模型，并对装备保障网络失效进行分析，得到剩余可分配任务量韧性策略，案例分析验证其正确性。

第9章 集群网络韧性应用：本章以集群网络为背景，对无人机集群多阶段任务特征进行分析，给出多阶段任务可靠性计算、重要度分析模型，并对无人机集群韧性分析，建立无人机集群韧性优化模型，案例分析验证其正确性。

1.4 本章小结

本章阐明了本书的研究背景与意义，讨论了基于重要度的维修和韧性研究现状，给出了全书的研究内容及章节安排。

第 2 章　基于重要度的维修优先级

当系统性能下降到某个阈值时，需要及时找到故障原因并维修相应的故障组件以提高系统性能。本节基于重要度理论提出了考虑成本和时间等因素的组件维修优先级模型。

2.1　成本维修优先级

2.1.1　符号定义

本章符号定义如下所示。

n：系统中的组件数。

m：在对失效组件进行维修时可以同时进行预防性维护的组件数量。

c_i：组件 i 每次失效成本。

$c_{s,i}$：由组件 i 故障引起的每个系统故障的预期成本。

c_{p_j}：组件 j 的 PM 成本。

$p(t)$：$(p_1(t),\cdots,p_n(t))$。

$p_i(t)$：组件 i 的可靠性。

$X(t)$：$X_1(t),\cdots,X_n(t)$，组件的状态向量。

$\rho_{im}(t)$：$\rho_{im}(t)=\Pr[X_i(t)\geqslant m]$。

x_i：如果组件 i 正常运行，那么 $x_i=1$，否则 $x_i=0$。

X_i：$\{x_1,x_2,\cdots,x_{i-1},i,x_{i+1},\cdots,x_n\}$。

$(x_i,p_i(t))$：$(p_1(t),p_2(t),\cdots,p_{i-1}(t),x_i,p_{i+1}(t),\cdots,p_n(t))$。

$C(t)$：在规定时间 $(0,t)$ 内维护系统的预期总成本。

$\wedge_i(t)$：$\wedge_i(t)=\int_0^t\lambda_i(t)\mathrm{d}t$，其中 $\lambda_i(t)$ 是关于 $F_i(t)$ 的失效强度函数，$F_i(t)=1-R_i(t)$。

U_{k_j}：一阶割集，包含组件 $k_1,k_2,\cdots,k_{m_0}$，其中 $k=1,2,\cdots,n_0$。

$\wedge U_{k_j}(t)$：$\wedge U_{k_j}(t)=\int_0^t\lambda_{U_{k_j}}(t)\mathrm{d}t$，其中 $\lambda_{U_{k_j}}(t)$ 是关于 $F_{U_{k_j}}(t)$ 的失效强度函数。

2.1.2　假设

(1)假设组件和系统分别具有多个状态。组件 i 的状态空间为 $\{0,1,\cdots,M_i\}$，系统的状态空间为$(0,1,\cdots,M)$，其中0表示组件(系统)的完全失效状态，$M_i(M)$是组件(系统)的完全运行状态。这些状态的顺序是从0到$M_i(M)$。

(2)所有组件的故障和系统状态在统计上是相互独立的。

(3)失效的组件应立即修复，维护时间可以忽略。

(4)这个系统的所有组件都是可维修的。失效组件的维修成本和工作组件的PM成本都与组件的状态有关。更准确地说，组件的维护成本与状态数量成反比。在多状态系统中，由组件故障引起的系统维护费用是一个固定值。

2.1.3　基于成本的组件维修优先级

针对二态系统，关键组件的故障可以导致系统故障，然后由于系统故障而产生成本$c_{s,i}$。如果某个组件的故障不会导致系统的故障，那么只会产生修复故障组件的成本。因此，在时间间隔$(0,t)$内系统期望维修成本为

$$C(t)=\sum_{i=1}^{n}\{\{c_{(s,i)}\Pr[\varPhi(0_i,1)=0]+c_i+C_i^P(t)\}\Pr[x_i=0]\} \tag{2-1}$$

其中，$c_{s,i}$是由失效的组件i造成每个系统故障的成本，c_i是由失效的组件i造成的成本。$\Pr[\varPhi(0_i,X(t))=0]$是系统在组件i失效后处于0状态的概率。$\Pr[x_i=0]$是组件i失效的概率。

其他组件的预防性维修成本通过式(2-2)给出

$$\begin{aligned}C_i^P(t)=&H_{s,i}\sum_{j=1,i\neq j}^{n}c_{p_j}\Pr[x_j=1]\\&+(1-H_{s,i})\sum_{z=1}^{m}c_{p_{j_z}}\Pr[x_{j_z}=1]\Pr[\varPhi(0_i,0_{j_1},\cdots,0_{j_{z-1}},1_{i,\ j_1,\cdots,j_1,j_2,\cdots,j_{z-1}})=1]\end{aligned} \tag{2-2}$$

其中，$H_{s,i}=\begin{cases}0,\varPhi(0_i,X(t))=1\\1,\varPhi(0_i,X(t))=0\end{cases}$，这意味着如果一个关键组件失效，预防性维修将在所有其他组件上执行。否则，如果一个非关键组件失效，那么可以维修的其他组件的数量就会受到限制。预防性维修上执行的最大组件数为m。$(0_i,0_{j_1},\cdots,0_{j_{z-1}},1_{i,j_1,j_2,\cdots,j_{z-1}})$表示组件$i,j_1,j_2,\cdots,j_{z-1}$停止工作，而其他组件正在工作。

定义2-1　(基于成本的组件维修优先级(CCMP))如果组件i失效，则组件的CCMP定义

$$I_{j|i}^C=-H_{j|i}\frac{\partial C(0_i,p(t))}{\partial p_j(t)} \tag{2-3}$$

其中，$H_{j|i}=\begin{cases}1,\varPhi(1_1,\cdots,1_{i-1},0_i,1_{i+1},\cdots,1_n)=0\\\varPhi(0_i,0_j,1_{ij}),\varPhi(1_1,\cdots,1_{i-1},0_i,1_{i+1},\cdots,1_n)=1\end{cases}$，$(0_i,0_j,\cdots,1_{ij})$表示组件$i$和$j$停

止工作，所有其他组件正常工作，如果组件 i 是非关键组件，$H_{j|i}$ 确保预防性维修不会选择关键组件。

$I_{j|i}^{C}$ 表明可以选择哪个组件进行预防性维修，以便维修系统的总成本可以最小化，因为该组件已经失效。

以上给出了基于失效概率的总成本函数。下面研究基于故障率 $\lambda_i(t)$ 的预期维修总成本函数，考虑到 Wu 和 Coolen[75]定义的成本函数为

$$C'(t)=\sum_{j=1}^{m_0}c_{s,k_j}\wedge U_{k_j}(t)+\sum_{i=1}^{n}\{c_i\wedge_i(t)+C_i^P(t)\ \wedge_i(t)\} \tag{2-4}$$

其中，c_{s,k_j} 是由组件 k_j 故障引起每个系统故障造成的损失，c_i 是组件 k 故障造成的损失，$C_i^P(t)$ 是组件故障时其他组件的损失，$\wedge U_{k_j}(t)$ 是最小截集 U_{k_j} 的预期故障数，且 U_{k_j} 是一阶截集。

因为 $\wedge_i(t)=-\ln(R_i(t))$，在式(2-3)中重要度的定义可以重写为

$$I_{j|i}'^{C}=H_{j|i}\frac{-\partial C'(t)}{\partial R_i(t)}=-H_{j|i}\frac{\partial C'(t)}{\partial\wedge_i(t)}\frac{\partial\wedge_i(t)}{\partial R_i(t)}=H_{j|i}\frac{1}{R_i(t)}\frac{\partial C'(t)}{\partial\wedge_i(t)} \tag{2-5}$$

其中，$H_{j|i}=\begin{cases}1,\Phi(1_1,\cdots,1_{i-1},0_i,1_{i+1},\cdots,1_n)=0\\ \Phi(0_i,0_j,1_{ij}),\Phi(1_1,\cdots,1_{i-1},0_i,1_{i+1},\cdots,1_n)=1\end{cases}$，$(0_i,0_j,\cdots,1_{ij})$ 表示组件 i 和 j 停止工作，而所有其他组件都在工作。用 $I_{j|i}'^{C}$ 来度量可修组件 j 的维修优先级，通过这种方式，也可以考虑预防性维修组件对系统成本的影响程度。

CCMP 可用于对二态系统中预防性维修的组件进行优先级排序。然而，对于多态系统，由于需要考虑各种成本，对组件或组件状态进行优先排序变得更加复杂。这些成本包括退化组件的维修成本和预防性维修工作组件的预防性维修成本。下面扩展 CCMP 的应用范围，它将在多态系统中得到更广泛的应用。

假设该状态 K 是阈值系统状态: 如果系统状态低于状态 K，则系统处于需要维修的状态，以保持系统的性能水平。类似地，状态 K_i 是组件的阈值状态。只要组件的状态在 K_i 以下，就可以立即进行识别和修理。

定义 2-2 如果组件 i 退化到低于 K_i 的状态，则组件的 CCMP 定义为

$$I_{j|i}^{C}(t)=-H_{j|i}I_{j|i}^{c}(t) \tag{2-6}$$

其中，$H_{j|i}=\begin{cases}1,\Phi((<K)_i,X(t))<K\\ \chi(\Phi((<K)_i,(<K)_j,X(t))),\Phi((<K)_i,X(t))\geqslant K\end{cases}$。符号 $(<K)_i$ 表示组件 i 的状态退化为低于状态 K_i 的状态，$\chi(\cdot)$ 是一个指示函数，$I_{j|i}^{c}$ 是在假设组件 i 的状态低于 K_i 时基于成本的组件 j 的重要度。

首先，在以下两种情况下，分别给出了相应的 $I_{j|i}^{c}(t)$ 的表达式，分析了在多态系

统中维修组件 i 时，组件 j 对总维修成本的影响。

场景 1：当组件 i 的观察状态是 $(K_0)_i$ 时，如果其他组件状态不能被观察到，那么使用组件 $j(j \neq i)$ 的阈值状态 K_j 来表示组件 j 的退化。多态组件的修复成本是当状态低于其阈值时每个状态的预期成本。

对于多态组件，当组件 i 的观察状态类似于式(2-1)时，有

$$C(t)=\sum_{i=1}^{n}\{\{c_{s,i^{(<K)_i}}\Pr[\Phi((<K)_i,X(t))<K]+c_{i^{(<K)_i}}+C^P_{i^{(<K)_i}}(t)\}\Pr[x_i=(<K)_i]\} \tag{2-7}$$

与式(2-2)类似时，有

$$\begin{aligned}C^P_{i^{(<K)_i}}(t)=&H_{s,i}\cdot\sum_{j=1,i\neq j}^{n}c_{p_j}\Pr[x_j\geqslant K_j]+(1-H_{s,i})\sum_{z=1}^{m}c_{p_{j_z}}\Pr[x_{j_z}\geqslant K_{j_z}]\\&\cdot\Pr[\Phi((<K)_i,(<K)_{j_1},\cdots,(<K)_{j_{z-1}},(\geqslant K)_{i,j_1,j_2,\cdots,j_{z-1}})\geqslant K]\end{aligned} \tag{2-8}$$

其中，$H_{s,i}=\begin{cases}1,\Phi((<K)_i,X(t))<K\\0,\Phi((<K)_i,X(t))\geqslant K\end{cases}$。假设如果对组件进行预防性维修，它将恢复到最佳状态。因此，$c_{i^{(<K)_i}}$ 是维修组件从一个状态 $(<K)_i$ 到另一个状态 M_i 的成本，$c_{s,i^{(<K)_i}}$ 是由低于状态 K_i 的组件 i 引起的每个系统故障的成本。c_{p_j} 是组件 j 直到它处于完美状态的预防性维修成本。基于式(2-3)有

$$I^c_{j|i}=-\frac{\partial C((K_0)_i,X(t))}{\partial\rho_{jK_j}(t)} \tag{2-9}$$

式(2-9)显示了在场景 1 下，当组件 i 失效时，预防性维修组件 j 对系统总成本的影响。

场景 2：因为可以观察到所有组件的状态，此时预防性维修的成本随组件状态的变化而变化。更准确地说，组件 j 的维修成本是组件 j 从状态 $(K_0)_j$ 到状态 M_j 的维修成本。

根据式(2-8)，有

$$\begin{aligned}C^P_{i^{(<K)_i}}(t)=&H_{s,i}\sum_{j=1,i\neq j}^{n}c_{p_{jK_0-M}}c_{p_{jK_0}}\Pr[x_j\geqslant K_j]+(1-H_{s,i})\sum_{z=1}^{m}c_{p_{j_zK_0-M}}\Pr[x_{j_z}\geqslant K_{j_z}]\\&\cdot\Pr[\Phi((<K)_i,(<K)_{j_1},\cdots,(<K)_{j_{z-1}},(\geqslant K)_{i,j_1,j_2,\cdots,j_{z-1}})\geqslant K]\end{aligned} \tag{2-10}$$

其中，$c_{p_{jK_0-M}}$ 代表从状态 $(K_0)_j$ 到状态 M_j 的预防性维修成本。然后可以使用式(2-11)分析组件失效时预防性维修组件 j 对系统总成本的影响。

$$I^c_{j|i}=-\frac{\partial C((K_0)_i,X(t))}{\partial\rho_{j(K_0)_j}(t)} \tag{2-11}$$

假设组件 j 被维修为状态 M_j，当然在现实中可能有更多的选择，组件 j 可以被

维修至其他状态。另外失效组件的修复质量可以是优于完美、完美、不完美、最小或者差于最小。然而，组件的维修有效性只能分为优于完美和完美两个层次，因为它不会失效。

在场景 2 下，假设组件 i 的维修有效性为最小、优于完美和完美，阈值状态分别为 $(K_1)_i,(K_2)_i,(K_3)_i,(K_1)_i=K_i,(K_3)_i=M_i$，即最小维修有效性是组件失效时的质量，完美维修有效性是组件处于完美状态时的质量。基于式(2-7)和式(2-8)，考虑到不同的维修质量水平，有以下的成本函数

$$C(t)=\sum_{i=1}^{n}\{\{c_{s,i^{K_0-K_{l_1}}}\Pr[\Phi((K_0)_i,X(t))<K]+c_{i^{K_0-K_{l_1}}}+C^{P}_{i^{K_0-K_{l_1}}}(t)\}\Pr[x_i=(K_0)_i]\} \quad (2\text{-}12)$$

$$\begin{aligned}C^{P}_{i^{K_0-K_{l_2}}}(t)=H_{s,i}\sum_{j=1,i\neq j}^{n}c_{p_{j^{K_0-K_{l_2}}}}\Pr[x_j\geqslant K_j]+(1-H_{s,i})\sum_{z=1}^{m}c_{p_{j_z^{K_0-K_{l_2}}}}\Pr[x_{j_z}\geqslant K_{j_z}]\\ \cdot\Pr[\Phi((<K)_i,(<K)_{j_1},\cdots,(<K)_{j_{z-1}},(\geqslant K)_{i,j_1,j_2,\cdots,j_{z-1}})\geqslant K]\end{aligned} \quad (2\text{-}13)$$

其中，$l_1\in\{1,2,3\}$，$l_2\in\{2,3\}$，所有相应的性能的组件状态也可以观察到，假设观察到的状态的组件 i,j 是分别 $(K_0)_i,(K_0)_j$。$C_{s,i^{K_0-K_{l_1}}}$ 是由故障组件从状态 $(K_0)_i$ 到状态 $(K_{l_1})_i$ 的维修所引起的每个系统故障成本。$C_{i^{K_0-K_{l_1}}}$ 是组件 i 从状态 $(K_0)_i$ 到状态 $(K_{l_1})_i$ 的维修成本。

为了评估组件状态的最大提升，提出一个基于成本的改进潜力(Cost-based Improvement Potential，CIP)

$$I_i^{\mathrm{CIP}}(t)=C(1_i,X(t))-C(X(t)) \quad (2\text{-}14)$$

$I_i^{\mathrm{CIP}}(t)$ 是拥有完美组件 i 的维修成本与实际组件 i 的维修成本之差。

多态系统中基于成本的改进潜力为

$$I^{\mathrm{CIP}}_{i^{K_0-K_{l_1}}}(t)=C((K_{l_1})_i,X(t))-C((K_0)_i,X(t)) \quad (2\text{-}15)$$

其中，$C((K_{l_1})_i,X(t))$ 是当组件 i 的状态改进为 $(K_{l_1})_i$，而其他组件的状态保持不变时，维修系统的成本，$C((K_0)_i,X(t))$ 代表当组件 i 的观察状态为 $(K_0)_i$，即成本 $C(t)$ 用式(2-7)表示时，维修系统的成本。$I^{\mathrm{CIP}}_{i^{K_0-K_{l_1}}}(t)$ 是组件 i 在状态 $(K_{l_1})_i$ 时维修成本与其在状态 $(K_0)_i$ 时维修成本的差额。

因此，可以定义组件 i 状态变化对系统维修成本的影响为

$$I^{S}_{i^{k_{l_1}}}(t)=\frac{I^{\mathrm{CIP}}_{i^{K_0-K_{l_1}}}(t)}{K_0-K_{l_1}} \quad (2\text{-}16)$$

在此基础上选择 l_1 相应 $I^{S}_{i^{k_{l_1}}}(t)$ 的最大值。K_{l_1} 是保持组件 i 质量水平的最佳选择。

2.1.4 组件维修策略

维修策略 A：一旦组件的状态退化到低于其阈值状态(这意味着组件失效)，它

将立即被观察和维修。在这种情况下，如果失效的组件是关键组件，系统就会停止工作。预防性维修可以在所有其他组件上执行。如果故障组件是非关键组件，则系统仍在工作。预防性维修可以在非关键组件上执行，但不能在关键组件上执行。

在维修策略 A 下，如果组件 i 的状态低于其阈值状态 K_i，则组件的 CCMP 定义为

$$I_{j|i}^{C}(t) = -H_{j|i} I_{j|i}^{c}(t) \tag{2-17}$$

其中，$H_{j|i} = \begin{cases} 1, \Phi((<K)_i, X(t)) < K \\ 1, \Phi((<K)_i, X(t)) \geqslant K, j \in \{j \mid \Phi((<K)_i, (<K)_j, X(t) \geqslant K)\} \\ 0, 其他 \end{cases}$。如果系统结构函数 $\Phi(\cdot)$ 的值降低到低于其阈值状态 K，即 $\Phi((<K)_i, X(t)) < K$，显然相应组件的状态低于阈值，此组件是一个关键组件。在这个时候，系统将停止工作。因此，预防性维修可以在所有其他组件上执行，$j \in \{1, \cdots, i-1, i+1, \cdots, n\}$。当组件 i 是非关键组件时，系统不会失效，并且仍然可以继续工作，即 $\Phi((<K)_i, X(t)) \geqslant K$。因此，预防性维修可以在非关键组件上执行，$j \in \{j \mid \Phi((<K)_i, (<K)_j, X(t) \geqslant K)\}$。

如果场景 1 和场景 2 使用维修策略 A，只需要替换方程式，把式(2-9)与式(2-11)分别转化为式(2-17)。

对于特定的应用程序场景，当组件 i 失效时，选择 $I_{j|i}^{C}(t)$ 值最大的组件 j 作为执行预防性维修的第一个组件，因为这个组件可以使总成本最小化。然后，根据 $I_{j|i}^{C}(t)$ 值的排名，可以依次为预防性维修选择组件。接下来，详细讨论这个问题。

维修政策 B： 当系统状态退化到低于其阈值状态 K 时，它是由某些组件退化引起的。在维修活动期间，可以找到相应的组件。这些组件可能包含一些关键组件或一些非关键组件。组件集 $i_1, i_2, \cdots, i_{m_i}$ 是系统的割集。这意味着将集合的组件降至阈值状态以下将导致系统状态降至其阈值状态 K 以下。因此，在维修策略 B 下，当组件全部降低到阈值 K 以下时，它们将得到维修，系统不得不停止工作。在这种情况下，预防性维修可以在所有其他组件上执行。

通常，在策略 B 下，系统会因至少一个最小割集失效而失效，并且预防性维修可以在所有其他组件上执行。假设系统中存在 n_0 个最小割集，那么在时间间隔 $(0,t)$ 内产生的成本由三部分：一部分是最小割集故障时修复系统的成本，一部分是修复故障最小割集中每个组件的成本，另一部分是除故障最小割集中的组件以外的系统所有组件的成本。所以有

$$C(t) = \sum_{i=1}^{n_0} \left\{ \left(c_{s,i} + \sum_{j=1}^{m_i} c_{i_j} + \sum_{z=1}^{n-m_i} c_{p_z} \right) \Pr[\Phi((K_0)_{i_1}, (K_0)_{i_2}, \cdots, (K_0)_{i_{m_i}}, X(t)) < K] \right\} \tag{2-18}$$

其中，$c_{s,i}$ 是第 i 个最小割集故障引起系统故障的预期成本，c_{i_j} 是组件 i_j 故障的预期成本。

在第一种场景下，组件 $i_1,i_2,\cdots,i_{m_i}$ 的状态可以分别观察到，即 $(K_0)_{i_1},(K_0)_{i_2},\cdots,(K_0)_{i_{m_i}}$，但是其他组件的状态不能观察到，然后有

$$I^C_{j|i_1,i_2,\cdots,i_{m_i}}(t) = -\frac{\partial C((K_0)_{i_1},(K_0)_{i_2},\cdots,(K_0)_{i_{m_i}},X(t))}{\partial \rho_{jK_j}(t)} \tag{2-19}$$

在第二种场景下，可以分别观察组件 $i_1,i_2,\cdots,i_{m_i}$ 的状态，即 $(K_0)_{i_1},(K_0)_{i_2},\cdots,(K_0)_{i_{m_i}}$，也可以观察其他组件的状态，然后有

$$I^C_{j|i_1,i_2,\cdots,i_{m_i}}(t) = -\frac{\partial C((K_0)_{i_1},(K_0)_{i_2},\cdots,(K_0)_{i_{m_i}},X(t))}{\partial \rho_{j(K_0)_j}(t)} \tag{2-20}$$

对于特定的应用程序场景，当组件 $i_1,i_2,\cdots,i_{m_i}$ 失效(它们降低到低于其阈值状态)时，选择 $I^C_{j|i_1,i_2,\cdots,i_{m_i}}(t)$ 值最大的组件作为执行预防性维修的第一个组件，因为这个组件可以使总成本损失最小化。然后，根据 $I^C_{j|i_1,i_2,\cdots,i_{m_i}}(t)$ 值的排名，选择组件依次进行预防性维修。

在执行预防性维修时，多个组件的维修也经常发生，因此在这里要考虑对维修一组组件的总成本的影响。假设组件 i 已经失效，此时可以提出一组组件 $j_1,j_2,\cdots,j_m$ 的基于成本的重要度为

$$I^C_{j_1,j_2,\cdots,j_m|i} = -H_{j_1,j_2,\cdots,j_m|i}\frac{\partial C(0_i,p(t))}{\partial \rho_{j_1}(t)\partial \rho_{j_2}(t)\cdots\partial \rho_{j_m}(t)} \tag{2-21}$$

用于预防性维修的组件数量需要由预防性维修总成本决定。假设总的预防性维修成本为 C。将预防性维修上执行的标识组件的顺序设置为组件 $1,2,\cdots,M$。用于预防性维修的组件数为

$$M = \left\{ M \mid \sum_{j=1}^{M} c_{p_j} \leqslant C \leqslant \sum_{j=1}^{M+1} c_{p_j} \right\} \tag{2-22}$$

如图 2-1 所示，举一个 7 组件的例子来说明 CCMP 是如何工作的，以及如何选择组件预防性维修方案。假设组件 2 失效，在没有成本约束的条件下，有好几个预防性维修选项，只有组件 5 的维修、组件 6 的维修、组件 7 的维修或一组组件的维修，例如，组件 5 和 6、组件 5 和 7 或组件 6 和 7。那么在这个时候如何选择预防性维修的方案呢？

如果只考虑成本，上述方案中最低成本方案中的组件将被选择用于预防性维修。然而，如果出于预防性维修的目的，就应该满足维修成本约束，并尽可能地维修组件。用 N 来表示预防性维修解的个数。在图 2-1 的例子中，$N=6$。需要解决以下的整数规划。

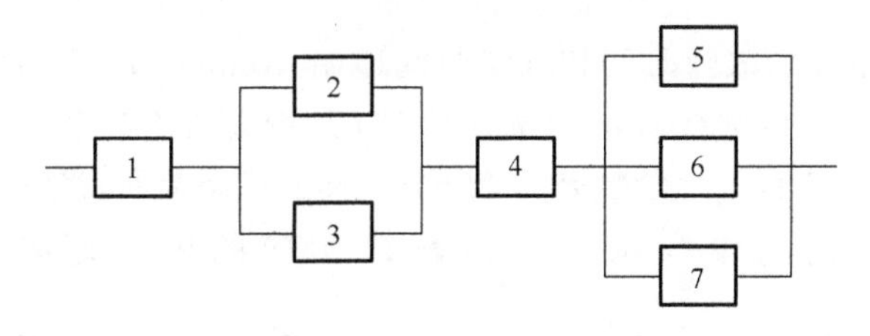

图 2-1　组件算例

$$\max\sum_{n=1}^{n} I_{j_{N_n}|i}^{C} z_N$$

$$\text{s.t.}\quad C_{j_N}^{P}(t) \leqslant C$$

$j_{N_n}=\{j_{N_1},j_{N_2},\cdots,j_{N_n}\}$ 表示第 N 个维修方案的组件集，并且维修方案中包含 n 个组件。$I_{j_{N_n}|i}^{C}$ 意味着当组件 i 失效时，用于修复第 N 个方案中的组件的 CCMP。z_N 是表示是否选择第 N 个方案的决策变量。z_N 只能是 0 或 1。n 是第 z_N 个方案中组件的数量。$C_{j_N}^{P}(t)$ 是第 N 个方案的预防性维修成本，C 是固定预防性维修成本。

如图 2-1 所示，组件 2 和组件 3 并联，组件 5、组件 6 和组件 7 并联，因此存在 4 个最小割集。考虑可修复组件只有两种状态：状态 0 和状态 1。其中，状态 0 对应于整个构件的失效状态，状态 1 对应于整个构件的非失效状态。

当系统中的一个组件发生故障时，可以计算 CCMP，并对其他组件进行预防性维修。组件相对应的成本如表 2-1 所示。

表 2-1　组件成本

i	1	2	3	4	5	6	7
$c_{s,i}$	40	40	150	100	95	60	85
c_i	35	100	90	160	180	140	130
c_{p_i}	20	20	20	50	40	30	35

假设维修人员数量没有超负荷，可以修复失效的组件，并且可以在修复失效组件的同时对另一个组件执行预防性维修。

(1) 如果组件 1 或 4 失效，系统停止工作，此时将进行以下分析，所有其他组件都可以执行预防性维修。

(2) 如果组件 2 在系统工作时失效，那么可以从组件 5、6 和 7 中选择一个进行预防性维修。

根据定义 2-2，可得 $H_{j_1|1}=1$ 和 $H_{j_2|2}=\Phi(0_2,0_{j_2},1_{2_{j_2}})$，其中，$i,j\in\{1,2,\cdots,7\}$，$j_1\in\{2,3,\cdots,7\}$，$j_2\in(1,3,4,\cdots,7)$。也就是说，如果组件 2 失效，不能为预防性维修选择组件 1、3 和 4，但是可以为预防性维修选择组件 5、6 或 7。

假设 3 个组件的故障时间和维修时间遵循 Weibull 分布 $W(t;\theta,\gamma)$。组件的可用性 $R_i(t)=1-p_i^1(t)$ 和 $1-R_i(t)=p_i^0(t)$ 表示组件 i 是否失效的概率。

假设 l 是组件 i 的下一个状态，则 $F_{kl}^i(t)$ 表示状态 k 下的分布函数。为了定义表示构件状态变化的半马尔可夫过程，相应的内核矩阵 $Q^i(t)$ 包含 $Q_{ml}^i(t)=\int_0^t \prod_{k=0,k\neq l}^{1}[1-F_{mk}^i(\tau)]\mathrm{d}F_{mk}^i(\tau)$ 和 $G_{ml}^i(t)=\lim_{t\to\infty}Q_{ml}^i(t)$。组件状态的概率可以表示为 $P_m^i(t)=\delta_{1m}\left[1-\sum_{s=0}^{1}Q_{1s}^i(t)\right]+\sum_{s=0}^{1}\int_0^t q_{1s}^i(\tau)P_{sm}^i(t-\tau)\mathrm{d}\tau$，$q_{1s}^i(\tau)=\dfrac{\mathrm{d}Q_{1s}^i(\tau)}{\mathrm{d}\tau}$，$\delta_{1m}=\begin{cases}1, m=1\\0, m\neq 1\end{cases}$。

表 2-2 给出了相应组件失效时间和维修时间分布的形状参数和尺度参数，以及相应组件失效时预防性维修组件的优先级排序。

表 2-2　组件 CCMP 排序

i	θ_{1i}	γ_{1i}	θ_{2i}	γ_{2i}	CCMP($t=200$)
1	300	3	15	3	$I_{4\mid 1}^C(t)>I_{5\mid 1}^C(t)>I_{2\mid 1}^C(t)>I_{3\mid 1}^C(t)>I_{6\mid 1}^C(t)>I_{7\mid 1}^C(t)$ $\max\limits_{z_j}\sum\limits_{j\neq i_1,i_2,\cdots,i_m} I_{j\mid i_1,i_2,\cdots,i_m}^M(t)\cdot z_j$ $\{z_j^*, j\neq i_1,i_2,\cdots,i_m\}$ $c_{i_1},c_{i_2},\cdots,c_i+\sum\limits_{j\neq i_1,i_2,\cdots,i_m} c_j z_j\leqslant C, z_j\in\{0,1\}t=[200,c=10000]j$ $m\theta_{1i}$
2	240	2	20	2	$I_{5\mid 2}^C(t)>I_{6\mid 2}^C(t)>I_{7\mid 2}^C(t)$
3	220	3	23	3	$I_{5\mid 3}^C(t)>I_{6\mid 3}^C(t)>I_{7\mid 3}^C(t)$
4	210	2	19	2	$I_{1\mid 4}^C(t)>I_{2\mid 4}^C(t)>I_{3\mid 4}^C(t)>I_{5\mid 4}^C(t)>I_{6\mid 4}^C(t)>I_{7\mid 4}^C(t)$
5	250	2	15	3	$I_{2\mid 5}^C(t)>I_{3\mid 5}^C(t)>I_{6\mid 5}^C(t)>I_{7\mid 5}^C(t)$
6	350	3	14	3	$I_{2\mid 6}^C(t)>I_{5\mid 6}^C(t)>I_{3\mid 6}^C(t)>I_{7\mid 6}^C(t)$
7	220	2	17	2	$I_{2\mid 7}^C(t)>I_{5\mid 7}^C(t)>I_{3\mid 7}^C(t)>I_{6\mid 7}^C(t)$

在表 2-2 中，θ_{1i}、γ_{1i}、θ_{2i}、γ_{2i} 分别对应形状和比例参数的失效时间分布和维修时间分布。

2.2　基于优先级重要度的组件预防性维修策略

2.2.1　基于多态系统性能的优先级重要度

假设系统有 n 个组件和 M 种系统状态，组件之间相互独立且组件处于不同的状态会导致系统不同的性能水平。当多态系统中某个组件或某些组件失效时，在有限成本和时间资源的限制下，如何充分利用有限资源对失效组件进行维修，维修至何种状态以及对其余哪些未失效组件进行预防性维修是至关重要的。本节基于系统性能，利用组件维修优先级重要度的思想来解决此问题。

令 $a_0 \leqslant a_1 \leqslant \cdots \leqslant a_M$ 代表与系统状态空间 $\{0,1,\cdots,M\}$ 相对应的性能水平。假设 $a_0 = 0$，则系统的性能函数表示为

$$U(X(t)) = \sum_{v=1}^{M} a_v \Pr[\Phi(X(t)) = v] = \sum_{v=1}^{M} a_v \Pr[\Phi(X_1(t), X_2(t), \cdots, X_n(t)) = v] \tag{2-23}$$

其中，$X_i(t)$ 表示组件 i 在时间 t 的状态 $X_i(t) = 0,1,2,\cdots,M_i$；$X(t) = X_1(t), X_2(t), \cdots, X_n(t)$ 表示组件的状态向量；$\Phi(X(t))$ 为系统结构函数。

根据式(2-23)以及 Griffith 重要度，有

$$U(X(t)) = \sum_{v=1}^{M} (a_v - a_{v-1}) \Pr[\Phi(0_i, X(t)) \geqslant v] + I_i^G(t) \rho_i(t)^{\mathrm{T}}, \rho_i(t) = (\rho_{i1}(t), \rho_{i2}(t), \cdots, \rho_{iM_i}(t)) \tag{2-24}$$

其中，$I_i^G(t) = (I_{i1}^G(t), I_{i2}^G(t), \cdots, I_{iM_i}^G(t)) = \left(\dfrac{\partial U(X(t))}{\partial \rho_{i1}(t)}, \dfrac{\partial U(X(t))}{\partial \rho_{i2}(t)}, \cdots, \dfrac{\partial U(X(t))}{\partial \rho_{iM_i}(t)} \right)$，$\rho_{iM}(t) = \Pr[X_i(t) \geqslant m]$。

但是，对于多态系统，区分组件或组件状态的优先级变得更加复杂。这是因为多态系统的性能可以通过性能实用程序或状态退化来衡量。在本章中，我们考虑以下多态系统的情况。

当系统状态低于 K 时，需要对其进行维护。状态 K 是阈值系统状态。系统状态是所有组件状态的函数。如果系统状态低于 K，则某些组件的状态低于其阈值状态。假设状态 K_i 是组件 i 的阈值状态。一旦组件 i 状态降级到 K_i 以下，就会立即出现某种性能症状并引起注意。假设观察到的状态为 $(K_0)_i$，当组件 i 的状态低于 K_i 时，则 $(K_0)_i < K_i$。

如果组件 i 降级到 K_i 以下，则令组件 $j(j \neq i)$ 的维修优先级重要度为

$$I_{j|i}^M(t) = H_{j|i} I_{j|i}(t) \tag{2-25}$$

$$H_{j|i} = \begin{cases} 1, & \Phi((<K)_i, X(t)) < K \\ 0, & \Phi((<K)_i, X(t)) \geqslant K \end{cases} \tag{2-26}$$

其中，$(<K)_i$ 表示组件 i 的状态降级到其阈值状态 K_i 以下。组件 i 的状态已降级，所以 $I_{j|i}(t)$ 是组件 j 的联合重要度。

首先，在以下两种情况下，我们给出 $I_{j|i}(t)$ 的对应表达式，以分析在多态系统中维修组件 i 时组件 j 对系统性能的影响。

情况 1：当组件 i 的观测状态为 $(K_0)_i$ 时，如果无法观察到与性能相对应的其他

组件状态，则使用组件 j 的阈值状态 $K_j, j \neq i$ 表示组件 j 的跳跃。对于多态组件，当观察到的组件 i 的状态为 $(K_0)_i$ 时，有 $U((K_0)_i, X(t)) = \sum_{v=1}^{M} a_v \Pr[\Phi(X_1(t), \cdots, X_{i-1}(t), K_0, X_{i+1}(t), \cdots, X_n(t)) = v]$。基于此并结合重要度的思想，根据式(2-24)可以得到情况 1 下维修组件 i 时组件 j 对系统性能的影响为

$$
\begin{aligned}
I_{j|i}(t) &= \frac{\partial U((K_0)_i, X(t))}{\partial \rho_{jK_j}(t)} \\
&= \sum_{v=1}^{M} (a_v - a_{v-1}) \{\Pr[\Phi((K_0)_i, K_j, X(t)) \geqslant v] - \Pr[\Phi((K_0)_i, (K-1)_j, X(t)) \geqslant v]\}
\end{aligned}
\tag{2-27}
$$

情况 2：如果还可以观察到与性能相对应的其他组件状态，则假定组件 j 的观察状态为 (K_0)，其中 $j \neq i$ 且 $(K_0)_j > K_j$。因此根据式(2-24)，当组件 i 被维修时，组件 j 对系统性能的影响为

$$
\begin{aligned}
I_{j|i}(t) &= \frac{\partial U((K_0)_i, X(t))}{\partial \rho_{j(K_0)_j}(t)} \\
&= \sum_{v=1}^{M} (a_v - a_{v-1}) \{\Pr[\Phi((K_0)_i, (K_0)_j, X(t)) \geqslant v] - \Pr[\Phi((K_0)_i, (K_0 - 1)_j, X(t)) \geqslant v]\}
\end{aligned}
\tag{2-28}
$$

2.2.2　组件预防性维修策略

在本节中，我们将分析针对两种维修策略的变化，及如何确定两种维修策略中的 PM 组件。

维修策略 A：一旦组件的状态降级到其阈值状态以下，则可以找到并必须维修相应的组件。在这种情况下，维修的组件可能是关键的或非关键的。如果维修的组件很重要，则系统必须停止工作。PM 可以在所有其他组件上执行。如果维护的组件不是关键组件，则系统不必停止工作。PM 可以在非关键组件上执行。

如果组件 i 的状态降级到其阈值状态 K_i 以下，则在维修策略 A 下，基于式(2-25)和式(2-26)组件 j 的 CCMP 为

$$
I_{j|i}^{M}(t) = H_{j|i} I_{j|i}(t)
$$

$$
H_{j|i} = \begin{cases} 1, & \Phi((<K)_i, X(t)) < K \\ 1, & \Phi((<K)_i, X(t)) \geqslant K, \quad j \in \{j \mid \Phi((<K)_i, (<K)_j, X(t) \geqslant K)\} \\ 0, & \text{其他} \end{cases}
\tag{2-29}
$$

其中，符号 $(<K)_i$ 表示组件 i 的状态降级到其阈值状态 K_i 以下。符号 $(<K)_j$ 表示组件 j 的状态降级到其阈值状态 K_j 以下。如果组件 i 的状态降级到 K_i 以下，则会导致

系统结构函数 $\Phi(\cdot)$ 的值减小到其阈值状态 K 以下，即 $\Phi((<K)_i, X(t)) < K$，则组件 i 至关重要，系统停止运行。因此，可以对所有其他组件 $j \in \{1,\cdots,i-1,i+1,\cdots,n\}$ 执行 PM。如果 $\Phi((<K)_i, X(t)) \geqslant K$，则组件 i 是非关键的。因此，可以对非关键组件 $j \in \{j \mid \Phi((<K)_i,(<K)_j, X(t) \geqslant K)\}$ 执行 PM。

在对组件 i 进行维修时，应首先选择具有最大 $I^M_{j|i}(t)$ 的组件 j 执行 PM，以便可以最佳地提高系统性能。然后，我们应该按照组件 $I^M_{j|i}(t)$ 的排名为 PM 选择优先顺序。

维修策略 B： 当某些组件的降级导致系统状态降级到其阈值状态 K 以下时，进行维修活动，然后可以找到相应的组件。在这种情况下，维修的组件可能包含一些关键组件或一些非关键组件。假设导致系统状态降级到其阈值状态 K 以下的一组降级组件为 $i_1,i_2,\cdots,i_m$。实际上，组件 $i_1,i_2,\cdots,i_m$ 的集合是系统的割集。根据维修策略 B，当维修组件 $i_1,i_2,\cdots,i_m$ 时，系统将停止工作，并且可以对所有其他组件执行 PM。

(1) 在情况 1 下，当组件 $i_1,i_2,\cdots,i_m$ 的观测状态为 $(K_0)_{i_1},(K_0)_{i_2},\cdots,(K_0)_{i_m}$ 时，如果其他组件无法观察到与性能相对应的状态，基于式 (2-25) 和式 (2-26)，则组件 $j(j \neq i_1,i_2,\cdots,i_m)$ 的 CCMP 可表示为

$$
\begin{aligned}
I^M_{j|i_1,i_2,\cdots,i_m}(t) = I_{j|i_1,i_2,\cdots,i_m}(t) &= \frac{\partial U((K_0)_{i_1},(K_0)_{i_2},\cdots,(K_0)_{i_m}, X(t))}{\partial \rho_{jK_j}(t)} \\
&= \sum_{v=1}^{M}(a_v - a_{v-1})\begin{bmatrix} \Pr[\Phi((K_0)_{i_1},(K_0)_{i_2},\cdots,(K_0)_{i_m},K_j,X(t)) \geqslant v] \\ -\Pr[\Phi((K_0)_{i_1},(K_0)_{i_2},\cdots,(K_0)_{i_m},(K-1)_j,X(t)) \geqslant v] \end{bmatrix}
\end{aligned} \tag{2-30}
$$

(2) 在情况 2 下，当组件 $i_1,i_2,\cdots,i_m$ 的观测状态为 $(K_0)_{i_1},(K_0)_{i_2},\cdots,(K_0)_{i_m}$ 时，如果其他组件可以观察到与性能相对应的状态，基于式 (2-25) 和式 (2-26)，则组件 $j(j \neq i_1,i_2,\cdots,i_m)$ 的 CCMP 可表示为

$$
\begin{aligned}
I^M_{j|i_1,i_2,\cdots,i_m}(t) = I_{j|i_1,i_2,\cdots,i_m}(t) &= \frac{\partial U((K_0)_{i_1},(K_0)_{i_2},\cdots,(K_0)_{i_m}, X(t))}{\partial \rho_{j(K_0)_j}(t)} \\
&= \sum_{v=1}^{M}(a_v - a_{v-1})\begin{bmatrix} \Pr[\Phi((K_0)_{i_1},(K_0)_{i_2},\cdots,(K_0)_{i_m},(K_0)_j,X(t)) \geqslant v] \\ -\Pr[\Phi((K_0)_{i_1},(K_0)_{i_2},\cdots,(K_0)_{i_m},(K_0-1)_j,X(t)) \geqslant v] \end{bmatrix}
\end{aligned} \tag{2-31}
$$

当系统割集中的组件 $i_1,i_2,\cdots,i_m$ 降级到其阈值状态以下，系统停止工作。当组件 $i_1,i_2,\cdots,i_m$ 进行维护时，应首先选择具有最大 $I^M_{j|i_1,i_2,\cdots,i_m}(t)$ 的组件 j 作为 PM 的组件，以便可以最佳地提高系统性能。

考虑到有限的维修成本，在给定固定的总维修成本 C 的情况下，我们应该确定执行 PM 的组件集，以最大程度地提高预期的系统性能。

(1) 当每个组件的维修成本相同时，可以根据 $I^M_{j|i}(t)$ 和 $I^M_{j|i_1,i_2,\cdots,i_m}(t)$ 对组件重要性度量的排名来确定 PM 的组件。

(2) 在每个组件 PM 成本不同的情况下，重要度较大的组件也可能导致较大的

PM 成本。在这种情况下，用 $I_{j|i}^{M}(t)$ 和 $I_{j|i_1,i_2,\cdots,i_m}^{M}(t)$ 将 PM 优先级分配给具有较大重要度的组件并不总是最佳的。因此，我们应该使用以下整数规划模型来确定 PM 组件。

执行维修策略 A 时： 当组件 i 进行维修时，我们需要解决以下整数规划问题

$$\begin{aligned}&\max_{z_j}\sum_{j\neq i} I_{j|i}^{M}(t)\cdot z_j\\ &\text{s.t.}\quad c_i+\sum_{j\neq i} c_j z_j \leqslant C,\quad z_j\in\{0,1\}\end{aligned} \tag{2-32}$$

其中，c_i 是组件 i 的维修成本，c_j 表示组件 j 的维修成本，z_j 表示是否维修组件 j 的决策变量。z_j 只能采用 0 和 1 之间的值。

执行维修策略 B 时： 当组件 $i_1,i_2,\cdots,i_m$ 进行维修时，我们需要解决以下整数规划问题

$$\begin{aligned}&\max_{z_j}\sum_{j\neq i_1,i_2,\cdots,i_m} I_{j|i_1,i_2,\cdots,i_m}^{M}(t)\cdot z_j\\ &\text{s.t.}\quad c_{i_1}+c_{i_2}+\cdots+c_{i_m}+\sum_{j\neq i_1,i_2,\cdots,i_m} c_j z_j \leqslant C,\quad z_j\in\{0,1\}\end{aligned} \tag{2-33}$$

其中，$c_{i_1},c_{i_2},\cdots,c_{i_m}$ 分别是组件 $i_1,i_2,\cdots,i_m$ 的维修成本。

对于上述整数规划模型，假设最优维修策略为 $\{z_j^*, j\neq i\}$ 和 $\{z_j^*, j\neq i_1,i_2,\cdots,i_m\}$，则最优 PM 组件集为 $\{j\,|\,z_j^*=1\}$。实际上，$\sum_{j\neq i} z_j^*$ 和 $\sum_{j\neq i_1,i_2,\cdots,i_m} z_j^*$ 是要维修的组件总数。此外，如果考虑维修时间，则我们假设组件 PM 的总时间少于故障组件的总修复性维修时间。否则，PM 将延迟系统运行，这将导致巨大的经济损失。

2.2.3 不同维修策略下的韧性分析

根据系统性能函数，司书宾等提出并扩展了组件状态的综合重要度，该重要度评估了组件状态的转变如何影响系统性能。综合重要度表示因组件在某个时刻 t 从状态 z 退化到状态 0 而导致的系统性能损失。因此综合重要度定义为

$$I_i^{\text{IIM}}(t)=P_z^i(t)\cdot\lambda_{z,0}^i(t)\cdot\sum_{k=1}^{M}\{\Pr[\Phi(z_i,X(t))=k]-\Pr[\Phi(0_i,X(t))=k]\} \tag{2-34}$$

其中，$P_z^i(t)$ 为组件 i 在 t 时刻处于状态 z 的概率。$\lambda_{z,0}^i(t)$ 表示组件 i 在 t 时刻从状态 z 到状态 0 的概率。$\Pr[\Phi(z_i,X(t))=k]$ 表示组件 i 在 t 时刻处于状态 z 时满足 $\Phi(z_i,X(t))=k$ 的概率。$\Pr[\Phi(0_i,X(t))=k]$ 表示组件 i 在 t 时刻处于失效状态时满足 $\Phi(0_i,X(t))=k$ 的概率。

执行维修策略 A 时： 此时组件 i 失效，单位时间内系统性能的损失等于组件 i 从状态 z 退化到状态 s 而导致的系统性能损失，根据式(2-34)，组件 i 的脆弱重要度(Vulnerability Importance Measure，VIM)为

$$\begin{aligned}\mathrm{VIM}(t)&=P_z^i(t)\cdot\lambda_{z,0}^i(t)\cdot\sum_{k=1}^{M}a_k\{\Pr[\Phi(z_i,X(t))=k]-\Pr[\Phi(0_i,X(t))=k]\}\\&\quad-P_s^i(t)\cdot\lambda_{s,0}^i(t)\cdot\sum_{k=1}^{M}a_k\{\Pr[\Phi(s_i,X(t))=k]-\Pr[\Phi(0_i,X(t))=k]\}\\&=I_i^{\mathrm{IIM}}(t)_{z_i}-I_i^{\mathrm{IIM}}(t)_{s_i}\end{aligned}\tag{2-35}$$

其中，状态 s 低于组件可运行状态阈值。

在维修失效组件 i 以及 PM 组件集 $\{j\,|\,z_j^*=1,j\neq i\}$ 的过程中，单位时间内系统性能的改善等于 PM 组件集中所有组件经过 PM 使系统恢复的性能值，令组件 i 的恢复重要度(Recovery Importance Measure，RIM)为

$$\mathrm{RIM}_{j|i}(t)=I_{j|i}^{\mathrm{IIM}}(t)_{\{j|z_j^*=1,j\neq i\}}^{\mathrm{APM}}-I_{j|i}^{\mathrm{IIM}}(t)_{\{j|z_j^*=1,j\neq i\}}^{\mathrm{BPM}}\tag{2-36}$$

其中，$\mathrm{RIM}_{j|i}(t)$ 表示当组件 i 进行修复性维修时 PM 组件集对系统性能改善的贡献。APM 表示在组件集执行 PM 之后，BPM 表示在组件集执行 PM 之前。

因此，基于系统韧性，提出了韧性效率重要度(Resilience Efficiency Importance Measure，REIM)，以衡量单个或多个组件同时发生故障后维修故障组件的修复效益，根据式(2-35)和式(2-36)，韧性效率重要度定义为

$$\mathrm{REIM}_i(t)=\frac{\mathrm{RIM}_{j|i}(t)}{\mathrm{VIM}_i(t)}\tag{2-37}$$

其中，组件 i 的 REIM 值等于系统中所有 PM 组件集的 RIM 值之和与自身的 VIM 值之和的比值。组件的 REIM 值越大，对其进行维修时，系统性能的恢复效率就越高，这意味着应为该组件提供更高的维修优先级。

执行维修策略 B 时：此时组件 $i_1,i_2,\cdots,i_m$ 失效，单位时间内系统性能的损失等于组件 $i_1,i_2,\cdots,i_m$ 从状态 z 退化到状态 s 而导致的系统性能损失，则组件 $i_1,i_2,\cdots,i_m$ 的脆弱重要度定义为

$$\begin{aligned}\mathrm{VIM}_{i_m}(t)&=P_z^{i_m}\cdot\lambda_{z,0}^{i_m}(t)\cdot\sum_{k=1}^{M}a_k[\Pr(\Phi(z_{i_m},X(t))=k)-\Pr(\Phi(0_i,X(t))=k)]\\&\quad-P_s^{i_m}(t)\cdot\lambda_{s,0}^{i_m}(t)\cdot\sum_{k=1}^{M}a_k[\Pr(\Phi(s_{i_m},X(t))=k)-\Pr(\Phi(0_{i_m},X(t))=k)]\\&=I_{i_m}^{\mathrm{IIM}}(t)_{z_{i_m}}-I_{i_m}^{\mathrm{IIM}}(t)_{s_{i_m}}\end{aligned}\tag{2-38}$$

$$\mathrm{VIM}_{i_1,i_2,\cdots,i_m}(t)=\sum_{m}^{n=1}\mathrm{VIM}_{i_m}(t)\tag{2-39}$$

在维修失效组件 $i_1,i_2,\cdots,i_m$ 以及 PM 组件集 $\{j\,|\,z_j^*=1,j\neq i_1,i_2,\cdots,i_m\}$ 的过程中，单位时间内系统性能的改善等于 PM 组件集中所有组件经过 PM 使系统恢复的性能值，则为组件 $i_1,i_2,\cdots,i_m$ 的恢复重要度定义为

$$\mathrm{RIM}_{j|i_1,i_2,\cdots,i_m}(t) = I^{\mathrm{IIM}}_{j|i_1,i_2,\cdots,i_m}(t)^{\mathrm{APM}}_{\{j|z_j^*=1, j\neq i_1,i_2,\cdots,i_m\}} - I^{\mathrm{IIM}}_{j|i}(t)^{\mathrm{BPM}}_{\{j|z_j^*=1, j\neq i_1,i_2,\cdots,i_m\}} \tag{2-40}$$

其中，$\mathrm{RIM}_{j|i_1,i_2,\cdots,i_m}(t)$ 表示当组件 $i_1,i_2,\cdots,i_m$ 进行修复性维修时 PM 组件集对系统性能改善的贡献。结合式(2-38)、式(2-39)和式(2-40)，韧性效率重要度则为

$$\mathrm{REIM}_{j|i_1,i_2,\cdots,i_m}(t) = \frac{\mathrm{RIM}_{j|i_1,i_2,\cdots,i_m}(t)}{\mathrm{VIM}_{i_1,i_2,\cdots,i_m}(t)} \tag{2-41}$$

2.2.4 案例分析

A380 飞机采用了一种双体系结构的飞行控制系统。这是一种混合的飞行控制作动电源分配系统，即把用于备份系统的分布式电作动器与主动控制的常规电传液压伺服控制结合起来，形成 4 套独立的主飞行控制系统。其中 2 套系统采用传统的以液压为动力的作动系统，另外 2 套以电为动力。因此，这种体系结构也称为 2H/2E 结构布局。如图 2-2

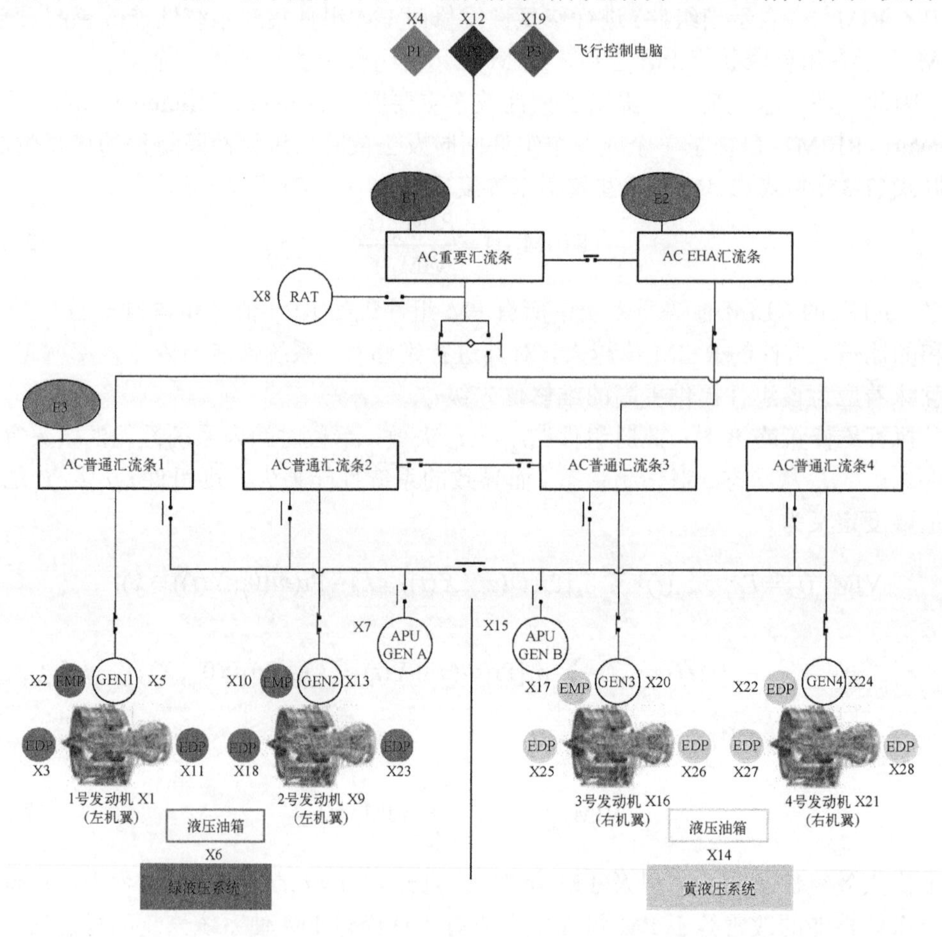

图 2-2　A380 飞机液压动力作动系统(见彩图)

所示，其中 2H 为传统液压动力作动系统，分别为绿液压系统和黄液压系统位于两侧机翼相互对称，总共由 8 台发动机驱动泵(Engine Driven Pump，EDP)和 4 台带电控及电保护的交流电动泵(AC-motor Driven Pump，ACMP)组成两主液压系统的泵源，为飞机主飞控、起落架、前轮转弯及其他相关系统提供液压动力。所有 EDP 通过离合器与发动机相连，单独关闭任何一个 EDP 都不会影响其他 EDP 工作及系统级性能。

A380 飞机系统中有许多重要组件，其中有一些关键组件如果失效会对整个飞机的可靠性造成极大影响，所以它们的正常运行至关重要，但又因为这些组件的可靠性较高，因此必须得对这些组件进行预防性维护来最大限度地提高系统性能。A380 飞机系统中的一些重要组件如表 2-3 所示。

表 2-3　A380 飞机重要组件

编号	名称	编号	名称
X1	发动机 No.1	X15	APU 发电机 No.2
X2	电动泵 No.1	X16	发动机 No.3
X3	发动机驱动泵 No.1	X17	电动泵 No.3
X4	飞行控制电脑 No.1	X18	发动机驱动泵 No.3
X5	发电机 No.1	X19	飞行控制电脑 No.3
X6	液压油箱 No.1	X20	发电机 No.3
X7	APU 发电机 No.1	X21	发动机 No.4
X8	冲压空气涡轮	X22	电动泵 No.4
X9	发动机 No.2	X23	发动机驱动泵 No.4
X10	电动泵 No.2	X24	发电机 No.4
X11	发动机驱动泵 No.2	X25	发动机驱动泵 No.5
X12	飞行控制电脑 No.2	X26	发动机驱动泵 No.6
X13	发电机 No.2	X27	发动机驱动泵 No.7
X14	液压油箱 No.2	X28	发动机驱动泵 No.8

假设各组件服从 Weibull 分布 $W(t;\theta,\gamma)$，各组件的可靠性表达式为 $R(t)=\mathrm{e}^{-\left(\frac{t}{\theta}\right)^{\gamma-1}}$，故障率表达式为 $\lambda(t)=\frac{\gamma}{\theta}\left(\frac{t}{\theta}\right)^{\gamma-2}$，其中各组件失效时间的尺度和形状参数如表 2-4 所示。由于 A380 飞机液压系统存在高度的对称性和独立性，所以将其系统的所有状态进行简化，包含完美运行和完全失效共有 17 种状态，液压系统的状态以及相应的性能参数如表 2-5 所示。

表 2-4　各组件尺寸和形状参数的失效时间

序号	组件	编号	θ	γ
1	发动机	X1、X9、X16、X21	4385	1.95
2	电动泵	X2、X10、X17、X22	1643	2.13
3	发动机驱动泵	X3、X11、X18、X23、X25、X26、X27、X28	2045	2.43
4	飞行控制电脑	X4、X12、X19	3015	2.24
5	发电机	X5、X13、X20、X24	3963	1.68
6	液压油箱	X6、X14	3364	1.21
7	APU 发电机	X7、X15	3648	1.79
8	冲压空气涡轮	X8	4031	1.46

表 2-5　系统状态及相应性能参数

j	系统状态						a_j
1	X5						0.75
2	X6						0.7
3	X4						0.65
4	X5	X13					0.5625
5	X5	X6					0.525
6	X5	X4					0.4875
7	X6	X4					0.455
8	X4	X12					0.4225
9	X5	X13	X20				0.4219
10	X5	X6	X4				0.3413
11	X5	X13	X6	X4			0.2559
12	X5	X6	X4	X12			0.2218
13	X5	X13	X20	X6	X4		0.1920
14	X5	X13	X6	X4	X12		0.1664
15	X5	X13	X20	X6	X4	X12	0.1248
16	完全失效状态						0
17	完美状态						1

根据不同的维修策略，将各组件参数进行分析可以得出在不同单个组件或多个组件失效的情况下，其余各组件的维修优先级。

如图 2-3 所示，在维修策略 A 的情形下，当组件 X4、X5 以及 X6 单独降级至阈值以下时，组件的维修优先级均是先上升后下降的趋势。其中，X4 失效时，其余组件的 CCMP 值上升相对较缓，而 X6 失效时，其余组件的 CCMP 值接近垂直上升至最高点。当 t 在区间 (0,200) 时，不同组件的 CCMP 值发生的变化较大，交错较多，随后趋于平缓直至为 0。综合来看，当某一个飞行控制电脑或者发电机单独失效时，EDP 和 EMP 的预防性维修优先级较高，发电机次之；当某一个液压油箱失效时，初期发电机的预防性维修优先级最高，EDP 和 EMP 次之，随着时间推移发电机的优先级仍会降至第三高；飞行控制电脑和 RAT 则一直处于最低的维修优先级，可以看出，对于整个 A380 飞机液压系统来说，飞行控制电脑和 RAT 的重要度最高，当飞行控制电脑或 RAT 发生故障时，整个液压系统也跟着出现故障，导致飞机液压作动器失效，从而影响飞机的飞行安全。

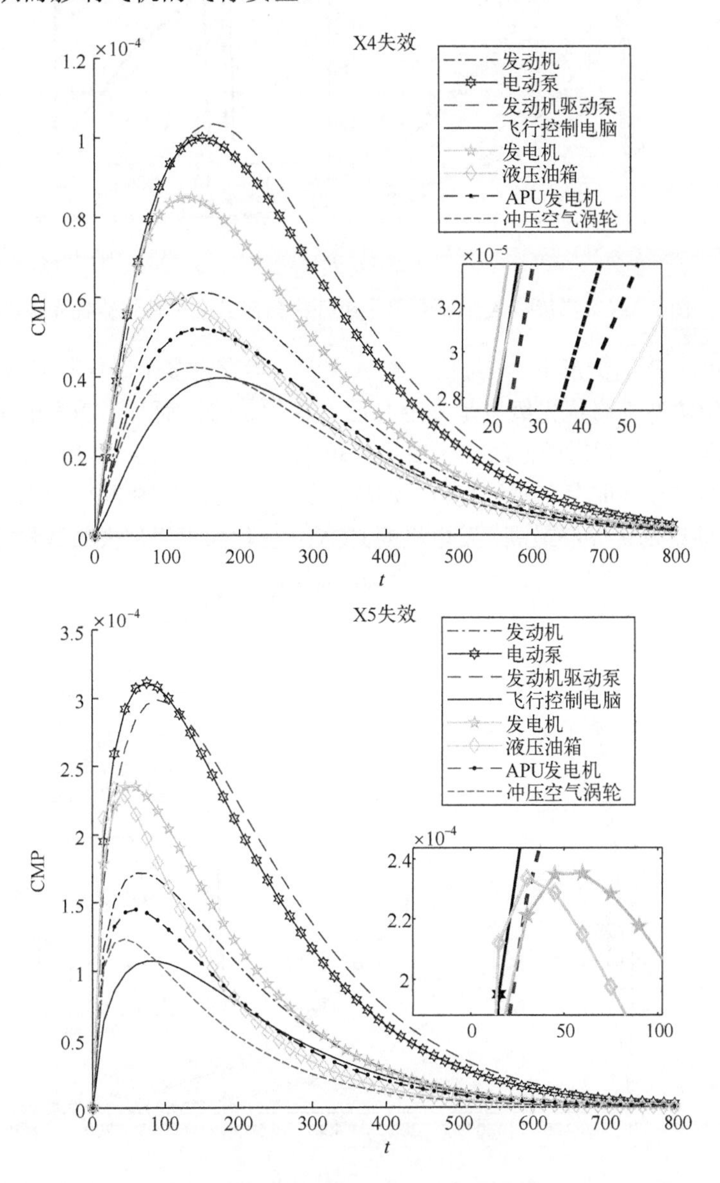

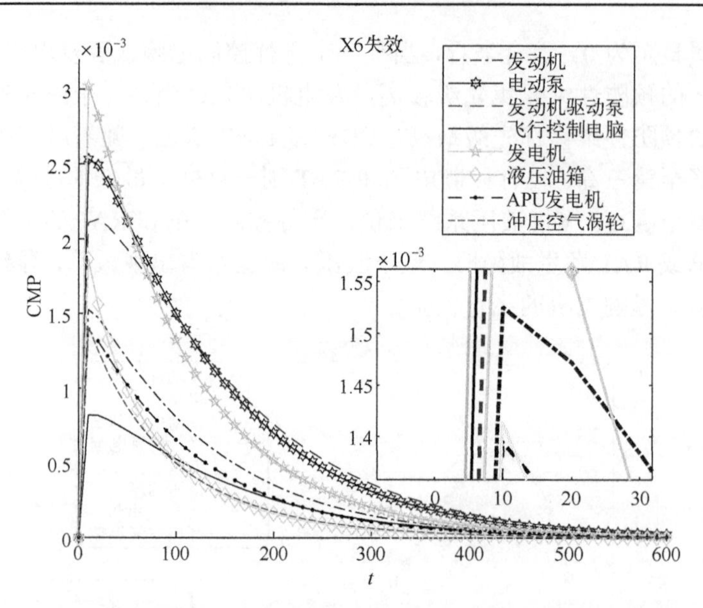

图 2-3　维修策略 A 下不同单个组件失效时其余组件维修优先级

在维修策略 B 的情形下，与维修策略 A 类似，当存在多个组件降级至阈值以下时，其余组件的预防性维修优先级也是先上升后下降的趋势，而且当越多的组件失效时，波峰越向后推迟，但相对的曲线交错变化也越来越类似，如图 2-4 所示。所有情况下，CCMP 值更多在波峰前存在变化交错，波峰后趋于平缓。与图 2-2 类似，其中 EDP 和 EMP 的预防性维修优先级最高，发电机的 CCMP 变化随着组件失效数量的变化起伏明

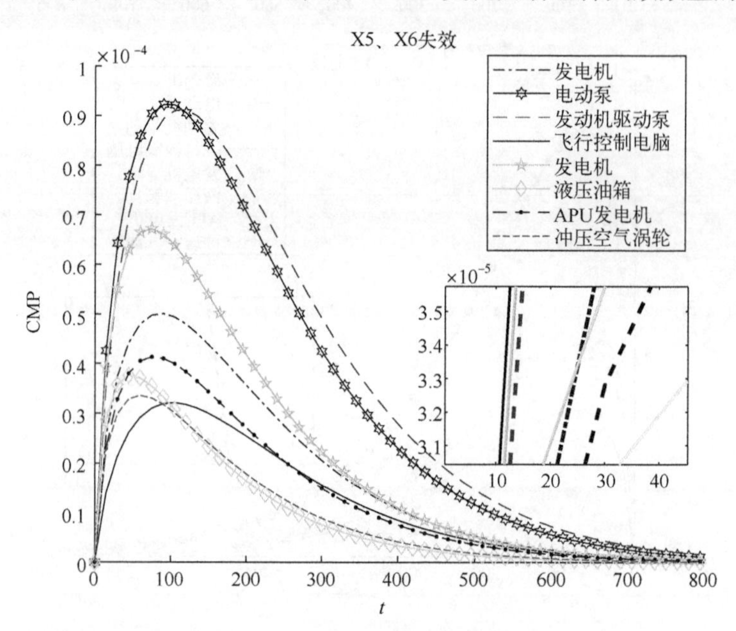

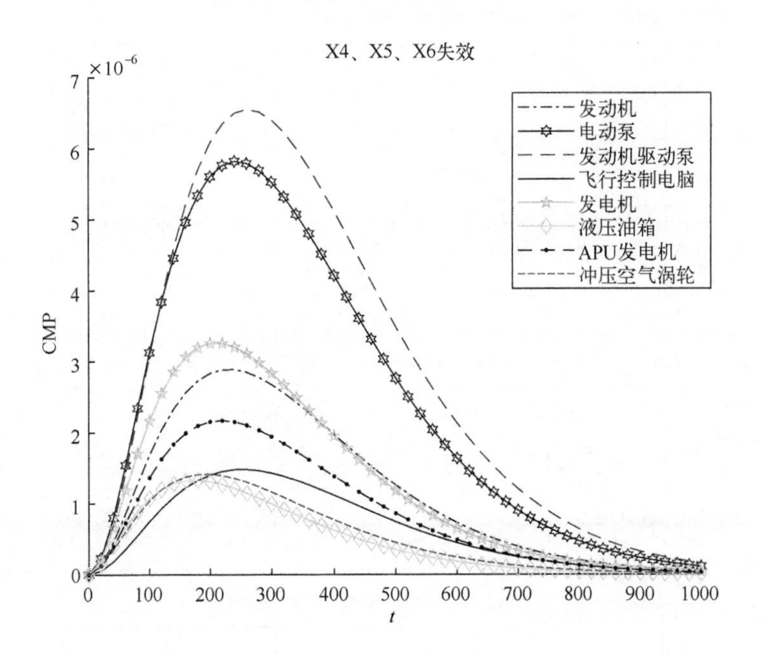
X4、X5、X6失效
$\times 10^{-6}$
CMP
t
发动机
电动泵
发动机驱动泵
飞行控制电脑
发电机
液压油箱
APU发电机
冲压空气涡轮
0
1
2
3
4
5
6
7
0
100
200
300
400
500
600
700
800
900
1000

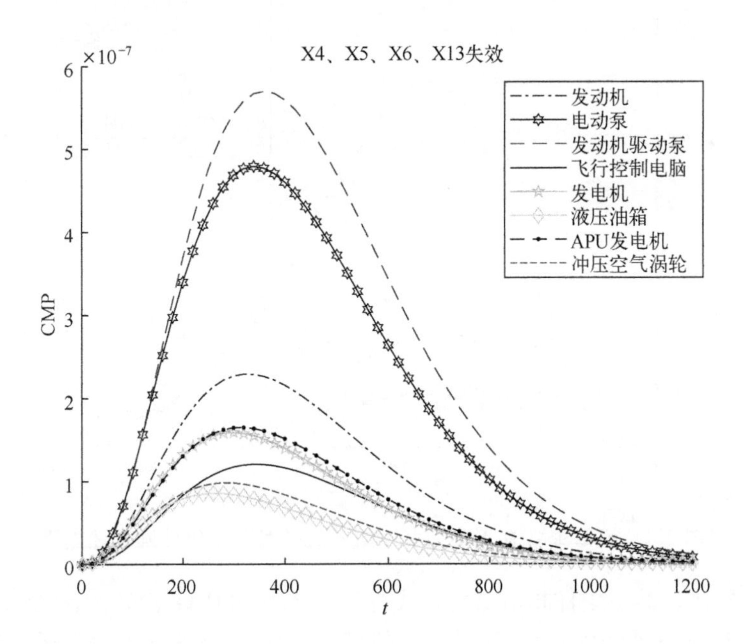
X4、X5、X6、X13失效
$\times 10^{-7}$
CMP
t
发动机
电动泵
发动机驱动泵
飞行控制电脑
发电机
液压油箱
APU发电机
冲压空气涡轮
0
1
2
3
4
5
6
0
200
400
600
800
1000
1200

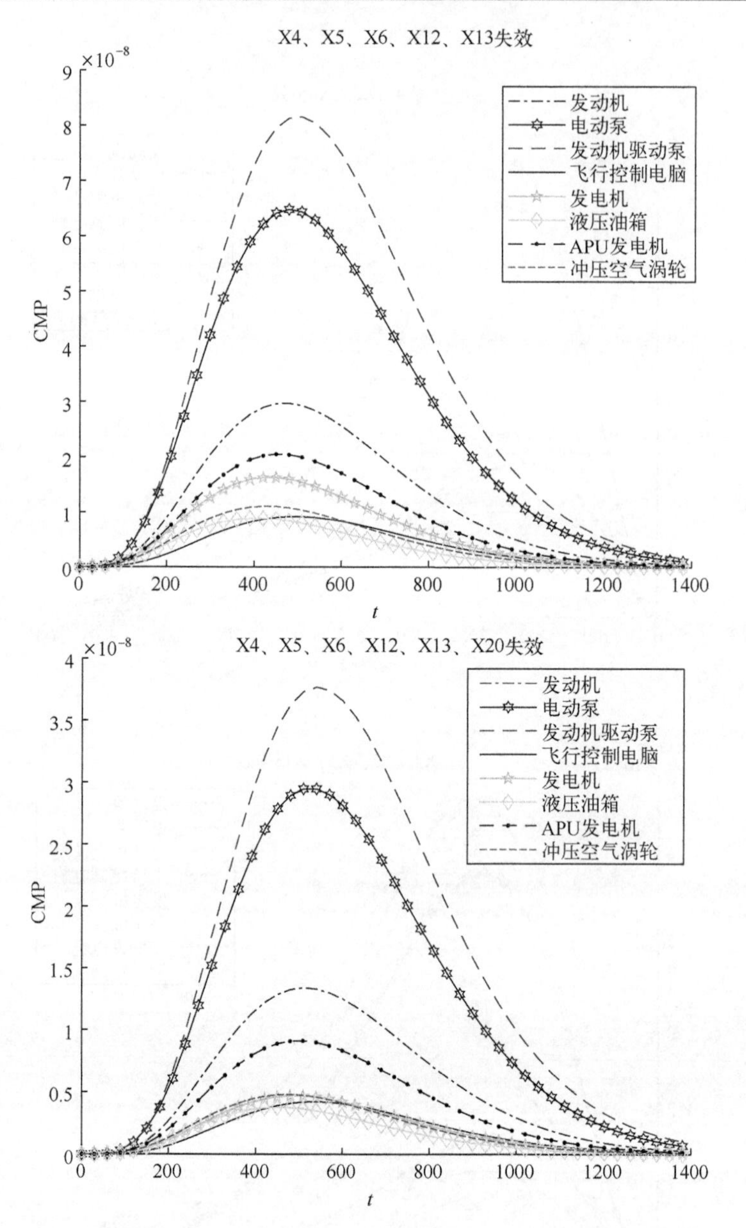

图 2-4　维修策略 B 下不同多个组件失效时其余组件维修优先级

显存在较大变化，其余组件相对稳定，飞行控制电脑和 RAT 仍处于较低优先级，而在维修策略 A 情况下维修优先级较高的液压油箱在维修策略 B 下则处于较低的级别。

分析结果后可以得出在不同阶段各组件维修优先级的综合排名，如表 2-6 和表 2-7 所示。在波峰前即前期阶段，EMP 以及 EDP 的预防性维修优先级最高，也就意味着这两组组件会经常性地进行维修，对于液压系统来说重要度也就相对较低；

而飞行控制电脑、液压油箱和 RAT 则是优先级最低的三组组件，比较难得到预防性维修，所以需要从一开始就保持组件很高的可靠性，重要度也相对较高。在波峰后即后期阶段，EMP 和 EDP 仍处于最高的预防性维修优先级，而飞行控制电脑的优先级则有明显提升，液压油箱和 RAT 是优先级最低的两组组件。综合来说，EMP 和 EDP 应属于勤维修勤更换的组件，而液压油箱和 RAT 则是较难得到维修的组件，所以需要严格保持这些高重要度组件的高可靠性，维持飞机的正常运行。

表 2-6　波峰前不同失效情形下各组件维修优先级综合排名

	发动机	电动泵	发动机驱动泵	飞行控制电脑	发电机	液压油箱	APU 发电机	冲压空气涡轮
X4	5	1	2	8	3	4	6	7
X5	5	1	2	8	4	3	6	7
X6	5	2	3	8	1	4	7	6
X5X6	4	1	2	8	3	6	5	7
X4X5X6	4	2	1	8	3	7	5	6
X4X5X6X13	3	2	1	6	4	8	5	7
X4X5X6X12X13	3	2	1	8	5	7	4	6
X4X5X6X12X13X20	3	2	1	8	5	7	4	6

表 2-7　波峰后不同失效情形下各组件维修优先级综合排名

	发动机	电动泵	发动机驱动泵	飞行控制电脑	发电机	液压油箱	APU 发电机	冲压空气涡轮
X4	4	2	1	6	3	7	5	8
X5	4	2	1	5	3	7	6	8
X6	4	2	1	6	3	8	5	7
X5X6	4	2	1	5	3	8	6	7
X4X5X6	3	2	1	6	4	8	5	7
X4X5X6X13	3	2	1	6	5	8	4	7
X4X5X6X12X13	3	2	1	6	5	8	4	7
X4X5X6X12X13X20	3	2	1	5	6	8	4	7

在确定不同阶段各组件维修优先级的综合排名之后，考虑到维修以及预防性维修存在一定的成本控制，所以不同的总维修成本会产生不同的预防性维修方案。每个组件的维修及预防性维修成本如表 2-8 所示。

表 2-8　各组件维修和预防性维修成本

序号	组件	编号	维修成本	PM 成本
1	发动机	X1，X9，X16，X21	7000	3200
2	电动泵	X2，X10，X17，X22	4000	1900

续表

序号	组件	编号	维修成本	PM 成本
3	发动机驱动泵	X3，X11，X18，X23，X25，X26，X27，X28	3900	1700
4	飞行控制电脑	X4，X12，X19	2600	1000
5	发电机	X5，X13，X20，X24	3500	1500
6	液压油箱	X6，X14	3000	1400
7	APU 发电机	X7，X15	3600	1500
8	冲压空气涡轮	X8	4200	1800

根据整数规划模型分析，可以得出在不同时刻t，存在单个或多个组件失效时，在不同总维修成本的限制下对 PM 组件集的选择。确定 PM 组件集之后，基于系统韧性，可以通过 REIM 去衡量单个或多个组件同时发生故障后维修故障组件的修复效益，如图 2-5 所示。从单组件失效图中可以看出，整体上曲线均是在初期快速下降，然后缓慢回升。X4 初期具有特别高的 REIM 即修复效益，紧接着快速降至最低，随后呈指数上升，而 X5、X6 则是在降低之后缓慢上升接着缓慢下降最后仍保持缓慢爬升状态，期间在$t=[200,9500]$时修复效益高于 X4，随后被反超。虽然在时间段后期，X4 的 REIM 值不断攀升，但是后期组件的各方面性能可靠性以及重要度均下降很快，所以在时间段后期工程师们更多地是选择更换而不是维修。和单组件失效时 X5 和 X6 的情况一致，多组件失效的情况下，所有曲线均在短时间内快速下降，随后上升接着下降最后仍保持缓慢爬升状态。整体来看，对于多组件失效的情况，失效组件数量越少，其 REIM 值越高，因为失效组件越少则VIM_{i_m}值越小。由于在前期，各个组件都处于相对较高的状态，如果突然发生组件失效，剩余非故障组件可提升的性能值并不高，而失效组件损失的性能值较高，这也是前期 REIM 值快速下降的原因。

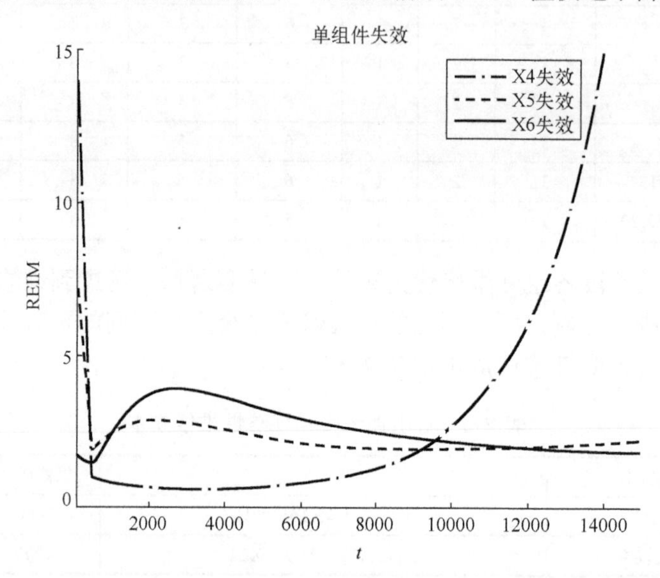

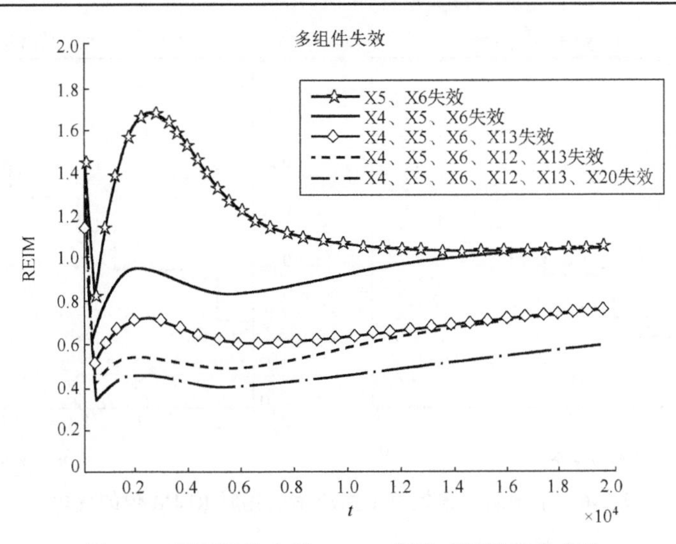

图 2-5　不同组件失效 REIM 值随时间推移的变化

讨论完不同组件失效时 REIM 整体的变化情况后，针对已确定的四种 PM 组件集的情况，分析在不同组件失效总维修成本变化时的 REIM 变化情况，如图 2-6 所示。

如图 2-6 所示，单组件失效时的 REIM 值普遍高于多组件失效时的 REIM 值，整体随着总维修成本的提高，可预防性维修的组件数量增加，进而导致了 REIM 值总体不断提高。针对 X5 和 X6 单组件失效，前期的 REIM 值上升幅度并不明显，分别在 $c=10000$ 和 $c=9500$ 时快速提升，随后的提升也不再明显，所以表明针对这两种情况，总维修费用选择为 10000 和 9500 为最佳，既可以最大程度提升系统总性能又控制了总维修成本。对于多组件失效的情况，REIM 值更多地显示为阶梯式增加，没有大幅度的变化，这是由于本身用于失效维修的成本过高，预防性维修首先保证时间不超过失效维修时间，其次则根据实际情况控制总维修成本。

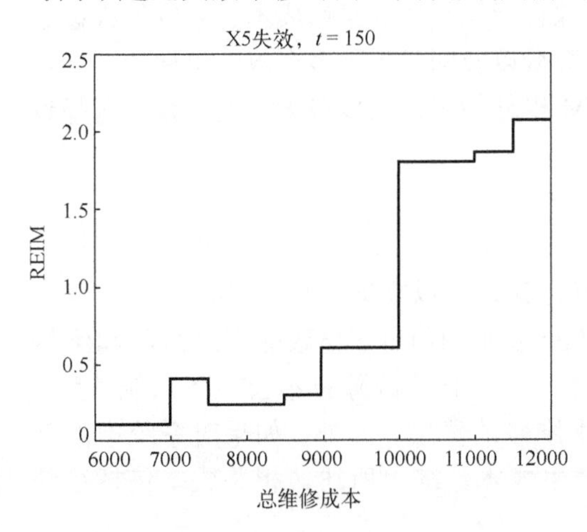

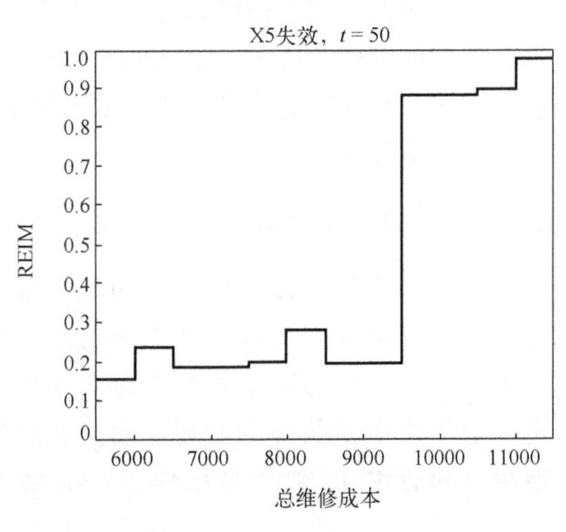

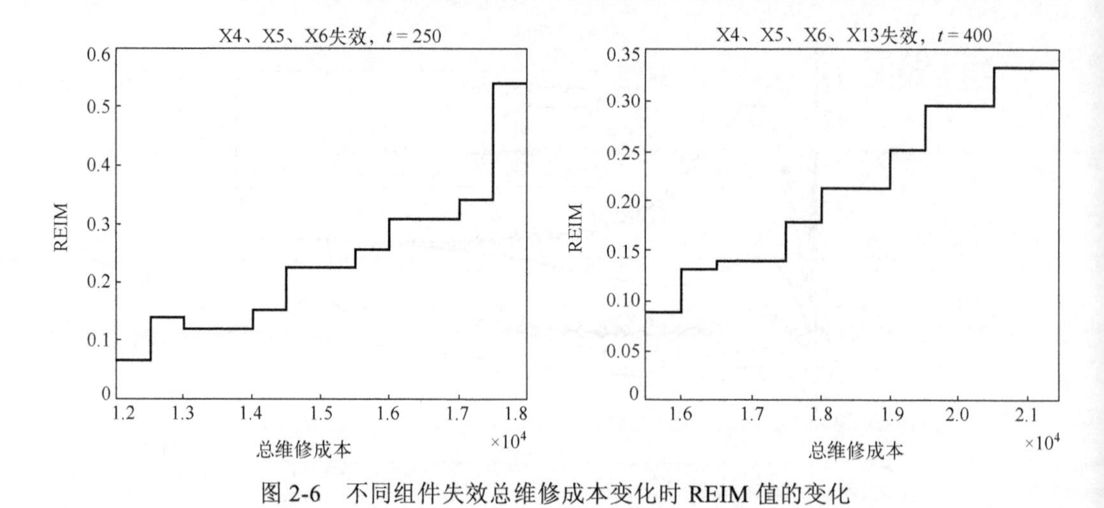

图 2-6　不同组件失效总维修成本变化时 REIM 值的变化

2.3　基于成本评估的预防性维修优先模型

为了有效降低关键组件的故障率和与安全相关的危害，并降低维修成本，工程师们采用了 PM 来提高系统性能。研究人员提出了一些选择 PM 组件的方法。但是，当不同的组件发生故障时，PM 的组件优先级可能会有所不同，从而导致各种维修策略。考虑到二阶交互作用，在一定程度上优化了 PM 策略。一个有趣的问题是：如何为 PM 选择组件以降低系统的期望总成本？现有文献尚未解决这一挑战。因此，当系统或组件发生故障时，将为其余工作组件提供 PM 优先级，以指导维修策略的制定。同时，在数学层面上，一些属性被赋予以获得更深入的理解。

PM 的不同选择会导致不同的系统成本。大多数 PM 策略对于各种系统都具有吸引人的属性。据我们所知，很少有研究综合考虑组件的维修成本、系统的维修成本、预防性维修的成本、最佳的维修组件数量以及同时出现多个故障组件的共同影响。因此，必须制定适当的措施来指导 PM 组件的选择，以最大程度地减少选择过程中的成本影响。

2.3.1　系统的期望总维修成本

假设组件的故障是自发通知的，也就是说，可以立即发现组件的故障。只有关键组件的故障才可能导致系统故障。用 $c_{s,i}$ 表示由组件 i 导致的系统故障和维修成本。如果发生故障的组件不是关键组件，那么它的故障将不会导致系统故障，也不会产生系统故障的费用，而只会产生维修的费用。此外，如果对系统中的其他组件执行 PM，则维修组件 $j(j\neq i)$ 会产生成本。综上所述，相关成本包括系统故障成本，出现故障的组件的维修成本以及在有限时间内出现故障的组件的 PM 成本。因此，除了 PM 的成本外，系统在时间间隔 $(0,t)$ 内的总期望维修成本也由式(2-42)给出

$$C(t)=\sum_{i=1}^{n}\{\{c_{s,i}\Pr[\varPhi(0_i,1)=0]+c_i+C_i^P(t)\}\Pr[x_i(t)=0]\} \tag{2-42}$$

其中，$c_{s,i}$ 是由组件 i 发生故障而导致的每个系统故障的成本，而 c_i 是由组件 i 发生故障而导致的组件维修成本。$\Pr[\varPhi(0_i,1)=0]$ 是当组件 i 发生故障时系统处于状态 0 的概率。$\Pr[x_i(t)=0]$ 是组件 i 失效的概率，它是时间的函数。$C_i^P(t)$ 是组件 i 发生故障时其他组件上执行 PM 的期望成本。

PM 只能在未发生故障的组件上执行，CM 应该在发生故障的组件上执行。如果在组件 j 上执行 PM，则意味着当组件 i 发生故障时，组件 j 处于工作状态。$\Pr[x_j=1,t]$ 是组件 j 在时间 t 工作的概率。接下来，我们讨论关键组件和非关键组件两种情况下 $C_i^P(t)$ 的表达式。

例如，当关键组件 i 发生故障时，其他组件上 PM 的期望成本可通过式(2-43)获得

$$C_i^P(t)=\sum_{j=1,j\neq i}^{n}c_{p_j}\Pr[x_j(t)=1]\Pr[\varPhi(0_i,0_j,1_{ij})=0] \tag{2-43}$$

其中，c_{p_j} 是组件 j 上 PM 的成本。$\Pr[\varPhi(0_i,0_j,1_{ij})=0]$ 是当组件 i 和 j 发生故障但其他组件未发生故障时系统处于状态 0 的概率。

但是，如果非关键组件发生故障，则可以维修的其他组件的数量将受到限制。如果组件 i 发生故障，则可以在修理组件 i 时对其他组件执行 PM。此外，如果可以在组件 j 上执行 PM，则不会导致系统故障或不必要的系统故障成本。然后，组件 j 应该满足两个条件：一个是组件 j 不是关键组件，另一个是组件 i 和组件 j 没有形成割集。

可通过式(2-44)获得当非关键组件 i 发生故障时，其他组件上的 PM 成本

$$C_i^P(t)=\sum_{j=1,j\neq i}^{n}c_{p_j}\Pr[x_j(t)=1]\Pr[\varPhi(0_i,0_j,1_{ij})=1] \tag{2-44}$$

其中，$(0_i,0_j,1_{ij})$ 表示组件 i 和 j 停止工作，而所有其他组件都在工作。当非关键组件发生故障时，意味着系统仍在运行。此时，如果需要对其余组件执行 PM，则它们不会导致系统停止运行。因此，$\Pr[\varPhi(0_i,0_j,1_{ij})=1]$ 是为 PM 选择组件 j 时系统不发生故障的概率，用于确保组件 j 满足上述两个条件。

我们可以得出系统总期望维修成本的一些属性，如下所示。

定理 2-1

(1) 假定组件 i 和组件 l 的维修成本相同。如果 $\Pr[x_i(t)=1] > \Pr[x_l(t)=1]$，则 $C(0_i,t) > C(0_l,t)$。

(2) 假设组件 i 和 l 的可靠性相同。如果 $c_{s,i}\Pr[\Phi(0_i,1)=0]+c_i > c_{s,l}\Pr[\Phi(0_l,1)=0]+c_l$，并且 $c_{p_i} < c_{p_l}$，则 $C(0_i,t) > C(0_l,t)$。

证明：

考虑到不同组件故障下的总期望系统成本函数为

$$
\begin{aligned}
C(0_i,t) = &\sum_{k=1,k\neq i,l}^{n} \{\{c_{s,k}\Pr[\Phi(0_k,1)=0]+c_k+C_k^P(t)\}\Pr[x_k(t)=0]\} \\
&+c_{s,i}\Pr[\Phi(0_i,1)=0]+c_i+C_i^P(t)+\{c_{s,l}\Pr[\Phi(0_l,1)=0]+c_l+C_l^P(t)\}\Pr[x_l(t)=0]
\end{aligned}
$$

$$
\begin{aligned}
C(0_l,t) = &\sum_{k=1,k\neq i.j}^{n} \{\{c_{s,k}\Pr[\Phi(0_k,1)=0]+c_k+C_k^P(t)\}\Pr[x_k(t)=0]\} \\
&+\{c_{s,i}\Pr[\Phi(0_i,1)=0]+c_i+C_i^P(t)\}\Pr[x_i(t)=0]+c_{s,l}\Pr[\Phi(0_l,1)=0]+c_l+C_l^P(t)
\end{aligned}
$$

$$
\begin{aligned}
&C(0_i,t)-C(0_l,t) \\
=&\{c_{s,i}\Pr[\Phi(0_i,1)=0]+c_i+C_i^P(t)\}(1-\Pr[x_i(t)=0]) \\
&+\{c_{s,l}\Pr[\Phi(0_l,1)=0]+c_l+C_l^P(t)\}(\Pr[x_l(t)=0]-1) \\
=&\left\{c_{s,i}\Pr[\Phi(0_i,1)=0]+c_i+\sum_{z=1,z\neq i,j}^{n} c_{p_z}\Pr[x_z(t)=1]+c_{p_l}\Pr[x_l(t)=1]\right\}(1-\Pr[x_i(t)=0]) \\
&-\left\{c_{s,l}\Pr[\Phi(0_l,1)=0]+c_l+\sum_{z=1,z\neq i,j}^{n} c_{p_z}\Pr[x_z(t)=1]+c_{p_i}\Pr[x_i(t)=1]\right\}(1-\Pr[x_l(t)=0]) \\
=&\left\{c_{s,i}\Pr[\Phi(0_i,1)=0]+c_i+\sum_{z=1,z\neq i,j}^{n} c_{p_z}\Pr[x_z(t)=1]+c_{p_l}\Pr[x_l(t)=1]\right\}\Pr[x_i(t)=1] \\
&-\left\{c_{s,l}\Pr[\Phi(0_l,1)=0]+c_l+\sum_{z=1,z\neq i,j}^{n} c_{p_z}\Pr[x_z(t)=1]+c_{p_i}\Pr[x_i(t)=1]\right\}\Pr[x_l(t)=1] \\
=&\left\{c_{s,i}\Pr[\Phi(0_i,1)=0]+c_i+\sum_{z=1,z\neq i,j}^{n} c_{p_z}\Pr[x_z(t)=1]\right\}\Pr[x_i(t)=1] \\
&-\left\{c_{s,l}\Pr[\Phi(0_l,1)=0]+c_l+\sum_{z=1,z\neq i,j}^{n} c_{p_z}\Pr[x_z(t)=1]\right\}\Pr[x_l(t)=1] \\
&+(c_{p_l}-c_{p_i})\Pr[x_i(t)=1]\Pr[x_l(t)=1]
\end{aligned}
$$

令

$$c_{s,i}\Pr[\Phi(0_i,1)=0]+c_i+\sum_{z=1,z\neq i,j}^{n}c_{p_z}\Pr[x_z(t)=1]=a_1$$

$$c_{s,l}\Pr[\Phi(0_l,1)=0]+c_l+\sum_{z=1,z\neq i,j}^{n}c_{p_z}\Pr[x_z(t)=1]=a_2,\quad c_{p_l}-c_{p_i}=b_1$$

然后，$a_1-a_2=c_{s,i}\Pr[\Phi(0_i,1)=0]+c_i-c_{s,l}\Pr[\Phi(0_l,1)=0]+c_l$。随后，可以得到$C(0_i,t)-C(0_l,t)=a_1\Pr[x_i(t)=1]-a_2\Pr[x_l(t)=1]+b_1\Pr[x_i(t)=1]\Pr[x_l(t)=1]$。

(1) 当组件 i 和组件 l 的维修成本相同时，有 $\Pr[\Phi(0_i,1)=0]=\Pr[\Phi(0_l,1)=0]$，然后 a_1=a_2，有 $C(0_i,t)-C(0_l,t)=a_1\left(\Pr[x_i(t)=1]-\Pr[x_l(t)=1]\right)$。于是 $a_1>0$，如果 $\Pr[x_i(t)=1]>\Pr[x_l(t)=1]$，$C(0_i,t)>C(0_l,t)$。

(2) 当组件 i 和组件 l 的可靠性值相同时，有 $C(0_i,t)-C(0_l,t)=a_1\Pr[x_i(t)=1]-a_2\Pr[x_l(t)=1]+b_1\Pr[x_i(t)=1]\Pr[x_l(t)=1]$=$(a_1-a_2)R$+$b_1R^2$。由于$R\geqslant 0$，当$c_{s,i}\Pr[\Phi(0_i,1)=0]+c_i>c_{s,l}\Pr[\Phi(0_l,1)=0]+c_l,c_{p_l}<c_{p_i}$，即 $a_1-a_2>0$ 和 $b_1>0$。因此，可以得到 $C(0_i,t)-C(0_l,t)$。

定理 2-1 的第一部分表明，由组件故障引起的系统期望成本函数与发生故障的组件的可靠性有关。当所有其他条件保持恒定时，发生故障的组件的可靠性越高，由发生组件故障而导致的系统期望总成本就越高。

定理 2-1 的第二部分表明，当不考虑组件可靠性时，由组件故障而导致的组件维修成本和系统维修成本将对系统的期望总成本产生积极影响，而故障组件的 PM 成本组件将对总成本产生负面影响。

PM 成本的负面影响可以解释为：PM 在组件上的成本较低，因此不适用于 CM。换句话说，当组件发生故障时，总的期望维修成本将高于其他组件的 PM 成本。

2.3.2　基于成本评估的预防性维修指标

本节研究在维修故障组件时维修未故障组件的成本对系统维修成本的影响。我们首先考虑发生故障的组件的情况：发生故障的组件是否为关键组件。

定义 2-3　如果关键组件 i 出现故障，则可以通过式(2-45)定义组件 j 对系统维修成本的影响

$$I_{j|i}^{C}=-\frac{\partial C(0_i,t)}{\partial R_j(t)}\tag{2-45}$$

定义 2-4　如果非关键组件 i 发生故障，则可以通过式(2-46)定义组件 j 对系统维修成本的影响

$$I_{j|i}^{C}=-\Phi(0_i,0_j,1_{ij})\frac{\partial C(0_i,t)}{\partial R_j(t)}\tag{2-46}$$

其中，$0_i,0_j,1_{ij}$ 表示组件 i 和 j 停止工作，而所有其他组件都在工作；$\Phi(0_i,0_j,1_{ij})$ 能够限制关键组件，因此无法为 PM 选择关键组件。

我们将组件 i 的 $I_{j|i}^C$ 称为基于成本评估的组件预防性维修指标（based-Cost Preventive Maintenance Index，CPMI）。如果组件 i 出现故障，则通过该指标去建议组件 j 是否进行预防性维修。然后可以按升序对 $I_{j|i}^C$ 的值进行排序，这样按照排序考虑优先执行 PM 的组件，以降低维修系统的总成本。

当组件 i 出现故障时，可以根据 $I_{j|i}^C$ 给出 PM 的优先级，从而对其他组件进行排序。于是，基于成本的 PM 最佳排列矩阵可以由下式给出

$$J_i=[I_{j_{(1)}|i},I_{j_{(2)}|i},\cdots,I_{j_{(n-1)}|i}] \tag{2-47}$$

其中，$I_{j(1)|i}^C$ 表示所有剩余组件中的 $I_{j|i}^C$ 最大值，$I_{j(2)|i}^C$ 表示第二个最大值，依此类推。J_i 可以建议执行 PM 选择哪个组件 j，以便在组件 i 发生故障的情况下最大程度地降低维修系统的总成本。

当组件 i 失效时，用来选择执行 PM 组件的优先级排序可由下式给出

$$O_i^C=(j_{(1)},j_{(2)},\cdots,j_{(n-1)}) \tag{2-48}$$

其中，$j_{(n-1)}$ 表示与第 n 个位置的 j_i 对应的组件 j。该排列向量可以帮助维修分析人员做出判断，他们不仅需要考虑每个单独组件的维修成本，还需要考虑整个系统的维修成本。

类似于定理 2-1，可以得出 CPMI 的一些属性。

定理 2-2

(1) 假设组件 j 和 l 的维修成本以及所处系统的位置结构相同。当组件 i 失效时，如果 $R_l(t)>R_j(t)$，则 $I_{j|i}^C(x_l(t)=1)\geqslant I_{l|i}^C(x_j(t)=1)$。

(2) 假设组件 j 和 l 的可靠性值相同。当组件 i 失效时，如果 $c_{p_l}>c_{p_j}$，则 $c_{s,j}\Pr[\Phi(0_j,1)=0]+c_j>c_{s,l}\Pr[\Phi(0_l,1)=0]+c_l$，然后 $I_{l|i}^C\leqslant I_{j|i}^C$。

定理 2-2 的 (1) 意味着，当不考虑成本时，对我们而言，以较低的可靠性来选择预防性维修组件是一个更好的决定。定理 2-2 的 (2) 意味着，在不考虑可靠性的情况下，更适合在 PM 成本较低但总的系统故障成本和维修故障组件成本较高的组件上执行 PM。

证明：

(1) 当组件 i 是非关键组件，且组件 j 和 l 也是非关键组件时，$\Phi(0_i,0_j,1_{ij})$ 和 $\Phi(0_i,0_l,1_{il})$ 均为 1。这时，$I_{j|i}^C$ 的表达式与组件 i 为关键成分时相同。当组件 i 是非关键组件并且组件 j 和 l 都是关键组件时，$\Phi(0_i,0_j,1_{ij})$ 和 $\Phi(0_i,0_l,1_{il})$ 都为 0，则 $I_{j|i}^C=I_{l|i}^C$。然后我们进行以下分析。

$$
\begin{aligned}
I_{j|i}^{C} &= -\partial C(0_i,t)/\partial R_j(t) \\
&= -\partial\left[\begin{array}{l}\sum_{k=1,k\neq i,j}^{n}\{\{c_{s,k}\Pr[\Phi(0_k,1)=0]+c_k+C_k^P(t)\}\Pr[x_k(t)=0]\} \\ +c_{s,i}\Pr[\Phi(0_i,1)=0]+c_i+C_i^P(t)\end{array}\right]/\partial R_j(t) \\
&= \frac{-\partial\sum_{k=1,k\neq i,j}^{n}\{\{c_{s,k}\Pr[\Phi(0_k,1)=0]+c_k+C_k^P(t)\}\Pr[x_k(t)=0]\}}{\partial R_j(t)} \\
&\quad -c_{p_j}+c_{s,j}\Pr[\Phi(0_j,1)=0]+c_j+C_j^P(t) \\
&= -c_{p_l}\sum_{k=1,k\neq i,j}^{n}\Pr[x_k(t)=0]-c_{p_j}+c_{s,j}\Pr[\Phi(0_j,1)=0] \\
&\quad +c_j+\sum_{z=1,z\neq j,l}^{n}c_{p_z}\Pr[x_z(t)=1]+c_{p_l}\Pr[x_l(t)=1] \\
&= -c_{p_l}\sum_{k=1,k\neq i,j,l}^{n}\Pr[x_k(t)=0]-c_{p_j}\Pr[x_j(t)=1]-c_{p_j}+c_{s,j}\Pr[\Phi(0_j,1)=0] \\
&\quad +c_j+\sum_{z=1,z\neq j,l}^{n}c_{p_z}\Pr[x_z(t)=1]+c_{p_l}\Pr[x_l(t)=1]
\end{aligned}
$$

$$
\begin{aligned}
I_{l|i}^{C} &= -\partial C(0_i,t)/\partial R_l(t) \\
&= -\partial\left[\begin{array}{l}\sum_{k=1,k\neq i,l}^{n}\{\{c_{s,k}\Pr[\Phi(0_k,1)=0]+c_k+C_k^P(t)\}\Pr[x_k(t)=0]\} \\ +c_{s,i}\Pr[\Phi(0_i,1)=0]+c_i+C_i^P(t)\end{array}\right]/\partial R_l(t) \\
&= \frac{-\partial\sum_{k=1,k\neq i,j}^{n}\{\{c_{s,k}\Pr[\Phi(0_k,1)=0]+c_k+C_k^P(t)\}\Pr[x_k(t)=0]\}}{\partial R_l(t)} \\
&\quad -c_{p_l}+c_{s,l}\Pr[\Phi(0_l,1)=0]+c_l+C_l^P(t) \\
&= -c_{p_l}\sum_{k=1,k\neq i,l}^{n}\Pr[x_k(t)=0]-c_{p_l}+c_{s,l}\Pr[\Phi(0_l,1)=0] \\
&\quad +c_l+\sum_{z=1,z\neq j,l}^{n}c_{p_z}\Pr[x_z(t)=1]+c_{p_j}\Pr[x_j(t)=1] \\
&= -c_{p_l}\sum_{k=1,k\neq i,j,l}^{n}\Pr[x_k=0]-c_{p_l}\Pr[x_l=1]-c_{p_l}+c_{s,l}\Pr[\Phi(0_l,1)=0] \\
&\quad +c_l+\sum_{z=1,z\neq j,l}^{n}c_{p_z}\Pr[x_z=1]+c_{p_j}\Pr[x_j=1]
\end{aligned}
$$

$$
\begin{aligned}
I_{j|i}^C - I_{l|i}^C &= -c_{p_j} \sum_{k=1,k\neq i,j,l}^{n} \Pr[x_k(t)=0] - c_{p_j}\Pr[x_l(t)=0] - c_{p_j} \\
&\quad + c_{s,j}\Pr[\varPhi(0_j,1)=0] + c_j + c_{p_l}\Pr[x_l(t)=1] \\
&\quad - \begin{Bmatrix} -c_{p_l} \sum\limits_{k=1,k\neq i,j,l}^{n} \Pr[x_k(t)=0] - c_{p_l}\Pr[x_j(t)=0] - c_{p_l} \\ +c_{s,l}\Pr[\varPhi(0_l,1)=0] + c_l + c_{p_j}\Pr[x_j(t)=1] \end{Bmatrix} \\
&= -c_{p_j}\left(\sum_{k=1,k\neq i,j,l}^{n} \Pr[x_k(t)=0] + \Pr[x_l(t)=0] + 1 + \Pr[x_j(t)=1] \right) \\
&\quad + c_{s,j}\Pr[\varPhi(0_j,1)=0] + c_j \\
&\quad + c_{p_l}\left(\sum_{k=1,k\neq i,j,l}^{n} \Pr[x_k(t)=0] + \Pr[x_j(t)=0] + \Pr[x_l(t)=1] + 1 \right) \\
&\quad - c_{s,l}\Pr[\varPhi(0_l,1)=0] - c_l \\
&= -c_{p_j}\left(\sum_{k=1,k\neq i,j,l}^{n} \Pr[x_k(t)=0] + 2 - R_l(t) + R_j(t) \right) \\
&\quad + c_{s,j}\Pr[\varPhi(0_j,1)=0] + c_j + c_{p_l}\left(\sum_{k=1,k\neq i,j,l}^{n} \Pr[x_k(t)=0] + 2 - R_j(t) + R_l(t) \right) \\
&\quad - c_{s,l}\Pr[\varPhi(0_l,1)=0] - c_l
\end{aligned}
$$

当组件 j 和组件 l 的维修成本以及所处的系统的位置均相同时，可以得到 $I_{j|i}^C - I_{l|i}^C = 2c_{p_l}(R_l(t) - R_j(t))$。因此，如果 $R_j(t) < R_l(t)$，那么 $I_{j|i}^C > I_{l|i}^C$。

(2) 当组件 j 和组件 l 的可靠性相同时

$$
\begin{aligned}
I_{j|i}^C - I_{l|i}^C &= \left\{ \sum_{k=1,k\neq i,j,l}^{n} \Pr[x_k(t)=0] + 2 - R_l(t) + R_j(t) \right\}(c_{p_l} - c_{p_j}) \\
&\quad + c_{s,j}\Pr[\varPhi(0_j,1)=0] + c_j - c_{s,l}\Pr[\varPhi(0_l,1)=0] - c_l
\end{aligned}
$$

非常简单地可得到 $c_{p_l} > c_{p_j}$，$c_{s,j}\Pr[\varPhi(0_j,1)=0] + c_j > c_{s,l}\Pr[\varPhi(0_l,1)=0] - c_l$，然后 $I_{j|i}^C > I_{l|i}^C$。

同样地，在串并系统中

$$
\begin{aligned}
I_{j|i}^C &= c_j + \sum_{z=1,z\neq i,j}^{n} c_{p_z} R_z(t) - c_{p_j}\left\{ \sum_{k=1,k\neq i,j}^{M} (1 - R_k(t)) + 1 \right\} \\
&= c_j + \sum_{z=1,z\neq i,j,l}^{n} c_{p_z} R_z(t) - c_{p_j}\left\{ \sum_{k=1,k\neq i,j,l}^{M} (1 - R_k(t)) + 1 \right\} + c_{p_l} R_l(t) - c_{p_l}(2 - R_l(t))
\end{aligned}
$$

$$=c_j+\sum_{z=1,z\neq i,j,l}^{n}c_{p_z}R_z(t)-c_{p_j}\left\{\sum_{k=1,k\neq i,j,l}^{M}(1-R_k(t))+1\right\}-2c_{p_l}(1-R_l(t))$$

$$I_{l|i}^C=c_l+\sum_{z=1,z\neq i,j,l}^{n}c_{p_z}R_z(t)-c_{p_l}\left\{\sum_{k=1,k\neq i,j,l}^{M}(1-R_k(t))+1\right\}-2c_{p_j}(1-R_j(t))$$

然后有 $I_{l|i}^C-I_{j|i}^C=c_j-c_l+2c_{p_j}(R_l(t)-R_j(t))$。

更具体地说，在串并系统中，当 $c_j=c_l$，如果 $R_l(t)<R_j(t)$，那么 $I_{j|i}^C>I_{l|i}^C$；当 $R_l(t)=R_j(t)$，如果 $c_j>c_l$，那么 $I_{j|i}^C>I_{l|i}^C$。

定理 2-3

对于两个不同组件的故障情况，假定①除两个组件之外的其余组件的状态保持相同，并且②组件 i 和组件 l 中只有一个可能发生故障。如果 $R_l(t)>R_i(t)$，则 $I_{j|i}^C(x_l(t)=1)=I_{j|l}^C(x_i(t)=1)$。

实际上，定理 2-3 的含义可以表示为修复可靠性较低的组件更有价值。

证明：

$$I_{j|i}^C=-\partial C(0_i,t)/\partial R_j(t)$$

$$=-\partial\begin{bmatrix}\displaystyle\sum_{k=1,k\neq i,l}^{n}\{\{c_{s,k}\Pr[\Phi(0_k,1)=0]+c_k+C_k^P(t)\}\Pr[x_k(t)=0]\}\\ +c_{s,i}\Pr[\Phi(0_i,1)=0]+c_i+C_i^P(t)\\ +\{c_{s,l}\Pr[\Phi(0_l,1)=0]+c_l+C_l^P(t)\}\Pr[x_l(t)=0]\\ \end{bmatrix}/\partial R_j(t)$$

$$=\frac{-\partial\left[\displaystyle\sum_{k=1,k\neq i,l}^{n}\{\{c_{s,k}\Pr[\Phi(0_k,1)=0]+c_k+C_k^P(t)\}\Pr[x_k(t)=0]\}\right]}{\partial R_j(t)}-c_{p_j}-c_{p_j}\Pr[x_l(t)=0]$$

$$I_{j|l}^C=-\partial C(0_l,t)/\partial R_j(t)$$

$$=\frac{-\partial\left[\displaystyle\sum_{k=1,k\neq i,l}^{n}\{\{c_{s,k}\Pr[\Phi(0_k,1)=0]+c_k+C_k^P(t)\}\Pr[x_k(t)=0]\}\right]}{\partial R_j(t)}-c_{p_j}-c_{p_j}\Pr[x_i(t)=0]$$

对于两个不同组件的故障，除两个组件外，其余组件的状态保持不变。当组件 i 和组件 l 中只有一个发生故障时，有 $I_{j|i}^C(x_l(t)=1)-I_{j|l}^C(x_i(t)=1)=c_{p_j}\Pr[x_i(t)=1]-c_{p_j}\Pr[x_l(t)=1]=c_{p_j}\left(R_l(t)-R_i(t)\right)$。

由于 $c_{p_j}>0$，如果 $R_l(t)>R_i(t)$，那么 $I_{j|i}^C>I_{j|l}^C$。

特别地，在串并系统中

$$I_{j|i}^{C} = c_j + C_j^P(t) - c_{p_j} \sum_{k=1,k\neq j,i,l}^{M} (1 - R_k(t)) - c_{p_j}(2 - R_l(t))$$

$$I_{j|l}^{C} = c_j + C_j^P(t) - c_{p_j} \sum_{k=1,k\neq j,i,l}^{M} (1 - R_k(t)) - c_{p_j}(2 - R_i(t))$$

$$I_{j|i}^{C}(x_l(t)=1) - I_{j|l}^{C}(x_i(t)=1) = c_{p_j}(R_l(t) - R_i(t))$$

2.3.3　特殊系统的讨论

在本小节中，为便于描述，我们选择了串并联系统和并串联系统进行具体的讨论，系统分别如图 2-7～图 2-9 所示。

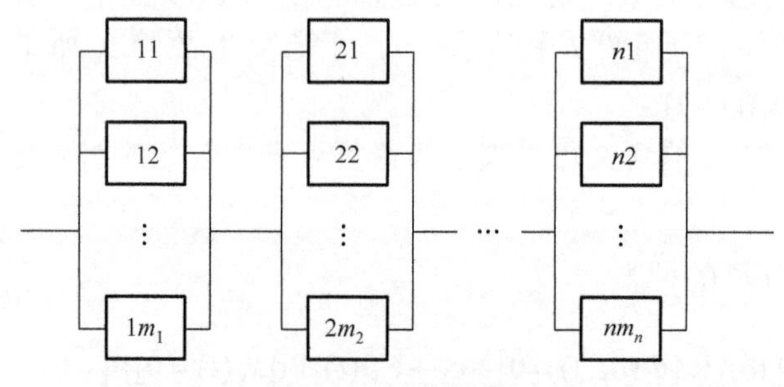

图 2-7　串并联系统

如图 2-7 所示，可以看到在串并联系统中没有关键组件，并且不会产生 $c_{s,i}$。该系统的期望成本为

$$C(t) = \sum_{i=1}^{n} \{\{c_i + C_i^P(t)\} \Pr[x_i(t) = 0]\} \tag{2-49}$$

期望成本推导如下

$$C(t) = \{c_{11} + C_{11}^P(t)\}(1 - R(x_{11})) + \{c_{12} + C_{12}^P(t)\}(1 - R(x_{12})) + \cdots$$
$$+ \{c_{nm_n} + C_{nm_n}^P(t)\}(1 - R(x_{nm_n}))$$

组件总数为 $m_1 + m_2 + \cdots + m_n = \sum_{a=1}^{n} m_a = M$。$x_i = x_j = x_k\{x_{11}, x_{12}, \cdots, x_{1m_1}, x_{21}, x_{22}, \cdots, x_{2m_2}, \cdots, x_{n1}, \cdots, x_{nm_n}\}$，其中 $i = j = k = 1, 2, \cdots, M$。即根据并行组集的顺序对组件编号，从上到下，从左到右分别为 $1, 2, \cdots, M$。

如果 $m_a > 2$，对于 $a = 1, 2, \cdots, n$，或者如果系统中没有二阶割集，则对于任何组件 i 和组件 j，$\Phi(0_i, 0_j, 1_{ij}) = 1$ 恒有。将其代入式(2-44)和式(2-46)，于是有

$$C_i^P(t) = \sum_{j=1, j\neq i}^{n} c_{p_j} \Pr[x_j(t) = 1] \tag{2-50}$$

以及

$$
\begin{aligned}
I_{j|i}^{C} &= -\frac{\partial C(0_i,t)}{\partial R_j(t)} \\
&= \frac{\partial\left[\begin{array}{l}\{c_1+C_1^P(t)\}(1-R_{x_1}(t))+\{c_2+C_2^P(t)\}(1-R_{x_2}(t))+\cdots \\ +\{c_{i-1}+C_{i-1}^P(t)\}(1-R_{x_{i-1}}(t))+\{c_{i+1}+C_{i+1}^P(t)\}(1-R_{x_{i+1}}(t))\end{array}\right]}{\partial R_j(t)} \\
&= c_j + C_j^P(t) - c_{p_j}\left\{\sum_{k=1,k\neq j,i}^{M}(1-R_k(t))+1\right\} \\
&= c_j + \sum_{k=1,k\neq j,i}^{M} c_{p_j}R_k(t) - c_{p_j}\left\{\sum_{k=1,k\neq j,i}^{M}(1-R_k(t))+1\right\}
\end{aligned}
\tag{2-51}
$$

如果 $m_a=2$，则 $a=1,2,\cdots,n$，即两个组件并联连接，如图 2-8 所示。

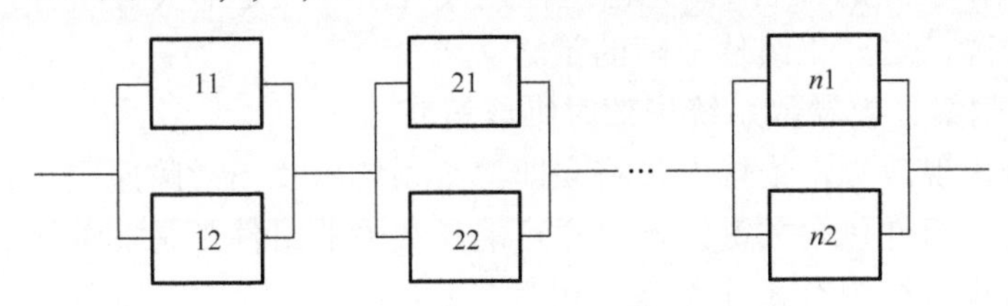

图 2-8　$m_a=2$ 时的串并联系统

如果并行的两个组件之一发生故障，则无法执行 PM。与组件 j 平行的组件是组件 o。然后得到

$$
\begin{aligned}
I_{j|i}^{C} &= -\frac{\partial C(0_i,t)}{\partial R_j(t)} \\
&= \frac{\partial[\{c_{i1}+C_{i1}^P(t)\}(1-R_{x_{i1}}(t))+\{c_{i2}+C_{i2}^P(t)\}(1-R_{x_{i2}}(t))+\cdots+\{c_{iM}+C_{iM}^P(t)\}(1-R_{x_{iM}}(t))]}{\partial R_j(t)} \\
&= c_j + \sum_{k=1,k\neq j,i,o}^{2n} c_{p_j}R_k(t) - c_{p_j}\left\{\sum_{k=1,k\neq j,i}^{M}(1-R_k(t))+1\right\}
\end{aligned}
\tag{2-52}
$$

由于并联系统的特殊性，无论在串联部分中连接了多少个组件，当一个组件发生故障并在另一组件上执行 PM 时，系统都不会发生故障。这种情况类似于 $m_a>2$ 的串并联系统。即 $I_{j|i}^{C}=c_j+\sum_{k=1,k\neq i,j}^{M}c_{p_k}R_k(t)-c_{p_j}\left\{\sum_{k=1,k\neq i,j}^{M}(1-R_k(t))+1\right\}, i=j=k=\{x_{11}, x_{12},\cdots,x_{1m_1},x_{21},x_{22},\cdots,x_{2m_2},\cdots,x_{n1},\cdots,x_{nm_n}\}$。

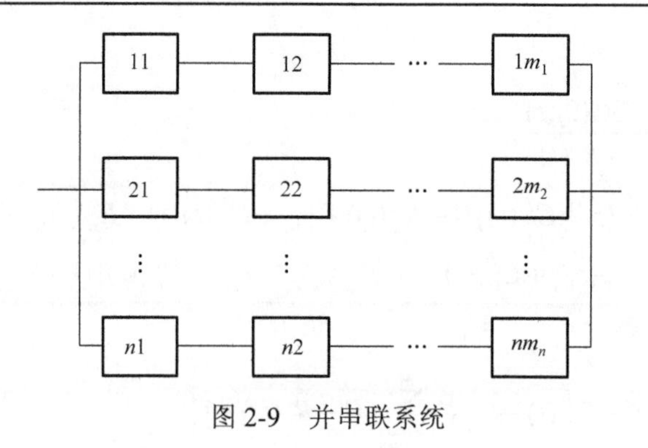

图 2-9　并串联系统

2.3.4　基于 CPMI 的预防性维修策略分析

如果组件不是关键组件，则该组件故障不会导致系统故障，所以可能无法被发现，这产生系统故障的策略 1。无论组件是关键组件还是非关键组件，都可以立即确定组件的故障，这产生组件故障的策略 2。

策略 1：割集失效导致系统失效时维修策略。

如果系统出现故障，维修人员将立即检查系统以找出故障原因。系统故障的原因可能是故障的组件包含关键组件，也可能是故障的组件都是非关键组件，但却构成了割集。假设系统中有 n_0 个割集。组件集 $i_1,i_2,\cdots,i_{m_i}$ 是第 i 个割集，并且割集中的个数为 m_i。这意味着组件中所有组件的故障都将导致系统故障。因此，当组件集 $i_1,i_2,\cdots,i_{m_i}$ 发生故障时，将对其进行维修，并且系统必须停止工作。在这种情况下，可以在其他组件上执行 PM。

通常，根据策略 1，系统会失败，并且是由于至少一个割集失败了，同时可以在所有其他组件上执行 PM。在时间间隔 $(0,t)$ 中产生的成本由三个部分组成：由 n_0 个割集的故障而导致的系统维修成本、故障割集中的每个组件的维修成本以及系统中除故障割集中的组件之外的所有组件的成本。因此，有

$$C(t)=\sum_{i=1}^{n_0}\left\{c_{s,i}+\sum_{j=1}^{m_i}c_{i_j}+\sum_{z=1}^{n-m_i}c_{p_z}\Pr[x_z(t)=1]\right\}\Pr[0_{i_1},0_{i_2},\cdots,0_{i_{m_i}}] \tag{2-53}$$

其中，$c_{s,i}$ 是由于第 i 个割集的失败而导致的每个系统的期望成本，而 $c_{s,i}$ 是组件 i_j 的每个故障的期望成本。$\sum_{z=1}^{n-m_i}c_{p_z}$ 是第 i 个割集中不包含的组件的 PM 成本之和。$\Pr[0_{i_1},0_{i_2},\cdots,0_{i_{m_i}}]$ 是割集 $\{i_1,i_2,\cdots,i_{m_i}\}$ 失效的概率。当一组由割集组成的组件发生故障时，可以通过以下方式定义组件 j 对系统维修成本的影响

$$I_{j|i_1,i_2,\cdots,i_{m_i}}^{C}(t)=-\frac{\partial C(0_{i_1},0_{i_2},\cdots,0_{i_{m_i}},R(t))}{\partial R_j(t)} \tag{2-54}$$

对于特定的应用场景，如组件 $\{i_1,i_2,\cdots,i_{m_i}\}$ 失效，可以选择 $I^C_{j|i_1,i_2,\cdots,i_{m_i}}(t)$ 最大的组件作为第一个执行 PM 的组件，因为此组件可以最大程度地减少总成本的损失。然后，根据 $I^C_{j|i_1,i_2,\cdots,i_{m_i}}(t)$ 的排名，可以依次选择执行 PM 的组件。

与定理 2-3 相似，根据策略 1 给出 CPMI 的属性。

定理 2-4

假设系统故障是由两个不同的割集的故障引起的。假定①除割集 k 和 l 中包含的组件之外的其余组件的状态保持相同，②组件 j 不参与形成割集 k 和 l，③仅割集 k 和 l 之一可能导致系统故障。如果 $\Pr[0,k_1,k_2,\cdots,k_{m_k}]>\Pr[0_{l_1},0_{l_2},\cdots,0_{lm_l}]$，则 $I^C_{j|k_1,k_2,\cdots,k_{m_k}}(t)\geqslant I_{j|l_1,l_2,\cdots,l_{m_l}}(t)$。

证明：

$$C(t)=\sum_{i=1}^{n_0}\left(c_{s,i}+\sum_{j=1}^{m_i}c_{i_j}+\sum_{z=1}^{n-m_i}c_{p_z}\Pr[x_z(t)=1]\right)\Pr[0_{i_1},0_{i_2},\cdots,0_{i_{m_i}}]$$

$$\begin{aligned}
&=\sum_{i=1,i\neq k,l}^{n_0}\left(c_{s,i}+\sum_{j=1}^{m_i}c_{i_j}+\sum_{z=1}^{n-m_i}c_{p_z}\Pr[x_z(t)=1]\right)\Pr[0_{i_1},0_{i_2},\cdots,0_{i_{m_i}}]\\
&\quad+\left(c_{s,k}+\sum_{j=1}^{m_k}c_{k_j}+\sum_{z=1}^{n-m_k}c_{p_z}\Pr[x_z(t)=1]\right)\Pr[0_{k_1},0_{k_2},\cdots,0_{k_{m_k}}]\\
&\quad+\left(c_{s,l}+\sum_{j=1}^{m_l}c_{l_j}+\sum_{z=1}^{n-m_l}c_{p_z}\Pr[x_z(t)=1]\right)\Pr[0_{l_1},0_{l_2},\cdots,0_{l_{m_l}}]
\end{aligned}$$

$$\begin{aligned}
&C(0_{k_1},0_{k_2},\cdots,0_{k_{m_k}},X(t))\\
&=\sum_{i=1,i\neq k,l}^{n_0}\left(c_{s,i}+\sum_{j=1}^{m_i}c_{i_j}+\sum_{z=1}^{n-m_i}c_{p_z}\Pr[x_z(t)=1]\right)\Pr[0_{i_1},0_{i_2},\cdots,0_{i_{m_i}}]\\
&\quad+\left(c_{s,k}+\sum_{j=1}^{m_k}c_{k_j}+\sum_{z=1}^{n-m_k}c_{p_z}\Pr[x_z(t)=1]\right)\\
&\quad+\left(c_{s,l}+\sum_{j=1}^{m_l}c_{l_j}+\sum_{z=1}^{n-m_l}c_{p_z}\Pr[x_z(t)=1]\right)\Pr[0_{l_1},0_{l_2},\cdots,0_{l_{m_l}}]
\end{aligned}$$

$$\begin{aligned}
C(0_{l_1},0_{l_2},\cdots,0_{l_{m_l}},X(t))&=\sum_{i=1,i\neq k,l}^{n_0}\left(c_{s,i}+\sum_{j=1}^{m_i}c_{i_j}+\sum_{z=1}^{n-m_i}c_{p_z}\Pr[x_z(t)=1]\right)\Pr[0_{i_1},0_{i_2},\cdots,0_{i_{m_i}}]\\
&\quad+\left(c_{s,k}+\sum_{j=1}^{m_k}c_{k_j}+\sum_{z=1}^{n-m_k}c_{p_z}\Pr[x_z(t)=1]\right)\Pr[0_{k_1},0_{k_2},\cdots,0_{k_{m_k}}]\\
&\quad+\left(c_{s,l}+\sum_{j=1}^{m_l}c_{l_j}+\sum_{z=1}^{n-m_l}c_{p_z}\Pr[x_z(t)=1]\right)
\end{aligned}$$

当组件 j 不参与形成割集 k 和 l 时

$$I^C_{j|k_1,k_2,\cdots,k_{m_k}}(t) = -\frac{\partial C(0_{k_1},0_{k_2},\cdots,0_{k_{m_k}},X(t))}{\partial R_j(t)}$$

$$= -\frac{\partial \sum_{i=1,i\neq k,l}^{n_0}\left(c_{s,i}+\sum_{j=1}^{m_i}c_{i_j}+\sum_{z=1}^{n-m_i}c_{p_z}\Pr[x_z(t)=1]\right)\Pr[0_{i_1},0_{i_2},\cdots,0_{i_{m_i}}]}{\partial R_j(t)}$$

$$-c_{p_j}-c_{p_j}\Pr[0_{l_1},0_{l_2},\cdots,0_{l_{m_l}}]$$

$$I^C_{j|l_1,l_2,\cdots,l_{m_l}}(t) = -\frac{\partial C(0_{l_1},0_{l_2},\cdots,0_{l_{m_l}},X(t))}{\partial R_j(t)}$$

$$= -\frac{\partial \sum_{i=1,i\neq k,l}^{n_0}\left(c_{s,i}+\sum_{j=1}^{m_i}c_{i_j}+\sum_{z=1}^{n-m_i}c_{p_z}\Pr[x_z(t)=1]\right)\Pr[0_{i_1},0_{i_2},\cdots,0_{i_{m_i}}]}{\partial R_j(t)}$$

$$-c_{p_j}-c_{p_j}\Pr[0_{k_1},0_{k_2},\cdots,0_{k_{m_k}}]$$

对于由两个不同的割集导致的系统故障，除了割集 k 和 l 中包含的组件外，其余组件的状态保持不变。当割集 k 和 l 中只有一个割集会导致系统故障时，有 $I^C_{j|k_1,k_2,\ldots,k_{m_k}}(t)-I^C_{j|l_1,l_2,\cdots,l_{m_l}}(t)=c_{p_j}\{\Pr[0_{k_1},0_{k_2},\cdots,0_{k_{m_k}}]-\Pr[0_{l_1},0_{l_2},\cdots,0_{l_{m_l}}]\}$。

考虑到$c_{p_j}>0$，所以当$\Pr[0,k_1,k_2,\cdots,k_{m_k}]>\Pr[0_{l_1},0_{l_2},\cdots,0_{lm_l}]$时，则有$I^C_{j|k_1,k_2,\cdots,k_{m_k}}(t)\geqslant I_{j|l_1,l_2,\cdots,l_{m_l}}(t)$。

策略 2：同时维修策略。

首先可以立即确定组件的故障。当某个组件发生故障时，在对该组件执行 CM 的同时，它可以同时在多个其他组件上执行 PM。

如果发生故障的组件是关键组件，则可以在所有其他组件上执行 PM。但是，如果发生故障的组件是非关键组件，则要求带有 PM 的组件不能形成割集。如果执行了 PM 的组件构成了割集，则系统将发生故障，并导致维修成本增加。可以在维修时执行多个组件的总系统成本函数由下式给出

$$C^S(t)=\sum_{i=1}^{n}\{\{c_{s,i}\Pr[\Phi(0_1,1)=0]+c_i+C_i^{\mathrm{SP}}(t)\}\Pr[x_i(t)=0]\} \tag{2-55}$$

$$C_i^{\mathrm{SP}}(t)=\sum_{z=1}^{m}c_{p_{j_z}}\Pr[x_{j_z}(t)=1]\Pr[\Phi(0_i,0_{j_1},0_{j_2},\cdots,0_{j_{z-1}},1_{i,j_1,j_2,\cdots,j_{z-1}})=1] \tag{2-56}$$

其中，$C_i^{\mathrm{SP}}(t)$ 是组件 i 发生故障时系统的 PM 成本。可以执行 PM 的最大组件数为 m。$(0_i,0_{j_1},\cdots,0_{j_{z-1}},1_{i,j_1,\cdots,j_{z-1}})$ 表示组件 $i,j_1,\cdots,j_{z-1}$ 在所有其他组件都在工作时停止工作。式 (2-55)表示当组件 i 发生故障时维修另一个组件，并同时维修包括这两个不构成

割集的所有组件的总系统成本。因此，任何基于式(2-55)的分析都同时考虑了多个组件进行 PM 的情况。将多个组件同时进行 PM 的情况与组件一个一个进行预防性维修的情况进行比较，前者更详细地考虑了组件系统结构的影响，从而影响了 PM 计划。

同样，可以在同时维修多个组件的情况下获得 CPMI。当关键组件或非关键组件 i 发生故障时，可以通过式(2-57)与式(2-58)定义组件 j 对系统维修成本的影响

$$I_{j|i}^{\mathrm{SC}}=-\frac{\partial C^{S}(0_i,R(t))}{\partial R_j(t)} \tag{2-57}$$

$$I_{j|i}^{\mathrm{SC}}=-\Phi(0_i,0_j,1_{ij})\frac{\partial C^{S}(0_i,R(t))}{\partial R_j(t)} \tag{2-58}$$

如果 PM 成本是在涉及许多组件且结构复杂的系统中计算的，那么将很难进行计算。尽管如此，如果考虑维修时间，在此策略下将在一定程度上节省维修时间。这对于提高维修效率非常重要。

2.3.5　基于 CPMI 的预防性维修策略优化

如果预防性维修一个接一个地进行，从系统的角度来看，PM 的最佳组件数量是多少？

该组件数是在使系统维修成本最小化的条件下用于 PM 的组件数。在应用过程中，维修策略考虑特定的成本约束可能更为常见。因此，本节根据成本约束给出了零组件维修数量的安排。

如果仅考虑维修成本，则仅需要在 PM 约束成本范围内选择要维修的组件。但是，如果考虑到 PM，则应该满足维修成本约束，并且可以大大提高系统的可靠性。当一个组件发生故障，对其他组件逐个执行 PM 时，需要解决以下整数规划问题

$$\max\sum_{j=1,j\neq i}^{n} I_{j|i}^{C} z_j \tag{2-59}$$

$$\text{s.t.}\begin{cases}\displaystyle\sum_{j=1,j\neq i}^{n} c_j z_j \leqslant C\\ z_j\in\{0,1\}\end{cases}$$

其中，C 是 PM 的总成本约束，z_j 表示是否应为 PM 选择组件 j 的决策变量，并且它只能是 0 或 1。$\sum\limits_{j=1,j\neq i}^{n} z_j$ 表示在 PM 上执行的组件总数。对于上述策略 1，可以将整数规划更改为

$$\max\sum_{j=1,j\neq i_1,i_2,\cdots,i_{m_i}}^{n} I_{j|i_1,i_2,\cdots,i_{m_i}}^{C} z_j \tag{2-60}$$

$$\text{s.t.}\begin{cases}\sum\limits_{j=1, j\neq i_1, i_2, \cdots, i_{m_i}}^{n} c_j z_j \leqslant C \\ z_j \in \{0,1\}\end{cases}$$

当割集导致系统故障时，该整数规划可以解决PM计划的问题。

上述整数规划问题不能解决要同时修复的组件数量的优化。对于上述策略 2，在同时考虑多个组件维修时，选择维修组件与选择上述维修计划之间的差异在于需要考虑发生故障的组件是否为关键组件。如果关键组件 i 发生故障，则可以在其他组件上执行PM。当组件 i 是非关键组件时，用于PM的其他非关键组件将无法形成割集并导致系统故障。随后，我们构造相应的整数规划模型

$$\max \varPhi(0_i, x_{j_i}, \cdots, x_{j_n}, 1_{i, j_1, j_2, \cdots, j_n}) \sum_{j=1, j\neq i}^{n} I_{j|i}^{\mathrm{SC}} z_j \tag{2-61}$$

$$\text{s.t.}\begin{cases}\sum\limits_{j=1, j\neq i}^{n} c_j z_j \leqslant C \\ z_j \in \{0,1\}\end{cases}$$

其中，z_j 表示如果已选择组件 j 执行PM，则为 1，否则为 0。$\varPhi(0_i, x_{j_i}, \cdots, x_{j_n}, 1_{i, j_1, j_2, \cdots, j_n})$ 确保所选的PM组件不会导致系统故障。

接着，我们在同时维修下，考虑维修人员的人员配置成本。

情况 1： 假设维修人员对一个组件的人员配置成本不同，并且一名维修人员可以维修多个组件。根据式(2-61)，确定可以进行PM的特定组件数为 $k = \sum\limits_{j=1}^{n} x_j$。假设总共有 m 个修理工。在不考虑维修时间的情况下，必须将维修人员的支出降至最低。因此，可以构造相应的整数规划问题

$$\min z = \sum_{i=1}^{m}\sum_{j=1}^{k} c_{ij} x_{ij} \tag{2-62}$$

$$\text{s.t.}\begin{cases}\sum\limits_{i=1}^{m} x_{ij} = 1 \\ x_{ij} \in \{0,1\}\end{cases}$$

其中，x_{ij} 表示如果第 i 个维修人员去修理第 j 个组件，则为 1，否则为 0。c_{ij} 是维修人员 i 维修组件 j 的人工成本。约束条件意味着一个组件只能由一个维修人员维修，而维修人员可以维修多个组件。

情况 2： 可以合理地假设，与少数维修人员相比，更多的维修人员将能够在短时间内完成更多的工作，并且维修人员可以对多个组件执行维修。

总维修时间应该是其中一名工人执行维修的最长时间。我们需要在满足维修人员人

事费用支出约束的同时最大程度地减少维修时间，从而提高维修效率。根据情况 1 的条件，可以得出维修组件的数量为 $k=\sum_{j=1}^{n}x_j$。随后，可以构造相应的整数规划问题

$$\min\max\sum_{j=1}^{k}t_{ij}x_{ij} \tag{2-63}$$

$$\text{s.t.}\begin{cases}\sum_{i=1}^{m}\sum_{j=1}^{k}c_{ij}x_{ij}\leqslant C_m\\ \sum_{i=1}^{m}x_{ij}=1\end{cases}$$

其中，t_{ij} 是维修人员 i 维修组件 j 所花费的时间，而 C_m 是维修人员人工费用的最大支出。

情况 3：如果认为多个维修人员也可以同时维修一个组件，则可以扩展上面的整数规划问题。假设组件 k 最多可以由 k_l 个修理工修复，则认为组件 k 由 k_l 个虚拟组件组成。然后，有

$$\min\max\sum_{j=1}^{k}\sum_{z=1}^{k_l}t_{ijz}x_{ijz} \tag{2-64}$$

$$\text{s.t.}\begin{cases}\sum_{i=1}^{m}\sum_{j=1}^{k}\sum_{z=1}^{k_l}c_{ijz}x_{ijz}\leqslant C_m\\ \sum_{i=1}^{m}x_{ijz}=1\\ x_{ijz}\in\{0,1\}\end{cases}$$

其中，x_{ijz} 表示如果第 i 个维修人员来修复第 j 个组件的第 z 个虚拟组件，则为 1，否则为 0。t_{ijz} 表示第 i 个维修人员修复第 j 个组件的第 z 个虚拟组件所花费的时间。第 i 个维修人员修复第 j 个组件的第 z 个虚拟组件的人工成本为 c_{ijz}。

2.3.6　案例分析

在本节中，将使用反应堆冷却剂系统(图 2-10)来说明所提出的基于成本的预防性维修优先级的应用效果。大多数核电站反应堆和船用核反应堆都采用水堆加压，而压水堆中的核心系统是主冷却液系统。使用最广泛的主冷却液系统是分散式布置，是其他三个回路的冷却液系统。主冷却液系统作为防止放射性物质泄漏的第二道屏障，避免了核泄漏造成的经济损失和社会安全问题，影响了主冷却液系统能否安全稳定运行和整个核电站能否正常运行。

作为最重要的核电站系统，如果冷却液中的关键组件发生故障，则可能会造成

巨大的经济损失和严重的社会影响。主冷却液系统上执行 PM 可以降低系统故障的可能性，降低维修成本，从而避免对经济造成的负面影响。而且该系统组件的关键组件、非关键组件区分明确，所以本节使用提出的 CPMI 分析反应堆冷却液系统，并进一步说明 CPMI 的应用和有效性。

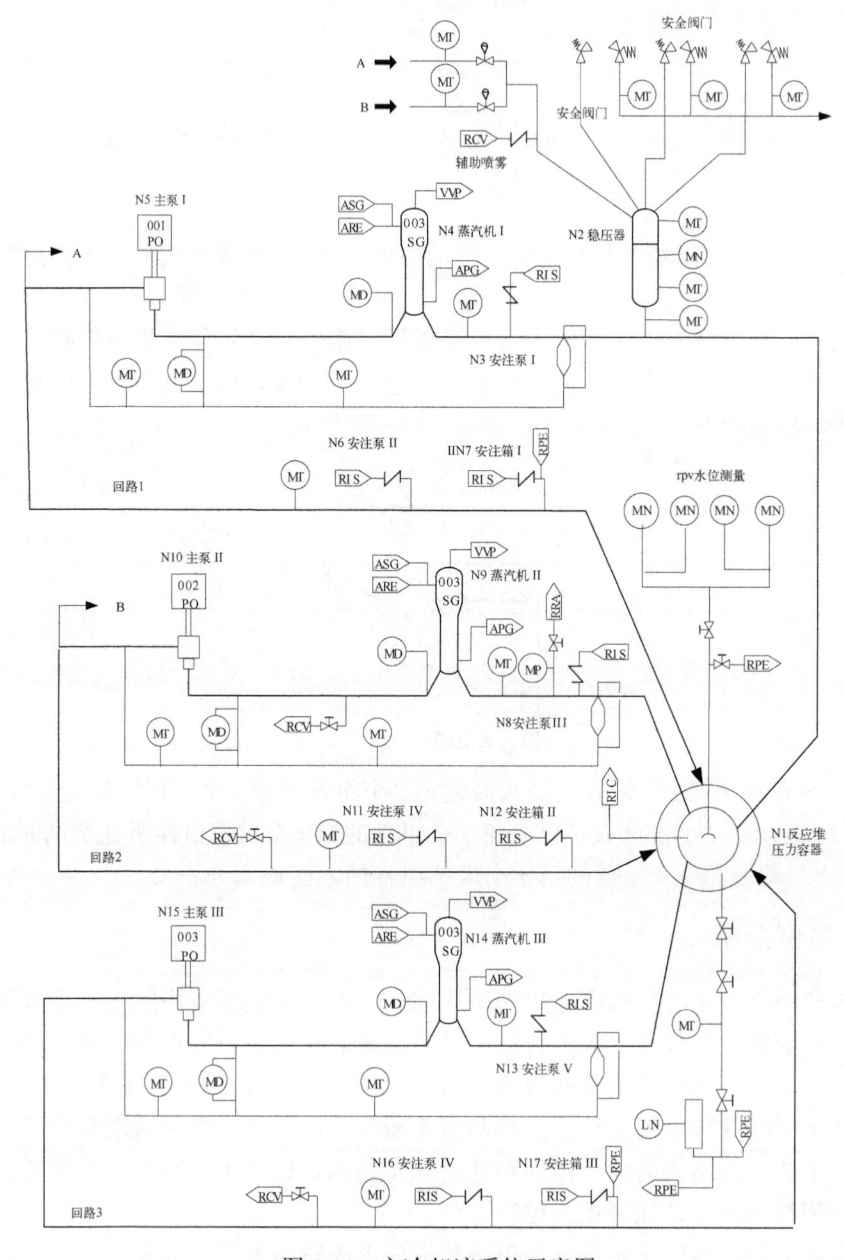

图 2-10　主冷却液系统示意图

主冷却液系统的结构非常复杂，系统中存在三个回路。当整个系统仍在运行并且一个循环中的一个组件发生故障时，其他两个循环仍在运行，并且不受循环中有故障的组件的影响。

系统的 17 个主要组件如表 2-9 所示。在主要组件中，回路 1 由组件 N2、N3、N4、N5、N6 和 N7 组成。回路 2 由组件 N8、N9、N10、N11 和 N12 组成。回路 3 由组件 N13、N14、N15、N16 和 N17 组成。回路的组件串联连接，回路并联。组件 N1 是关键组件，因此其故障会导致整个系统出现故障。每个组件的维修成本如表 2-10 所示。

表 2-9　主要组件

组件	名称	组件	名称
N1	反应堆压力容器	N10	主泵 II
N2	稳压器	N11	安全注射泵 IV
N3	安全注射泵 I	N12	安全注射箱 II
N4	蒸汽机 I	N13	安全注射泵 V
N5	主泵 I	N14	蒸汽机 III
N6	安全注射泵 II	N15	主泵 III
N7	安全注射箱 I	N16	安全注射泵 IV
N8	安全注射泵 III	N17	安全注射箱 III
N9	蒸汽机 II		

表 2-10　每个组件的维修成本

序号	组件	$c_{s,i}$	c_i	c_{p_i}	序号	组件	$c_{s,i}$	c_i	c_{p_i}
1	N1	27896	33157	21364	10	N10	32562	29875	15533
2	N2	23562	25752	17654	11	N11	13245	12864	8873
3	N3	13245	12864	8873	12	N12	29345	13453	10743
4	N4	35623	22245	11863	13	N13	13245	12864	8873
5	N5	32562	29875	15533	14	N14	35623	22245	11863
6	N6	13245	12864	8873	15	N15	32562	29875	15533
7	N7	29345	13453	10743	16	N16	13245	12864	8873
8	N8	13245	12864	8873	17	N17	29345	13453	10743
9	N9	35623	22245	11863					

假设组件 i 的失效时间满足 Weibull 分布 $W(t;\theta_{1i},\gamma_{1i})$，而修复时间满足 Weibull 分布 $W(t;\theta_{2i},\gamma_{2i})$。每个组件的故障时间和维修时间的比例和形状参数如表 2-11 所示。

表 2-11　每个组件的故障时间和维修时间的比例和形状参数

序号	组件	θ_{1i}	γ_{1i}	θ_{2i}	γ_{2i}	序号	组件	θ_{1i}	γ_{1i}	θ_{2i}	γ_{2i}
1	N1	1860	2.43	33	2.12	10	N10	6165	2.36	42	2.78
2	N2	2730	3.92	10	2.56	11	N11	7304	3.46	48	3.12
3	N3	7304	3.46	48	3.12	12	N12	3051	2.03	72	2.37
4	N4	4235	2.14	42	2.78	13	N13	7304	3.46	48	3.12
5	N5	6165	2.36	61	2.13	14	N14	4235	2.14	42	2.78
6	N6	7304	3.46	48	3.12	15	N15	6165	2.36	42	2.78
7	N7	3051	2.03	72	2.37	16	N16	7304	3.46	48	3.12
8	N8	7304	3.46	48	3.12	17	N17	3051	2.03	72	2.37
9	N9	4235	2.14	42	2.78						

当组件发生故障时，组件 CPMI 与其自身的 PM 成本和维修成本相关。随着维修成本的增加，CPMI 也随之增加。这意味着，如果某个组件发生故障并导致更高的维修成本，则执行 PM 的价值更大。当组件发生故障时，CPMI 与系统中的组件位置有关。PM 组件位置对 CPMI 值的影响仅取决于该组件是否为关键组件。接下来，将在关键组件和非关键组件分别失效的情况下对 CPMI 进行更具体的分析。关键组件 N1 失效时的 CPMI 如图 2-11 所示。由于相同类型的组件的 CPMI 相同，所

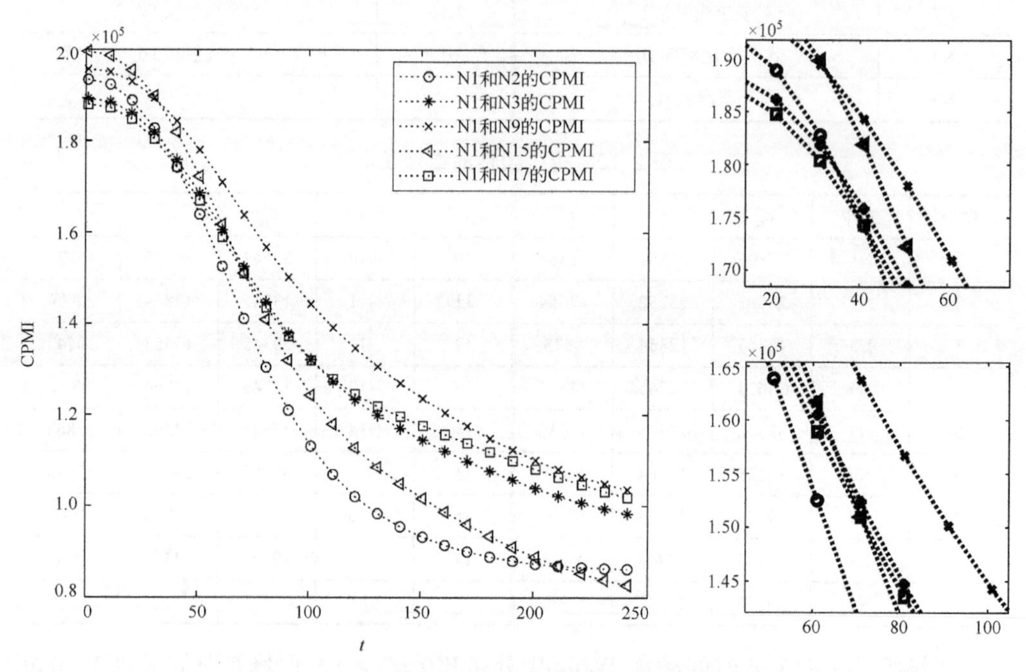

图 2-11　关键组件 N1 出现故障时 CPMI 的行为

以为了简便，我们仅选择相同类型的一种进行绘图。图 2-12 仅展示了非关键组件 N2、N3、N4、N5 和 N7。

1. CPMI 仿真分析

关键组件 N1 出现故障时随时间推移的 CPMI 如图 2-11 所示。CPMI 不仅受到与其自身的 PM 组件相关的成本的影响，还受到可以进行 PM 选择的其他组件的可靠性的影响。显然，不同组件的 CPMI 曲线相互交错。因此，我们发现根据 CPMI 排序的 PM 组件的优先级会随时间变化，如表 2-12 所示。这进一步表明该模型非常有用，并且可以根据特定时间的优先级更合理地安排 PM，以达到尽可能降低成本的目的。

表 2-12　Weibull 分布下不同时间的 PM 优先级 O_{N1}^{C}（关键组件 N1 失败）

t	O_{N1}^{C}
10	N15, N9, N2, N3, N17
35	N9, N15, N2, N3, N17
50	N9, N15, N3, N17, N2
65	N9, N3, N15, N17, N2
80	N9, N3, N17, N15, N2
200	N9, N17, N3, N15, N2
250	N9, N17, N3, N2, N15

当非关键冗余组件 N2、N3、N4、N5 和 N7 发生故障时，PM 对应组件的 CPMI 如图 2-12 所示。

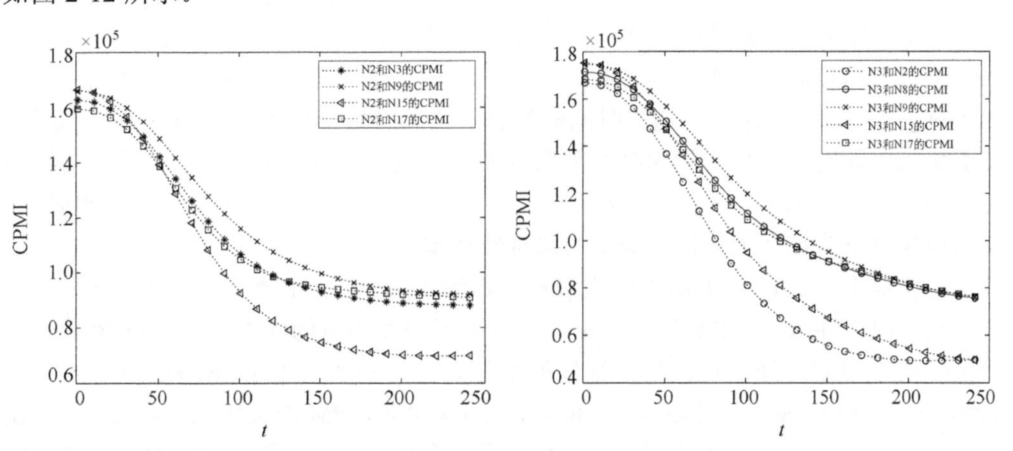

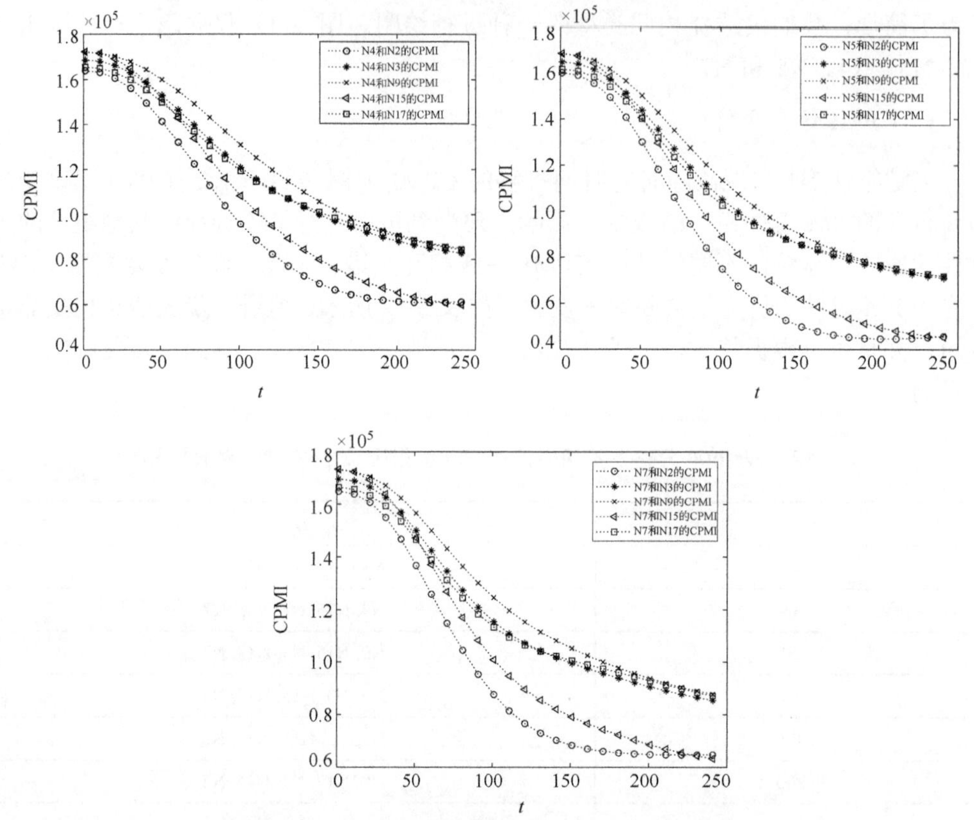

图 2-12　非关键组件发生故障时 CPMI 的行为

如图 2-12 所示，如果$t=100$，并且组件 N2 失效时，则最佳 PM 优先级排列$O_{\mathrm{N2}}^{C}=(\mathrm{N9,N3,N17,N15})$。如果$t=230$，则最优 PM 优先级排列$O_{\mathrm{N2}}^{C}=(\mathrm{N9,N17,N3,N15})$。类似地，如果$t=100$，并且组件 N3 失败，则最优 PM 优先级排列$O_{\mathrm{N2}}^{C}=(\mathrm{N9,N8,N17,N15,N2})$。如果$t=230$，则最优组件 PM 优先级排列$O_{\mathrm{N2}}^{C}=(\mathrm{N17,N9,N8,N15,N2})$。可以得出结论，随着时间的推移，由 CPMI 排序的 PM 组件的优先级将发生变化。同时，如果不同的组件发生故障，则最优的组件 PM 优先级排列可能会有所不同。这也显示了该模型的灵活性和实用性，可以根据具体的故障组件和时间，在当前情况下为维修人员提供最小的总维修成本。

现在基于图 2-12 中的组件优先级和成本约束来分析组件数量之间的关系。

当关键组件 N1 发生故障时，不同的修复能力和相应的成本如图 2-13 所示。可以根据成本限制选择进行预防性维修的组件数量。例如，当在$t=10$、成本约束为 80000 时，PM 的最佳组件数为 5。但是，当$t=80$时，PM 的最佳组件数为 8，而在$t=120$时，PM 的最佳组件数为 7。这种情况的发生也归因于用于 PM 的组件优先级的改变，这表明讨论进行 PM 的组件数量非常必要。

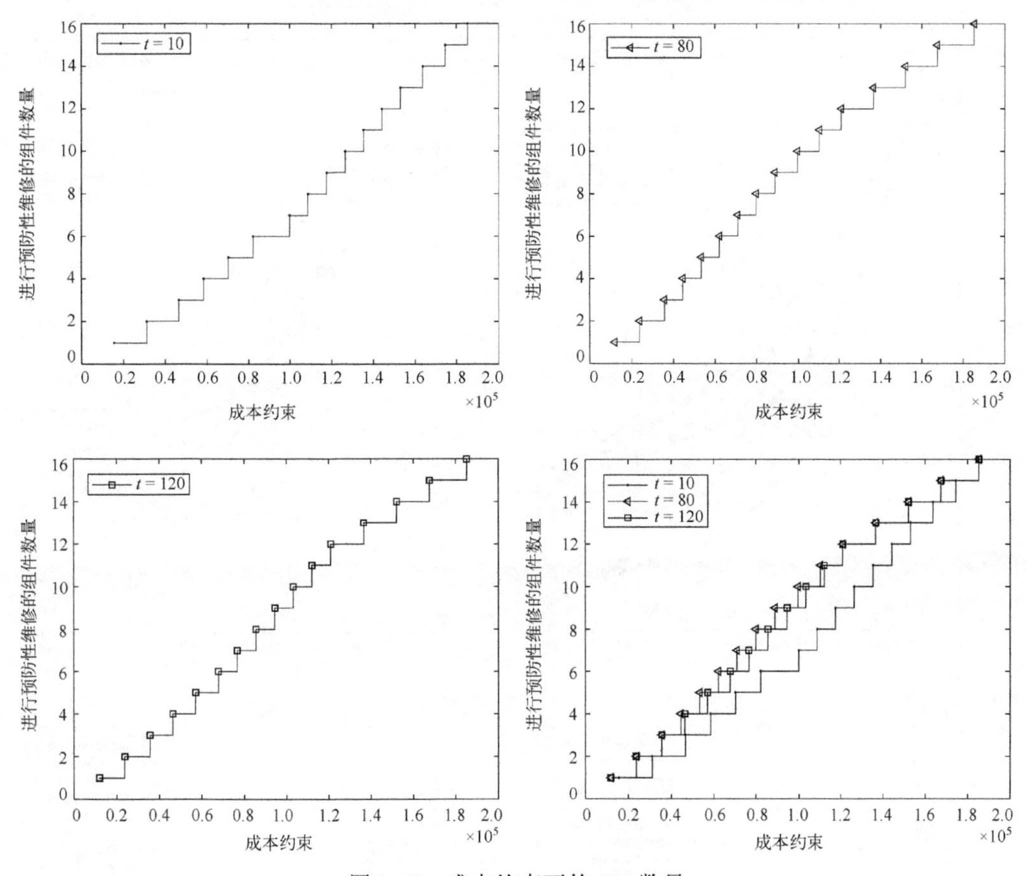

图 2-13　成本约束下的 PM 数量

2. 同时维修下的 CPMI 仿真分析

对于此反应堆，回路 2 和回路 3 中的组件完全相同，这意味着两个回路中相同类型的组件在结构上相同。这样的两个组件包括组件 N8 和 N13，组件 N9 和 N14，组件 N10 和 N15 以及组件 N12 和 N17。组件 N3 和 N6，组件 N8 和 N11 以及组件 N13 和 N16 不仅具有相同类型的组件，而且在结构上也相同。因此，这两个组件的 CPMI 相同。所以为了简化图形，仅选择要分析的组件之一，并在图 2-14 中给出了相应两组件之间的 CPMI。根据式(2-57)和式(2-58)，CPMI 如图 2-14 所示。

如果同时在其余组件上执行 PM，并且系统没有发生故障，为了避免系统故障，我们可能无法在所有其余组件上执行 PM。然后，组件在系统中的位置变得更加重要，这也导致了图 2-14 和图 2-12 之间的差异。

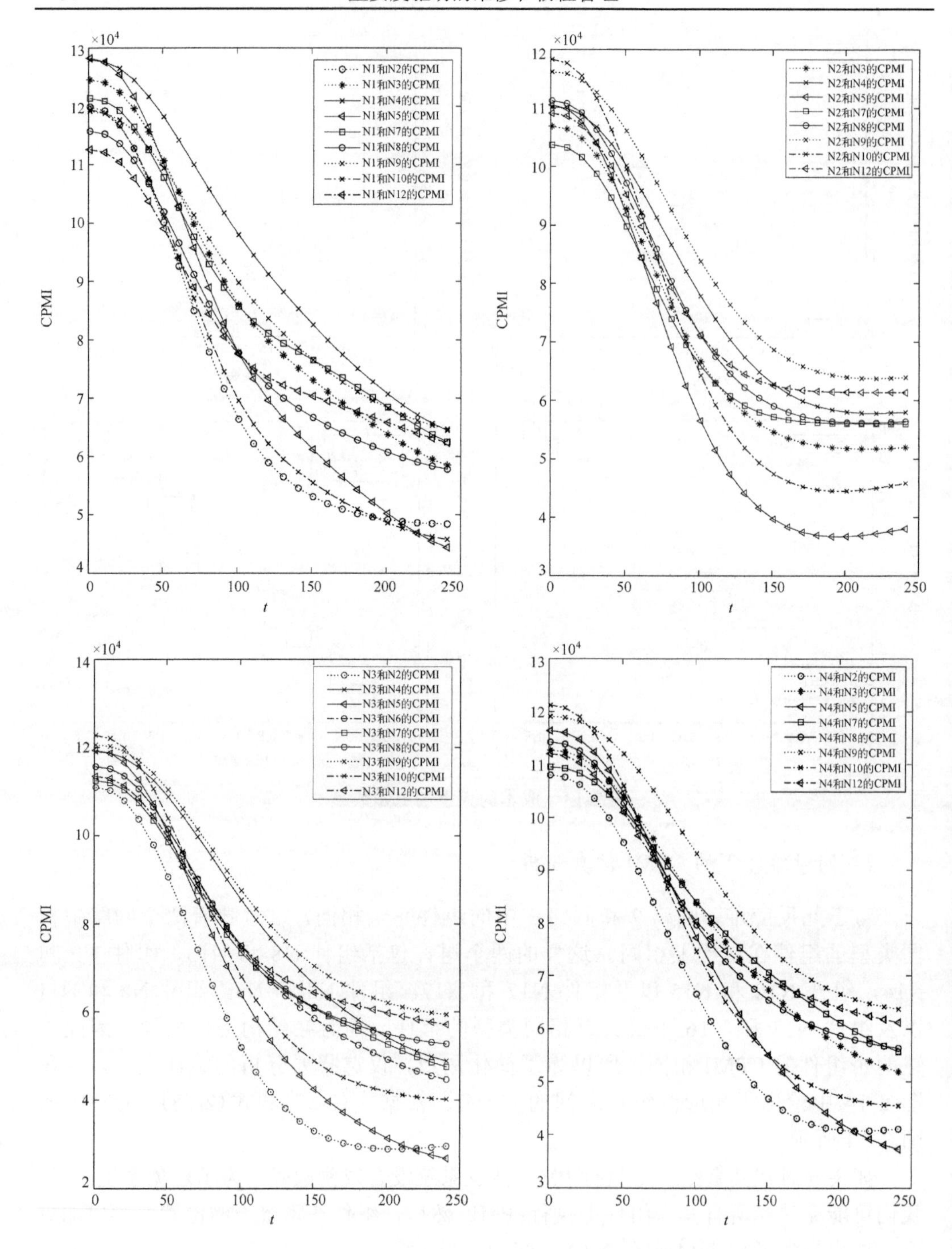
×10^4
N1和N2的CPMI
N1和N3的CPMI
N1和N4的CPMI
N1和N5的CPMI
N1和N7的CPMI
N1和N8的CPMI
N1和N9的CPMI
N1和N10的CPMI
N1和N12的CPMI
CPMI
t
×10^4
N2和N3的CPMI
N2和N4的CPMI
N2和N5的CPMI
N2和N7的CPMI
N2和N8的CPMI
N2和N9的CPMI
N2和N10的CPMI
N2和N12的CPMI
CPMI
t
×10^4
N3和N2的CPMI
N3和N4的CPMI
N3和N5的CPMI
N3和N6的CPMI
N3和N7的CPMI
N3和N8的CPMI
N3和N9的CPMI
N3和N10的CPMI
N3和N12的CPMI
CPMI
t
×10^4
N4和N2的CPMI
N4和N3的CPMI
N4和N5的CPMI
N4和N7的CPMI
N4和N8的CPMI
N4和N9的CPMI
N4和N10的CPMI
N4和N12的CPMI
CPMI
t

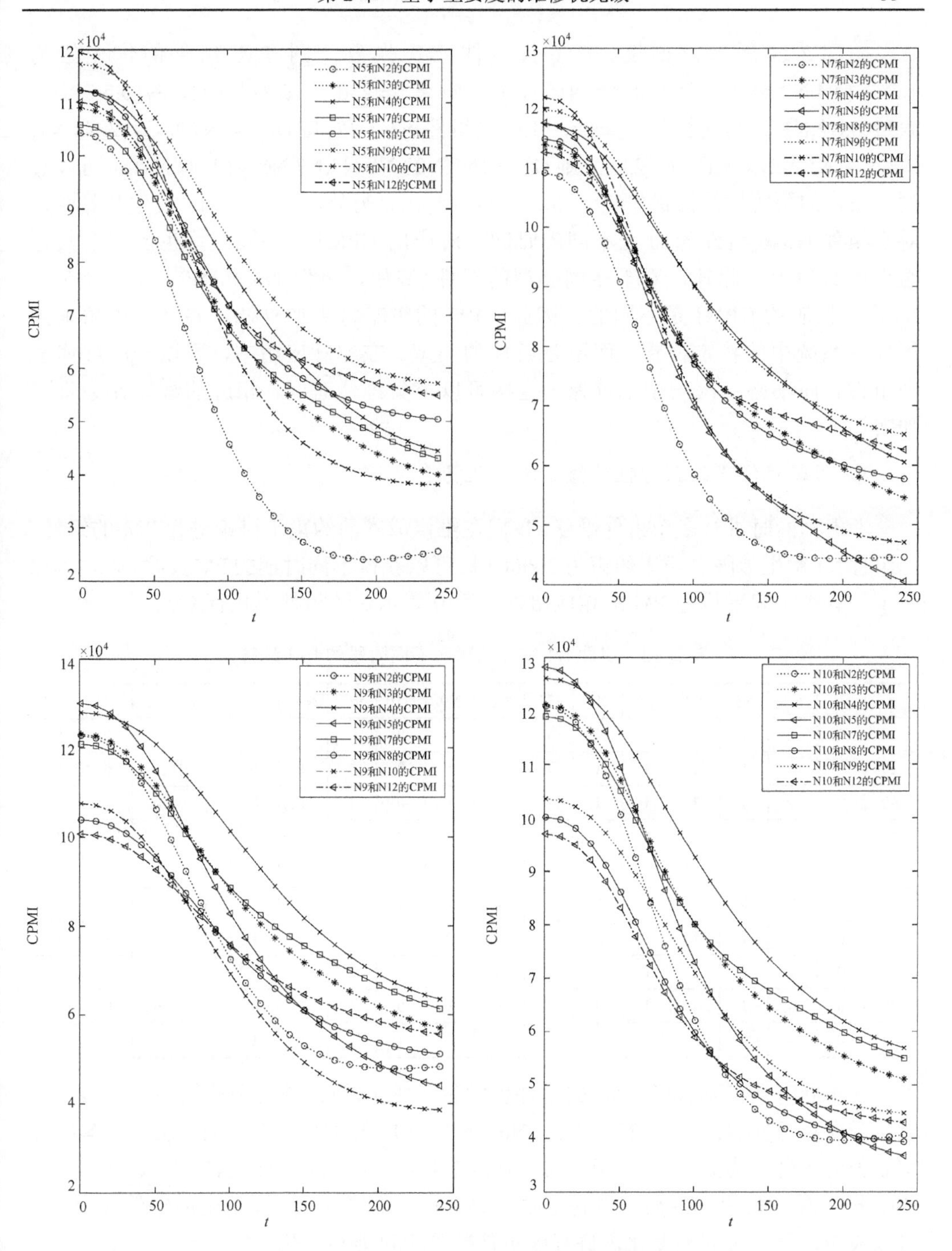

图 2-14　多个组件同时维修下的 CPMI

如图 2-14 所示，如果 $t=150$ 且组件 N1 失效，则 PM 组件的优先级为 $O_{\text{N1}}^{\text{SC}}=(\text{N4,N7,N9,N3,N12,N8,N5,N10,N2})$。如果 $t=230$，则 $O_{\text{N1}}^{\text{SC}}=(\text{N4,N10,N7,N12,N3,N8,N2,N10,N5})$。类似地，如果 $t=150$ 且组件 N3 失效，则 $O_{\text{N1}}^{\text{SC}}=(\text{N9,N4,N12,N8,N7,N6,N10,N5,N2})$。如果 $t=230$，则 $O_{\text{N1}}^{\text{SC}}=(\text{N9,N23,N8,N4,N7,N6,N10,N2,N5})$。可以看到，组件的预防性维修优先级会随着时间而变化。另外，当组件 N1 发生故障时，对于组件 N5 和组件 N10 在不同的时间，对应的 CPMI 也不同，这也反映在其他组件的故障中。此外，对于相同类型的组件(例如，组件 N4 和 N9，组件 N5 和 N10)，相应的 CPMI 是不同的。因此，PM 的策略将更加复杂，并且可以精确到组件在系统中的特定位置，而不是组件的类型。在实际应用中，可以一次维修多个组件，而不必一次一个地维修，这样可以节省维修时间，相应的维修计划将更加实用。

3. 同时维修下的预防性维修策略优化仿真分析

考虑到同时进行多个组件维修，我们在维修成本的约束下讨论进行 PM 的组件。当组件 N1 发生故障且成本约束为 90000 时，可以获得不同时期的 PM 策略，如表 2-13 所示。其中 1 表示执行 PM 的相应组件，而 0 表示对该组件不执行 PM。

表 2-13　组件 N1 发生故障时不同时段的 PM 策略

t	N1	N2	N3	N4	N5	N6	N7	N8	N9	N10	N11	N12	N13	N14	N15	N16	N17
10	0	1	1	1	1	1	1	0	0	0	0	0	1	0	1	0	0
20	0	0	1	1	1	1	1	1	1	0	1	1	0	0	0	0	0
30	0	0	1	1	1	1	1	1	1	0	1	1	0	0	0	0	0
40	0	0	1	1	1	1	1	0	0	0	0	0	1	1	0	1	1
50	0	0	1	1	1	1	1	0	0	0	0	0	1	1	0	1	1
60	0	0	0	0	0	0	0	1	1	1	1	1	1	1	0	1	1
70	0	0	1	1	1	1	1	0	0	0	0	0	1	1	0	1	1
80	0	0	1	1	1	1	1	0	0	0	0	0	1	1	0	1	1
90	0	0	1	1	1	1	1	1	1	0	1	1	0	0	0	0	0
100	0	0	0	0	0	0	0	1	1	1	1	1	1	1	0	1	1

在不同时期，需要进行 PM 的组件也发生了变化，这反映在系统结构中。在 $t=10$ 时，需要对组件 N2、N3、N4、N5、N6、N7、N13 和 N15 执行 PM。从最佳解决方案获得的组件数为 8。但是，在 $t=20$ 时，需要对组件 N3、N4、N5、N6、N7、N8、N9、N11 和 N12 执行 PM。当满足成本约束时，最佳解决方案给出的组件数为 9。可以表明，随着时间的变化，进行的组件数量也可能会变化。

在关于维修人员数量的讨论中，在不考虑维修时间的情况下将维修人员的支出降到最低，基于式(2-62)，可以得出相应的维修策略，并规定一个维修人员可以维修多个组件。随后，10 个维修人员针对不同类型组件的维修人员成本如表 2-14 所示，用来计算基于式(2-62)的维修计划。

表 2-14　10 个维修人员针对不同类型组件的维修人员成本

组件类型	反应堆压力容器	稳压器	安注泵	蒸汽机	主泵	安注箱
1	600	200	225	265	230	235
2	400	340	240	270	280	205
3	450	275	290	210	220	210
4	500	250	310	250	300	200
5	400	400	295	230	330	240
6	550	230	275	200	270	245
7	420	275	200	250	225	280
8	550	360	240	235	280	225
9	480	255	245	265	220	250
10	510	390	280	270	200	230

基于式(2-63)确定特定的维修组件后，我们可以得到一种维修方案，以使情况 1 下的维修人员支出降至最低。$t=10$ 时的维修人员安排如表 2-15 所示。随后，可以给出如下的方案：3-(N2)(即维修人员 3 对组件 N2 进行 PM)、4-(N3)、6-(N13)、7-(N5，N6，N7)、9-(N4)和 10-(N15)。其中，维修人员 1、2、5 和 8 不用进行工作，维修人员总数为 6。

表 2-15　$t=10$ 时的维修人员分配方案

维修人员	N2	N3	N4	N5	N6	N7	N13	N15
1	0	0	0	0	0	0	0	0
2	0	0	0	0	0	0	0	0
3	**1**	0	0	0	0	0	0	0
4	0	**1**	0	0	0	0	0	0
5	0	0	0	0	0	0	0	0
6	0	0	0	0	0	0	**1**	0
7	0	0	0	**1**	**1**	**1**	0	0
8	0	0	0	0	0	0	0	0
9	0	0	**1**	0	0	0	0	0
10	0	0	0	0	0	0	0	**1**

$t=20$ 时维修人员的安排如表 2-16 所示。随后，我们可以得出如下方案：2-(N6，N9)、5-(N3，N8，N11)、7-(N12)、9-(N7)和 10-(N4，N5)。其中，维修人员的总数为 5。随着系统组件可靠性的改变，执行 PM 的组件也在变化，最佳维修方案在

不断变化。从解决方案中可以看出，维修人员的数量以及维修人员和执行 PM 的组件之间的分配也在变化。这也表明该模型在特定应用中具有启发性。

表 2-16　$t=20$ 时的维修人员分配方案

维修人员	N3	N4	N5	N6	N7	N8	N9	N11	N12
1	0	0	0	0	0	0	0	0	0
2	0	0	0	**1**	0	0	**1**	0	0
3	0	0	0	0	0	0	0	0	0
4	0	0	0	0	0	0	0	0	0
5	**1**	0	0	0	0	**1**	0	**1**	0
6	0	0	0	0	0	0	0	0	0
7	0	0	0	0	0	0	0	0	**1**
8	0	0	0	0	0	0	0	0	0
9	0	0	0	0	**1**	0	0	0	0
10	0	**1**	**1**	0	0	0	0	0	0

在成本限制的前提下，还应考虑维修效率。如果可以在预防性维修上花费尽可能少的时间，那么运行期间对反应堆系统的影响将更小。维修人员的维修时间如表 2-17 所示。

表 2-17　10 个维修工维修相应组件所需的时间　（单位：min）

组件类型	反应堆压力容器	稳压器	安注泵	蒸汽机	主泵	安注箱
1	200	230	100	134	90	110
2	300	70	91	124	78	146
3	270	92	69	182	98	140
4	250	113	55	152	68	155
5	300	40	65	165	57	120
6	210	134	76	214	89	90
7	290	94	111	154	97	80
8	210	56	95	164	79	97
9	260	100	88	135	98	89
10	230	48	70	125	112	116

考虑情况 2 的假设，可以根据式(2-63)构建的模型进行计算，并在维修人员的人员费用支出不超过 2000 时，在 $t=10$ 时获得相应的维修人员分配方案，如表 2-18 所示。

表 2-18　当 $t = 10$ 、人工费用上限为 2000 时的维修工人分配计划

维修人员	N2		N3		N4		N5		N6		N7		N13		N15	
1	230	(200)	100	(225)	97	(265)	90	(230)	100	(225)	110	(235)	100	(225)	**90**	**(230)**
2	70	(340)	**91**	**(240)**	50	(270)	78	(280)	91	(240)	146	(205)	91	(240)	78	(280)
3	**92**	**(275)**	69	(290)	182	(210)	98	(220)	69	(290)	140	(210)	69	(290)	98	(220)
4	113	(250)	55	(310)	100	(250)	68	(300)	55	(310)	155	(200)	55	(310)	68	(300)
5	40	(400)	65	(295)	165	(230)	57	(330)	65	(295)	120	(240)	65	(295)	57	(330)
6	134	(230)	76	(275)	214	(200)	89	(270)	76	(275)	**93**	**(245)**	76	(275)	89	(270)
7	94	(275)	111	(200)	104	(250)	**97**	**(225)**	111	(200)	80	(280)	111	(200)	97	(225)
8	56	(360)	95	(240)	164	(235)	79	(280)	95	(240)	97	(225)	**95**	**(240)**	79	(280)
9	100	(255)	88	(245)	96	(265)	98	(220)	**88**	**(245)**	89	(250)	88	(245)	98	(220)
10	48	(390)	70	(280)	**80**	**(270)**	112	(200)	70	(280)	116	(230)	70	(280)	112	(200)

表前面的值表示维修人员花费在维修组件上的时间，方括号中的值表示维修人员的人工成本。粗体值是相应的最佳分配计划。随后，可以在 t =10 时获得维修方案如下：1-(N15)、2-(N3)、3-(N2)、6-(N7)、7-(N5)、8-(N13)、9-(N6)和 10-(N4)。该维修计划需要 97 分钟来执行，支付维修人员的费用为 1970。此时，最佳维修人员数量为 8。

类似地， t =20 时的方案如下：1-(N8)、2-(N6)、3-(N7)、4-(N12)、5-(N9)、7-(N11)、8-(N4)、9-(N3)和 10-(N5)。根据该方案，维修时间为 165 分钟，支付维修人员的费用为 1985。此时，最佳维修人员数量为 9。类似地，在方案 3 中，在不同时间对维修人员数量的需求是不同的。此外，维修时间和维修人员的费用也发生了变化。

2.4　本 章 小 结

本章将系统故障成本、故障组件维修成本和预防维护成本作为重要的因素提出了几种组件维修策略方法；并进一步提出了面向多态系统组件维修过程的优先级重要度，用于指导不同维修策略并切实提升系统性能；由于在系统安全评估方面对预防性维修策略缺少思考，本章最后从系统期望成本角度出发，结合重要度的思想，提出了两个重要措施。

第3章　基于重要度的复杂网络韧性

随着复杂系统网络规模愈加庞大，结构更加复杂，复杂系统中的节点之间的联系也愈加紧密，这些节点更容易受到破坏而失效，从而对复杂系统网络造成重大影响。当多节点失效后，最好的解决方案是从恢复的角度出发，在最短的时间内对复杂系统网络进行最大程度的恢复。本章分别从不同角度对复杂网络的韧性和节点重要度模型进行探讨，根据所研究的问题建立不同的数学模型，并针对各个模型进行案例仿真分析。

3.1　符号定义

社会生活中存在多种类型的复杂网络，复杂网络容易受到攻击从而出现多节点和连边失效。在复杂网络遭受攻击后出现多节点和连边失效的情况下，量化不同的失效节点和连边对复杂网络韧性的影响。在资源有限的情况下，确定节点和连边的恢复顺序，使复杂网络能够在最短的时间内快速恢复受损节点和连边，使网络韧性快速恢复至最优状态。本章符号定义如下所示。

G：复杂网络。

N：节点集合。

L：线路集合。

N_S：供应节点集合。

N_D：需求节点集合。

N_T：转运节点集合。

C_0：复杂网络容量集合。

P_{ij}：连边 ij 的运转能力。

P_i：节点 i 的运转能力。

P_i^S：供应节点 i 供应能力集合。

P_i^T：转运节点 i 转运能力集合。

P_i^D：需求节点 i 需求能力集合。

t：恢复时间。

T：总恢复时间。

$Q(t)$：复杂网络离散性能函数。

$Q(0)$：0 时刻复杂网络最大性能。

Q_0：多节点和连边失效后的复杂网络性能。

$A(t)$：复杂网络连续性能函数。

$R(t)$：复杂网络剩余韧性函数。

$R'(t)$：复杂网络韧性函数。

$A_{\text{target}}(t)$：正常状态复杂网络连续性能最大值。

$A(t_b)$：节点 i 失效后复杂网络连续性能最小值。

$q_i(t)$：节点 i 在 t 时刻流量。

$q_{ij}(t)$：连边 ij 在 t 时刻流量。

$\tau_i(t)$：节点 i 在 t 时刻状态。

$\tau_{ij}(t)$：连边 ij 在 t 时刻状态。

E：失效节点和连边集合。

I_i^{OPT}：失效节点 i 的 OPT 剩余韧性重要度。

I_{ij}^{OPT}：失效连边 ij 的 OPT 剩余韧性重要度。

I_i^B：失效节点 i 的 Birnbaum 剩余韧性重要度。

I_{ij}^B：失效连边 ij 的 Birnbaum 剩余韧性重要度。

I_i^{RAW}：失效节点 i 的 RAW 剩余韧性重要度。

I_{ij}^{RAW}：失效连边 ij 的 RAW 剩余韧性重要度。

I_i^{RRW}：失效节点 i 的 RRW 剩余韧性重要度。

I_{ij}^{RRW}：失效连边 ij 的 RRW 剩余韧性重要度。

v_i^k：第 k 个重要度指标下，失效节点的重要度排序。

v_{ij}^k：第 k 个重要度指标下，失效连边 ij 的重要度排序。

$C_{ij}^k(i)$：失效节点 i 的第 k 个韧性重要度指标比较后的得分。

$C_{\text{total}}(i)$：失效节点 i 的 Copeland 值。

$\text{loss}(t)$：复杂网络的损失性能。

$\text{recovery}(t)$：复杂网络的恢复性能。

$\text{loss}(t)_{\tau_i=1}$：节点 i 正常运转时的损失性能。

$\text{loss}(t)_{\tau_i=0}$：节点 i 失效时的损失性能。

$\text{recovery}(t)_{\tau_i=1}$：节点 i 正常运转时的恢复性能。

$\text{recovery}(t)_{\tau_i=0}$：节点 i 失效时的恢复性能。

$I_i^{\text{loss}}(t)$：节点 i 的损失重要度。

$I_i^{\text{recovery}}(t)$：节点 i 的恢复重要度。

$I_i^{\text{comprehensive}}(t)$：节点$i$的综合重要度。

U_i：恢复失效节点i所需要的成本。

U：总成本。

f_l：复杂网络中的节点和连边与复杂网络损失性能变化的函数。

f_r：复杂网络中的节点和连边与复杂网络恢复性能变化的函数。

3.2　复杂网络韧性理论模型

本节复杂网络为$G(N,L)$，即由节点集合N和连边线集合L构成，其中$L\subset\{(i,j):i,j\in N,i\neq j\}$。$N_S,N_D,N_T\in N$。$C_0^+$是复杂网络中节点和连边能力集合，且$C_0^+\in\mathbf{R}^+$。$P_{ij}$、$P_i^S$、$P_i^D$、$P_i^T$分别表示连边$ij$、供应节点$i$、需求节点$i$和转运节点$i$的运输能力且$\{P_{ij},P_i^S,P_i^D,P_i^T\in C_0^+\}$。

3.2.1　复杂网络剩余韧性模型

在信息有限只了解每个节点和连边的容量的情况下，研究复杂网络中失效节点和连边的恢复顺序。此时复杂网络初始离散性能为$Q(t)$，表示满足所有需求节点的需求。复杂网络失效节点和连边集合为E。当出现多节点和连边失效后，复杂网络的离散性能$Q(t)$会达到最小值Q_0。

复杂网络在遭受攻击状态后逐步恢复正常运转功能的过程如图3-1所示。可将整个过程分为五个阶段。

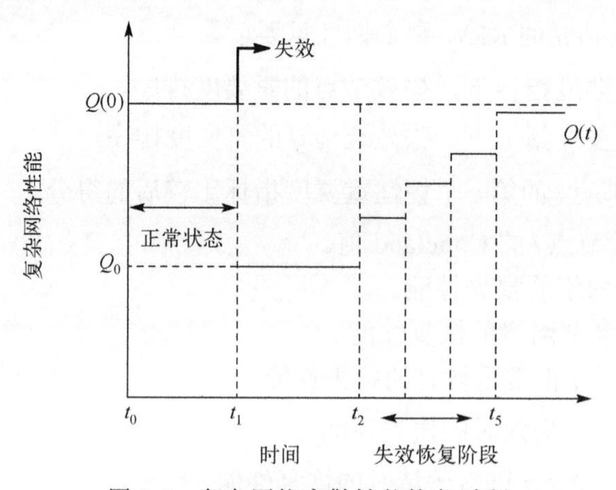

图3-1　复杂网络离散性能恢复过程

(1)正常运转阶段$(t_0\leqslant t<t_1)$：此时复杂网络处于正常运转状态，在此时可以通过一些先进技术来对重要节点进行预防性维护。

(2) 灾害发生阶段 ($t_1 \leqslant t$)：在 t_1 时刻受到攻击，复杂网络性能受到一定影响，其功能的影响程度取决于受到攻击的严重程度及复杂网络中节点自身的抵御灾害的能力。

(3) 复杂网络低运转阶段 ($t_1 < t < t_2$)：灾害发生后，复杂网络处于低运转状态。

(4) 失效节点和连边恢复阶段 ($t_2 \leqslant t \leqslant t_5$)：$t_2$ 时刻开始调用恢复资源对失效节点和连边进行恢复，t_5 时刻所有失效节点和连边恢复，复杂网络剩余韧性降低至最小状态。

(5) 稳定运行阶段 ($t > t_5$)：失效节点和连边恢复后，复杂网络性能恢复至稳定运行状态。

本节将韧性定义为网络在受到灾害攻击后，抵御、适应并迅速恢复至正常稳定运行状态的能力。本节侧重于从损失角度研究复杂网络的损失减少过程，因此，基于对韧性的研究提出复杂网络剩余韧性概念。复杂网络剩余韧性量化了复杂网络性能损失减少的规模和速度，剩余韧性用 $R(t)$ 表示，$R(t)$ 描述了 $t > t_2$ 时损失值与恢复值之差与损失值的比值为

$$R(t) = \frac{\text{loss}(t) - \text{recovery}(t)}{\text{loss}(t)} = 1 - \frac{\sum_{t \in T}(Q(t) - Q_0)}{T(Q(0) - Q_0)} \tag{3-1}$$

离散时间段组成的时间集合 $t \in \{0,1,2,3,\cdots,T\}, T \in \mathbf{Z}^+$，每个时间段只恢复单个失效点。对于复杂网络来说，需求节点接受量越大越好。$q_i(t)$ 为需求节点 i 在第 t 个时间段内的接受量，即

$$Q(t) = \sum_{i \in N_D} q_i(t) \tag{3-2}$$

将式 (3-2) 代入式 (3-1) 中得到本章的韧性公式为

$$R(t) = 1 - \frac{\sum_{t \in T}\left[\sum_{i \in N_D} q_i(t) - Q_0\right]}{T(Q(0) - Q_0)} \tag{3-3}$$

$R(t)$ 取值范围为 $[0,1]$。当 $Q(t) = Q_0$ 时，$R(t) = 1$，这时复杂网络功能损失达到最高；当 $Q(t) = Q(0)$ 时，代表需求节点集 N_D 中的所有节点的需求得到完全满足，复杂网络功能完全恢复。复杂网络剩余韧性 $R(t)$ 越趋近于 0，复杂网络性能越好。

3.2.2　复杂网络韧性模型

在信息有限的情况下，只了解每个节点和连边与复杂网络性能之间的函数关系时，复杂网络的连续性能函数用 $A(t)$ 表示。$A(t)$ 为时刻 t 复杂网络中所有节点的需求与复杂网络初始阶段所有节点的需求之比。根据复杂网络中节点的实际需求 $A(t)$

的值进行变化，$A(t)\in[0,1]$。当多个点失效后，复杂网络的性能 $A(t)$ 达到最小值。复杂网络的连续性能曲线如图 3-2 所示。

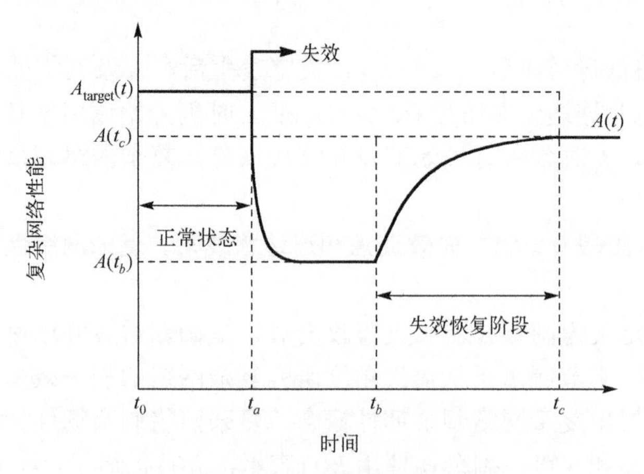

图 3-2　复杂网络的网络连续性能曲线

从 t_0 到 t_a，复杂网络处于正常状态。复杂网络中的节点都处于正常状态时的性能函数为 $A_{\text{target}}(t)$。t_a 时，复杂网络被攻击，复杂网络的性能函数迅速下降，然后处于其最低状态 $A(t_b)$。t_b 时，复杂网络开始对失效部分进行恢复。从 t_b 到 t_c，复杂网络随着失效部分的恢复，网络的性能逐步恢复。t_c 时，复杂网络完成失效恢复工作，网络性能恢复到最佳状态。

为使整个网络在运行过程中性能达到最大，在整个运行过程中，网络流量按照整个网络需求最大的原则进行分配，建立下面模型

$$\max A(t)=\max\frac{\sum_{i\in N_D}q_i(t)}{\sum_{i\in N_D}q_i(0)} \tag{3-4}$$

$$\text{s.t.}\begin{cases}q_i(t)\leqslant\tau_i(t)P_i, & i\in N\\ q_{ij}(t)\leqslant\tau_{ij}(t)P_{ij}, & ij\in L\\ \tau_{ij}(t),\tau_i(t)\in\{0,1\}, & (i,j)\in N,\quad t\in\forall t\end{cases}$$

其中，$q_i(t),i\in N_D$ 表示 t 时刻需求节点 i 的流量，$q_i\leqslant P_i$ 表示节点的流量小于等于节点的能力，$q_{ij}\leqslant P_{ij}$ 表示连边的流量小于等于连边的能力。

当失效节点开始恢复时，每个周期的需求都在变化。在整个恢复期，复杂网络的需求持续上升。本节的韧性考虑了复杂网络在不同时间的性能积累，将复杂网络韧性量化为在恢复过程中网络的性能与网络初始性能积分的比值，可以得到

$$R'(t)=\frac{\int_{t_b}^{t}A(t)\mathrm{d}t}{\int_{t_b}^{t}A_{\text{target}}(t)\mathrm{d}t} \tag{3-5}$$

由式(3-5)可知，$R'(t)$ 的取值范围为 $[0,1]$。当 $A(t)=A_{\text{target}}(t)$ 时，$R'(t)$ 达到最大值，表示复杂网络的性能已恢复到最优状态。在恢复阶段 $[t_b,t]$，网络总需求随时间变化而变化，当 $A(t)=A(t_b)$ 时，表示失效节点恢复过程中网络的运输性能处于最小值。网络韧性 $R'(t)$ 越接近 1，网络的性能恢复越好。

3.2.3　复杂网络最优韧性模型

攻击事件可能会导致复杂网络中一个或多个节点、连边失效。当出现多个节点和连边同时失效时，恢复策略重点在于确定节点和连边的恢复顺序，使复杂网络功能恢复至最大，减少经济损失。本节重点关注恢复单个节点或者连边对网络韧性的影响，以在恢复时间范围内实现最大韧性为目标，寻找集中失效节点和连边的最优恢复顺序。

复杂网络中的所有节点和连边的状态都是独立的。网络中每个失效节点都可以被恢复，且失效节点的恢复时间均相同。但是，在给定时间段内，单位时间内只能恢复一个失效节点。在恢复时间 T 内，以最小剩余韧性为目标来建立最优剩余韧性模型为

$$\min R(t) \tag{3-6}$$

s.t.

$$\sum_{(i,j)\in N}q_{ij}(t)-\sum_{(j,i)\in N}q_{ji}(t)\leqslant \tau_i(t)P_i^S,\quad i\in N_S,\quad \forall t \tag{3-7}$$

$$\sum_{(i,j)\in N}q_{ij}(t)-\sum_{(j,i)\in N}q_{ji}(t)=0,\quad i\in N_T,\quad \forall t \tag{3-8}$$

$$\sum_{(j,i)\in N}q_{ji}(t)-\sum_{(i,j)\in N}q_{ij}(t)=q_i(t),\quad 0\leqslant q_i(t)\leqslant \tau_i(t)P_i^D,\quad i\in N_D,\quad \forall t \tag{3-9}$$

$$0\leqslant q_{ij}(t)\leqslant \tau_{ij}(t)P_{ij},\quad (i,j)\in N,\quad \forall t \tag{3-10}$$

$$\tau_{ij}(t)-\tau_{ij}(t+1)\leqslant 0,\quad (i,j)\in E,\quad t_b\leqslant t \tag{3-11}$$

$$\tau_i(t)-\tau_i(t+1)\leqslant 0,\quad i\in E,\quad t_b\leqslant t \tag{3-12}$$

$$\sum_{i\in E}[\tau_i(t)-\tau_i(t-1)]+\sum_{(i,j)\in E}[\tau_{ij}(t)-\tau_{ij}(t-1)]\leqslant 1,\quad t_b\leqslant t \tag{3-13}$$

$$\tau_{ij}(t),\tau_i(t)\in\{0,1\},\quad (i,j)\in E,\quad t\in\forall t \tag{3-14}$$

其中，$q_{ij}(t)$ 表示在 t 时刻节点 i 流至节点 j 的流量或者是 ij 上的流量；$\tau_{ij}(t)$ 和 $\tau_i(t)$ 分别为在 t 时刻连边 ij 和节点 i 的状态，$\tau_{ij}(t)=1/\tau_i(t)=1$ 表示连边和节点处于正常状态，$\tau_{ij}(t)=0/\tau_i(t)=0$ 表示连边 ij 和节点 i 处于失效状态。约束(3-7)保证供应节点 i $(i\in N_S)$ 的供应量不超过其供应能力 P_i^S；约束(3-8)保证转运节点 i $(i\in N_T)$ 的净流量为 0；约束(3-9)和约束(3-10)表示连边 ij 和节点 i 的流量不能超过在 t 时刻的状态下可通过的运转能力；约束(3-11)和约束(3-12)表示失效连边 ij 和节点 i 一旦被恢复，则不会再次失效；约束(3-13)表示在给定的时间区间内，每个时间节点只能恢复一个失效节点或连边；约束(3-14)表示连边 ij 和节点 i 只存在正常和失效两种状态。

在上述模型的基础上，建立基于成本的最大韧性模型。考虑不同失效节点的恢复成本不同时，确定需要恢复的失效点及判断失效节点的恢复顺序。由于失效节点的位置和特性不同，恢复成本也不同。在固定的成本约束下，只能选择一组失效节点进行恢复，使复杂网络的韧性达到相对最优状态。以此来建立如下基于成本约束建立最优韧性模型

$$\max R'(t)=\max\frac{\int_{t_b}^{t}A(t)\mathrm{d}t}{\int_{t_b}^{t}A_{\text{target}}(t)\mathrm{d}t} \tag{3-15}$$

$$\sum_{i\in E}\tau_i U_i+\sum_{(i,j)\in E}\tau_{ij}U_{ij}\leqslant U,\quad \tau_i,\tau_{ij}=1 \tag{3-16}$$

其中，E 表示失效节点的集合，U_i 为恢复失效节点 i 所付出的代价，即恢复失效节点 i 所需要的成本。约束(3-16)表示恢复失效运输节点的成本不能超过总成本。其余约束条件与最优韧性模型(3-6)约束条件相同。

3.3 复杂网络剩余韧性经典重要度模型

3.3.1 OPT 剩余韧性重要度

复杂网络中的节点或者连边失效会直接影响复杂网络正常运转，因此需要快速确定失效节点或者连边的恢复顺序以减少损失。本节建立 OPT(Optimal Repair Time)韧性重要度模型，分别用 I_{ij}^{OPT} 和 I_i^{OPT} 来表示失效连边和节点的最佳恢复时间。OPT 剩余韧性重要度能够说明失效节点和连边的最佳恢复时间，以便能够在一定的恢复时间内最大限度地降低复杂网络的韧性损失，节点和连边的 OPT 剩余韧性重要度 I_i^{OPT} 和 I_{ij}^{OPT} 分别为

$$I_i^{\text{OPT}}=1+\sum_{t=1}^{T}(1-\tau_i(t)),\quad i\in E \tag{3-17}$$

$$I_{ij}^{\mathrm{OPT}} = 1 + \sum_{t=1}^{T} (1 - \tau_{ij}(t)), \quad ij \in E \tag{3-18}$$

其中，I_i^{OPT} 和 I_{ij}^{OPT} 分别表示失效节点 i 和连边 ij 的最佳恢复时间；$\tau_i(t)$ 和 $\tau_{ij}(t)$ 分别表示失效节点 i 和连边 ij 在 t 时刻的状态；T 表示复杂网络运输功能恢复到最优状态所必需的时间。OPT 剩余韧性重要度表示失效连边和节点的恢复的优先级。根据指标值对失效节点 i 和连边 ij 的恢复顺序进行排序。I_i^{OPT} 和 I_{ij}^{OPT} 值越小，失效节点 i 和连边 ij 对网络的剩余韧性的减少的影响越大，该失效点的恢复优先级越高。

3.3.2　Birnbaum 剩余韧性重要度

本节将 Birnbaum 重要度的研究拓展到复杂网络剩余韧性的研究中，来衡量失效连边和节点状态变化对网络剩余韧性值的影响，分别用 I_i^B 和 I_{ij}^B 表示节点 i 和连边 ij 的 Birnbaum 剩余韧性重要度值为

$$I_i^B = \min R\left(T \mid \sum_{t=1}^{T} \tau_i(t) = 0\right) - \min R\left(T \mid \sum_{t=1}^{T} \tau_i(t) = 1\right) \tag{3-19}$$

$$I_{ij}^B = \min R\left(T \mid \sum_{t=1}^{T} \tau_{ij}(t) = 0\right) - \min R\left(T \mid \sum_{t=1}^{T} \tau_{ij}(t) = 1\right) \tag{3-20}$$

其中，$R\left(T \mid \sum_{t=1}^{T} \tau_i(t) = 1\right)$ 与 $R\left(T \mid \sum_{t=1}^{T} \tau_{ij}(t) = 1\right)$ 分别表示失效节点 i 和连边 ij 在恢复时间 T 内顺利恢复的复杂网络最小剩余韧性值；$R\left(T \mid \sum_{t=1}^{T} \tau_i(t) = 0\right)$ 和 $R\left(T \mid \sum_{t=1}^{T} \tau_{ij}(t) = 0\right)$ 分别表示失效节点 i 和连边 ij 在恢复时间 T 内未恢复正常运转时复杂网络的最小剩余韧性值。Birnbaum 剩余韧性重要度用来衡量失效节点 i 和连边 ij 的状态变化对网络剩余韧性的潜在影响。I_i^B 和 I_{ij}^B 越大，表明失效节点 i 和连边 ij 的状态变化对网络的剩余韧性影响越大，因此该失效节点或连边的恢复优先级越高。

3.3.3　RAW 剩余韧性重要度

风险增加值(Risk Achievement Worth，RAW)是当组件始终处于最佳运行状态时获得的系统可靠性与系统初始可靠性之比。本节将 RAW 的研究拓展到复杂网络剩余韧性研究中，得出 RAW 剩余韧性重要度指标。该指标为复杂网络失效节点 i 和连边 ij 恢复时，网络的最小剩余韧性与初始剩余韧性的比值，分别用 I_i^{RAW} 和 I_{ij}^{RAW} 表示失效节点和连边的 RAW 剩余韧性重要度值为

$$I_i^{\mathrm{RAW}} = \frac{\min R\left(T \mid \sum_{t=1}^{T} \tau_i(t) = 1\right)}{\min R_0} \tag{3-21}$$

$$I_{ij}^{\mathrm{RAW}} = \frac{\min R\left(T \mid \sum_{t=1}^{T} \tau_{ij}(t) = 1\right)}{\min R_0} \tag{3-22}$$

其中，R_0 表示复杂网络被攻击后稳定时的剩余韧性值，$R\left(T \mid \sum_{t=1}^{T} \tau_i(t) = 1\right)$ 和 $R\left(T \mid \sum_{t=1}^{T} \tau_{ij}(t) = 1\right)$ 表示复杂网络中只有失效节点 i 和连边 ij 在时间 T 内顺利恢复的网络剩余韧性值。I_i^{RAW} 和 I_{ij}^{RAW} 值越小，表明失效节点 i 和连边 ij 的恢复对网络的剩余韧性影响越大，因此失效节点 i 和连边 ij 的恢复优先级越高。

3.3.4 RRW 剩余韧性重要度

风险降低值(Risk Reduction Worth，RRW)用系统期望性能与节点始终处于故障状态时性能比值表示，来衡量故障组件对系统可靠性造成的潜在损害。本节将 RRW 的研究拓展至剩余韧性研究中，RRW 剩余重要度为恢复时的网络最优韧性与网络失效节点 i 和连边 ij 未被恢复时的系统最优剩余韧性之比，分别用 I_i^{RRW} 和 I_{ij}^{RRW} 表示失效节点 i 和连边 ij 的 RRW 剩余韧性重要度值为

$$I_i^{\mathrm{RRW}} = \frac{\min R(T)}{\min R\left(T \mid \sum_{t=1}^{T} \tau_i(t) = 0\right)} \tag{3-23}$$

$$I_{ij}^{\mathrm{RRW}} = \frac{\min R(T)}{\min R\left(T \mid \sum_{t=1}^{T} \tau_{ij}(t) = 0\right)} \tag{3-24}$$

其中，I_i^{RRW} 和 I_{ij}^{RRW} 分别表示失效节点 i 和失效连边 ij 的 RRW 剩余韧性重要度值，$R(T)$ 表示恢复时间 T 内的复杂网络的最优剩余韧性值，$R\left(T \mid \sum_{t=1}^{T} \tau_i(t) = 0\right)$ 和 $R\left(T \mid \sum_{t=1}^{T} \tau_{ij}(t) = 0\right)$ 表示失效节点 i 和连边 ij 在时间范围 T 内未恢复时的网络最优剩余韧性值。RRW 剩余韧性重要度用来衡量失效节点 i 和连边 ij 未在规定时间内恢复时对网络剩余韧性的潜在影响。I_i^{RRW} 和 I_{ij}^{RRW} 越大，失效节点 i 和连边 ij 的恢复优先级越高。

尽管以上四种重要度均是以降低复杂网络的剩余韧性为目标，但在实际的计算中，重要度排名结果不尽相同，其主要原因在于这四种重要度代表的物理含义不同。

因此，对以上四种重要度的含义进行解释、比较与讨论，以便更好地运用。

以上四种重要度针对复杂网络剩余韧性提升和降低的含义不同。重要度主要研究以下三方面：可靠性提高潜力、破坏对可靠性的损失以及组合度量，这三类系统可靠性衡量方法可以分别称为可靠性潜力、不良风险和风险中立。本节将其含义推广到复杂网络剩余韧性研究中，即将剩余韧性重要度分为三类：剩余韧性降低潜力、剩余韧性提升不良风险和风险中立度量。对于不同的应用场景，可以针对其结构特点和研究目的选择不同的剩余韧性重要度。对于现有的网络，可以以预防灾害为目的，选择与剩余韧性提升不良风险有关的重要度进行组件排序；若要对网络进行更新或重设计，以剩余韧性降低潜力为主的重要度比较适合；对于一个具有较强鲁棒性的系统，建议采用风险中性指标。

Birnbaum 剩余韧性重要度表示节点状态变化对复杂网络剩余韧性影响的绝对偏差，即节点对复杂网络剩余韧性产生的正面与负面影响之差。当给定的节点的状态变化使复杂网络剩余韧性值改善时，考虑节点或连边对网络剩余韧性产生了积极的影响；若节点或连边状态变化使网络剩余韧性值降低时，考虑其负面影响。由于 Birnbaum 剩余韧性重要度既涉及正面影响，又考虑负面影响，可以视其为风险中立的重要度指标。一般来说，Birnbaum 剩余韧性重要度值越小，则节点或连边状态变化对网络剩余韧性的影响越小；其值越高，则网络剩余韧性对于该节点或连边的状态变化越敏感。

OPT 剩余韧性重要度及 RAW 剩余韧性重要度都以恢复为重点，属于剩余韧性降低潜力度量。OPT 剩余韧性重要度量化了节点或连边的恢复顺序对网络剩余韧性产生的积极影响；RAW 剩余韧性重要度衡量给定节点或连边的恢复对网络剩余韧性的降低情况。一般来说，OPT 剩余韧性重要度值越低，则该组件恢复的优先级越高。较高的 RAW 剩余韧性重要度表明随着该节点或连边的恢复，系统剩余韧性的降低效果并不明显；RAW 剩余韧性重要度越小，则该节点或连边的恢复对网络剩余韧性的正面影响越大。

RRW 剩余韧性重要度用网络剩余韧性最优值和给定组件需要恢复时的剩余韧性进行比较。这种重要度主要考虑节点或连边对网络剩余韧性的消极影响，用来识别对网络剩余韧性有潜在损失的节点或连边，可以在一定程度上规避风险。对于 RRW 剩余韧性重要度来说，其值越低，代表该节点或连边对网络剩余韧性的影响越小。

3.3.5 Copeland 综合排序分析

本节运用 Copeland 方法对复杂网络中失效节点和连边的剩余韧性重要度值进行综合排序。剩余韧性重要度指标集为 $k \in \{1,2,3,\cdots,K\}$，从失效集合 E 中任意选取两个失效节点或连边依次对其剩余韧性重要度指标中的每个指标进行比较。设

$C_{i,j}^{k}(i)$ 为失效节点的第 k 个剩余韧性重要度指标比较后失效点 i 的 Copeland 得分，$C_{i,j}^{k}(i)$ 的表达式如下

$$C_{i,j}^{k}(i)=\begin{cases}C_{i,j}^{k}(i)+1, & v_i^k>v_j^k\\ C_{i,j}^{k-1}(i)-1, & v_i^k<v_j^k\\ C_{i,j}^{k-1}(i), & v_i^k=v_j^k\end{cases} \tag{3-25}$$

其中，$C_{i,j}^{k}(i)$ 表示失效节点 i 的第 k 个剩余韧性重要度指标进行比较后的得分结果；v_i^k 和 v_j^k 分别表示失效节点 i 和 j 的第 k 个剩余韧性重要度指标的值。当 $v_i^k>v_j^k$ 时，失效节点 i 的 Copeland 得分加一，反之减一，相等时得分不做变动。

失效节点 i 的 Copeland 值定义为 $C_{\text{total}}(i)$，其表达式如下

$$C_{\text{total}}(i)=\sum_{i,j\in E}C_{i,j}^{k}(i),\quad i\neq j \tag{3-26}$$

其中，$C_{\text{total}}(i)$ 表示失效节点 i 和 j 遍历 k 个指标剩余韧性重要度指标比较结果的累加。Copeland 得分越高，失效节点 i 对网络剩余韧性减少越重要。当 Copeland 得分相等时，两者具有相同的恢复顺序。

3.4 基于损失和恢复的复杂网络综合重要度模型

将复杂网络性能的损失和恢复与重要度相结合，提出了衡量节点和连边重要度的损失重要度、恢复重要度和综合重要度模型，研究复杂网络失效节点的恢复顺序。

根据图 3-2，复杂网络的损失性能定义为

$$\text{loss}(t)=A_{\text{target}}(t)-A(t_b) \tag{3-27}$$

复杂网络的恢复性能定义为

$$\text{recovery}(t)=A(t_c)-A(t_b) \tag{3-28}$$

节点 i 分为两种状态，$\tau_i=1$ 表示节点 i 正在工作，$\tau_i=0$ 表示节点 i 处于失效状态。节点 i 工作时的损失性能可表示为

$$\text{loss}(t)_{\tau_i=1}=A_{\text{target}}(t)-A(t_b)_{\tau_i=1} \tag{3-29}$$

节点 i 失效时的损失性能可表示为

$$\text{loss}(t)_{\tau_i=0}=A_{\text{target}}(t)-A(t_b)_{\tau_i=0} \tag{3-30}$$

同上所述，节点 i 工作时的恢复性能可表示为

$$\text{recovery}(t)_{\tau_i=1}=A(t_c)_{\tau_i=1}-A(t_b) \tag{3-31}$$

节点 i 失效时的恢复性能可表示为

$$\text{recovery}(t)_{\tau_i=0} = A(t_c)_{\tau_i=0} - A(t_b) \tag{3-32}$$

当网络中的节点处于不同的运行状态时，整个网络的性能损失会发生不同的变化。基于 Birnbaum 重要度，衡量节点 i 的损失重要度可表示为

$$\begin{aligned} I_i^{\text{loss}}(t) &= \text{loss}(t)_{\tau_i=0} - \text{loss}(t)_{\tau_i=1} \\ &= (A_{\text{target}}(t) - A(t_b)_{\tau_i=0}) - (A_{\text{target}}(t) - A(t_b)_{\tau_i=1}) \end{aligned} \tag{3-33}$$

其中，$I_i^{\text{loss}}(t)$ 表示节点 i 的状态变化对网络性能损失的影响。通过比较各节点的损失重要度值，可以评估复杂网络脆弱性的变化情况。通过对节点损失重要度的测算，可以预判节点的重要程度，提前对重要度较大节的点进行预防性维护。$\max\{I_i^{\text{loss}}(t), i=1,2,\cdots,n\}$ 表示复杂网络节点的损失重要度的最大值。

当网络运输节点处于不同的运行状态时，整个网络的性能恢复会发生不同的变化。基于 Birnbaum 重要度，衡量节点 i 的恢复重要度公式为

$$\begin{aligned} I_i^{\text{recovery}}(t) &= \text{recovery}(t)_{\tau_i=1} - \text{recovery}(t)_{\tau_i=0} \\ &= (A(t_c)_{\tau_i=1} - A(t_b)) - (A(t_c)_{\tau_i=0} - A(t_b)) \end{aligned} \tag{3-34}$$

其中，$I_i^{\text{recovery}}(t)$ 表示节点 i 的状态变化对网络性能恢复的影响。网络恢复性的变化可以通过比较各节点的恢复重要性度量值来评估。$\max\{I_i^{\text{recovery}}(t), i=1,2,\cdots,n\}$ 表示复杂网络节点的恢复重要度的最大值。

综合重要度考虑了破坏过程和恢复过程。对于复杂网络，节点 i 的综合重要度值可以表示为恢复重要度值与损失重要度值的比值

$$I_i^{\text{comprehensive}}(t) = \frac{I_i^{\text{recovery}}(t)}{I_i^{\text{loss}}(t)} = \frac{\text{recovery}(t)_{\tau_i=1} - \text{recovery}(t)_{\tau_i=0}}{\text{loss}(t)_{\tau_i=0} - \text{loss}(t)_{\tau_i=1}} \tag{3-35}$$

其中，$I_i^{\text{comprehensive}}(t)$ 表示各网络中各节点的综合重要度值，用于评估不同节点对网络运输性能的影响，$\max I_i^{\text{comprehensive}}(t)$ 表示复杂网络节点的综合重要度的最大值。

3.5　基于经典重要度的海运网络剩余韧性分析

本节海运网络为 $G_M(N,L)$，即由港口集合 N 和航运线集合 L 构成，其中 $L \subset \{(i,j): i,j \in N, i \neq j\}$。港口集合 N 包括供应港口集 N_S、需求港口集 N_D、转运港口集 N_T。设 C_0^+ 是海运网络中港口和航线的能力集合，且 $C_0^+ \in \mathbf{R}^+$。P_{ij}、P_i^S、P_i^D、P_i^T 分别表示航运线 ij、供应港口 i、需求港口 i 和转运港口 i 的运输能力且 $\{P_{ij}, P_i^S, P_i^D, P_i^T \in C_0^+\}$。根据实际港口信息，选择不同的港口作为供应港口、需求港口和转运港口。

为验证3.2节和3.3节提出的模型，选择运量相对较大航线的港口作为研究对象。

因此选择汉堡、纽约、鹿特丹、巴塞罗那、马尔萨什洛克、热那亚、桑托斯、德班、巴生、新加坡、香港、宁波-舟山、上海、天津、高雄、釜山、大阪、横滨、西雅图、奥克兰和洛杉矶、金斯顿和悉尼港口作为海运网络仿真实验对象。

网络流量用港口之间的集装箱量(Twenty-feet Equivalent Unit，TEU)表示。用2018年港口集装箱量(数据来源于各国交通运输部或港务局)来衡量港口容量，如表3-1所示。

表3-1　港口的吞吐量

序号	港口	吞吐量
1	汉堡	873
2	纽约	718
3	鹿特丹	1451
4	巴塞罗那	347
5	马尔萨什洛克	331
6	热那亚	261
7	桑托斯	412
8	德班	296
9	巴生	1203
10	新加坡	3660
11	香港	1959
12	宁波-舟山	2635
13	上海	4201
14	天津	1600
15	高雄	1045
16	釜山	2159
17	大阪	240
18	横滨	303
19	西雅图	380
20	奥克兰	255
21	洛杉矶	946
22	金斯顿	183
23	悉尼	265

拓扑网络如图3-3所示。

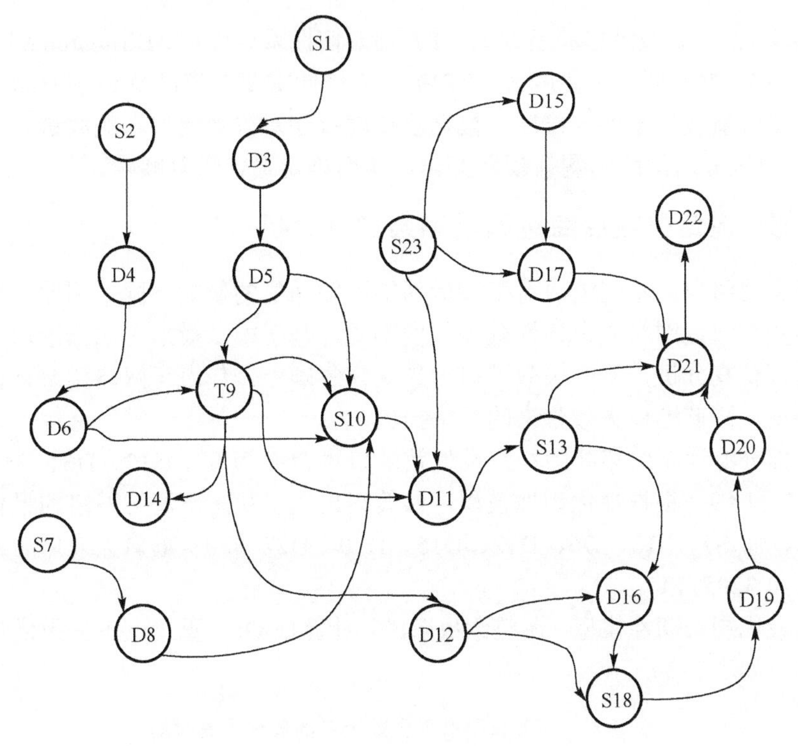

图 3-3　部分海运航线拓扑图

海运逻辑网络由节点和连边构成。逻辑网络中的节点代表港口，而连边代表港口之间存在的航线。根据逻辑图 3-3 和表 3-1 所示，列出如下所有的港口和航线：N_S={S1，S2，S7，S10，S13，S18，S23}，N_D={D3，D4，D5，D6，D8，D11，D12，D14，D15，D16，D17，D19，D20，D21，D22}，N_T={T9}，L={S1D3，D3D5，D5T9，D5S10，S2D4，D4D6，D6T9，D6S10，S7D8，D8S10，T9S10，T9D11，T9D12，T9D14，S10D11，D11S13，D12D16，D12S18，D16S18，S18D19，S13D16，S13D21，D19D20，D20D2，D21D22，S23D11，S23D17，S23D15，D15D17，D17D21}。

海运网络的剩余韧性恢复步骤分析如下。

步骤 1：建立海运网络模型，当多个港口或者航线失效时，海运网络的剩余韧性会达到最大值，根据式(3-6)计算海运网络在此时最低状态的最大剩余韧性。

步骤 2：将式(3-6)与式(3-17)～式(3-24)结合分别计算港口和航线的 OPT 剩余韧性重要度、Birnbaum 剩余韧性重要度、RAW 剩余韧性重要度和 RRW 剩余韧性重要度，得到了不同重要度下失效港口和航线的重要度值。

步骤 3：根据失效港口和航线的 OPT 剩余韧性重要度值、Birnbaum 剩余韧性重要度值、RAW 剩余韧性重要度值和 RRW 剩余韧性重要度值，基于式(3-25)和式(3-26)得到失效港口和航线的 Copeland 值。

步骤4：根据失效港口和航线的OPT剩余韧性重要度值、Birnbaum剩余韧性重要度值、RAW剩余韧性重要度值、RRW剩余韧性重要度值以及Copeland值，得出失效港口或者航线的重要度排序，根据重要度排序对失效港口和航线进行恢复，基于式(3-6)研究海运网络的剩余韧性变化，从而确定最优恢复顺序。

3.5.1 部分港口失效后海运网络剩余韧性分析

在海运网络中，不同港口对于海运网络运输功能的影响不同。因此，港口的恢复顺序不同，海运网络剩余韧性减少程度不同。基于本章模型对部分港口失效的海运网络进行仿真分析，研究失效港口的最优恢复顺序，使海运网络剩余韧性快速降低至最小值，降低港口失效带来的经济损失。

根据部分海运航线拓扑图，假设失效港口集合E为S7、S13、D6、D12、D15、D20、D22和T9。根据最优韧性模型，计算得出正常状态下海运网络的最优运量为8034TEU，而S7、S13、D6、D12、D15、D20、D22和T9港口失效后海运网络的最优运量为3205TEU。

根据最优剩余韧性模型，调整约束条件，计算出OPT重要度下失效港口的最优恢复时刻，如表3-2所示。

表3-2 OPT重要度下失效港口的最优恢复时刻

失效港口	$\tau_i(1)$	$\tau_i(2)$	$\tau_i(3)$	$\tau_i(4)$	$\tau_i(5)$	$\tau_i(6)$	$\tau_i(7)$	$\tau_i(8)$
S7	0	1	1	1	1	1	1	1
S13	1	1	1	1	1	1	1	1
D6	0	0	1	1	1	1	1	1
D12	0	0	0	0	0	0	0	1
D15	0	0	0	0	0	0	1	1
D20	0	0	0	1	1	1	1	1
D22	0	0	0	0	1	1	1	1
T9	0	0	0	0	0	1	1	1

根据不同的剩余重要度模型，失效港口的OPT剩余韧性重要度、Birnbaum剩余韧性重要度、RRW剩余韧性重要度和RAW剩余韧性重要度值，如图3-4所示。

从图3-4可以得到如下结果。

(1)由于OPT剩余韧性重要度值越小，失效港口的恢复优先级越高，所以在OPT剩余韧性重要度测算下，失效港口的恢复顺序为{S13，S7，D6，D20，D22，T9，D15，D12}。

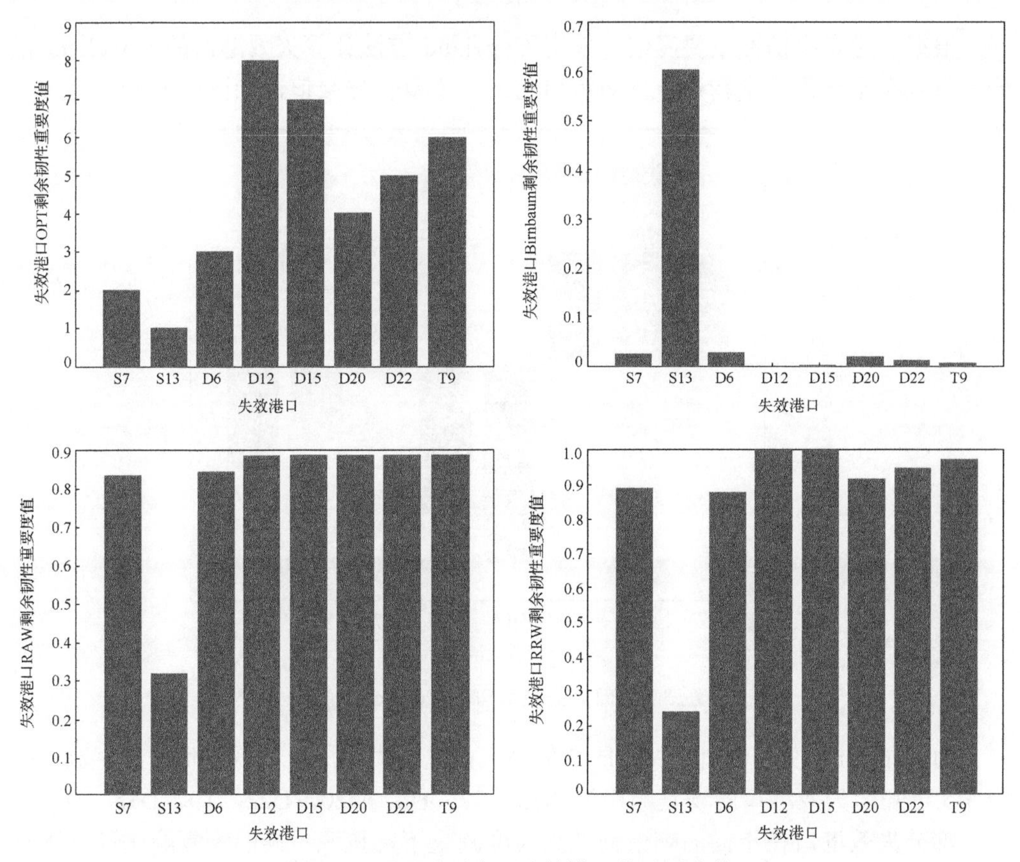

图 3-4　不同重要度下失效港口的重要度值

(2) 由于 Birnbaum 剩余韧性重要度的值越大，失效港口的恢复优先级越高，所以在 Birnbaum 剩余韧性重要度测算下，失效港口的恢复顺序为{S13，D6，S7，D20，D22，T9，D15，D12}。

(3) 由于 RAW 剩余韧性重要度的值越大，失效港口恢复优先级越高，所以在 RAW 剩余韧性重要度测算下，失效港口的恢复顺序为{S13，S7，D6}。失效港口 T9、D22、D20、D15、D12 具有相同的恢复优先级，恢复顺序排在 S13、S7、D6 之后。

(4) 由于 RRW 剩余韧性重要度的值越小，失效港口的恢复优先级越高，所以在 RRW 剩余韧性重要度测算下，失效港口的恢复顺序为{S13，D6，S7，D20，D22，T9，D15，D12}。

依上所述，可以得知在 Birnbaum 剩余韧性重要度和 RRW 剩余韧性重要度测算下，失效港口的恢复顺序相同。因此，在计算 Copeland 得分时，只考虑两个重要度指标中的一个。

根据上述剩余韧性重要度值，采用 Copeland 方法计算失效港口的 Copeland 得分，得到在不同重要度指标下失效港口的综合恢复优先级值，如图 3-5 所示。

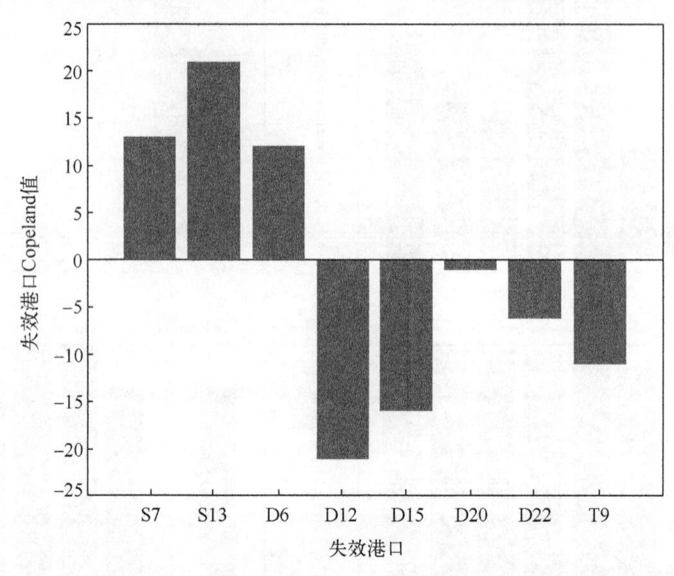

图 3-5　部分失效港口的 Copeland 值

由 Copeland 模型可知，Copeland 值越大，说明失效港口的恢复优先级越高。由图 3-5 可知，失效港口的恢复顺序为{S13，S7，D6，D20，D22，T9，D15，D12}。

部分失效港口在不同的剩余韧性重要度测量下，按照不同的恢复顺序进行恢复时，海运网络的剩余韧性值 $R(t)$ 的变化如图 3-6 所示。

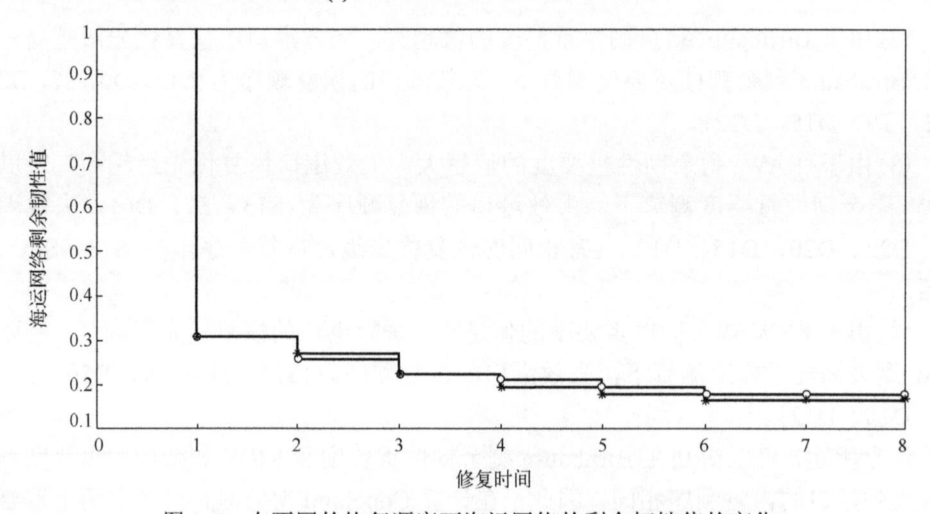

图 3-6　在不同的恢复顺序下海运网络的剩余韧性值的变化

由图 3-6 可以看出，每个时间段都有一个失效港口被恢复，海运网络剩余韧性 $R(t)$ 随着时间的推移逐渐减小。对于 OPT 剩余韧性重要度，随着失效港口的恢复，剩余韧性 $R(t)$ 逐渐从 1 降低到 0.1680。对于 Birnbaum 剩余韧性重要度和 RRW 剩余韧性重要度，随着失效港口的恢复，剩余韧性 $R(t)$ 逐渐从 1 降低到 0.1688。根据 RAW 剩余韧性重要度中失效港口的恢复优先级，最终将剩余韧性 $R(t)$ 降至 0.1747。第二阶段末，Birnbaum 剩余韧性重要度 $R(t)$ 仅减小 0.0420，其他重要度下的 $R(t)$ 减小 0.0477。在海运网络中，S7 的优先级高于 D6。在 RAW 剩余恢复能力重要度中，虽然最后几个港口的优先级相同，但其余失效节点的恢复顺序不同，剩余韧性的变化也不同。因此，仅通过一个重要度测算得到的港口优先级是片面的，不能充分反映出失效港口的真实恢复优先级。根据上述分析得出失效节点的综合恢复顺序为{S13，S7，D6，D20，D22，T9，D15，D12}。

3.5.2　部分航线失效后海运网络剩余韧性分析

海运网络连接多个国家之间的货物运输。当海运网络中多条航线失效时，可以考虑对港口与港口之间的航线进行恢复，以达到快速恢复海运网络运输能力的目的。因此，考虑部分航线失效的情况，研究在不同韧性重要度测算下海运网络韧性的变化情况。根据海运网络拓扑图，假设失效航线集合 E 为{D3D5，D5T9，D6S10，T9S10，T9D12，D11S13，D12S18，S13D16，D19D20，S23D17}。对失效航线进行编号，如表 3-3 所示。

表 3-3　失效航线序号

序号	1	2	3	4	5
失效航线	D3D5	D5T9	D6S10	T9S10	T9D12
序号	6	7	8	9	10
失效航线	D11S13	D12S18	S13D16	D19D20	S23D17

根据最优剩余韧性模型，计算得出正常状态下海运网络的最优运量为 8034TEU，而部分航线失效后海运网络的最优运量 Q_0 值为 4487TEU。

根据最优剩余韧性模型和 OPT 剩余韧性重要度模型，调整约束条件，计算出 OPT 剩余韧性重要度下失效航线的最优恢复时刻，如表 3-4 所示。

表 3-4　OPT 剩余韧性重要度下失效航线的最优恢复时刻

失效航线	$\tau_{ij}(1)$	$\tau_{ij}(2)$	$\tau_{ij}(3)$	$\tau_{ij}(4)$	$\tau_{ij}(5)$	$\tau_{ij}(6)$	$\tau_{ij}(7)$	$\tau_{ij}(8)$	$\tau_{ij}(9)$	$\tau_{ij}(10)$
1	0	0	0	1	1	1	1	1	1	1
2	0	0	0	0	0	0	0	0	1	1
3	0	0	0	0	1	1	1	1	1	1

续表

失效航线	$\tau_{ij}(1)$	$\tau_{ij}(2)$	$\tau_{ij}(3)$	$\tau_{ij}(4)$	$\tau_{ij}(5)$	$\tau_{ij}(6)$	$\tau_{ij}(7)$	$\tau_{ij}(8)$	$\tau_{ij}(9)$	$\tau_{ij}(10)$
4	0	0	0	0	0	1	1	1	1	1
5	0	0	0	0	0	0	0	1	1	1
6	0	0	0	0	0	0	0	0	0	1
7	0	0	0	0	0	0	1	1	1	1
8	1	1	1	1	1	1	1	1	1	1
9	0	1	1	1	1	1	1	1	1	1
10	0	0	1	1	1	1	1	1	1	1

根据不同的剩余重要度模型，部分失效航线的 OPT 剩余韧性重要度、Birnbaum 剩余韧性重要度、RRW 剩余韧性重要度和 RAW 剩余韧性重要度值，如图 3-7 所示。

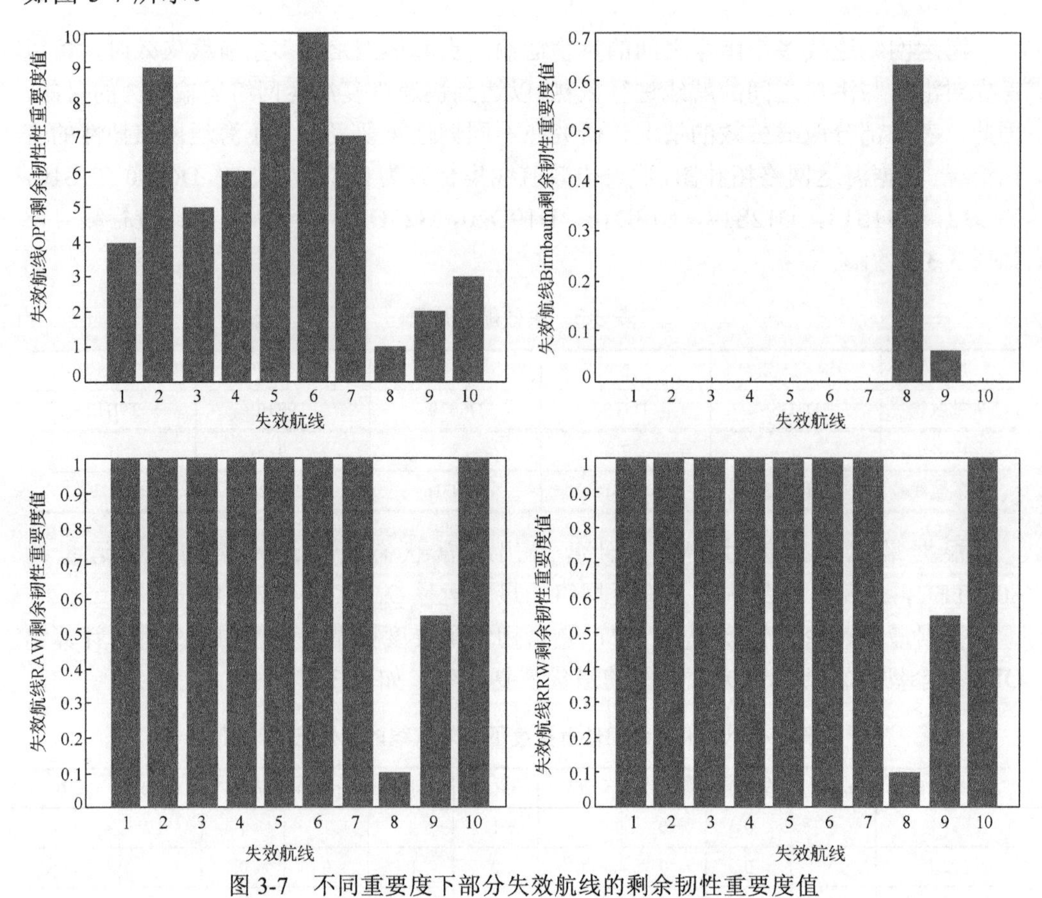

图 3-7 不同重要度下部分失效航线的剩余韧性重要度值

从图 3-7 可以看到如下结果。

(1) 在 OPT 剩余韧性重要度指标下，失效航线的恢复顺序为{S13D16，D19D20，S23D17，D3D5，D5T9，D6S10，D12S18，T9S10，D11S13，T9D12}。

(2) 在其他剩余韧性重要性指标下，S13D16 的恢复对于海运网络剩余韧性的降低更为重要。D19D20 对于海运网络剩余韧性的降低的重要度排名第二，其余的失效航线具有相同的恢复优先级。

最后采用 Copeland 方法计算每条失效航线的 Copeland 得分，得出失效航线的综合恢复优先级如图 3-8 所示。

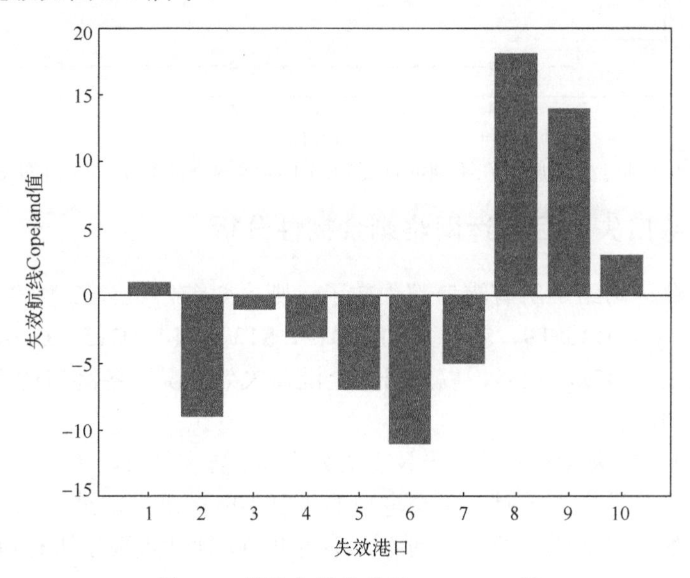

图 3-8　部分失效航线的 Copeland 值

Copeland 值越大，失效航线的恢复优先级越高。从图 3-8 中可以看出部分失效航线的恢复顺序为{S13D16，D19D20，S23D17，D3D5，D6S10，T9S10，D12S18，T9D12，D5T9，D11S13}。

根据不同韧性重要度下得出失效航线的恢复顺序，海运网络剩余韧性 $R(t)$ 的变化如图 3-9 所示。

从图 3-9 可以看出，在每个时间段都对失效航线进行恢复，海运网络剩余韧性 $R(t)$ 随着时间的推移逐渐减少。虽然在不同的重要度测算下，失效航线的恢复顺序不同，但剩余韧性的变化是相同的。在不同的重要度测算下，随着失效航线的恢复，海运网络剩余韧性值 $R(t)$ 逐渐从 1 下降到 0.0704。失效航线的恢复顺序为{S13D16，D19D20，S23D17，D3D5，D6S10，T9S10，D12S18，T9D12，D5T9，D11S13}。

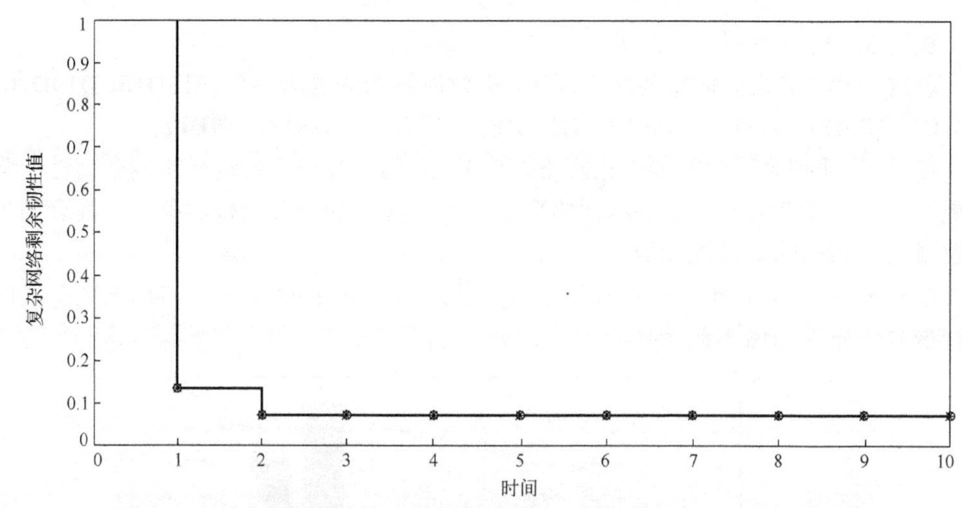

图 3-9　部分失效航线在不同的恢复顺序下海运网络的剩余韧性值的变化

3.5.3　全部港口失效后海运网络剩余韧性分析

本节假设海运网络中所有港口都失效了，则失效港口集合 E 为{S1，S2，D3，D4，D5，D6，S7，D8，T9，S10，D11，D12，S13，D14，D15，D16，D17，S18，D19，D20，D21，D22，S23}，以此研究全港口失效情况下各港口的重要度，以确定最优的恢复顺序。

在 RAW 韧性重要度测量中，当只有失效港口 i 被恢复时，其余失效港口处于失效状态。但当所有港口失效时，单个港口的恢复不能满足需求港口的需求。因此，对于港口完全处于失效状态的海运网络，不对 RAW 韧性重要度进行讨论。

根据 OPT 剩余韧性重要度、Birnbaum 剩余韧性重要度以及 RRW 剩余韧性重要度，得出全部港口失效后的各个失效港口的重要度，如图 3-10 所示。

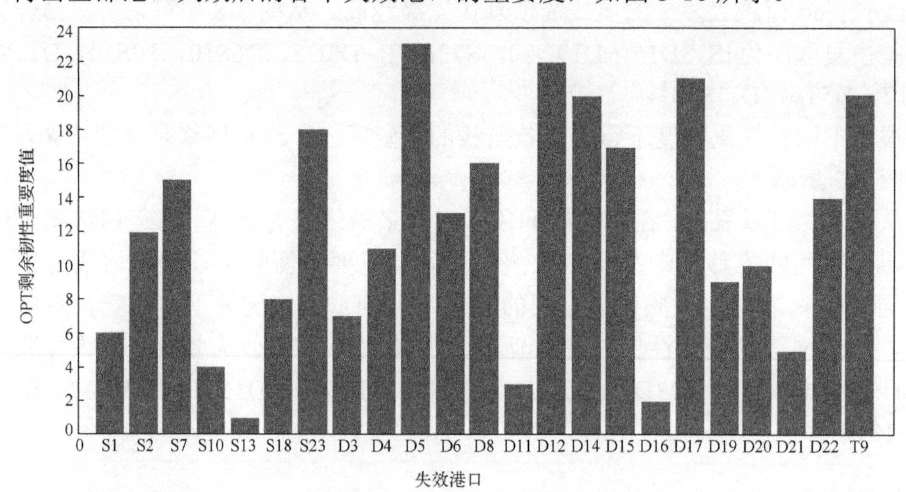

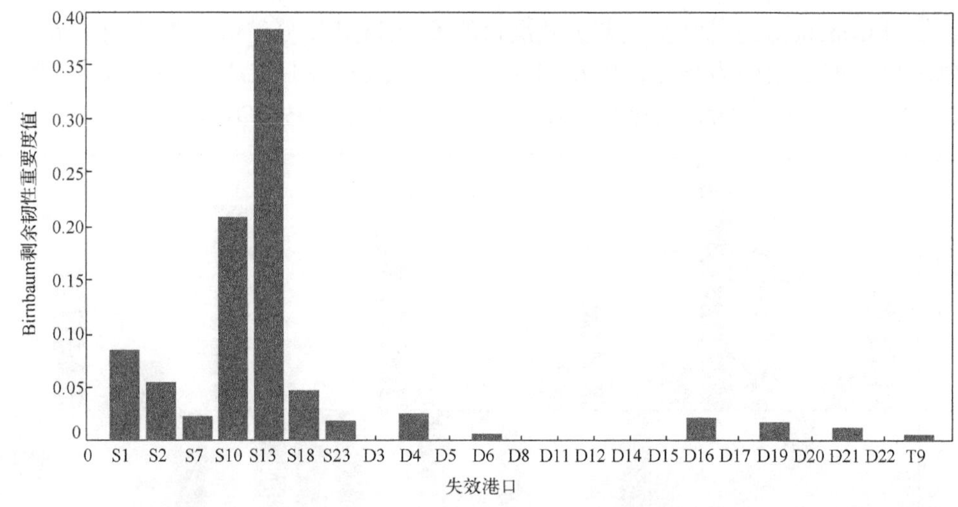

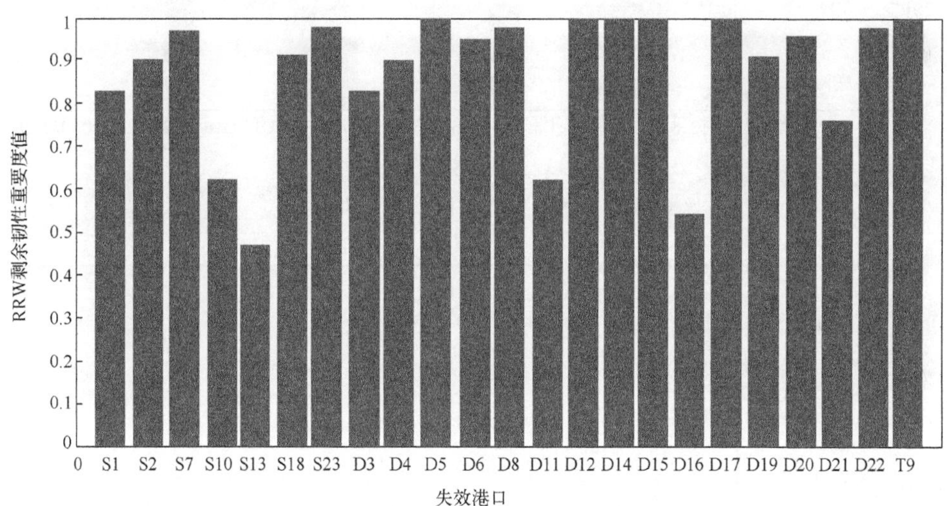

图 3-10　不同重要度下全部失效港口的重要度值

从图 3-10 可以得到如下结果。

(1)在 OPT 剩余韧性重要度下，全部失港口的恢复顺序为{S13，D16，D11，S10，D21，S1，D3，S18，D19，D20，D4，S2，D6，D22，S7，D8，D15，S23、T9，D14，D17，D12，D5}。

(2)在 Birnbaum 剩余韧性重要度和 RRW 剩余韧性重要度下，全部失效港口的恢复顺序相同。失效港口的恢复顺序为{S13，D16，D11，S10，D21，{S1，D3}，{D4，S2}，D19，S18，D6，D20，{S7，D8}，S23，D22，T9，D15，D5，{D12，D14}，　D17}。S1 和 D3 具有相同的恢复优先级，D4 和 S2 具有相同的恢复优先级，S7 和 D8 具有相同的恢复优先级，D12 和 D14 具有相同的恢复优先级。

使用 Copeland 方法计算全部失效港口的 Copeland 得分。由图 3-11 可以看出，失效港口的恢复顺序为{S13，D16，D11，S10，D21，S1，D3，S18，D19，D4，S2，D20，D6，S7，D22，D8，S23，D15，T9，D14，D5，D12，D17}。

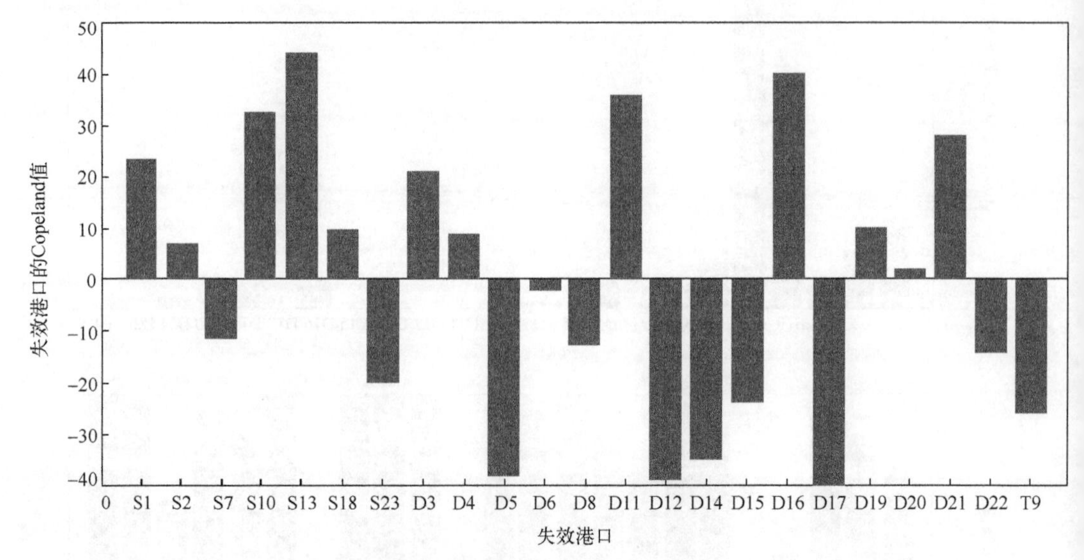

图 3-11 全部失效港口的 Copeland 值

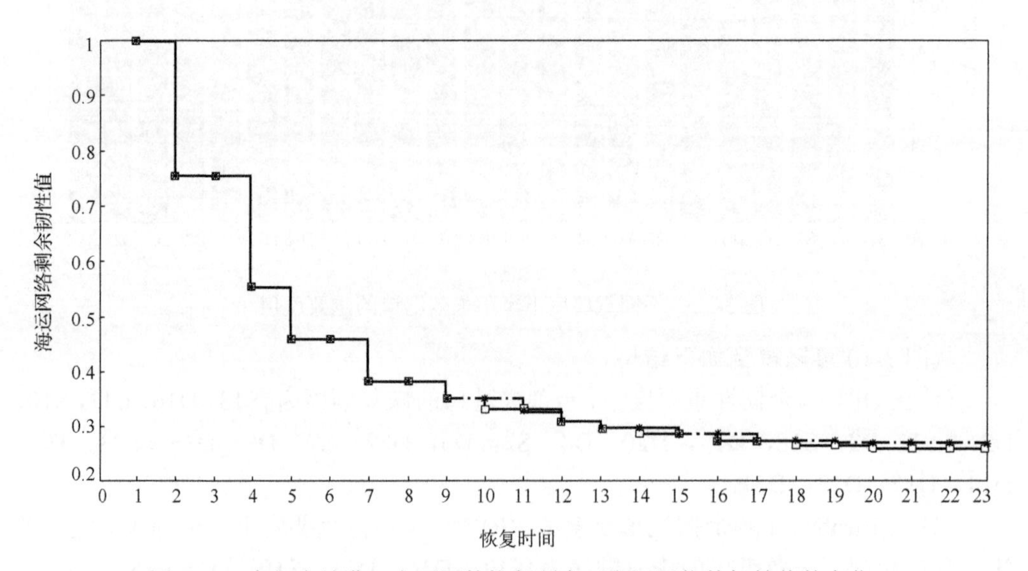

图 3-12 全部失效港口在不同的恢复顺序下海运网络的韧性值的变化

由图 3-12 可以看出，每个时间段都有一个失效港口被恢复，海运网络韧性 $R(t)$ 随着时间的推移逐渐减小。在第 9 时刻之前，在不同的重要度模型下，$R(t)$ 的变化是相同的。第 9 时刻，OPT 韧性重要度和综合重要度的 $R(t)$ 降低了 0.0296，在

Birnbaum 剩余韧性重要度、RAW 剩余韧性重要度和 RRW 剩余韧性重要度下，$R(t)$ 降低了 0.0267。在第 10 时刻，$R(t)$ 在 Birnbaum 剩余韧性重要度和综合重要性下没有变化。原因是在第 10 时刻，虽然 D19 按照 Birnbaum 剩余韧性重要度的恢复顺序进行了恢复，但是连接到 D19 的节点并没有进行恢复。在综合重要度下，D4 被恢复，但 D4 没有供应节点来供应流量。在 OPT 剩余韧性重要度下，D20 被恢复，供应节点 S18 供应 D20 流量，$R(t)$ 变化显著。在第 11 时刻，在 OPT 剩余韧性重要度下，$R(t)$ 没有变化，也是因为 D4 没有一个供应节点来供应流量。$R(t)$ 在 Birnbaum 剩余韧性重要度和综合重要度下发生了明显的变化，主要是由于这段时间供给节点进行了恢复。在综合重要度下，由于同样的原因，第 14 和 17 时刻的 $R(t)$ 没有变化。

比较不同重要度下 $R(t)$ 的变化。对于 OPT 剩余韧性重要度，随着失效港口的恢复，恢复能力 $R(t)$ 逐渐从 1 下降到 0.2634。对于 Birnbaum 剩余韧性重要度和 RRW 剩余韧性重要度，随着失效节点的恢复，$R(t)$ 逐渐从 1 下降到 0.2678。对于综合重要度，随着失效节点的恢复，$R(t)$ 逐渐从 1 下降到 0.2652。可以看出，在所有港口失效状态下，虽然所有节点最终都进行了恢复，但采用的节点恢复顺序不同，恢复能力随时间变化较大。

3.5.4 全部航线失效后海运网络剩余韧性分析

本节假设海运网络中所有的航线都失效，则失效航线集合 E 为{S1D3，D3D5，D5T9，D5S10，S2D4，D4D6，D6T9，D6S10，S7D8，D8S10，T9S10，T9D11，lT9D12，T9D14，D10D11，D11S13，D12D16，D12S18，D16S18，S18D19，S13 D16，S13D21，D19D20，D20D21，D21D22，S23D11，S23D17，S23D15，D15D17，D17D21}，如表 3-5 所示。通过该假设来研究全部航线失效情况下，各个航线对海运网络剩余韧性恢复的重要程度，以确定失效航线的最佳的恢复优先级。

表 3-5　全部失效航线的编号

失效航线	S1D3	D3D5	D5T9	D5S10	S2D4	D4D6
编号	1	2	3	4	5	6
失效航线	D6T9	D6S10	S7D8	D8S10	T9S10	T9D11
编号	7	8	9	10	11	12
失效航线	T9D12	T9D14	S10D11	D11S13	D12D16	D12S18
编号	13	14	15	16	17	18
失效航线	D16S18	S18D19	S13D16	S13D21	D19D20	D20D21
编号	19	20	21	22	23	24
失效航线	D21D22	S23D11	S23D17	S23D15	D15D17	D17D21
编号	25	26	27	28	29	30

基于最优韧性模型对约束条件进行了修正。根据不同韧性重要度公式，得到所有失效航线的重要度值，如图 3-13 所示。

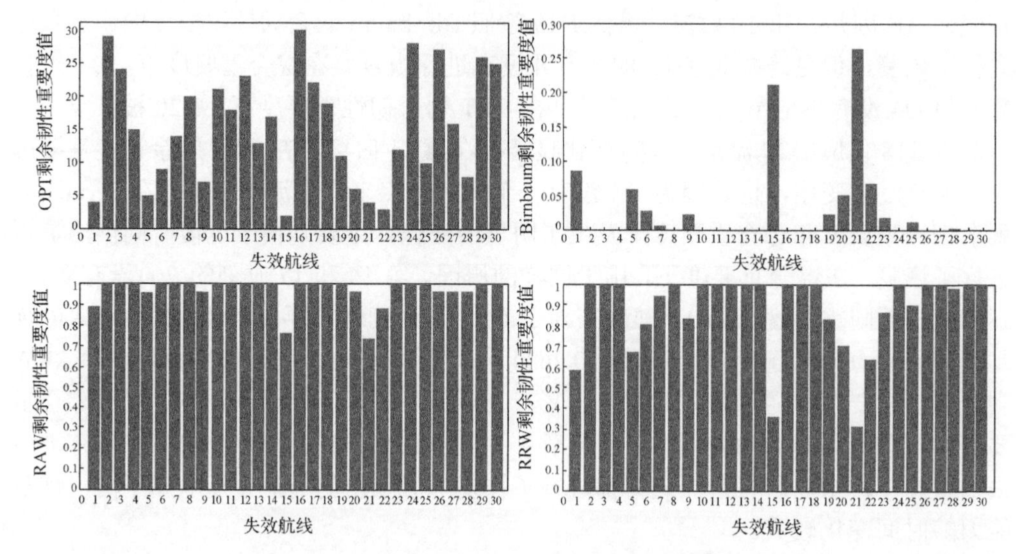

图 3-13 不同重要度下全部失效航线的重要度值

从图 3-13 可以看到如下结果。

(1)在 OPT 剩余韧性重要度下，失效航线的恢复顺序为{S13D16，S10D11，S13D21，S1D3，S2D4，S18D19，S7D8，S23D15，D4D6，D21D22，D16S18，D19D20，T9D12，D6T9，D5S10，D23D17，T9D14，T9S10，D12S18，D6S10，D6S10，D8S10，D12D16，T9D11，D5T9，D17D21，D15D17，S23D11，D20D21，D3D5，D11S13}。

(2)在 Birnbaum 剩余韧性重要度下，失效航线的恢复顺序为{S13D16，S10D11，S13D21，S1D3，S2D4，S18D19，D4D6，D16S18，S7D8，D19D20，D21D22，D6T9，S23D15，{D3D5，D5T9，D5S10，D6S10，D12D16，S23D17}，D11S13，D15D17，T9D11，{T9S10，T9D14，D12S18，D17D21，D20D21，S23D11，D17D21}}。

(3)在 RAW 剩余韧性重要度下，失效航线的恢复顺序为{S13D16，S10D11，S13D21，S1D3，S2D4，S18D19，S7D8，{S23D11，S23D15}，S23D17，{D4D6，D16S18，D19D20，D21D22，D6T9，D3D5，D5T9，D5S10，D6S10，D8S10，D12D16，D11S13，D15D17，T9D11，T9S10，T9D14，D12S18，D17D21，D20D21，D17D21}}。恢复序列括号中的失效航线具有相同恢复的优先级。

采用 Copeland 方法计算每条航线的 Copeland 得分，得出不同重要度指标下失效航线的综合恢复优先级，如图 3-14 所示。

由图 3-14 可以看出，所有失效航线的恢复顺序为{S13D16，S10D11，S13D21，S1D3，S2D4，S18D19，S7D8，S23D15，D4D6，D16S18，D21D22，D19D20，S23D17，

D6T9，D5S10，T9D12，D6S10，D8S10，D12D16，T9D11，D5T9，S23D11，T9D14，T9S10，D3D5，D12S18，D15D17，D11S13，D17D21，D20D21}。

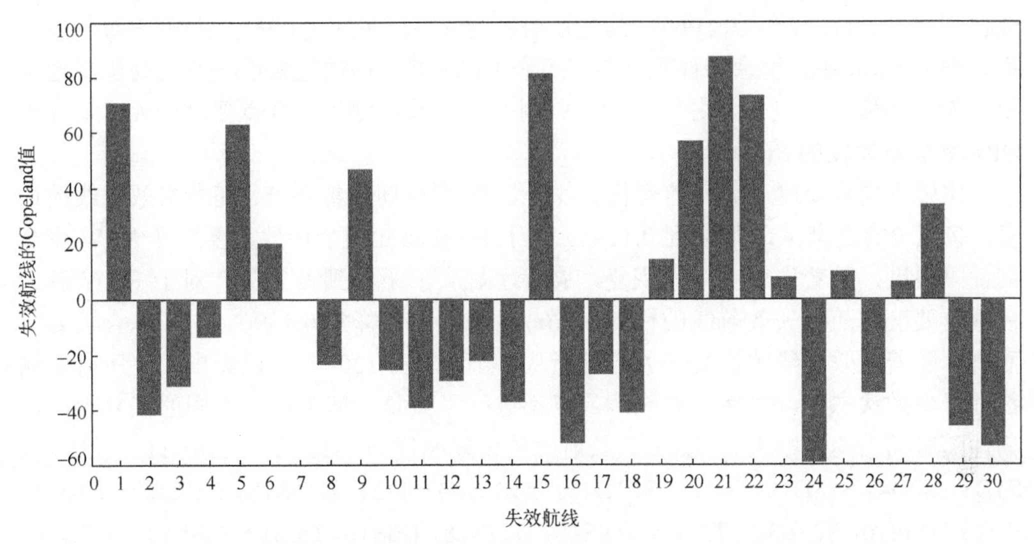

图 3-14　不同重要度指标下失效航线的综合恢复优先级

按照不同重要度下失效航线的恢复顺序，对失效航线进行恢复，海运网络韧性 $R(t)$ 的变化如图 3-15 所示。

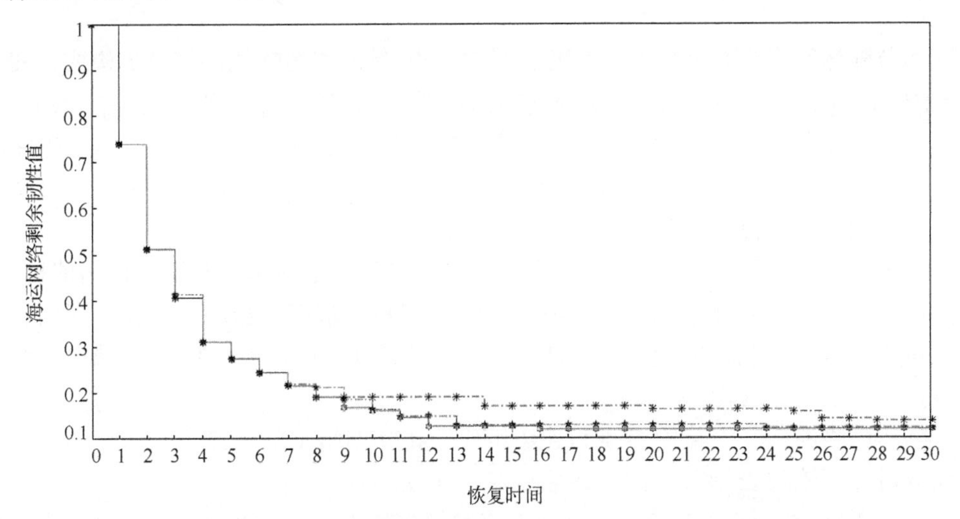

图 3-15 全部失效航线在不同的恢复顺序下海运网络的剩余韧性值的变化

由图 3-15 可以看出，在每个时间段都进行了失效航线的恢复，韧性 $R(t)$ 随时间逐渐减小。在整个恢复期，Birnbaum 剩余韧性重要度和 RRW 剩余韧性重要度的 $R(t)$ 变化是相同的。从第 1 时刻到第 8 时刻，OPT 剩余韧性重要度、RAW 剩余韧性重要度和综合重要度的 $R(t)$ 变化相同。在第 3 时刻前，在各重要度下 $R(t)$ 的变化是相同的。在第 3 时刻，OPT 剩余韧性重要度、RAW 剩余韧性重要度和综合重要度的 $R(t)$ 变化相同。$R(t)$ 降低了 0.1064，其他重要度的 $R(t)$ 降低了 0.0981。在第 3 时刻后，各时期的 Birnbaum 剩余韧性重要度 $R(t)$ 和 RRW 剩余韧性重要度 $R(t)$ 均高于其他重要度 $R(t)$。第 8 时刻后，各时刻 RAW 剩余韧性重要度和综合重要度的 $R(t)$ 均高于 OPT 韧性重要度的 $R(t)$。

比较不同重要度下 $R(t)$ 的变化。对于 OPT 剩余韧性重要度，随着失效航线的恢复，韧性 $R(t)$ 逐渐从 1 下降到 0.1196。对于 Birnbaum 剩余韧性重要度和 RRW 剩余韧性重要度，随着失效节点的恢复，$R(t)$ 逐渐从 1 下降到 0.1237。对于 RAW 剩余韧性重要度，随着失效航线的恢复，$R(t)$ 逐渐从 1 下降到 0.1390。对于综合重要度而言，随着失效航线的恢复，$R(t)$ 逐渐从 1 下降到 0.1204。可以看出，在所有航线都处于失效状态下，虽然所有航线最终都进行了恢复，但采用了不同的恢复顺序，韧性随时间的变化很大。因此，失效航线的恢复顺序为{S13D16，S10D11，S13D21，S1D3，S2D4，S18D19，S7D8，S23D15，D4D6，D21D22，D16S18，D19D20，T9D12，D6T9，D5S10，S23D17，T9D14，T9S10，D12S18，D6S10，D6S10，D8S10，D12D16，T9D11，D5T9，D17D21，D15D17，S23D11，D20D21，D3D5，D11S13}。

3.6　基于综合重要度的陆运网络韧性分析

本节陆运网络为 $G_W(N,L)$，即由运输节点集合 N 和运输线路集合 L 构成，其中 $L \subset \{(i,j): i,j \in N, i \neq j\}$。运输节点 N 包括供应节点集 N_S、需求节点集 N_D。设 C_0^+ 是陆运网络运输节点和线路的能力集合，且 $C_0^+ \in \mathbf{R}^+$。C_{ij}、C_i^S、C_i^D 分别表示运输路线 ij、供应节点 i 和需求节点 j 的运输能力且 $\{C_{ij}, C_i^S, C_i^D \in C_0{}^+\}$。根据实际运输信息，选择不同的运输节点作为供应节点和需求节点。

在本节仿真实验中，使用国家地理信息平台中的陆运网络来验证所提出的模型。从陆运网络中提取青岛、宁波、上海、天津、广州、重庆、长沙、武汉、郑州、南京、杭州、南昌、北京、西安、济南、成都和合肥 17 个城市。在 17 个城市间选择路线，建立陆运路线图。

陆运网络的拓扑网络由节点和连边组成。拓扑网络中的节点表示运输集散点和运输分散点，连边表示节点间的运输线路，如图 3-16 所示。

在图 3-16 中，网络流量由节点和连边的货物量表示，运输节点和运输路线的最大容载量已知，用 2019 年各市货运总量表示(数据来源于各市统计局)。陆运网络中所有运输节点和线路的状态是相互独立的。陆运网络中的每个失效节点都可以在相同的恢复时间内恢复。但是，一个恢复时期只能恢复一个失效节点。运输节点编号及容量如表 3-6 所示。

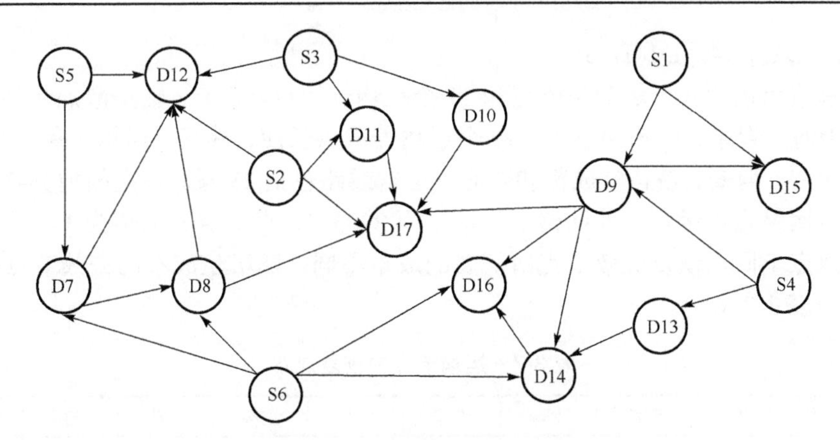

图 3-16　陆运网络的拓扑网络

表 3-6　运输节点编号及容量

序号	运输节点	货运量
1	青岛	29170
2	宁波	35757
3	上海	38750
4	天津	34711
5	广州	88351
6	重庆	89965
7	长沙	38808
8	武汉	41778
9	郑州	29039
10	南京	16886
11	杭州	31732
12	南昌	15350
13	北京	22325
14	西安	26901
15	济南	34000
16	成都	28207
17	合肥	35858

N={S1，S2，S3，S4，S5，S6，D7，D8，D9，D10，D11，D12，D13，D14，D15，D16，D17}，N_S={S1，S2，S3，S4，S5，S6}，N_D={D7，D8，D9，D10，D11，D12，D13，D14，D15，D16，D17}，L={S1D9，S1D15，S2D11，S2D12，S2D17，S3D10，S3D11，S3D12，S4D9，S4D13，S5D7，S5D12，S6D7，S6D8，S6D14，S6D16，D7D8，D7D12，D8D12，D8D17，D9D14，D9D15，D9D16，D9D17，D10D17，

D11D17，D13D14，D14D16}。

运输节点包括 6 个运输集散点和 11 个运输分散点。6 个运输集散点包括青岛、宁波、上海、天津、广州和重庆。11 个运输分散点长沙、武汉、郑州、南京、杭州、南昌、北京、西安、济南、成都和合肥。运输线路包括 28 条。根据模型(3-25)得出整个陆运网络最优运量，即网络最优运量为 299381，此时 $A(t)$ 的值为 1。

失效点不同，恢复失效节点所需要的成本不同，随机生成不同失效节点的恢复成本，如表 3-7 所示。

表 3-7　运输节点的恢复成本

运输节点	青岛	宁波	上海	天津	广州	重庆	长沙	济南	合肥
恢复成本	122	257	368	280	231	179	168	125	125
运输节点	武汉	郑州	南京	杭州	南昌	北京	西安	成都	
恢复成本	147	109	232	279	98	252	137	216	

失效路线不同，恢复失效路线所需要的成本不同，随机生成不同失效路线的恢复成本，如表 3-8 所示。

表 3-8　运输路线的恢复成本

运输路线	S1D9	S1D15	S2D11	S2D12	S2D17	S3D10	S3D11
恢复成本	29	18	32	24	21	26	30
运输路线	S3D12	S4D9	S4D13	D13D14	S5D12	S6D7	D11D17
恢复成本	23	27	16	28	24	32	39
运输路线	S6D14	S6D16	D7D8	D7D12	D8D12	D8D17	D9D14
恢复成本	38	41	25	32	28	25	47
运输路线	D9D15	D9D16	D9D17	D10D17	S6D8	S5D7	D14D16
恢复成本	49	45	56	36	35	20	25

陆运网络的韧性恢复步骤分析如下。

步骤 1：陆运网络中多个节点失效时，陆运网络的性能会降到最低，根据式(3-4)计算网络最低性能。在失效节点的恢复过程中，根据式(3-29)～式(3-32)分别计算失效节点处于不同状态时的损失性能和恢复性能。

步骤 2：根式(3-33)～式(3-35)计算损失重要度值、恢复重要度值和综合重要度值，得到了不同重要度下失效节点的恢复顺序。

步骤 3：根据失效运输节点的恢复顺序和最优韧性模型(3-4)，研究不同恢复顺序下陆运网络韧性的变化，确定了失效节点最优恢复顺序。在最优恢复顺序下，陆运网络恢复速度较快，韧性恢复最大，整体恢复效果最好。

步骤 4：根据式(3-15)，得到恢复成本约束下失效节点的最优恢复策略。

3.6.1　部分节点失效的陆运网络韧性分析

本节研究陆运网络中部分运输节点的重要度与陆运网络的韧性变化，确定最优恢复顺序使陆运网络韧性恢复至最佳状态。

假设运输集散点{S1，S4，S6}和运输分散点{D7，D9，D11，D13，D17}失效，即运输节点青岛、天津、重庆、长沙、郑州、杭州、北京和合肥 10 个节点失效。根据模型(3-25)修改失效节点状态，得出运输节点失效后，整个陆运网络的运量为 32236，此时网络性能 $A(t)$ 为 0.1077。

根据式(3-29)能够得出只有失效节点未正常工作时的损失性能值，如图 3-17 所示。

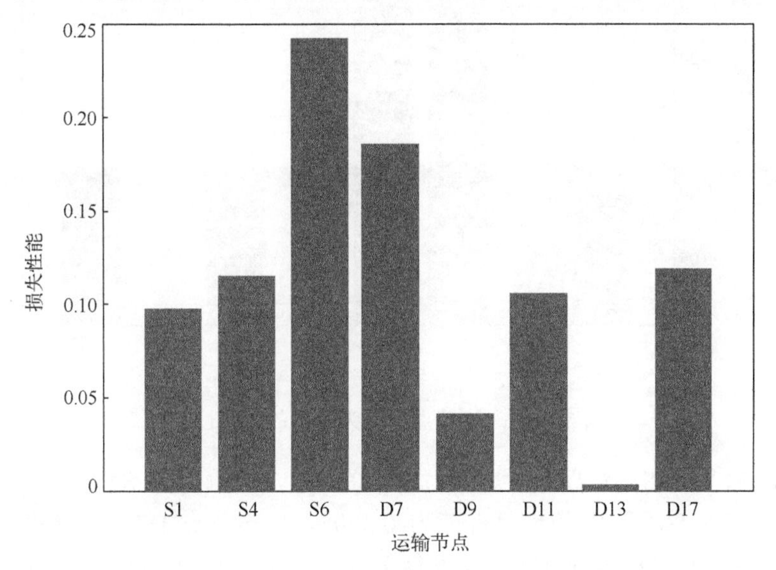

图 3-17　运输节点状态为 0 时的损失性能

失效运输节点 S1(青岛)的损失性能为 0.0974，运输节点 S4(天津)的损失性能为 0.1159，运输节点 S6(重庆)的损失性能为 0.2426，运输节点 D7(长沙)的损失性能为 0.186，运输节点 D9(郑州)的损失性能为 0.0414，运输节点 D11(杭州)的损失性能为 0.106，运输节点 D13(北京)的损失性能为 0.0028，运输节点 D17(合肥)的损失性能为 0.1197。

当节点正常工作，陆运网络的性能处于最初的状态。因此，运输节点未失效时，陆运网络的损失性能值为 0。根据式(3-33)计算出失效节点的损失重要度值，如表 3-9 所示。

表 3-9　运输节点的损失重要度值

运输节点	S1	S4	S6	D7	D9	D11	D13	D17
损失重要度值	0.0974	0.1159	0.2426	0.186	0.0414	0.106	0.0028	0.1197

运输节点的损失重要度值越大，说明运输节点失效对陆运网络的性能损失的影响越大。因此，可以得出节点对陆运网络脆弱性的影响程度，从高到低依次为运输节点 S6、节点 D7、节点 D17、节点 S4、节点 D11、节点 S1、节点 D9 和节点 D13。

根据式(3-30)能够得出只有失效运输节点恢复正常工作时的恢复性能值，如图 3-18 所示。

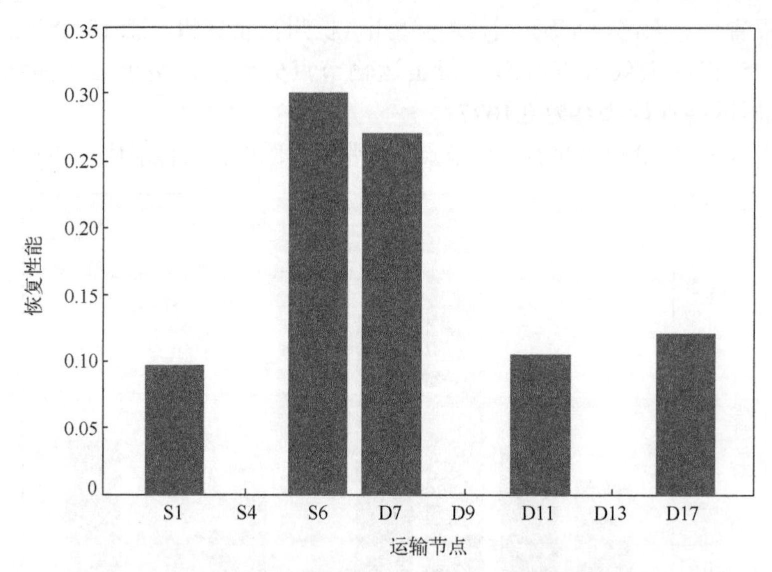

图 3-18 运输节点状态为 1 时的恢复性能

失效运输节点 S1(青岛)的恢复性能为 0.0974，运输节点 S4(天津)的恢复性能为 0，运输节点 S6(重庆)的恢复性能为 0.3005，运输节点 D7(长沙)的恢复性能为 0.2692，运输节点 D9(郑州)的恢复性能为 0，运输节点 D11(杭州)的恢复性能为 0.106，运输节点 D13(北京)的恢复性能为 0，运输节点 D17(合肥)的恢复性能为 0.1197。

当所有节点都未恢复正常运行，陆运网络的性能处于最差的状态。因此，运输节点未恢复正常时，陆运网络的恢复性能值为 0。根据式(3-34)计算出失效节点的恢复重要度值，如表 3-10 所示。

表 3-10 运输节点的恢复重要度值

运输节点	S1	S4	S6	D7	D9	D11	D13	D17
恢复重要度值	0.0974	0	0.3005	0.2692	0	0.106	0	0.1197

节点的恢复重要度值越大，说明节点失效对陆运网络的性能恢复的影响越大。因此，可以得出节点对陆运网络韧性的影响程度，从高到低依次为运输节点 S6、节点 D7、节点 D17、节点 D11、节点 S1、运输节点 S4、节点 D9 和节点 D13。

根据式(3-35)，以及上述的节点损失重要度值和恢复重要度值，得到失效节点的综合重要度值，如表 3-11 所示。

表 3-11　运输节点的综合重要度值

运输节点	S1	S4	S6	D7	D9	D11	D13	D17
综合重要度值	0.0095	0	0.0729	0.0501	0	0.0112	0	0.0143

运输节点 S1(青岛)的综合重要度值为 0.0095，节点 S4(天津)的综合重要度值 0，节点 S6(重庆)的综合重要度值为 0.0729，节点 D7(长沙)的综合重要度值为 0.0501，节点 D9(郑州)的综合重要度值为 0，节点 D11(杭州)的综合重要度值为 0.0112，节点 D13(北京)的综合重要度值为 0，节点 D17(合肥)的综合重要度值为 0.0143。

节点的综合重要度越高，节点的恢复对陆运网络韧性恢复影响最大，节点恢复优先级越高。因此，运输节点的恢复优先度顺序为节点 S6、节点 D7、节点 D17、节点 D11、节点 S1、节点 S4、节点 D9 和节点 D13，通过对比损失重要度值得出综合重要度相同的节点的恢复优先级。失效运输节点的恢复顺序为节点 S6、节点 D7、节点 D17、节点 D11、节点 S1、节点 S4、节点 D9 和节点 D13。

不同重要度下陆运网络韧性变化如图 3-19 所示。

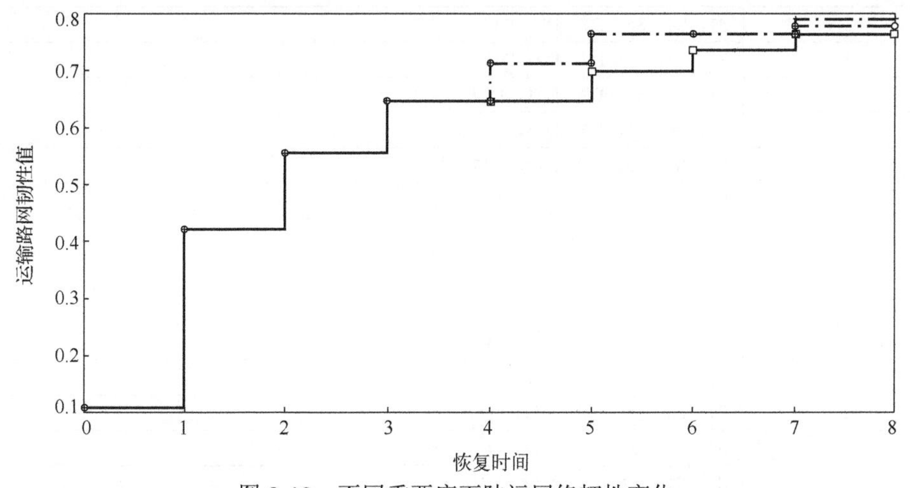

图 3-19　不同重要度下陆运网络韧性变化

在不同的重要度下，运输节点的恢复顺序不同，因此陆运网络的韧性变化不同。在损失重要度、恢复重要度和综合重要度下，前三个时刻随着失效运输节点 S6、运输节点 D7、运输节点 17 的恢复，陆运网络的韧性从最初的 0.1077 恢复至 0.6451。可以看出，节点 S6 的恢复对于陆运网络的恢复效果巨大，因此 S6 被最先恢复运转。在第 4 时刻，在损失重要度下，节点 S4 被恢复，使陆运网络的韧性恢复至 0.6451，相对于前一时刻，没有变化。然而，在恢复重要度和综合重要度下，节点 D11 被恢复，使陆运网络的韧性恢复至 0.7113。随着节点的恢复，陆运网络的韧性也逐渐恢复。在损失重要度下，随着运输节点的恢复，陆运网络的韧性恢复至 0.7632。在恢复重要度下，随着运输节点的恢复，陆运网络韧性恢复至 0.7838。在综合重要度下，随着运输节点的恢复，陆运网络的韧性恢复至 0.7883。经过其他恢复顺序的验证，在综合重要度下失效运输节点的恢复顺序，使得陆运网络韧性恢复至最大值。因此，失效运输节点恢复顺序是节点 S6、节点 D7、节点 D17、节点 D11、节点 S1、节点 S4、节点 D9 和节点 D13。

上述案例验证了在综合重要度下，失效运输节点的恢复顺序。在此顺序下，陆运网络的韧性值最大。但是在现实生活中，经常受到资源的限制，因此，下面将研究在固定成本约束下，当不同失效运输节点恢复成本不同时，失效节点的恢复顺序。假设总的成本不超过 1160，不同运输节点的恢复成本不同。在恢复成本约束下，满足恢复成本约束的失效节点集有很多，为使陆运网络的韧性恢复至最大值，尽可能选择较多节点进行恢复，选出如表 3-12 所示的失效点恢复集合。

表 3-12　失效节点的恢复集合

序号	失效节点集
1	S1，S4，S6，D7，D9，D11
2	S1，S4，S6，D7，D9，D13
3	S1，S4，S6，D7，D9，D17
4	S1，S4，S6，D7，D11，D17
5	S1，S4，S6，D7，D13，D17
6	S1，S4，S6，D9，D13，D17
7	S1，S4，D7，D9，D13，D17
8	S1，S6，D7，D9，D11，D17
9	S1，S6，D7，D11，D13，D17
10	S1，D7，D9，D11，D13，D17
11	S4，S6，D7，D9，D13，D17
12	S1，S4，S6，D9，D11，D17
13	S1，S4，D7，D9，D11，D17
14	S1，S6，D7，D9，D11，D13
15	S1，S6，D7，D9，D13，D17
16	S1，S6，D9，D11，D13，D17
17	S4，S6，D7，D9，D11，D17
18	S6，D7，D9，D11，D13，D17

根据上述失效节点的重要度值，失效节点的重要值排序为节点 S6、节点 D7、节点 D17、节点 D11、节点 S1、节点 S4、节点 D9 和节点 D13。因此，根据恢复节点集合以及各个失效节点的重要度值，可以推出在恢复成本约束下，失效节点的恢

复集合为运输节点 S1、节点 S4、节点 S6、节点 D7、节点 D11 和节点 D17。失效节点恢复顺序为运输节点 S6、节点 D7、节点 D17、节点 D11、节点 S1、节点 S4。在此恢复顺序下，陆运网络韧性恢复过程如图 3-20 所示。

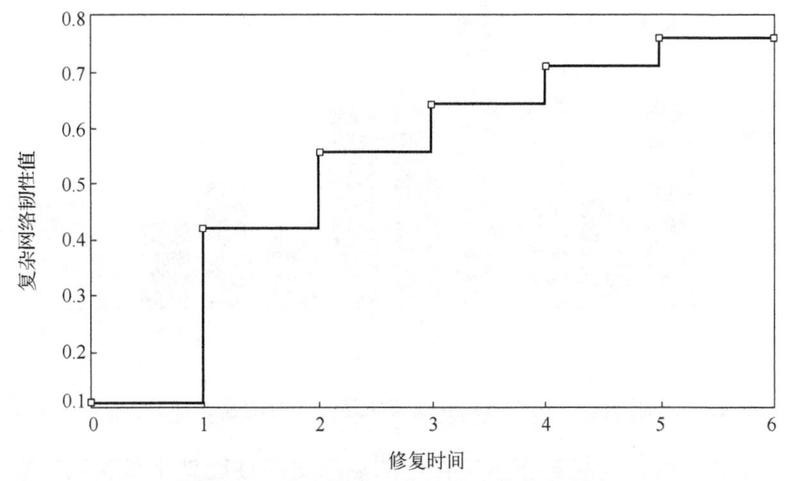

图 3-20　成本约束下失效节点的恢复顺序

将所有恢复顺序输入最优韧性模型中，对比后发现上述恢复顺序使陆运网络韧性恢复至最大值 0.76。

3.6.2　部分节点和线路失效的陆运网络韧性分析

本节研究陆运网络中部分失效运输节点和线路的重要度与陆运网络的韧性变化，确定最优恢复顺序使陆运网络韧性恢复至最佳状态。

假设运输集散点{S1，S2，S4}、运输分散点{D7，D11，D14}和运输线路{S2D11，S3D10，S4D9，S6D8，D9D15 }失效，即青岛、宁波、天津、长沙、杭州和北京 6 个运输节点失效，5 条运输线路失效。根据模型(3-25)修改失效节点和线路的状态，得出运输节点和线路失效后，整个陆运网络的性能 $A(t)$ 为 43557。

根据式(3-29)能够得出只有失效节点和线路未正常工作时的损失性能值，如图 3-21 所示。

图中失效运输节点 S1(青岛)的损失性能为 0.0974，S2(宁波)的损失性能为 0.0616，运输节点 S4(天津)的损失性能为 0.1159，运输节点 D7(长沙)的损失性能为 0.1860，运输节点 D11(杭州)的损失性能为 0.1060，运输节点 D14(西安)的损失性能为 0.0899；运输线路 S2D11 的损失性能为 0.0330，运输线路 S3D10 的损失性能为 0.0564，运输线路 S4D9 的损失性能为 0.0414，运输线路 S6D8 的损失性能为 0，运输线路 D9D15 的损失性能为 0。

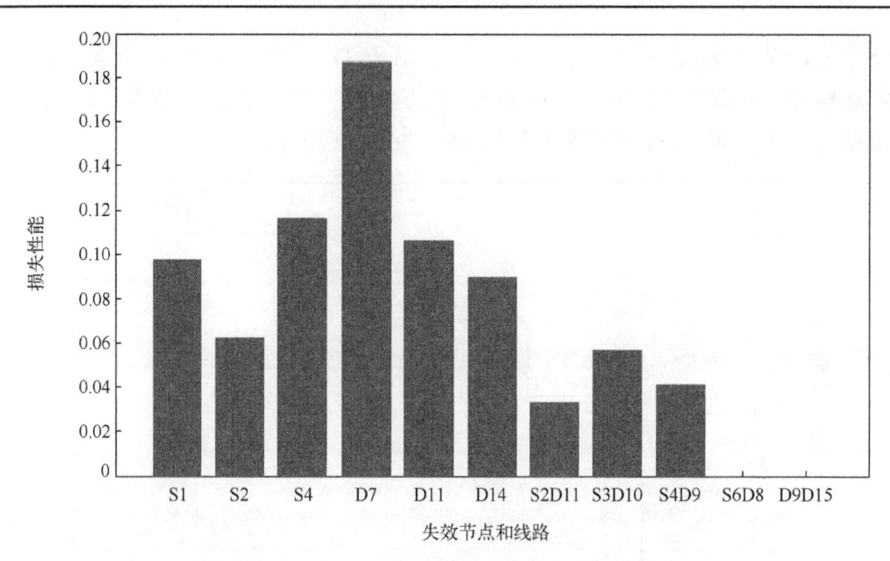

图 3-21　运输节点和线路状态为 0 时的损失性能

当所有运输节点和线路都正常工作，陆运网络的性能处于最初的状态。因此，陆运网络的损失性能值为 0。根据式(3-33)计算出运输节点和线路的损失重要度值，如表 3-13 所示。

表 3-13　运输节点和线路的损失重要度值

运输节点	S1	S2	S4	D7	D11	D14
损失重要度值	0.0974	0.0616	0.1159	0.1860	0.1060	0.0899
运输节点	S2D11	S3D10	S4D9	S6D8	D9D15	
损失重要度值	0.0330	0.0564	0.0414	0	0	

运输节点的损失重要度值越大，说明运输节点失效对陆运网络的性能恢复的影响越大。因此，可以得出节点对陆运网络脆弱性的影响程度从高到低依次为运输节点 D7、节点 S4、节点 D11、节点 S1、节点 D14、节点 S2、运输线路 S3D10、运输线路 S4D9、运输线路 S2D11、运输线路 S6D8 和运输线路 D9D15。

根据式(3-31)能够得出只有失效运输节点恢复正常工作时的恢复性能值，如图 3-22 所示。

图中失效运输节点 S1(青岛)的恢复性能为 0.0974，S2(宁波)的恢复性能为 0.1194，运输节点 S4(天津)的恢复性能为 0.0746，运输节点 D7(长沙)的恢复性能为 0.3889，运输节点 D11(杭州)的恢复性能为 0.1294，运输节点 D14(西安)的恢复性能为 0.0899；运输线路 S2D11 的恢复性能为 0，运输线路 S3D10 的恢复性能为 0.1294，运输线路 S4D9 的恢复性能为 0，运输线路 S6D8 的恢复性能为 0.2063，运输线路 D9D15 的恢复性能为 0。

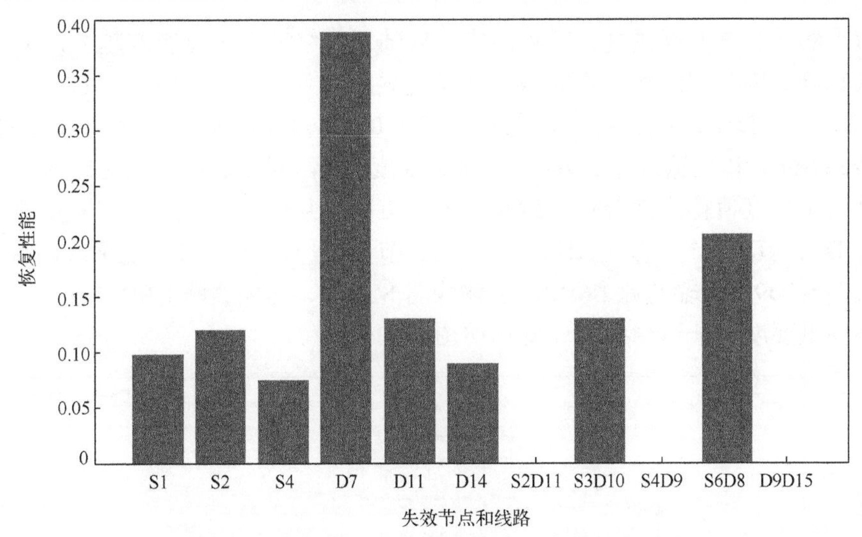

图 3-22　运输节点和线路状态为 1 时的恢复性能

当所有节点都未恢复正常运行，陆运网络的性能处于最差的状态。因此，运输节点未恢复正常时，陆运网络的恢复性能值为 0。因为节点 S2 与 S4 失效对于运输线路 S2D11 和运输线路 S4D9 的影响较大，可以考虑基于节点 S2 与 S4 恢复之后研究线路的恢复重要度。根据式(3-34)计算出运输节点的恢复重要度值，如表 3-14 所示。

表 3-14　运输节点的恢复重要度值

运输节点	S1	S2	S4	D7	D11	D14
恢复重要度值	0.0974	0.1194	0.0746	0.3889	0.1294	0.0899
运输节点	S2D11	S3D10	S4D9	S6D8	D9D15	
恢复重要度值	0	0.1294	0	0.2063	0	

节点的恢复重要度值越大，说明节点失效对陆运网络的性能损失的影响越大。因此，可以得出节点对陆运网络韧性的影响程度从高到低依次为运输节点 D7、运输线路 S6D8、节点 D11、运输线路 S3D10、节点 S2、节点 S1、节点 D14、运输节点 S4，运输线路 S4D9、运输线路 S2D11 和运输线路 D9D15 有相同的重要度。

根据式(3-34)以及上述的节点损失重要度值和恢复重要度值，得到运输节点的综合重要度值，如表 3-15 所示。

表 3-15　运输节点的综合重要度值

运输节点	S1	S2	S4	D7	D11	D14
综合重要度值	0.0095	0.0074	0.0086	0.0723	0.0137	0.0081
运输节点	S2D11	S3D10	S4D9	S6D8	D9D15	
综合重要度值	0	0.0073	0.0017	0	0	

节点的综合重要度越高，节点的恢复对陆运网络韧性恢复影响越大，节点恢复优先级越高。因此，运输节点的恢复优先度顺序为节点 D7、节点 D11、节点 S1、节点 S4、节点 D14、节点 S2、运输线路 S3D10、运输线路 S4D9，运输线路 S2D11、运输线路 S6D8 和运输线路 D9D15 综合重要度为 0，因此通过分别对比损失重要度值和恢复重要度值得出综合重要度相同的节点的恢复优先级。因此，恢复顺序为运输节点 D7、节点 D11、节点 S1、节点 S4、节点 D14、节点 S2、运输线路 S3D10、运输线路 S4D9、运输线路 S6D8、运输线路 S2D11、运输线路 D9D15。

不同重要度下陆运网络韧性变化如图 3-23 所示。

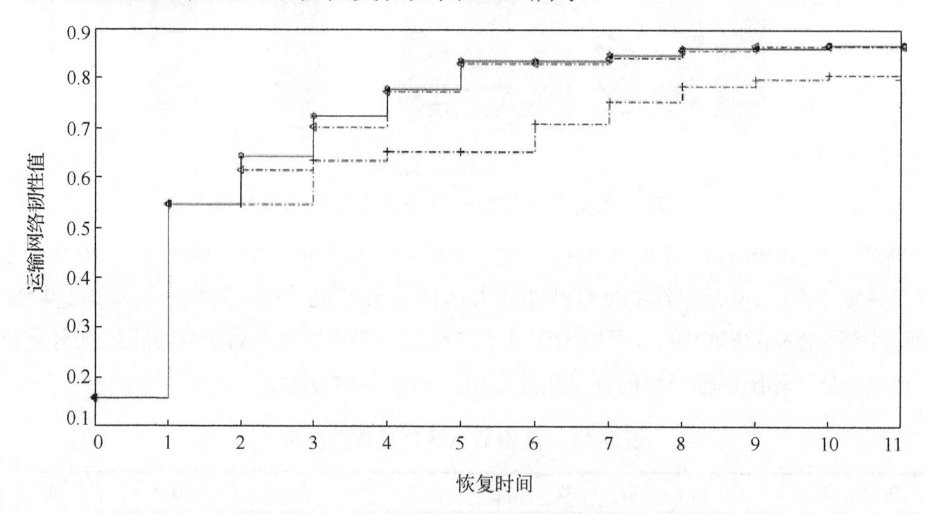

图 3-23　不同重要度下陆运网络韧性变化

在不同的重要度下，运输节点的恢复顺序不同，因此陆运网络的韧性变化不同。在损失重要度下，随着失效运输节点和线路的恢复，陆运网络韧性恢复至 0.8648，在恢复重要度下，随着失效运输节点和线路的恢复，陆运网络韧性恢复至 0.8073。在综合重要度下，随着失效运输节点和线路的恢复，陆运网络韧性恢复至 0.8668。经过其他恢复顺序的验证，在综合重要度下失效运输节点的恢复顺序，使得陆运网络韧性恢复至最大值。因此，恢复顺序为运输节点 D7、节点 D11、节点 S1、节点 S4、节点 D14、节点 S2、运输线路 S3D10、运输线路 S4D9、运输线路 S6D8、运输线路 S2D11、运输线路 D9D15。由案例仿真可以发现，运输节点和线路一起失效时，优先恢复失效节点，其次再恢复运输线路。

上述案例验证了在综合重要度下，失效运输节点和路线的恢复顺序，在此顺序下，陆运网络的韧性值恢复值最大。然而受到成本和资源的限制，不能对所有失效节点和路线进行恢复。因此，下面将研究在固定成本约束下，不同失效运输节点和路线恢复成本不同时，失效点的恢复顺序。假设恢复成本不超过 370，不同运输节点和线路的恢复成本不同。在恢复成本约束下，满足恢复成本约束的失效节点集有很多，为使陆运网络的韧性恢复至最大值，尽可能选择较多失效节点进行恢复，选出如表3-16所示的失效点恢复集合。

表3-16　失效节点的恢复集合

序号	失效节点集
1	S1，D7，S3D10，S4D9
2	S1，D7，S3D10，S6D8
3	S1，D7，S2D11，S4D9
4	S1，D7，S4D9，D9D15
5	S1，D14，S2D11，S3D10，S6D8
6	S1，D14，S2D11，S4D9，S6D8
7	S1，D14，S3D10，S4D9，S6D8
8	S1，D14，S4D9，S6D8，D9D15
9	S1，D14，S3D10，S4D9，D9D15
10	D7，D14，S2D11，S4D9
11	D7，D14，S3D10，S6D8
12	S1，S2D11，S3D10，S4D9，S6D8，D9D15
13	S2，S2D11，S3D10，S6D8
14	S2，S2D11，S4D9，S6D8
15	S2，S3D10，S4D9，S6D8
16	S2，S3D10，S6D8，D9D15
17	S4，S2D11，S3D10，S4D9
18	D7，S2D11，S3D10，S4D9，S6D8，D9D15
19	D11，S3D10，S4D9，S6D8
20	S1，D7，S3D10，S2D11
21	S1，D7，S3D10，D9D15
22	S1，D7，S4D9，S6D8
23	S1，D7，S2D11，S6D8
24	S1，D14，S2D11，S3D10，D9D15
25	S1，D14，S2D11，S4D9，D9D15
26	S1，D14，S3D10，S6D8，D9D15
27	S1，D14，S2D11，S3D10，S4D9
28	D7，D14，S2D11，S3D10
29	D7，D14，S3D10，S4D9
30	D7，D14，S4D9，S6D8
31	S2，S2D11，S3D10，S4D9

续表

序号	失效节点集
32	S2，S2D11，S3D10，D9D15
33	S2，S2D11，S4D9，D9D15
34	S2，S3D10，S4D9，D9D15
35	S2，S4D9，S6D8，D9D15
36	S4，S3D10，S4D9，S6D8
37	D11，S2D11，S3D10，S4D9
38	D14，S2D11，S3D10，S4D9，S6D8，D9D15

根据失效节点和路线的重要度值，失效节点的重要度排序为运输节点 D7、节点 D11、节点 S1、节点 S4、节点 D14、节点 S2、运输线路 S3D10、运输线路 S4D9、运输线路 S6D8、运输线路 S2D11、运输线路 D9D15。将以上顺序恢复集合中的失效节点按重要度顺序输入网络中，得出失效节点恢复顺序为运输节点 D7、节点 S1、运输线路 S3D10、S4D9。在此恢复顺序下，陆运网络韧性恢复至最大值 0.6823。从而证明了在模型中节点综合重要度模型的可靠性。

3.7 本章小结

本章基于复杂网络从不同角度建立网络韧性和节点重要度模型，研究当网络中出现多节点和连边失效时，快速准确评估网络中失效节点和连边的重要性，迅速恢复对网络韧性恢复影响较大的失效节点，使网络的韧性快速恢复至最优状态，能够更好地控制和预测整个网络的发展，减少经济损失。

第 4 章　城市地铁维修优先级应用

本章考虑地铁网络的级联失效，建立了一个考虑时间价值的地铁网络维修模型。对于节点维修顺序，提出了一个考虑时间价值的节点重要性衡量指标。同时研究了具有不同重要度的节点维修优先级，以使网络性能最大化。

4.1　地铁网络数学建模

L 空间类型的拓扑图被用来对地铁网络建模，地铁站和线路的数学表示如图 4-1 所示。

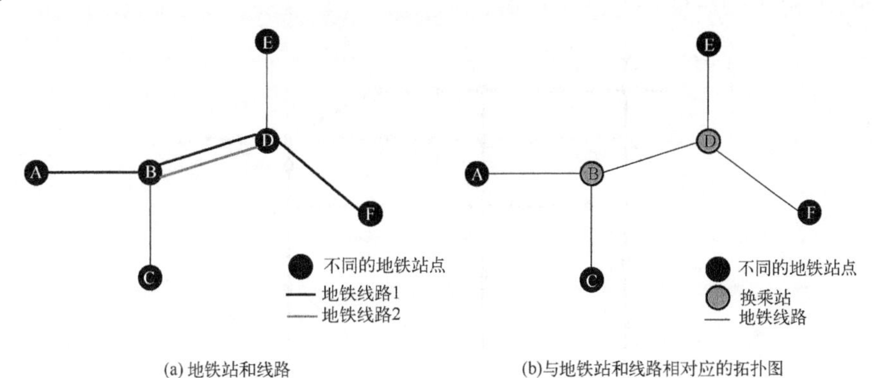

图 4-1　地铁站和线路的数学表示

网络中的节点代表地铁站，不同节点之间的线路代表地铁线路。图 4-1(a) 以一个地铁站和地铁线为例子。图 4-1(b) 是对应于地铁站和地铁线的拓扑图。地铁网络在时间 t 的客流总量代表了网络的总负荷。某一车站在时间 t 的客流代表该时间节点上的负载。本章假设地铁网络是一个二元网络。网络中的节点只有两种状态：正常运行和故障。网络中每个节点的状态是相互独立的。

地铁网络的拓扑结构可以用 $G=(A,S)$ 表示，其中，A 是网络中所有节点的集合，S 是网络中的边的集合。任何两个节点之间的连接状态由邻接矩阵 $M=[a_{ij}]_{n\times n}$ 表示。地铁网络中的一些站点相互之间没有直接连接，而另一些有直接连接。$a_{ij}=0$ 表示两个地铁站 i 和 j 没有直接连接。$a_{ij}=1$ 表示两个地铁站 i 和 j 直接连接。将节点 i 的度数表示为 D_i，$D_i=\sum_{j=1}^{n}a_{ij}$。用 E 表示网络的平均网络效率，$E=\dfrac{1}{n(n-1)}\sum_{i\neq j}\dfrac{1}{d_{ij}}$，其中，$n$是网络中的节点总数，$d_{ij}$是节点$i$和节点$j$之间的最短距离。本章在分析地铁网络的拓扑结构时没有考虑车站之间连接路径的长度、换乘时间、地铁列车发车频率等因素。因此，地铁网络由一个无向无权图表示。

4.2　地铁网络典型结构

目前世界上主要城市的地铁网络都有不同的结构，本章介绍三种典型结构及其功能，分别是格栅网状结构、放射网状结构和带环线的网状结构。

(1)格栅网状结构。

格栅网状结构是由若干(至少 4 条)纵横线路在市区相互平行布置而成，其基本线路关系多为平行型和十字交叉型两种。如图 4-2 所示的郑州地铁网络中的格栅网状结构，这种结构的线网线路分布比较均匀，乘客易辨别出行方向，换乘站比较多，垂直线路和水平线路间换乘比较方便。

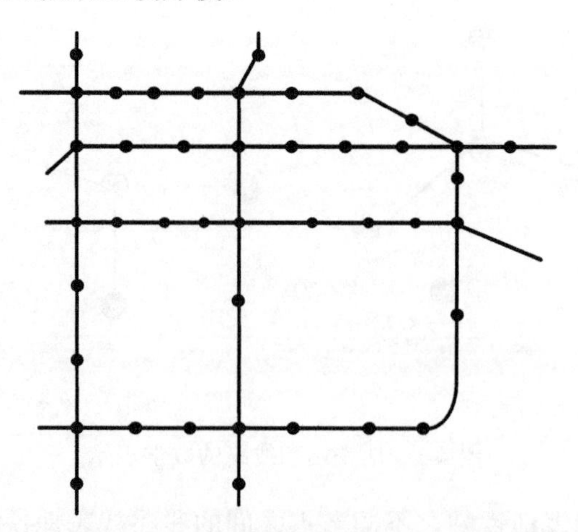

图 4-2　郑州地铁中的格栅网状结构

(2)放射网状结构。

放射网状结构是由城市的某个中心发出的放射线构成，其基本结构多为一个点发出多条射线，如图 4-3 所示的武汉地铁网络中的放射网状结构。这类网状结构，网络中心的可达性很好，使得城市中心与城市郊区之间的联系更加方便，有助于城市中心的客流疏散。同时方便了城郊市民到城市中心工作、购物、娱乐，也方便了城市中心市民到城郊游玩，有利于保证城市中心的活力。但是网络中心换乘站的人流量巨大，承受的风险也大于其他站点。

(3)带环线的网状结构。

带环线的网状结构是由穿越市中心区的径向线及环绕市区的环行线共同构成。

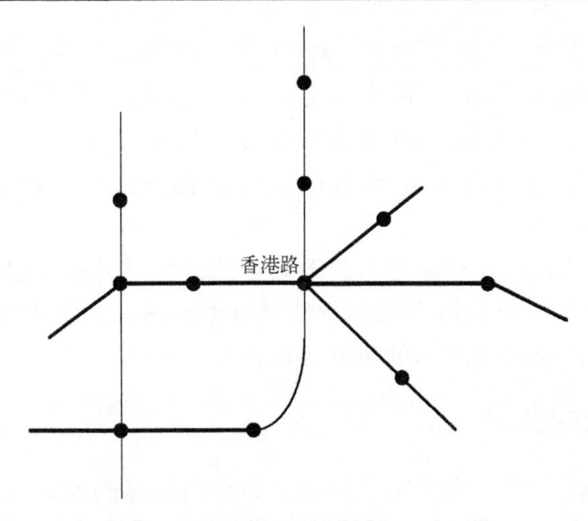

图 4-3　武汉地铁中的放射网状结构

这种网状结构也是目前大城市地铁网络最常见的结构，特别是有环线的放射网状结构。有环线的放射网状结构，是在无环线的放射网状结构的基础上增加了环线。如图 4-4 所示的上海地铁中的带环线的放射网状结构。这种结构既有无环线放射网状结构的优点，又能将周边方向的交通联系起来。市民可以利用环线便利出行，同时也有助于城市地铁网络的拓展与延伸。

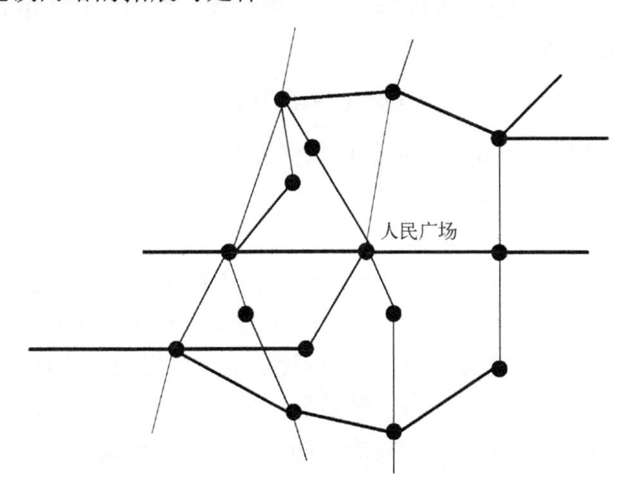

图 4-4　上海地铁中的带环线的放射网状结构

4.3　地铁网络级联失效模型

在本节中，地铁网络节点的状态有两种类型：正常和失效。同时本章假设所研究的地铁网络在受到损坏后不具备自我修复能力，只能借助外力修复。节点的状态

由 μ_i 表示，$\mu_i=0$ 表示该节点失效，$\mu_i=1$ 表示该节点正常。当网络没有受到攻击时，每个节点都正常工作，其状态是正常。在 t 时刻节点 i 遭受攻击，其状态从正常变为失效。同时失效节点的负载被分配到其相邻节点，这导致其相邻节点的负载增加。当其相邻节点的负载超过自身容量(最大负载)时，相邻节点的状态会从正常变为失效。

一般来说，地铁站点在建造之初便对站点的最大乘客承载量做出了限制，而且一个站点的规模与其规定的最大乘客承载量有密切关系，因此本章以经典的负载-容量模型为基础，构建地铁网络的级联失效模型。

4.3.1 节点的初始负载

在以往的许多研究中，大多把节点的介数作为节点的初始负载，但在实际的地铁网络中，客流量是一个不能忽视的要素。因此地铁网络节点的初始负载 $L_i(0)$ 由该节点正常运行时的每日平均客流量来表示，且假设正常运行时该节点的每日平均客流量不变。

4.3.2 节点的容量

地铁站点在设计与建设时，会受到成本、地形等多种因素的影响，这就导致每个站点的容量是有限的，而且不同站点的容量存在一定的差异。节点的容量 Q_i 与节点的初始负载 $L_i(0)$ 成正比

$$Q_i=(1+\alpha)L_i(0) \tag{4-1}$$

其中，α 为容忍系数，$\alpha>0$，表示节点承受负载的能力。

4.3.3 节点负载的再分配

在进行节点负载的再分配时，对于受到攻击的失效节点的负载再分配规则如下。

在突发事件发生前，网络中所有节点的状态均为正常，在 t 时刻，节点 i 遭遇了突发事件，其状态由正常变为失效，同时节点 i 在 t 时刻的客流量变为 0。由于前面假设失效节点不具备自我恢复能力，其负载需要全部分配到其他相邻节点。通常相邻节点被分配的负载会受其承受负载能力的大小影响，因此，失效节点负载的再分配规则为

$$\Delta L_{i\to j}=Z_jL_i=\frac{Q_j}{\sum\limits_{j\in\theta_i}Q_j}L_i(0) \tag{4-2}$$

其中，$\Delta L_{i\to j}$ 表示失效节点的相邻节点分担的负载量，Z_j 表示相邻节点分担失效节点负载的比例，Q_j 表示相邻节点 j 的容量，θ_i 表示失效节点 i 的相邻节点的集合。

负载再分配完成后，接受其负载的相邻节点 j 需要判断自身承担的负载 L_j 是否超过自身容量，如果自身承担的负载超过自身的容量，则该节点过载失效，表示为 $L_j = \Delta L_{i\to j} + L_j(0) > Q_j$。过载的节点会将超过其容量的负载分配给其邻近的节点。过载节点的负载分配规则为

$$\Delta' L_{j\to h} = \frac{Q_h}{\sum_{h\in\theta_j} Q_h}(L_j - Q_j) \tag{4-3}$$

其中，$\Delta' L_{j\to h}$ 表示过载节点的相邻节点分担的负载量，Q_h 分别表示过载节点 j 的相邻节点 h 的容量，θ_j 表示过载节点 j 的相邻节点的集合。当网络中所有节点的自身负载小于自身容量，网络的级联失效过程结束。具体过程如图 4-5 所示。

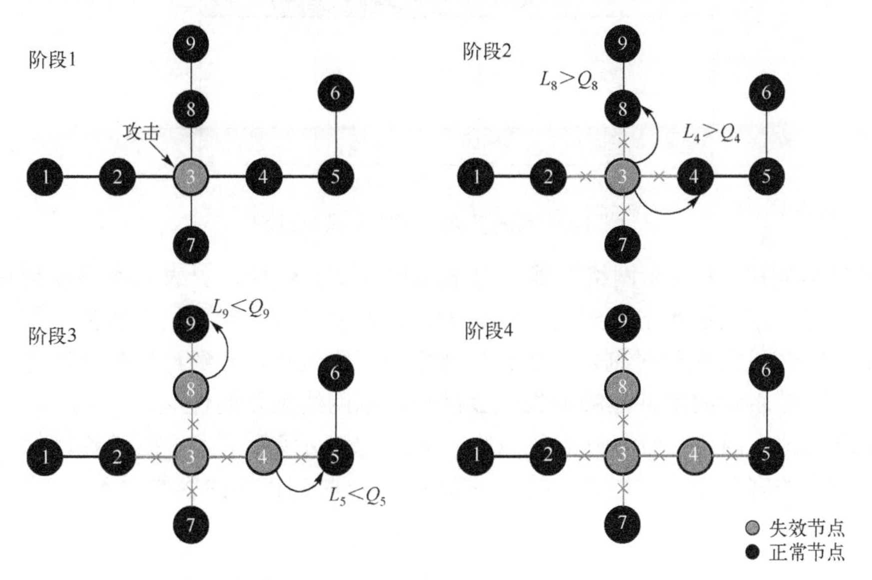

图 4-5　节点级联故障过程

阶段 1：节点 3 被攻击。它的状态从正常变为失效。节点 3 是最初的故障节点。

阶段 2：连接到节点 3 的线路被中断。根据式(4-2)，节点 3 的负载被分配到其邻近的节点。这里假定它被分配到节点 4 和节点 8。

阶段 3：在承受了节点 3 的负荷后，节点 4 和节点 8 的负荷超过了它们的容量。节点 4 和节点 8 过载成为故障节点，与它们相连的线路被中断。根据式(4-3)，它们的负载被分配到邻近的节点。

阶段 4：节点 9 承担节点 8 的负载。节点 5 承担了节点 4 的负载。节点 5 和节点 9 的负载都小于其容量。网络中没有新的故障节点出现，级联失效结束。

4.4　地铁网络性能模型

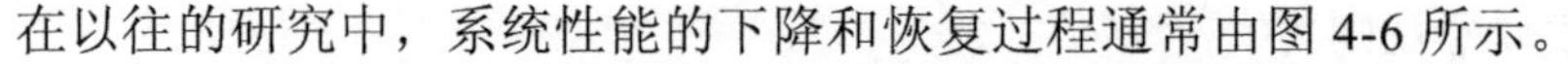

在以往的研究中，系统性能的下降和恢复过程通常由图 4-6 所示。

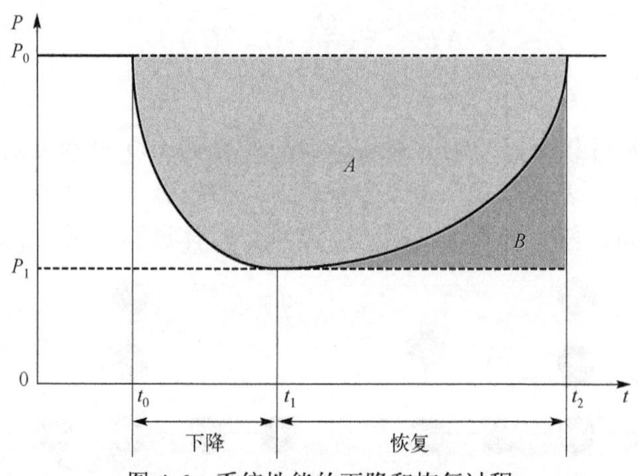

图 4-6　系统性能的下降和恢复过程

在图 4-6 中，P 表示网络性能，P_0 表示网络初始性能，P_1 表示网络受到攻击后的最低性能，t_0 表示网络受到攻击的时刻，t_1 表示网络性能开始恢复的时刻，t_2 表示网络性能恢复完成的时刻，t_0 到 t_1 是网络的下降过程，t_1 到 t_2 是网络性能的恢复过程，A 区域表示网络性能的损失，B 区域表示网络恢复的性能。

本章以地铁网络系统各站点的总收入 P_{profit} 来表示系统的性能，地铁网络系统的收入为售卖的客票金额，用 $P_{\text{price}}^{i}(t)$ 表示站点 i 在 t 时刻售卖的客票收入为

$$P_{\text{price}}^{i}(t)=pL_i(t) \tag{4-4}$$

其中，p 为单张客票的平均票价，$L_i(t)$ 表示站点 i 在 t 时刻的负载。t 时刻地铁网络的总负载 $L'(t)$ 为各站点的负载之和。$L'(t)=\sum_{i=1}^{n}L_i(t)$。当站点 i 在 t_0 时刻受到破坏性事件时，节点 i 完全失效，同时引起系统发生级联失效；地铁网络系统 t_0 时刻的客流量明显下降，t_0 时刻地铁网络节点的客票收入明显减少，t_1 时刻系统的级联失效完成。由于级联失效的过程较快，所以 $t_1\approx t_0$。同时 t_1 时刻开始恢复受损节点，本章中同一时间只能对一个站点进行恢复，且站点承担的客流量负载可以恢复到受损前的水平。受损节点的恢复时间与该节点的度有关，受损节点 i 的恢复时间表示为

$$T_i=\frac{D_i}{2}T_0 \tag{4-5}$$

其中，T_0 为定值，表示度为 2 的节点(即仅有一条地铁线路横穿该节点)的恢复时间。

一般情况下，地铁站点的恢复时间较长，因此本章考虑了受损节点在恢复过程中的时间成本 TC 为

$$\mathrm{TC}_i(t)=P_{\text{price}}^i(t)-\frac{P_{\text{price}}^i(t)}{(1+\beta)^{t_{\text{recovery}}^i+T_i-t_1}} \tag{4-6}$$

其中，$\mathrm{TC}_i(t)$ 为受损站点 i 在 t 时刻的时间成本，t_{recovery}^i 为站点 i 开始恢复的时刻，β 为利率。受损站点在 t 时刻的收入为

$$P_{\text{profit}}^i(t)=\begin{cases}P_{\text{price}}^i(t), & t\leqslant t_1\\ 0, & t_1<t<t_{\text{recovery}}^i+T_i\\ P_{\text{price}}^i(t)-\mathrm{TC}_i(t), & t=t_{\text{recovery}}^i+T_i\end{cases} \tag{4-7}$$

其中，$P_{\text{profit}}^i(t)$ 表示节点 i 在 t 时刻的收入。将式(4-6)代入式(4-7)，可以得到

$$P_{\text{profit}}^i(t)=\begin{cases}pL_i(t), & t\leqslant t_1\\ 0, & t_1<t<t_{\text{recovery}}^i+T_i\\ pL_i(t)-\left(pL_i(t)-\dfrac{pL_i(t)}{(1+\beta)^{t_{\text{recovery}}^i+T_i-t_1}}\right), & t=t_{\text{recovery}}^i+T_i\end{cases} \tag{4-8}$$

一个正常站点在 t 时刻的收入为 $P_{\text{profit}}^i(t)=P_{\text{price}}^i(t)=pL_i(t)$。地铁网络在 t 时刻的总收入 $P_{\text{profit}}(t)$ 是网络中所有站点的收入之和，即 $P_{\text{profit}}(t)=\sum_{i=1}^{n}P_{\text{profit}}^i(t)$。地铁网络的性能变化过程如图 4-7 所示。

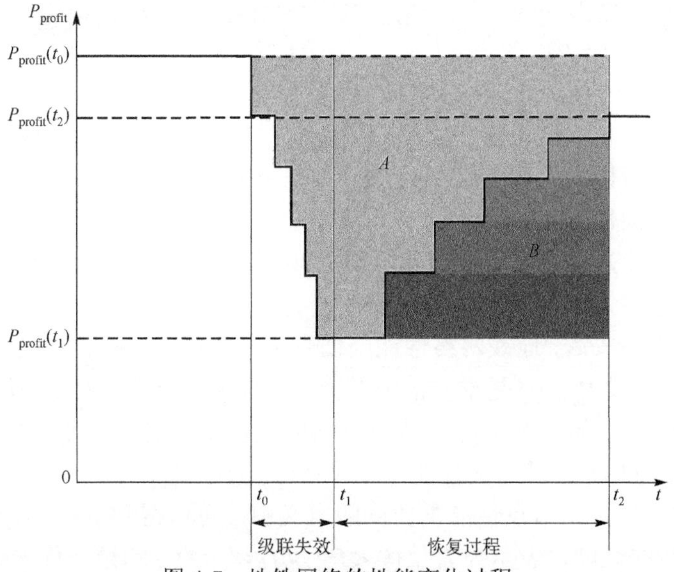

图 4-7　地铁网络的性能变化过程

在图 4-7 中，$P_{\text{profit}}(t)$ 表示地铁网络的性能，$P_{\text{profit}}(t_0)$ 表示地铁网络的初始性能，$P_{\text{profit}}(t_1)$ 表示地铁网络受到攻击后的最低性能，$P_{\text{profit}}(t_2)$ 表示地铁网络恢复后的性能，地铁网络级联失效在 t_0 时刻开始，t_1 表示网络性能开始恢复的时刻。网络性能恢复在 t_2 时刻完成。因为在恢复过程的一个阶段只能维修一个节点，所以网络性能呈现阶梯式变化。因为恢复过程中存在时间成本，所以 $P_{\text{profit}}(t_2) < P_{\text{profit}}(t_0)$。区域 A 表示网络性能的损失。区域 B 表示网络恢复的性能。区域 B 中不同灰度的矩形代表不同故障节点的维修顺序，颜色越深表示维修优先级越高。

4.5 基于节点重要度的网络维修优先级

地铁网络中的不同节点具有不同的重要度，重要度越高的节点就越关键。节点维修顺序是基于节点的重要度顺序。通过优先维修重要度高的节点，可以提高地铁网络的恢复能力。

地铁维修过程需要大量的时间，而且失效的节点无法承载乘客，也没有收入。因此，恢复过程中的时间价值是不能忽视的。本章将恢复过程中的时间价值纳入节点重要度度量中，并提出了地铁网络节点的价值重要度。节点 i 的性能重要度用 I_i^p 表示为

$$I_i^p = P_{\text{profit}}^i(t = t_{\text{recovery}}^i + T_i) - P_{\text{profit}}^i(\mu_i = 0) \tag{4-9}$$

其中，$P_{\text{profit}}^i(\mu_i = 0)$ 为节点完全损坏时的性能，$P_{\text{profit}}^i(t = t_{\text{recovery}}^i + T_i)$ 为节点 i 损坏后完全恢复时的性能。将式 (4-8) 代入式 (4-9) 中得 $I_i^p = pL_i(t_{\text{recovery}}^i + T_i) - \left(pL_i(t_{\text{recovery}}^i + T_i) - \dfrac{pL_i(t_{\text{recovery}}^i + T_i)}{(1+\beta)^{t_{\text{recovery}}^i + T_i - t_1}}\right) - 0 = \dfrac{pL_i(t_{\text{recovery}}^i + T_i)}{(1+\beta)^{t_{\text{recovery}}^i + T_i - t_1}}$。$I_i^p$ 的值越大，表示该节点在维修后的价值越大。

地铁网络受到攻击后，需要立即对故障车站进行维修，以确保损失最小。但是资源是有限的，所以本章假设每次只能选择一个节点进行维修。节点的维修顺序决定了恢复后系统的性能水平。

根据节点性能重要性确定维修优先级的规则：节点 i 的性能重要度越大，节点 i 的维修优先级越高，维修后的网络性能也越高。

在级联故障完成后，地铁网络性能降低到最低水平 $P_{\text{profit}}(t_1)$。对于两个不同的故障节点 i 和 j，假设 $P_{\text{profit}}(i)$ 是维修故障节点 i 后的网络性能，$P_{\text{profit}}(j)$ 是维修故障节点 j 后的网络性能。如果 $I_i^p > I_j^p$，从节点性能重要度的定义中可以得到，维修后节点 i 的性能大于维修后节点 j 的性能，表示为 $P_{\text{profit}}(i) > P_{\text{profit}}(j)$，节点 i 的维修优先级较高。如果 $I_i^p < I_j^p$，从节点性能重要度的定义中，可以得到节点 j 维修后的性能大于节点 i 维修后的性能，表示为 $P_{\text{profit}}(i) < P_{\text{profit}}(j)$，节点 j 的维修优先级较高。

4.6 案 例 分 析

截至 2021 年 12 月，郑州地铁共有 6 条地铁线路在运营，线路总长度为 198 千米，有 147 个车站。各条线路的车站数量如表 4-1 所示。

表 4-1　郑州地铁线路和站点数量

地铁线路	车站数量
1 号线	30
2 号线	22
3 号线	21
4 号线	27
5 号线	32
城郊线	15

郑州地铁的 L 空间型网络拓扑结构如图 4-8 所示。

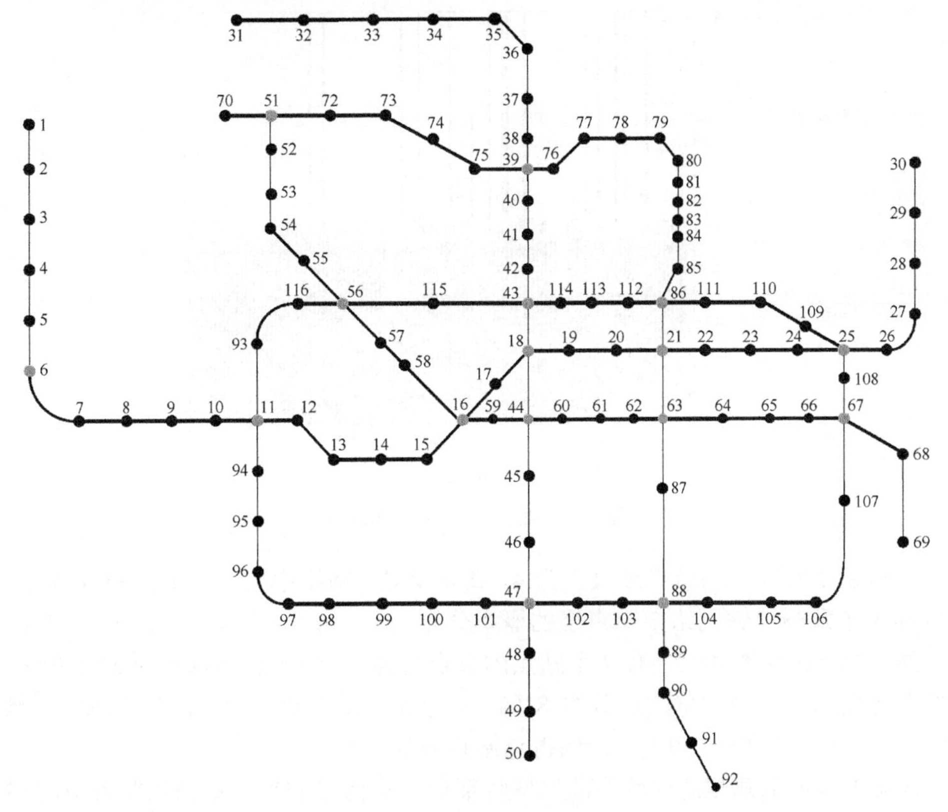

图 4-8　郑州地铁网络

图 4-8 显示了郑州地铁网络的拓扑网络，不包括郊区线路和未完成的线路，节点都有编号，共有 116 个站点。根据图 4-8 中节点的连接状态，建立郑州地铁网络的邻接矩阵 M 为

$$M=\begin{pmatrix} a_{11} & a_{12} & \cdots & a_{1116} \\ a_{21} & a_{22} & \cdots & a_{2116} \\ \vdots & \vdots & & \vdots \\ a_{1161} & a_{1162} & \cdots & a_{116116} \end{pmatrix}$$

利用邻接矩阵，进行数学模拟以获得郑州地铁网络中每个节点的度。度数为 1 的节点意味着只有一个车站与它相连，即该站点是地铁线路的终点。度数为 2 的节点表示有两个车站与它相连，即有一条地铁线穿过该站点。度数大于 2 的节点表示有多个(大于 2)车站与它相连，即该站点是地铁网络中的一个换乘站。通过仿真得到郑州地铁网络的节点平均度数为 2.1897，即地铁网络中的每个车站平均与 2.1897 个车站直接相连。图 4-9 显示了郑州地铁网络中 116 个节点的度分布直方图。

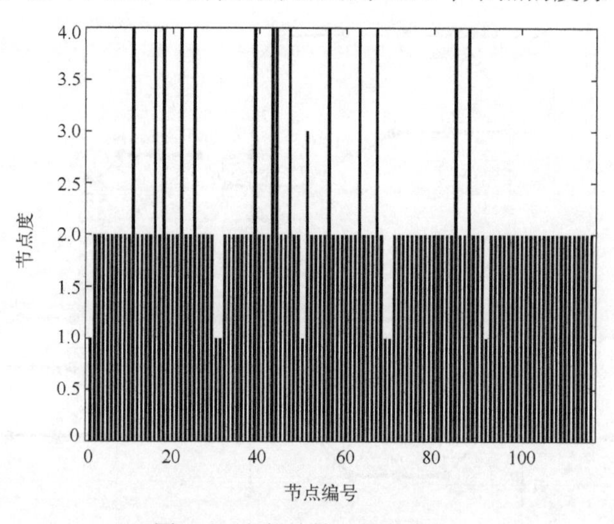

图 4-9　郑州地铁网络节点度

郑州地铁网络中的节点度最大为 4，最小为 1，网络中大部分节点的度为 2。图 4-10 显示了郑州地铁网络中节点度的概率分布。

结合图 4-9 和图 4-10，有 7 个站点的节点度为 1，约占总站点数的 6%；94 个站点的节点度为 2，约占总站点数的 81%；1 个站点的节点度为 3，约占总站点数的 0.8%；14 个站点的节点度为 4，约占总站点数的 12%。

表 4-2 显示了郑州地铁网络的一些特征值。该网络的平均路径长度为 10.2157，即网络中任何两个站点之间的平均最短路径需要经过 10.2157 个站点。网络直径为 32，即地铁网络中最长的线路有 32 个站点。

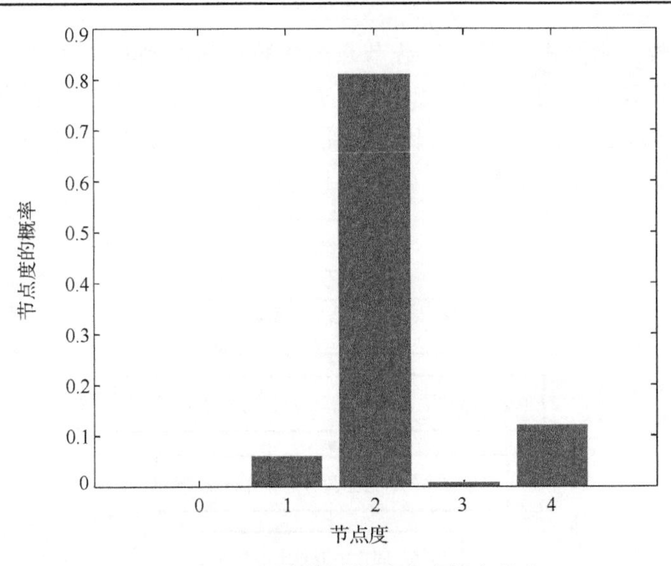

图 4-10　郑州地铁网络节点度概率分布

表 4-2　郑州地铁网络特征指标

网络特征	值
节点数量	116
连接线路数量	127
平均节点度	2.1897
平均路径长度	10.2157
网络直径	32

本章选择平均网络效率作为反映网络受损程度的指标。以下是郑州地铁网络级联失效的模拟步骤。

步骤1：收集郑州地铁网络各站点过去三个月的平均日客流量，将其平均值作为各站点的初始负载，并构建初始负载矩阵。用邻接矩阵来计算正常运营条件下的网络规模和平均网络效率。

步骤2：选择一个合适的容忍系数α。根据式(4-1)计算每个节点的容量。生成地铁网络节点的容量矩阵。

步骤3：根据不同的攻击策略，对节点进行攻击。被攻击的节点的状态变为失效，且该节点的负载变为0，网络中失效节点数量加一。

步骤4：根据邻接矩阵找到被攻击节点的邻接节点。根据式(4-2)，被攻击节点的负载转移到其相邻节点。邻接矩阵中被攻击节点的连接状态全部为0，更新邻接矩阵和负载矩阵，计算此时网络的平均网络效率。

步骤5：比较每个节点的负载和容量。如果有一个节点的负载大于其容量，那么该节点就过载。根据式(4-3)，过载节点的负载被转移到其相邻的节点。过载节点关闭，状态变为失效。网络中失效节点的数量加一。其容量成为此时的负载。重复步骤 5。如果网络中所有节点的负载都小于其容量，则网络级联失效结束。

依据上述步骤，绘制流程图，如图 4-11 所示。

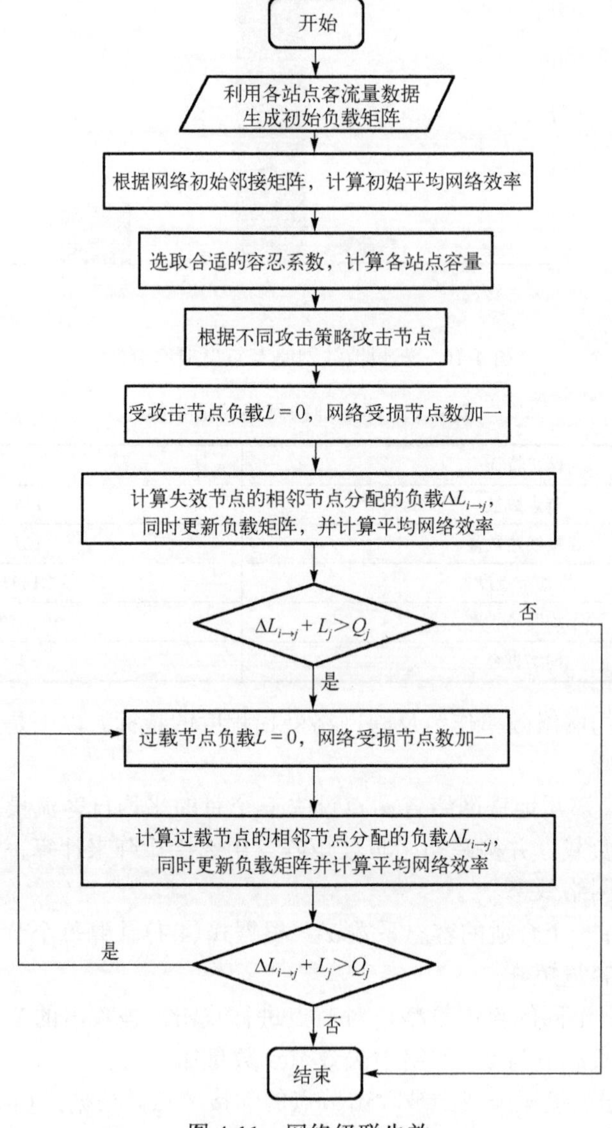

图 4-11　网络级联失效

不同的节点攻击策略会对地铁网络造成不同程度的破坏。本章选择了三种不同的节点攻击策略，分别是随机节点攻击策略、基于节点度的攻击策略和基于节点介数的攻击策略。随机节点攻击策略是随机选择节点进行攻击，直到网络中所有的节点都失效。基于节点度数的攻击策略是按照网络中节点的度数从高到低的顺序选择节点进行攻击，直到网络中的所有节点都失效。基于节点介数的攻击策略是按照网络中节点的介数从高到低的顺序来选择节点进行攻击，直到网络中的所有节点都失效。对这三种攻击策略进模拟仿真，从中选择一种更有针对性的攻击策略来模拟地铁网络性能和恢复策略。

图 4-12 显示了四个不同容忍系数下郑州地铁网络受到三种不同攻击策略下的级联失效的仿真结果。

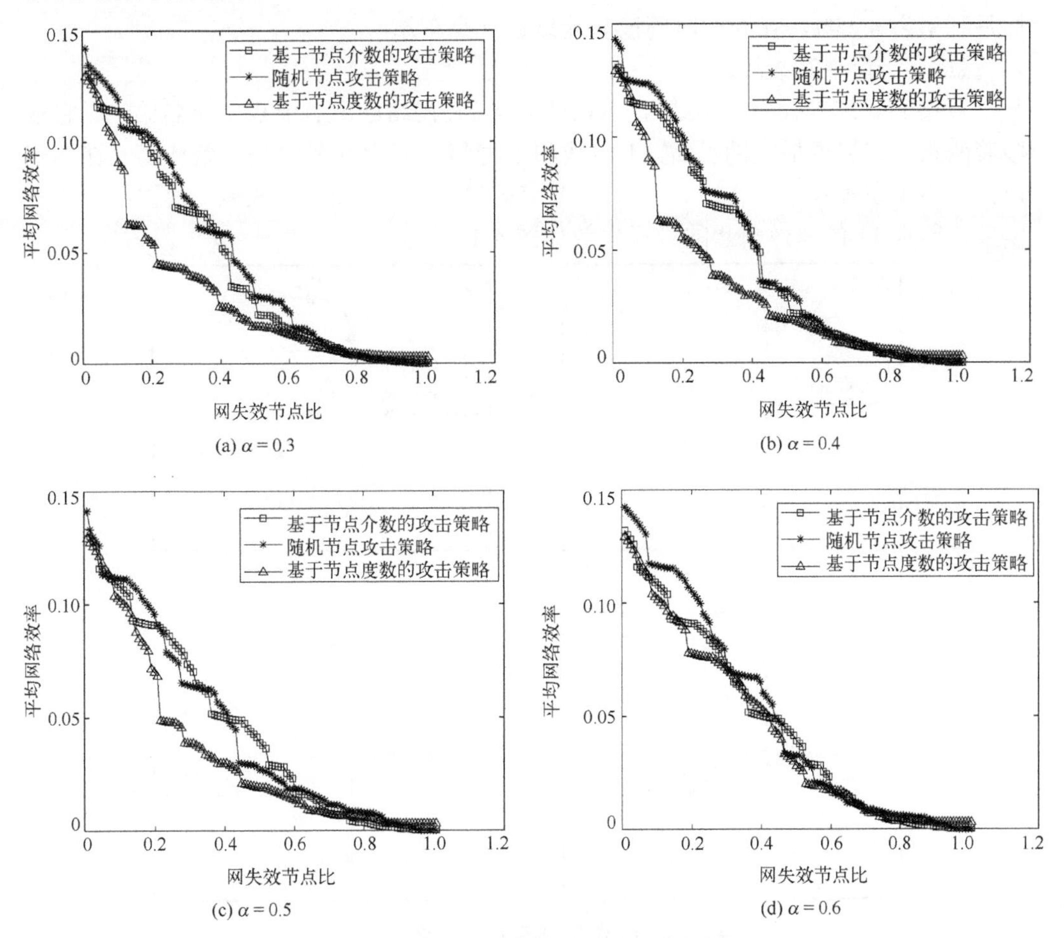

图 4-12　不同容忍系数下的平均网络效率

在图 4-12 中，平均网络效率反映了网络受损的程度。较低的平均网络效率表明网络受损程度较大。网失效节点比是失效节点的数量与所有节点数量的比率。可以看出，容忍系数的值越大，平均网络效率下降得越慢。比较三种攻击策略，基于节点度数的攻击策略对网络的影响最大，在攻击过程中，平均网络效率下降最快。在三种攻击策略中，随机节点攻击策略对网络的影响最小。

在对郑州地铁网络进行性能评估时，节点的容忍系数为 0.6。地铁网络的性能在很大程度上取决于恢复策略。最佳维修顺序可以提高网络的性能值。地铁网络中的换乘站的度数很高。换乘站通常连接多条线路，在地铁网络中发挥着重要作用。本章从两个方面分析郑州地铁网络的性能和最佳维修顺序。第一个方面是单一换乘站故障，第二个方面是多个换乘站故障。2021 年郑州地铁的日均客流量为 138.04 万，其平均票价约为每人 4 元。在本章中，假设度数为 2 的车站平均维修期为 30 天，平均月利率为 0.25%，在同一时间段只能维修一个车站。

(1) 单一换乘站故障。

节点 11，即“五一公园站”，节点度为 4，在网络的所有节点中排名第一。它连接着两条日客流量最大的线路：1 号线和 5 号线，其中 5 号线是一条环线，在郑州地铁网络中发挥着重要作用。当 11 号节点被攻击时，网络级联失效。根据级联失效模型，节点 11 的失效引起的级联失效如图 4-13 所示。

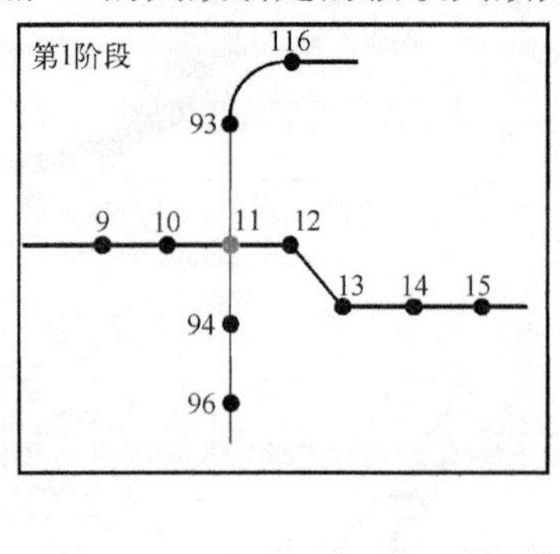

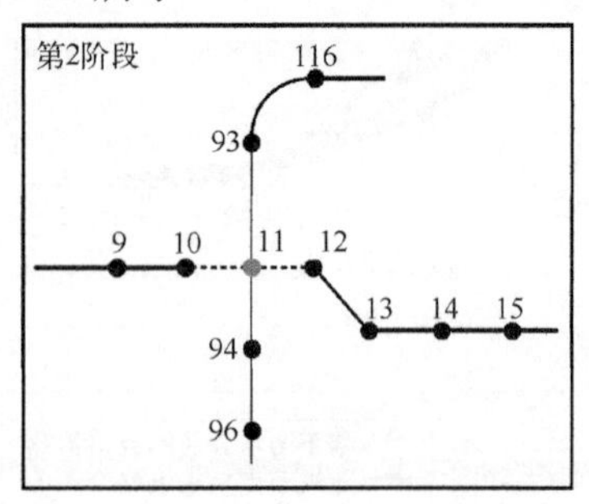

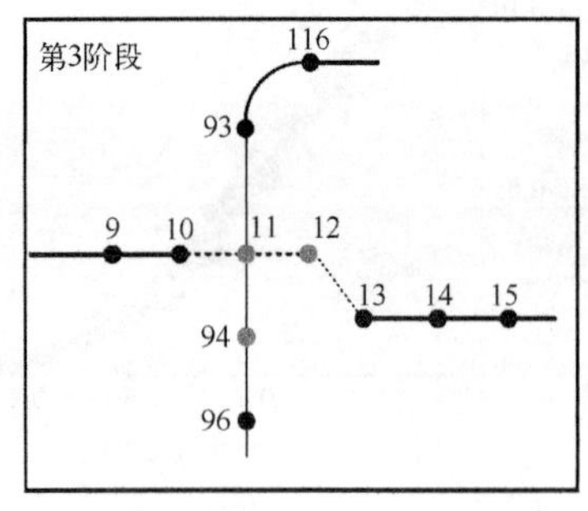

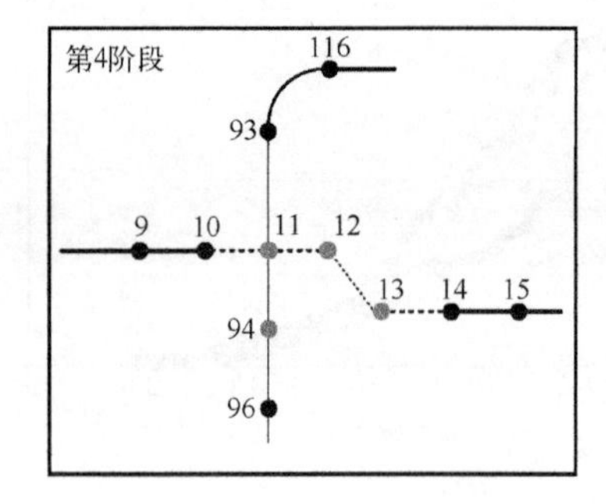

图 4-13　由节点 11 引起的网络级联失效

在图 4-13 中，节点 11 受到攻击，其负载被分配到相邻的节点，使得节点 12 和节点 94 过载，其多余的负载被分配到相邻的节点，导致节点 13 过载，其多余的负载被分配到相邻的节点。最终，网络中所有节点的负载都小于容量，网络级联失效结束。节点 11 的失效导致节点 12、13 和 94 的级联失效。对这四个失效节点进行维修，共有 24 个维修顺序，每个顺序对应一个网络性能值。对这 24 个维修顺序所对应的网络性能值进行排序，对应性能值最大的维修顺序为最佳维修顺序。用地铁节点编号表示维修顺序，如 11-12-13-94，表示先维修 11 号节点，然后是 12 号节点，以此类推。

在 11 号节点受到攻击后，根据网络性能变化模型，计算出网络的性能变化。开始时，地铁网络的性能是 552.6 万。节点 11 失效后，地铁网络的性能下降到 531.6 万。对失效节点进行维修，节点的维修时间根据式(4-5)计算。节点 11 的维修时间为 60 天。节点 12、13 和 94 的维修时间均为 30 天。整个维修过程的总时间为 150 天。基于地铁网络节点价值重要度模型，计算出每个维修阶段的节点价值重要度，并确定最佳维修顺序，如图 4-14 所示。

第 1 阶段	节点编号	11	12	13	94	维修节点编号
	节点价值重要度	99501.87	23940.15	31920.19	47880.30	11
	节点价值重要度排序	1	4	3	2	
第 2 阶段	节点编号	12	13	94	维修节点编号	
	节点价值重要度	23820.89	31761.19	47641.79	94	
	节点价值重要度排序	3	2	1		
第 3 阶段	节点编号	12	13	维修节点编号		
	节点价值重要度	23761.49	31681.99	13		
	节点价值重要度排序	2	1			
第 4 阶段	节点编号	12	维修节点编号			
	节点价值重要度	23702.24	12		最佳维修顺序	
	节点价值重要度排序	1			11-94-13-12	

图 4-14　节点的价值重要度和最佳维修顺序

通过以上分析可以得出，节点 11 具有最高的维修优先级。同时，由图 4-14 可以得到最佳维修顺序是 11-94-13-12。

随机选择的维修顺序与最佳维修顺序在网络性能上的变化对比如图 4-15 所示。由于每次只选择一个节点进行维修，并且维修中的节点关闭，所以在维修过程中，系统的性能保持稳定，维修过程呈现阶梯式变化。

从图 4-15 可以看出，在维修过程中，采用最佳维修顺序，系统的性能曲线随时间变化的程度更大。最终恢复后的系统性能也更高。当任何一个换乘站出现故障导致地铁网络出现级联失效时，该模拟结果有助于对车站维修进行决策。

(2) 多个换乘站故障。

对于多个换乘站失效的情况，以同时攻击两个换乘站为例。选择 11 号站点“五一公园站”和 16 号站点“二七广场站”。16 号站点“二七广场站”周围有二七纪念塔，

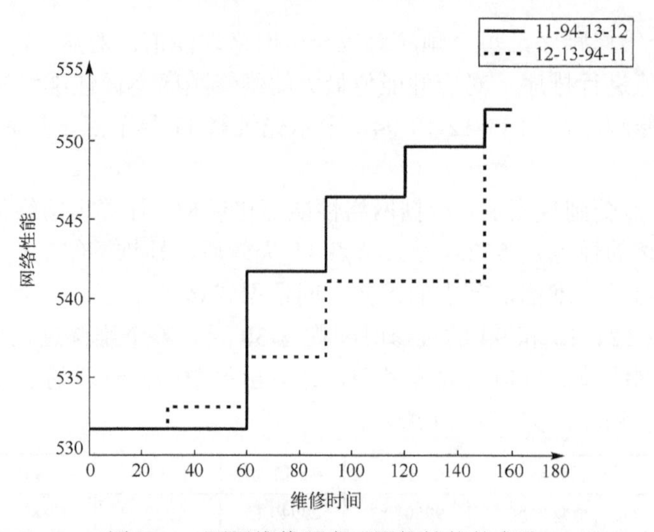

图 4-15　不同维修顺序下网络性能的变化

是郑州著名的景点。它还连接着郑州地铁 1 号线和 3 号线，是郑州地铁的一个代表性车站，每天有巨大的客流量。对 11 号站点和 16 号站点的同时攻击造成了地铁网络的级联失效。根据级联失效模型，由节点 11 和节点 16 的失效引起的级联失效如图 4-16 所示。

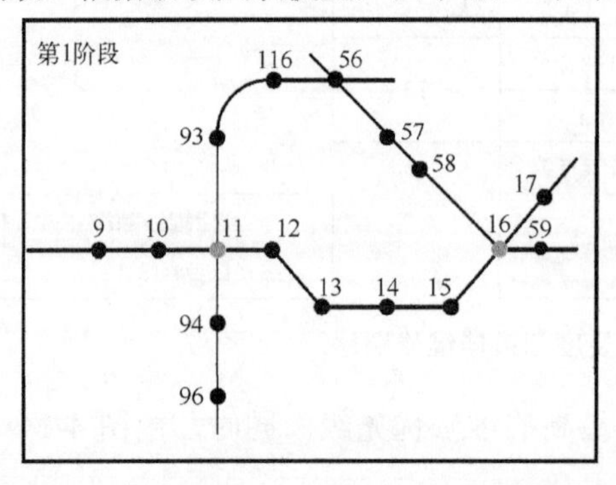

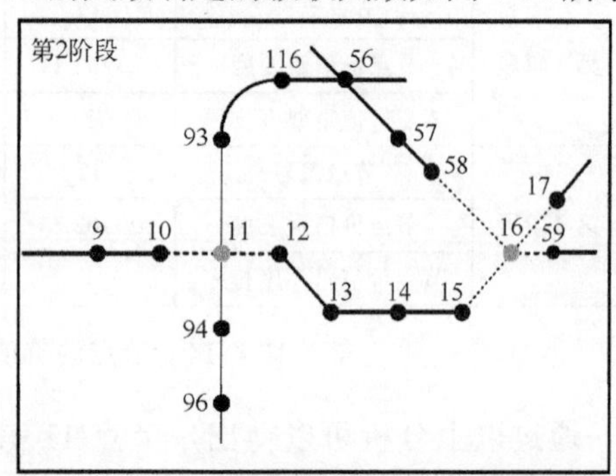

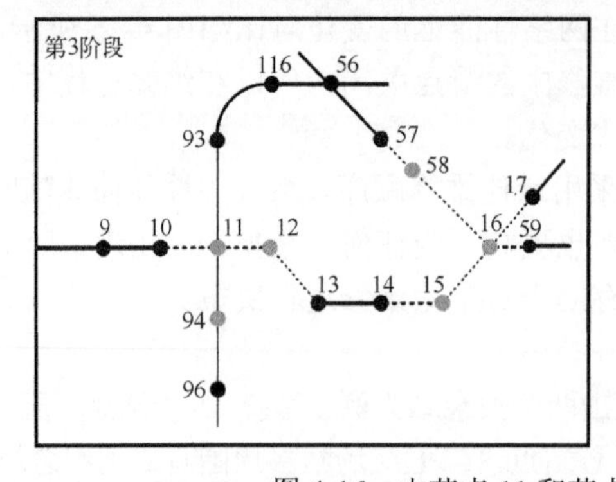

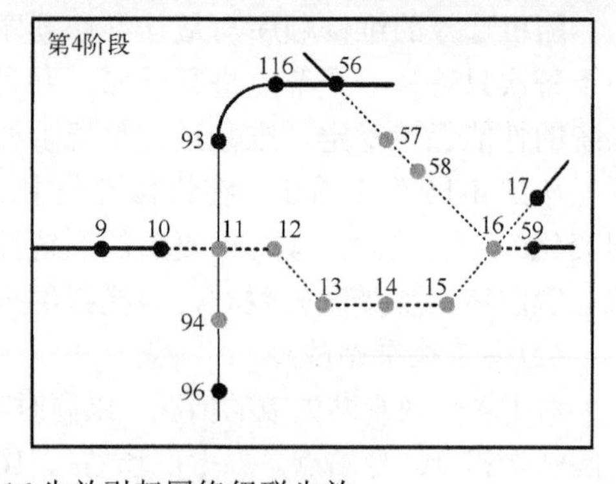

图 4-16　由节点 11 和节点 16 失效引起网络级联失效

在图 4-16 中，节点 11 和节点 16 受到攻击，它们的负载被分配到相邻的节点，使得节点 12、15、58 和 94 过载，它们的多余负载被分配到相邻的节点，导致节点 13、14 和 57 过载，它们的多余负载被分配到相邻的节点。最终，网络中所有节点的负载都小于容量，网络级联失效结束。节点 11 和节点 16 的失效导致节点 12、13、14、15、57、58 和 94 的级联失效。对 9 个失效节点进行维修，有数以万计的维修顺序，每个维修顺序对应一个网络性能值，对应性能值最大的维修顺序是最佳维修顺序。

在节点 11 和节点 16 同时受到攻击后，根据网络性能变化模型，计算出网络的性能变化。开始时，地铁网络的性能是 552.6 万。在节点 11 和节点 16 发生故障后，地铁网络的性能下降到 514.2 万。对失效节点进行维修，节点的维修时间根据式(4-5)计算。节点 11 和 16 的维修时间为 60 天。节点 12、13、14、15、57、58 和 94 的维修时间均为 30 天，计算出每个维修阶段的节点价值重要度，并确定最佳维修顺序，如图 4-17 所示。

第 1 阶段	节点编号	11	12	13	14	15	16	57	58	94	维修节点编号
	节点价值重要度	99501.87	23940.15	31920.19	38304.24	44688.28	63681.19	12369.08	15960.09	47880.30	11
	节点价值重要度排序	1	7	6	5	4	2	9	8	3	
第 2 阶段	节点编号	12	13	14	15	16	57	58	94	维修节点编号	
	节点价值重要度	23820.89	31761.19	38113.43	44465.67	63363.98	12307.46	15880.59	47641.79	16	
	节点价值重要度排序	6	5	4	3	1	8	7	2		
第 3 阶段	节点编号	12	13	14	15	57	58	94	维修节点编号		
	节点价值重要度	23702.24	31602.13	37923.58	44244.18	12246.16	15801.49	47404.47	94		
	节点价值重要度排序	5	4	3	2	7	6	1			
第 4 阶段	节点编号	12	13	14	15	57	58	维修节点编号			
	节点价值重要度	23643.13	31524.17	37829.01	44133.84	12215.62	15762.09	15			
	节点价值重要度排序	4	3	2	1	6	5				
第 5 阶段	节点编号	12	13	14	57	58	维修节点编号				
	节点价值重要度	23584.17	31445.56	37734.67	12185.15	15722.18	14				
	节点价值重要度排序	3	2	1	5	4					
第 6 阶段	节点编号	12	13	57	58	维修节点编号					
	节点价值重要度	23525.36	31367.14	12154.77	15683.57	13					
	节点价值重要度排序	2	1	4	3						
第 7 阶段	节点编号	12	57	58	维修节点编号						
	节点价值重要度	23466.69	12124.46	15644.46	12						
	节点价值重要度排序	1	3	2							
第 8 阶段	节点编号	57	58	维修节点编号							
	节点价值重要度	12094.22	15605.45	58							
	节点价值重要度排序	2	1								
第 9 阶段	节点编号	57	维修节点编号								
	节点价值重要度	12064.06	57								
	节点价值重要度排序	1									

最佳维修顺序
11-16-94-15-14-13-12-58-57

图 4-17　节点的价值重要度和最佳维修顺序

通过以上分析可以得出，节点 11 具有最高的维修优先级。同时，由图 4-17 可以得到最佳维修顺序是 11-16-94-15-14-13-12-58-57。9 个节点失效的维修顺序数量巨大，本章从中随机抽取 4 个不同的维修顺序来计算网络的性能变化。

从图 4-18 中可以看出，多个换乘站受到攻击后，恢复的阶段数量要大于单个换乘站受到攻击恢复的阶段数量。由于恢复顺序的不同，在一些时间节点系统性能的变化曲线出现重合，但系统性能的恢复程度存在差异。最佳恢复方案下系统性能随时间变化的程度最大，同时恢复后网络最终性能更高，验证了模型的准确性。当多个换乘站遇到故障，并引起地铁网络级联失效时，该仿真结果能够为车站维修提供决策支持。

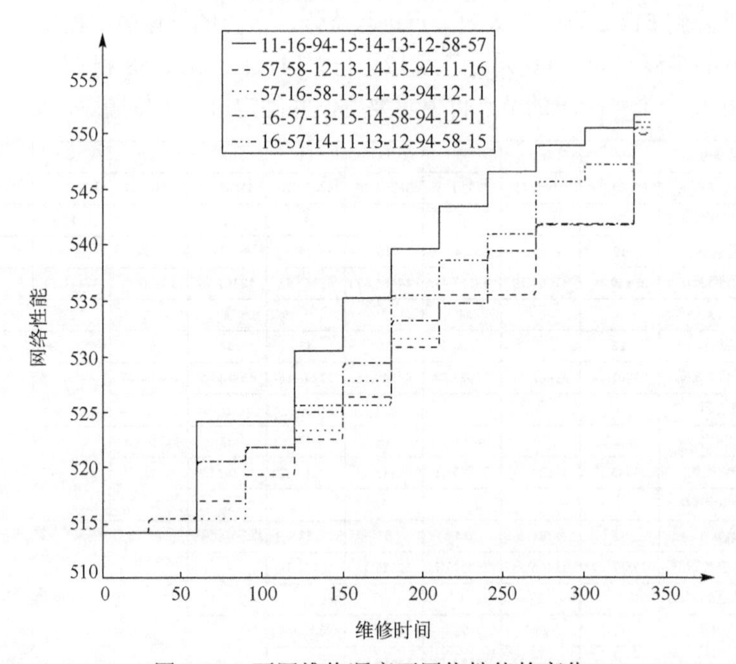

图 4-18　不同维修顺序下网络性能的变化

4.7 本 章 小 结

本章建立了一种基于节点重要度的维修优先级确定方法。通过评估每个节点的重要度，确定最优化的维修顺序。节点重要度越高的节点，其维修的优先级越高，从而可以提高网络性能。

第 5 章　交通网络维修策略应用

随着现代城市的快速发展，城市的交通系统变得越来越复杂，人们的出行需求也日益增加。然而，城市的道路由于空间有限和拥挤，相对难以扩展。本章以城市的道路交通网络为研究对象，在智慧交通的背景下，将城市划分为不同的区域，进行拥堵传播和维修资源分配研究。本章将城市路网的拥堵程度分为了两类，分别是轻度拥堵与严重拥堵。最后通过案例分析对所提模型进行验证。

5.1　基于级联失效的城市道路交通网络的拥堵程度的判定

5.1.1　城市交通网络的基本性质描述与符号定义

复杂网络是用于建模包括社交网络、互联网网络、城市交通网络等实际系统的强大工具。根据复杂网络理论，可以将复杂的交通网络抽象为由各种类型的交叉路口组成的交通网络，将相交点抽象为节点，将道路之间的巷道抽象为边。利用复杂网络理论，对城市道路交通网络进行抽象描述从而简化网络结构，可以为研究城市道路交通网络的特性、路段及交叉口重要度评估以及级联失效提供基本依据。在应用复杂网络理论对城市道路交通网络进行研究之前，首先要对城市路网的拓扑结构进行抽象和定义。在对城市路网进行抽象时主要存在原始法和对偶法两种方法。其中，原始法是将路网中的交叉口抽象为拓扑网络结构中的节点，道路抽象为连边；对偶法则是将路网中的路段抽象为节点，将路段之间的连接关系抽象为边。本章采用原始法构建城市道路拓扑网络图，将复杂网络抽象为由各种类型的交叉路口组成的交通网络。图论中的图是由节点和边组成的一种网络，表达的是同类节点间的某种可量化关系，应用到交通网络中，将相交点抽象为节点，将相交点之间连接的路段抽象为边，边上的权值用时间表示，将复杂网络抽象为由各种类型的交叉路口组成的交通网络，其公式为

$$\begin{cases} G=(V,E) \\ G=(V,E)V=\{V \mid V \in \text{数据元素}\} \\ E=\{V_r\} \\ \eta=\{(v,w) \mid W(v,w)^{v,w} \in V\} \end{cases} \tag{5-1}$$

其中，G 表示交通网络，V 是节点集合，E 是边的集合，两个节点之间的联系代表每

一条边，$e(v,w)$ 代表节点 v 到节点 w 的边，$W(v,w)$ 是边 $e(v,w)$ 的权重。权重用来描述一个节点到另一个节点的距离或者最短时间，η 代表节点之间的关系，节点之间的连接矩阵用 $\eta=[\eta_{ij}]_{N\times N}$ 表示。

在交通网络中，道路类型有很多，常见的几种有 T 型、Y 型、环型交叉等，如图 5-1 所示。

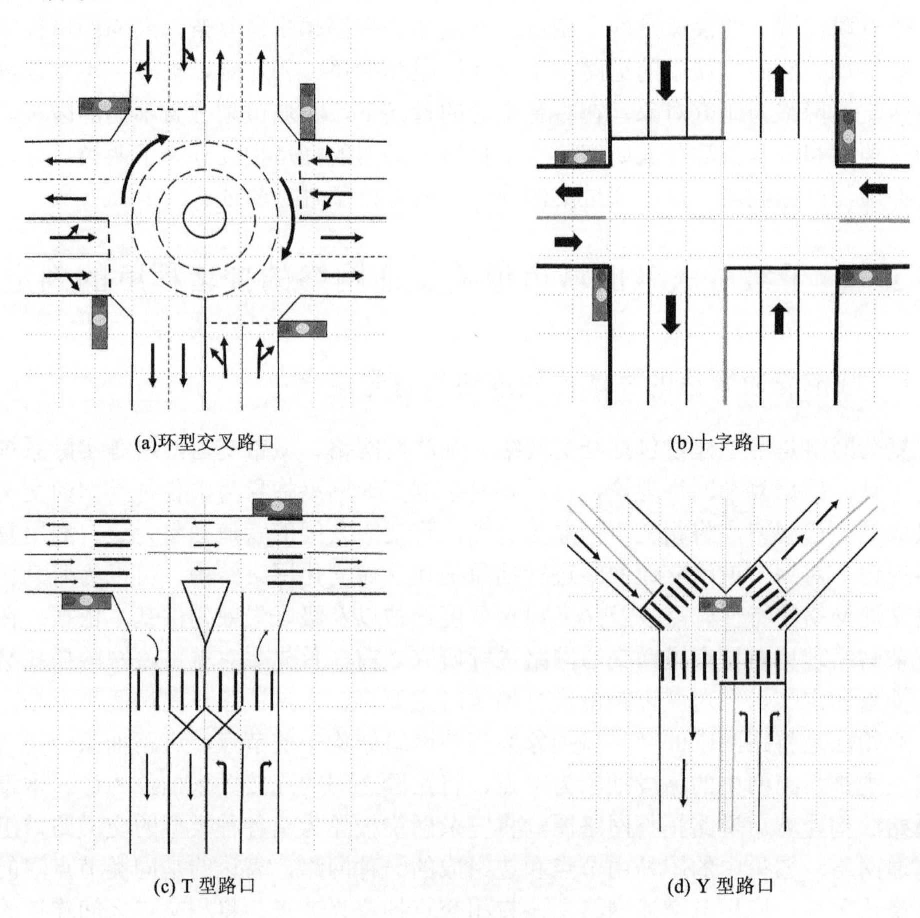

图 5-1 城市道路的类型

符号定义如下。

(1)集合。

G：初始交通网络。

V：节点集合。

$|V|$：节点的个数。

E：边的集合。

$|E|$：边的个数。

$|D|$：下游节点集合的个数。

D_i：节点 i 的下游节点的集合，$D_i = \{d_1, d_2, \cdots, d_{|D|}\}$。

U：上游节点集合。

$|U|$：上游节点集合的个数。

U_i：节点 i 的上游节点的集合，$U_i = \{u_1, u_2, \cdots, u_{|U|}\}$。

$|C|$：与节点 i 相连的节点的个数。

C_i：与节点 i 相连的节点的集合，$C_i = \{c_1, c_2, \cdots, c_{|C|}\}$。

$|P|$：节点 i 经过的总路径数。

(2) 索引。

i, j, j', d, u：节点。

e：边。

α, β：常量。

p：某节点经过的路径，$p = \{p_1, p_2, \cdots, p_{|P|}\}$。

(3) 其他。

h_i^p：在路径 p 上节点 i 的序列数。

H_i^p：在路径 p 上节点 i 经过的总节点数。

HVE_i：在交通网络中，根据路径 p 确定节点 i 的层级值。

IT_i：节点 i 的初始流量。

NC_i：节点 i 的容量。

NIC_i：节点 i 的空闲容量。

NC_j^i：与节点 i 相邻的节点 j 的容量。

IT_j^i：与节点 i 相邻的节点 j 的初始流量。

NIC_j^i：与节点 i 相邻的节点 j 的空闲容量。

$T(i,d), T(i,u)$：节点 i 与其上游节点以及下游节点之间的转移时间。

IT_d^i：节点 i 的下游节点 d 的初始流量。

IT_u^i：节点 i 的上游节点 u 的初始流量。

TTR_i：节点 i 的流量转移速率。

5.1.2　城市道路交通网络的特性描述

在本小节中定义了节点的层级值。如前所述，交通网络可以用由节点和边组成的图表示。在交通高峰期间，来自不同出发地的车辆可能会同时行驶到相同的目的地节点，例如办公楼或工业区。通常，经过更多车辆的节点将更有可能发生交通拥堵。不仅可以通过层级值来区分节点 i 的上游节点和下游节点的集合，还可以基于层级值来量化节点 i 的初始流量。在本章中，层级值定义为

$$\mathrm{HVE}_i=\frac{\sum_{p=1}^{P}\frac{h_i^p}{H_i^p}}{p},\quad i\in V,\quad p\in P \tag{5-2}$$

其中，HVE_i 表示节点 i 的层级值，p 代表节点 i 经过的路径。h_i^p 是节点 i 在路径 p 上的序列数，H_i^p 是节点 i 在路径 p 上的总节点数，P 是节点 i 经过的总路径数，为了更好地确定节点失效时流量转移的方向、识别节点在网络中的位置，根据节点的层级值定义了上游节点和下游节点。上游节点集合用 U 表示，下游节点集合用 D 表示。U_i 代表节点 i 的上游节点的集合，D_i 代表节点 i 的下游节点的集合。在本章中，现实路径是指从起点到终点可以到达的路径。在某一条从出发地到目的地的线路中，同一节点不会遍历两次且任意线路上的任意相邻两节点是连通的。比如图 5-2 中，1-2-6-8 即为现实路径；2-1-3-4-5-6-5-7-8 属于非现实路径，因为在这一条线路上节点 5 遍历了两次；1-3-6-8 为非现实路径，因为节点 3 和节点 6 是不连通的。给定一个图，对于任何一对源节点和宿节点，都可以计算层级值。这里给出一个示例来解释如何计算层级值，如图 5-2 所示。

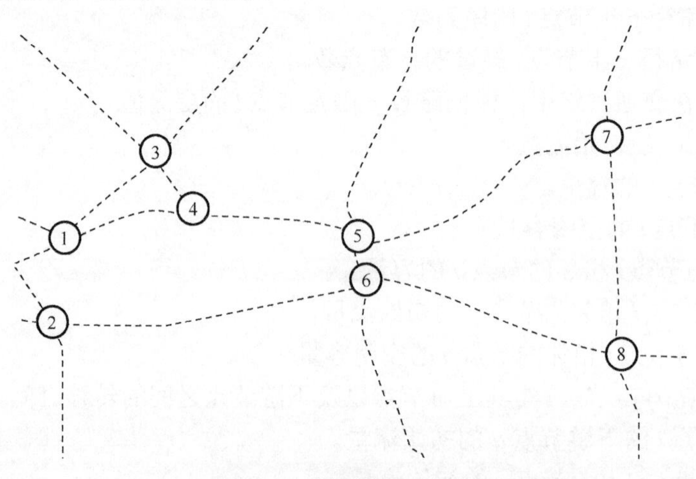

图 5-2　交通网络示例图

在图 5-2 中，节点 8 被视为宿节点，其他节点被视为源节点。可以找到交通网络每对源节点和宿节点对的所有路径。路径显示在表 5-1 中。

可以看出，经过节点 1 的路径为 26 条。以 2-1-3-6-8 中的任意一条为例，该路径总共由 5 个节点组成，节点 1 的序号是 2。因此，在这条道路上，$\frac{h_1^1}{H_1^1}=\frac{2}{5}$。通过该种方法，剩余 25 个节点的 $\frac{h_i^p}{H_i^p}$ 也能得到。最后，根据层级值公式，可以得到节点 1 的层级值是 0.35。对其他节点进行相同的处理，获取其各自的层级值。

表 5-1　每个节点经过的路径表

节点编号	遍历的所有路径
1	2-1-4-5-6-8；2-1-4-5-7-8；1-3-6-8；3-1-2-4-5-7-8；1-4-5-6-8；1-4-5-7-8；4-1-3-6-5-7-8；5-4-2-1-3-6-8；4-2-1-3-6-8；2-1-3-6-5-7-8；3-1-2-4-5-6-8；3-1-4-5-6-8；2-4-1-3-6-5-7-8；2-1-3-6-8；4-1-3-6-8；5-4-1-3-6-8；2-4-1-3-6-8；1-3-6-5-7-8；3-1-4-5-7-8；6-3-1-2-4-5-7-8；4-2-1-3-6-5-7-8；6-3-1-4-5-7-8；7-5-4-2-1-3-6-8；1-2-4-5-7-8；1-2-4-5-6-8；7-5-4-1-3-6-8
2	2-1-3-6-5-7-8；2-1-3-6-8；2-1-4-5-6-8；2-1-4-5-7-8；2-4-1-3-6-5-7-8；2-4-1-3-6-8；2-4-5-6-8；2-4-5-7-8；1-2-4-5-6-8；1-2-4-5-7-8；1-4-2-5-6-8；1-4-2-5-7-8；3-1-2-4-5-6-8；3-1-2-4-5-7-8；4-2-1-3-6-5-7-8；4-2-1-3-6-8；5-4-2-1-3-6-8；6-3-1-2-4-5-7-8；7-5-4-2-1-3-6-8
3	1-3-6-5-7-8；1-3-6-8；2-1-3-6-5-7-8；2-1-3-6-8；2-4-1-3-6-5-7-8；2-4-1-3-6-8；3-1-2-4-5-6-8；3-1-2-4-5-7-8；3-1-4-5-6-8；3-1-4-5-7-8；3-6-8；3-6-5-7-8；4-1-3-6-8；4-1-3-6-5-7-8；4-2-1-3-6-5-7-8；4-2-1-3-6-8；5-4-1-3-6-8；5-4-2-1-3-6-8；6-3-1-2-4-5-7-8；6-3-1-4-5-7-8；7-5-4-1-3-6-8；7-5-4-2-1-3-6-8
4	1-2-4-5-6-8；1-2-4-5-7-8；1-4-2-5-6-8；1-4-2-5-7-8；1-4-5-6-8；1-4-5-7-8；2-1-4-5-6-8；2-1-4-5-7-8；2-4-1-3-6-5-7-8；2-4-1- 3-6-8；2-4-5-6-8；2-4-5-7-8；3-1-2-4-5-6-8；3-1-2-4-5-7-8；3-1-4-5-6-8；3-1-4-5-7-8；4-1-3-6-8；4-1-3-6-5-7-8；4-2-1-3-6-5-7-8；4-2-1-3-6-8；4-5-6-8；4-5-7-8；5-4-1-3-6-8；5-4-2-1-3-6-8；6-3-1-2-4-5-7-8；6-3-1-4-5-7-8；7-5-4-1-3-6-8；7-5-4-2-1-3-6-8
5	1-2-4-5-6-8；1-2-4-5-7-8；1-3-6-5-7-8；1-4-2-5-6-8；1-4-2-5-7-8；1-4-5-6-8；1-4-5-7-8；2-1-3-6-5-7-8；2-1-4-5-6-8；2-1-4-5-7-8；2-4-1-3-6-5-7-8；2-4-5-6-8；2-4-5-7-8；3-1-2-4-5-6-8；3-1-2-4-5-7-8；3-1-4-5-6-8；3-1-4-5-7-8；3-6-5-7-8；4-1-3-6-5-7-8；4-2-1-3-6-5-7-8；4-5-6-8；4-5-7-8；5-4-1-3-6-8；5-4-2-1-3-6-8；5-6-8；5-7-8；6-3-1-2-4-5-7-8；6-3-1-4-5-7-8；6-5-7-8；7-5-4-1-3-6-8；7-5-4-2-1-3-6-8；7-5-6-8
6	1-2-4-5-6-8；1-3-6-5-7-8；1-3-6-8；1-4-2-5-6-8；1-4-5-6-8；2-1- 3-6-5-7-8；2-1-3-6-8；2-1-4-5-6-8；2-4-1-3-6-5-7-8；2-4-1-3-6-8；2-4-5-6-8；3-1-2-4-5-6-8；3-1-4-5-6-8；3-6-8；3-6-5-7-8；4-1-3-6-8；4-1-3-6-5-7-8；4-2-1-3-6-5-7-8；4-2-1-3-6-8；4-5-6-8；5-4-1-3-6-8；5-4-2-1-3-6-8；5-6-8；6-3-1-2-4-5-7-8；6-3-1-4-5-7-8；6-5-7-8；7-5-4-1-3-6-8；7-5-4-2-1-3-6-8；7-5-6-8
7	1-2-4-5-7-8；1-3-6-5-7-8；1-4-2-5-7-8；1-4-5-7-8；2-1-3-6-5-7-8；2-1-4-5-7-8；2-4-1-3-6-5-7-8；2-4-5-7-8；3-1-2-4-5-7-8；3-1-4-5-7-8；3-6-5-7-8；4-1-3-6-5-7-8；4-2-1-3-6-5-7-8；4-5-7-8；5-7-8；6-3-1-2-4-5-7-8；6-3-1-4-5-7-8；6-5-7-8；7-5-4-1-3-6-8；7-5-4-2-1-3-6-8；7-5-6-8

为了更好地区分节点失效后的流量，定义了上游节点和下游节点。为了直观地描述上游节点和下游节点之间的差异，这里给出了一个示例，如图 5-3 所示。引入了两个虚拟节点：源节点和宿节点。在交通网络中，所有车辆都从源节点开始，经过中间的不同节点，然后在宿节点结束。在这种情况下，源节点的层级值为 0，宿节点的层级值为 1。以图 5-2 中的节点 2 为例，包括节点 2 在内共有 18 条路径。图 5-3 中的箭头指向每条路径的方向。在路径中用不同的颜色标记节点 2 和节点 6。根据节点 2 和节点 6 的层级值以及图 5-3 中的位置，发现节点 2 更靠近源节点，而节点 6 更靠近宿节点。在多个节点之间，为了区分上游节点和下游节点，将靠近源节点的节点视为上游节点，将靠近宿节点的节点视为下游节点。因此，认为节点 2 是上游节点，节点 6 是下游节点，层级值接近 1 的节点更易于存储更高的流量。上下游节点区分图如图 5-3 所示。

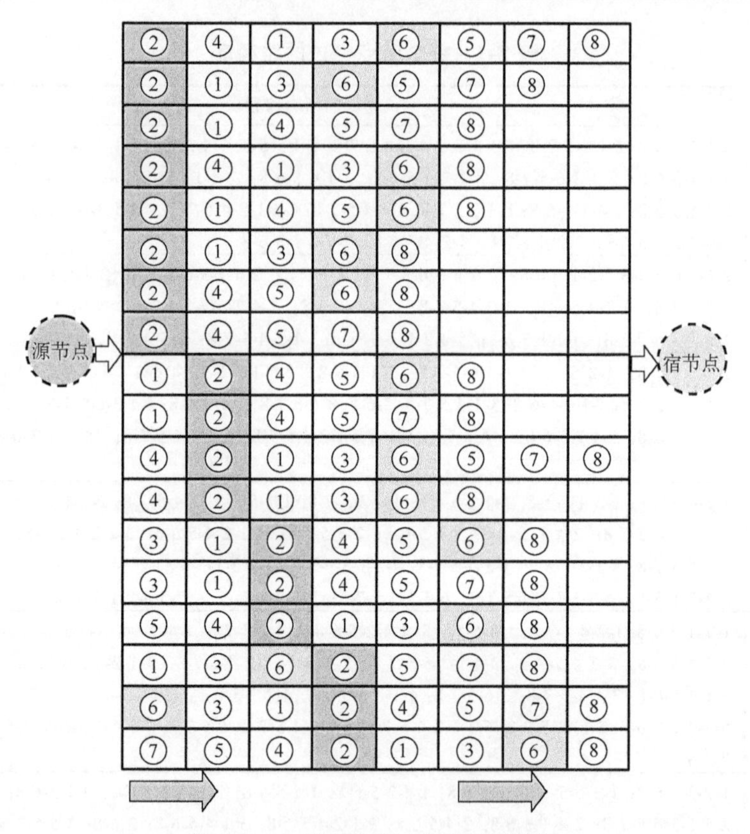

图 5-3　上下游节点区分图(见彩图)

$\mathrm{HVE}_i \to 0$ 说明该节点更靠近源节点，说明节点 i 在网络中处于上游的位置，$i \in U$；$\mathrm{HVE}_i \to 1$ 说明节点 i 更靠近宿节点，说明节点在网络中处于下游的位置，$i \in D$。

(1)度值。

由节点 i 连接所有上游节点形成的边的总数称为节点的入度值。由节点 i 连接所有下游节点形成的边的总数称为节点的出度值。节点的度值是某个节点与其相邻节点连接的边的数量，节点度值越大，说明其相邻节点越多，造成道路拥堵的可能性也越大，网络节点之间的连接矩阵用 η 表示，$\eta = [\eta_{ij}]_{N\times N}$，当节点 i 与节点 j 相邻时，$\eta_{ij} = 1$，反之，$\eta_{ij} = 0$。节点 i 的度值计算公式为

$$k_i = \sum_{j\in V} \eta_{ij} \tag{5-3}$$

(2)初始流量。

在本章中，边 $e(i,j)$ 的初始流量 $\mathrm{IT}_{e(i,j)}$ 是根据该边所连接的两个节点的度值决定的。边的初始流量的计算公式为

$$\mathrm{IT}_{e(i,j)}=\beta(k_i,k_j)^{\alpha},\quad i,j\in V \tag{5-4}$$

其中，α 与 β 为调整参数，k_i 为节点 i 的度值，k_j 为节点 j 的度值。边的容量表示满足安全间隔距离约束的可以停放的最大车辆数量。根据 Motter 和 Lai 提出的按需定容原则，可认定节点的容量与流量存在正比关系，即

$$\mathrm{NC}_{e(i,j)}=\mathrm{IT}_{e(i,j)}(1+\delta),\quad i,j\in V \tag{5-5}$$

其中，$\mathrm{NC}_{e(i,j)}$ 代表边 $e(i,j)$ 的容量，δ 为控制节点容量的系数，$\delta>0$。

(3) 空闲容量。

边的空闲容量是指不影响初始流量正常运行下的正常剩余容量，计算公式为

$$\mathrm{NC}_{e(i,j)}-\mathrm{IT}_{e(i,j)}=\mathrm{NIC}_{e(i,j)} \tag{5-6}$$

为了更直观地区分空闲容量、容量以及初始流量的关系如图 5-4 所示。

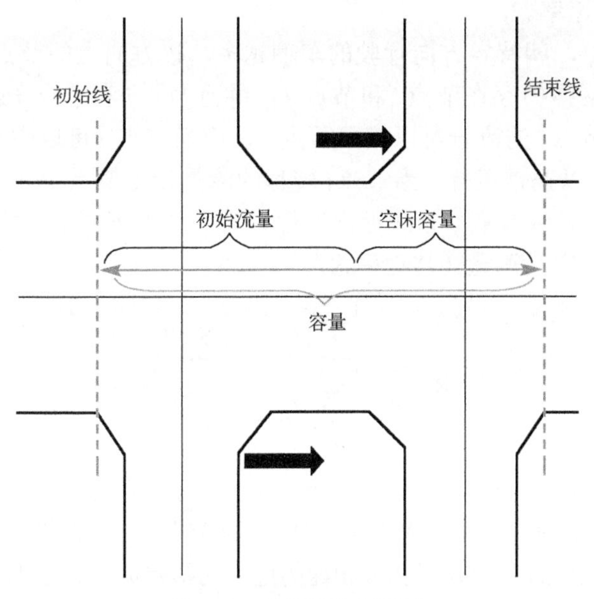

图 5-4　空闲容量示意图

(4) 流量转移时间。

流量转移速率会受到失效边与其上游或下游边之间的转移时间的影响。在现实生活中，交通网络中两节点间的转移时间受很多因素的影响，例如，车道数量的差异、不同交通信号灯的等待时间、天气、节假日等因素。为了制定合理的节点交通计划，美国公路管理局提议了“路阻函数”。该函数指出转移时间、容量和流量之间的函数关系，将车辆在两节点之间的转移时间定义如下

$$T_i = k_i \left[1 + \lambda \left(\frac{\mathrm{IT}_{e(i,j)}}{\mathrm{NC}_{e(i,j)}} \right)^{\mu} \right] \tag{5-7}$$

$$T_j = k_j \left[1 + \lambda \left(\frac{\mathrm{IT}_{e(i,j)}}{\mathrm{NC}_{e(i,j)}} \right)^{\mu} \right] \tag{5-8}$$

$$T_{e(i,j)} = \frac{k_i \left[1 + \lambda \left(\frac{\mathrm{IT}_{e(i,j)}}{\mathrm{NC}_{e(i,j)}} \right)^{\mu} \right] + k_j \left[1 + \lambda \left(\frac{\mathrm{IT}_{e(i,j)}}{\mathrm{NC}_{e(i,j)}} \right)^{\mu} \right]}{2} \tag{5-9}$$

其中，$T_{e(i,j)}$ 表示流量从节点 i 到节点 j 的转移时间，λ 与 μ 是可调参数，T_i 与 T_j 是节点 i 与节点 j 的转移时间。

(5)流量转移速率。

在特定时期内，朝特定方向行驶的车辆越多，该方向上的节点拥堵的可能性就越大。假设交通网络中存在节点 i 和节点 j，并且节点 i 和节点 j 连接。当节点 i 不能正常运行时，节点 i 的流量可以流向节点 j，而当节点 j 可以完全接收到节点 i 的流量时，节点 j 可以正常运行。当节点 i 转移的流量超出节点 j 可接收的范围，将会引起节点 j 拥堵，导致节点 j 无法正常运行。为了从上下游节点中查找下一轮故障的初始故障节点，定义流量转移速率为

$$\mathrm{TTR}_{e(i,\sim)} = \frac{\left| \sum_{d \in D_i} \mathrm{IT}_{e(i,d)} - \sum_{u \in U_i} \mathrm{IT}_{e(i,u)} \right|}{\sum_{d \in D_i} T_{e(i,d)} + \sum_{u \in U_i} T_{e(i,u)}} \tag{5-10}$$

其中，$\mathrm{TTR}_{e(i,\sim)}$ 表示节点 i 的流量转移速率，节点 i 与某节点之间相连的边上的流量转移速率可取两节点的流量转移速率均值。$\mathrm{IT}_{e(i,d)}$ 是节点 i 与下游节点 d 相连的边上的初始流量，$\mathrm{IT}_{e(i,u)}$ 是节点 i 与上游节点 u 相连的边上的初始流量。根据式(5-10)可以计算出所有节点的流量传输率。

5.1.3 城市道路交通网络的拥堵程度的判定模型

通过上述相关指标，本章建立了级联失效模型，当初始失效边发生级联失效时可根据该模型找到失效位置，确定级联失效的规模。然后利用每条初始失效边造成的失效规模划分拥堵的程度，根据拥堵程度，采取不同的疏通策略。这样不仅可以减少疏通成本，还能在最短时间内使道路恢复正常运行。城市道路交通网的级联失效模型如下。

步骤 1：在交通网络中，边 $e(i,j)$ 的流量超过或达到了其容量，边 $e(i,j)$ 发生堵塞。

步骤 2：找到节点 j 的所有相邻节点，用 C 表示相邻节点的集合，用 C_j 表示节点 j 的相邻节点的集合，$C_j = U_j \cup D_j$。$\sum_{\theta\in C_j}\mathrm{NIC}_{e(j,\theta)} = \sum_{\theta\in C_j}(\mathrm{NC}_{e(j,\theta)} - \mathrm{IT}_{e(j,\theta)})$ 为故障节点 j 相邻节点的空闲容量之和，即可以传输的最大流量范围。如果 $\sum_{\theta\in C_j}\mathrm{NIC}_{e(j,\theta)} = \sum_{\theta\in C_j}(\mathrm{NC}_{e(j,\theta)} - \mathrm{IT}_{e(j,\theta)})$ 可以容纳失效边分配的流量，则除了边 $e(i,j)$ 失效以外，其他边都正常运行，反之，边 $e(i,j)$ 和边 $e(i,j)$ 的所有相邻边均发生失效，然后继续执行步骤 3。

步骤 3：在 C_j 中找到具有最大 TTR 的节点 θ，$\theta \in C_j$。找到节点 θ 的所有相邻节点 C_θ，然后 $\sum_{\theta\in C_j}(\mathrm{NC}_{e(j,\theta)} - \mathrm{IT}_{e(j,\theta)}) - \mathrm{NC}_{e(i,j)}$ 将转移到 θ 的相邻节点。在此步骤中，$\sum_{\theta\in C_j}(\mathrm{NC}_{e(j,\theta)} - \mathrm{IT}_{e(j,\theta)}) - \mathrm{NC}_{e(i,j)}$ 是要传输的流量。

步骤 4：当寻找节点 θ 的相邻节点时，有必要删除先前发生故障的节点。如果 $\left\{\sum_{\theta'\in C_\theta}(\mathrm{NC}_{e(\theta,\theta')} - \mathrm{IT}_{e(\theta,\theta')}) - \left[\sum_{\theta\in C_j}(\mathrm{NC}_{e(j,\theta)} - \mathrm{IT}_{e(j,\theta)}) - \mathrm{NC}_{e(i,j)}\right]\right\} < 0$，节点的所有相邻节点均发生故障。返回步骤 3，否则，继续下一步。在此步骤中，$\left\{\sum_{\theta'\in C_\theta}(\mathrm{NC}_{e(\theta,\theta')} - \mathrm{IT}_{e(\theta,\theta')}) - \left[\sum_{\theta\in C_j}(\mathrm{NC}_{e(j,\theta)} - \mathrm{IT}_{e(j,\theta)}) - \mathrm{NC}_{e(i,j)}\right]\right\} < 0$ 是要传输的流量。

步骤 5：当要传输的流量为 0 时，故障结束，并计算失效规模。

利用每条初始失效边造成的失效规模划分拥堵的程度，当网络中某条边发生轻度拥堵时，控制中心将向无人驾驶车发出拥堵警告信号，提醒原本打算经过拥堵节点的车辆重新规划路线，避开该失效边以及可能会受到影响的相邻路段，从而避免网络发生大规模的级联失效。

根据该模型可确定初始失效边发生级联失效时引起的失效规模，同时可以确定失效节点或边的位置。此处失效规模是指某节点或边发生失效后造成的失效节点数量或边的数量，是综合反映道路网畅通或者拥堵的概念性数值。利用得到的失效规模以及失效位置，划分交通网络的失效程度并及时安排人员前往解决问题。根据失效规模，可以将拥堵程度分为：畅通、轻度拥堵、严重拥堵三种类型。在本章中，失效边数在[0, 2]的属于道路畅通，失效边数在[3,5]的属于轻度拥堵，失效边数 $\geqslant 6$

的属于严重拥堵。通过区分交通网络拥堵程度，对不同程度的拥堵采取不同的方法进行解决。

5.2 基于不同拥堵程度的城市道路交通网络的不同控制策略

通过上一节，我们可以得到各条边作为初始失效边发生拥堵传播可能造成的影响范围，对每条边进行区分拥堵传播程度，根据不同的拥堵程度可以采取不同的解决方法。为了便于管理，国家对区域进行了划分，同理，为了在道路拥堵时更快更便捷地疏通失效节点，可以对其进行区域划分，每个区域都有一个控制中心，每个控制中心都有自己负责的范围。在智慧交通背景下，无人驾驶车辆可以获得控制中心发射的道路状况，在轻度拥堵的情况下，各个区域的控制中心可以只负责该区域内的道路疏通任务；在严重拥堵的情况下，不同区域的控制中心可合作完成道路疏通任务。

5.2.1 问题描述与假设以及符号定义

在一项疏通任务中会涉及多个控制中心-多失效节点或单个控制中心-多失效节点。道路拥堵的原因有以下几种：无人驾驶车辆在道路行驶时突然损坏，无法移动，导致拥堵；道路容量不足或设计不足，导致道路发生拥堵；无人驾驶车辆与其他类型的车辆一样，有一定的使用年限，随着使用次数的增加与时间的流逝，无人驾驶车辆自身系统可能会出问题，无法准确感知周围环境，可能会与其他车辆发生摩擦或者碰撞事故，进而导致道路发生拥堵。不同原因的道路拥堵情况需要不同的疏通人员前去解决，疏通人员需要具备不同的技能，比如本章中疏通人员具备以下三种技能：及时处理损坏车辆并拖走，使道路疏通；处理发生事故的无人驾驶车辆，记录事故车辆的信息，及时疏散由于事故造成的拥堵；道路车辆过多时，有序安排车辆离开，缓解拥堵等。不同的疏通人员可能具备不同的技能，不同的失效点需要的技能也不相同。每个疏通任务由掌握不同技能的疏通人员组成的疏通子任务构成。每个控制中心都有很多疏通人员，每个疏通人员可能掌握的技能不止一种，当有疏通任务时，控制中心就会把任务分配给疏通人员，疏通人员分散到各地为多个失效节点提供疏通服务。每个疏通任务需要不同的疏通技能，疏通任务是否完成取决于这些技能子任务是否都完成。每个疏通人员只能提供自己掌握的技能的服务。当只有一个控制中心时，控制中心根据各项任务所需的技能，合理地安排疏通人员，此时，只存在内部人员调度问题。当某个交通网络中不同的区域存在多个控制中心时，可以考虑联合调度，使多个控制中心共用一个调度系统，即跨区域联合调度问题。

根据上述内容，提出如下假设：一旦开始疏通某个失效节点就不能中断，疏通人员也不能调换；不考虑疏通车辆会发生故障的情况；每项疏通任务所需的各项技能互不影响。

符号定义如下。

n：服务中心的数量。

S：各个控制中心的疏通人员的集合，$S=\{S_1,S_2,S_3,\cdots,S_n\}$。

M：控制中心的集合，$M=\{M_1,M_2,M_3,\cdots,M_n\}$。

Q：各控制中心的集合，$Q=\{Q_1,Q_2,Q_3,\cdots,Q_n\}$。

A：疏通人员掌握的技能集合，$A=\{1,2,3,\cdots,a\}$，a 为技能总类别。

M_ϖ：第 ϖ 个控制中心。

S_ϖ：第 ϖ 个控制中心 M_ϖ 的疏通人员集合，$S_\varpi=\{1,2,\cdots,W_\varpi\}$。

S_ϖ^w：第 ϖ 个控制中心的第 w 个员工。

Q_ϖ：第 ϖ 个控制中心 M_ϖ 的疏通任务集合，$Q_\varpi=\{1,2,\cdots,F_\varpi\}$。

Q_ϖ^f：第 ϖ 个控制中心的第 f 个任务。

$\theta_\varpi^f(x,y)$：任务节点的位置坐标。

R_ϖ^f：任务点 Q_ϖ^f 的技能需求总数。

$t_{\varpi\xi}^{fw}$：疏通人员 S_ϖ^w 完成任务 Q_ϖ^f 中技能 ξ 子任务的时间。

t_ϖ^f：任务 Q_ϖ^f 的开始时间。

t_ϖ^{fw}：疏通人员 S_ϖ^w 到达任务 Q_ϖ^f 的时间。

f_ϖ^{*f}：任务 Q_ϖ^f 的完工时间。

$f_\varpi^{*f\varpi}$：疏通人员 S_ϖ^w 在任务 Q_ϖ^f 完成子任务时间。

在上述内容基础上，引出以下变量。

$$\psi_{\varpi\xi}^{w}=\begin{cases}1, & \text{疏通人员}S_\varpi^w\text{掌握技能}\xi\\ 0, & \text{其他}\end{cases}$$

$$X_\varpi^{fjw}=\begin{cases}1, & \text{疏通人员}S_\varpi^w\text{离开失效节点}Q_\varpi^f\text{后到任务}Q_\varpi^j\\ 0, & \text{其他}\end{cases}$$

$$Y_{\varpi\xi}^{fw}=\begin{cases}1, & \text{疏通人员}S_\varpi^w\text{在任务}Q_\varpi^f\text{使用技能}\xi\\ 0, & \text{其他}\end{cases}$$

$$Z_{\varpi t}^{fw}=\begin{cases}1, & \text{疏通人员}S_\varpi^w\text{在}t\text{时刻在失效节点}Q_\varpi^f\\ 0, & \text{其他}\end{cases}$$

5.2.2 轻度拥堵情况下的控制策略模型

针对道路发生轻度拥堵的情况，本节建立了单个控制中心、多个疏通人员、多个疏通任务的最小化疏通时间的模型，具体模型如下。

目标函数

$$\min T \tag{5-11}$$

技能约束

$$\sum_{\xi=1}^{A} B_{\varpi t\xi}^{w} \leqslant 1, \quad \forall w \in S_{\varpi} \tag{5-12}$$

$$\sum_{w=1}^{S_{\varpi}} \sum_{\xi=1}^{A} Y_{\varpi\xi}^{fw} = R_{\varpi}^{f}, \quad \forall f \in Q_{\varpi} \tag{5-13}$$

$$\sum_{w=1}^{S_{\varpi}} \sum_{\xi=1}^{A} Y_{\varpi\xi}^{fw} \leqslant \sum_{\xi=1}^{A} \psi_{\varpi\xi}^{w}, \quad \forall f \in Q_{\varpi} \tag{5-14}$$

时间约束

$$\sum_{f=1}^{Q_{\varpi}} X_{\varpi}^{fjw} = \sum_{f=1}^{Q_{\varpi}} X_{\varpi}^{jfw}, \quad \forall j \in Q_{\varpi} \tag{5-15}$$

$$\sum_{f=1}^{Q_{\varpi}} Z_{\varpi t}^{fw} = 1, \quad \forall w \in S_{\varpi} \tag{5-16}$$

$$t_{\varpi}^{f} = \max\{t_{\varpi}^{f\varpi}\}, \quad \forall f \in Q_{\varpi} \tag{5-17}$$

$$f_{\varpi}^{*f\varpi} = \sum_{\xi=1}^{A} t_{\varpi\xi}^{fw}, \quad \forall f \in Q_{\varpi}, \quad \forall w \in S_{\varpi} \tag{5-18}$$

$$f_{\varpi}^{*f} = t_{\varpi}^{f} + \sum_{\xi=1}^{A} t_{\varpi\xi}^{fw}, \quad \forall f \in Q_{\varpi}, \quad \forall w \in S_{\varpi} \tag{5-19}$$

$$t_{\varpi}^{f} + \sum_{\xi=1}^{A} t_{\varpi\xi}^{fw} + T_{e(i,j)} - \varsigma(1 - X_{\varpi}^{fjw}) \leqslant t_{\varpi}^{j} \tag{5-20}$$

$$T_{\varpi} = \max\{f_{\varpi}^{*f}\}, \quad \forall f \in Q_{\varpi} \tag{5-21}$$

$$T = \max\{T_{\varpi}\}, \quad \forall f \in Q_{\varpi} \tag{5-22}$$

消除子回路约束

$$2 \leqslant |\Omega| \leqslant Q_{\varpi} - 1, \quad \Omega \in Q_{\varpi} \tag{5-23}$$

其中，式(5-11)是目标函数，求解单个控制中心完成疏通任务的最短完工时间。式(5-12)～式(5-14)是技能约束。式(5-12)约束某时间点疏通人员只能使用一项技能，式(5-13)约束失效节点所需的技能得到满足，式(5-14)约束疏通人员在失效节

点使用的技能不能超过其掌握的技能数。式(5-15)～式(5-22)是时间约束。式(5-15)约束疏通人员访问一个失效节点后，肯定会从该失效节点离开。式(5-16)约束疏通人员在某时间点只能在一个失效节点处。式(5-17)约束任务开始时间是所有员工都到达的时间。式(5-18)约束某失效节点的疏通时间是完成所有技能子任务的时间。式(5-19)约束失效节点 f 的完工时间是员工到达时间与该节点的疏通时间之和。式(5-20)约束如果疏通人员在节点 f 之后访问节点 j，则节点 j 的开始时间不能早于节点 f 的完工时间与转移时间之和。式(5-21)约束所有任务总完工时间。式(5-22)约束某控制中心的完工时间。式(5-23)是用来消除子回路约束的。$|\Omega|$ 是由故障节点集的所有子集组成的集合，从而消除了满足其他约束但不构成完整路径的解决方案。

5.2.3　严重拥堵情况下的控制策略模型

针对严重拥堵，本节建立了以最小化完工时间为目标函数的多个失效点、多个疏通人员、多个控制中心、多个疏通任务的最小化疏通时间的模型。不同区域的控制中心可以跨区域合作完成疏通任务。

目标函数

$$\min T^* \tag{5-24}$$

技能约束

$$\sum_{\xi=1}^{A} B_{\varpi t\xi}^{w} \leqslant 1, \quad \forall w \in S_{\varpi}, \quad \forall \varpi \in M \tag{5-25}$$

$$\sum_{w=1}^{S_{\varpi}} \sum_{\xi=1}^{A} Y_{\varpi\xi}^{fw} = R_{\varpi}^{f}, \quad \forall f \in Q_{\varpi}, \quad \forall \varpi \in M \tag{5-26}$$

$$\sum_{w=1}^{S_{\varpi}} \sum_{\xi=1}^{A} Y_{\varpi\xi}^{fw} \leqslant \sum_{\xi=1}^{A} \psi_{\varpi\xi}^{w}, \quad \forall f \in Q_{\varpi}, \quad \forall \varpi \in M \tag{5-27}$$

时间约束

$$\sum_{f=1}^{Q_{\varpi}} X_{\varpi}^{fjw} = \sum_{f=1}^{Q_{\varpi}} X_{\varpi}^{jfw}, \quad \forall j \in Q_{\varpi}, \quad \forall \varpi \in M \tag{5-28}$$

$$\sum_{f=1}^{Q_{\varpi}} Z_{\varpi t}^{fw} = 1, \quad \forall w \in S_{\varpi}, \quad \forall \varpi \in M \tag{5-29}$$

$$t_{\varpi}^{f} = \max\{t_{\varpi}^{fw}\}, \quad \forall f \in Q_{\varpi}, \quad \forall \varpi \in M \tag{5-30}$$

$$f_{\varpi}^{*f\varpi} = \sum_{\xi=1}^{A} t_{\varpi\xi}^{fw}, \quad \forall f \in Q_{\varpi}, \quad \forall w \in S_{\varpi}, \quad \forall \varpi \in M \tag{5-31}$$

$$f_{\varpi}^{*f} = t_{\varpi}^{f} + \sum_{\xi=1}^{A} t_{\varpi\xi}^{fw}, \quad \forall f \in Q_{\varpi}, \quad \forall w \in S_{\varpi}, \quad \forall \varpi \in M \tag{5-32}$$

$$t_{\varpi}^{f} + \sum_{\xi=1}^{A} t_{\varpi\xi}^{fw} + T_{e(i,j)} - \varsigma(1 - X_{\varpi,\varsigma}^{fjw}) \leqslant t_{\varpi}^{j}, \quad \forall f \in Q_{\varpi}, \quad j \in Q_{\varsigma}, \quad \varpi, \varsigma \in M \tag{5-33}$$

$$T_{\varpi} = \max\{f_{\varpi}^{*f}\}, \quad \forall f \in Q_{\varpi}, \quad \forall \varpi \in M \tag{5-34}$$

$$T^{*} = \max\{T_{\varpi}\}, \quad \forall f \in Q_{\varpi}, \quad \forall \varpi \in M \tag{5-35}$$

消除子回路约束

$$2 \leqslant |\Omega| \leqslant Q_{\varpi} - 1, \quad \Omega \in Q_{\varpi}, \quad \forall \varpi \in M \tag{5-36}$$

其中，式(5-24)是目标函数，求解多个控制中心之间合作完成疏通任务的最短完工时间。式(5-25)～式(5-26)是技能约束。式(5-25)约束某时间点疏通人员只能使用一项技能，式(5-26)约束失效节点所需的技能得到满足，式(5-27)约束疏通人员在失效节点使用的技能不能超过其掌握的技能数。式(5-28)～式(5-35)是时间约束。式(5-28)约束疏通人员访问一失效节点后，肯定会从该失效节点离开。式(5-29)约束疏通人员在某时间点只能在一个失效节点处。式(5-30)约束任务开始时间是所有员工都到达的时间。式(5-31)约束某失效节点的疏通时间是完成所有技能子任务的时间。式(5-32)约束失效节点 f 的完工时间是员工到达时间与该节点的疏通时间之和。式(5-33)约束如果疏通人员在节点 f 之后访问节点 j，则节点 j 的开始时间不能早于节点 f 的完工时间与转移时间之和。式(5-34)约束所有任务总完工时间。式(5-35)约束某控制中心的完工时间。式(5-36)是用来消除子回路约束的。$|\Omega|$ 是由故障节点集的所有子集组成的集合，从而消除了满足其他约束但不构成完整路径的解决方案。通过建立以上模型，控制中心可选择疏通时间最短的疏通方式，降低由拥堵造成的经济损失。

5.3 案例分析

随着我国经济的快速发展，郑州市的人口、机动车数量大幅增长，到 2019 年末，流动人口及居住人口达 881.6 万，机动车保有量突破了 410 万辆，并且这些数据还在持续地增长。郑州市是河南省的省会，还是我国重要的综合交通枢纽，随着人口与车辆的增加，交通需求也日益增加，这对郑州市交通网络的承受能力带来了挑战，交通拥堵情况逐年加剧。本节以郑州市为例，研究在智慧交通背景下，郑州市的道路拥堵问题的解决。郑州市各大主干道承担着巨大的交通拥堵压力，主干道就像遍布人体的无数血管中的动脉血管，它承载着市区交通的主要交通运输任务，主干道也是人们最集中出行的道路。城市的主干道一般会连接着城市中主要的商业、文化、行政中心区域，主干道构成城市主要的主干交通网络，次干道及支路以主干道为中心，向四周辐射构成整个城市的交通网络。在郑州市，易发生拥堵的主干道有金水路、花园路、中州大道、未来路、文化路等，从郑州市地图中截取了包含 19 个节点、26 条边、2 个控制中心的郑州市主干道的道路网络，将此网络作为例子展开本节的研究。假设道路上行驶的均为无人驾驶车辆，这样可以避免人为因素的干扰。为了便于研究，本章将其抽象为简单的拓扑结构，如图 5-5 所示。

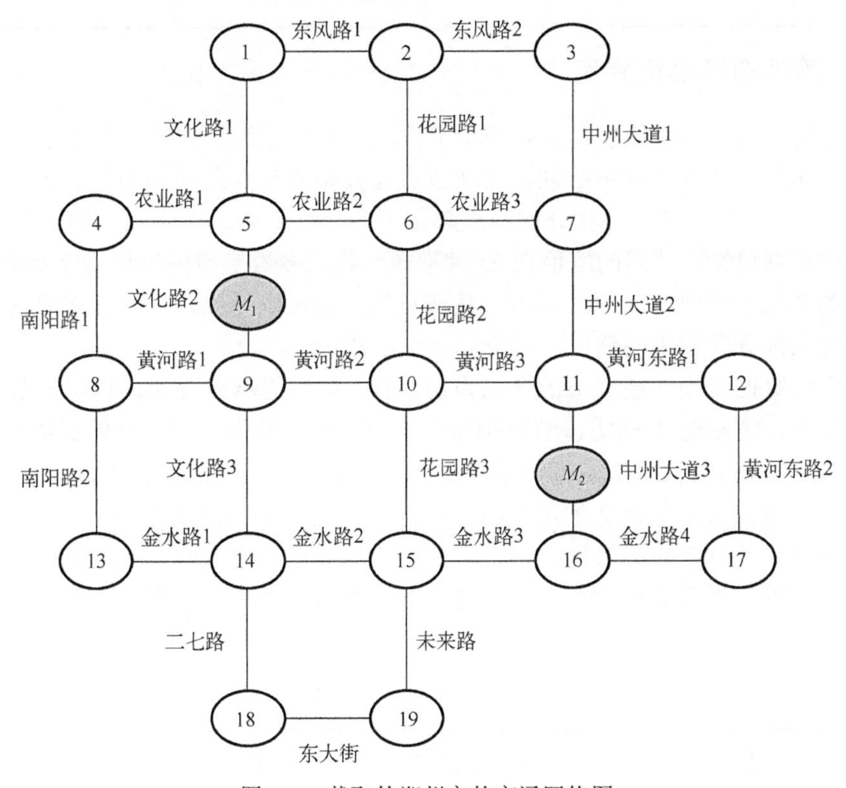

图 5-5　截取的郑州市的交通网络图

如图 5-5 所示，从百度地图拾取坐标系统可得知节点 1 到节点 19 的大概位置坐标，两个控制中心的大概位置分别在文化路 2 附近、中州大道 3 附近。

对公式中相关数据进行赋值，参数一般取值范围：种群规模[10,100]，交叉概率[0.4,0.9]，变异概率[0.001,0.1]，由于每条边都要作为初始失效边分析可能造成的失效规模、失效位置等，故初始待分配流量的取值要大于交通网络中所有边中最大的容量，这样才能满足初始失效条件。其余的参数均为调整参数，具体参数的选取如表 5-2 所示。

表 5-2 参数的设定

参数	数值	参数	数值
α	2	种群规模	50
β	100	初始待分配流量	30000
δ	0.2	交叉概率	0.9
λ	3	变异概率	0.05
μ	2		

5.3.1 道路拥堵程度判定

根据度值公式与层级值公式，各个节点的度值与层级值如表 5-3 所示。节点的度值可表示节点结构上的中心性，反映节点与其相邻节点之间的相互影响程度，节点度值越大，说明与该节点相邻的节点数量越多，造成大规模拥堵的可能性就越大。根据表中数据可知，节点的度值在 2～4 取值，绝大多数节点的度值为 2 和 4，占全部节点的 79%，度值为 3 的占 21%。从节点的度值可以看出，反映出交通网络城市道路中绝大部分属于中间路段，部分属于边缘路段。

由表中数据可知，层级值的范围为(0，1]，层级值越靠近 0，说明该节点越靠近上游节点，越靠近 1 说明该节点越靠近下游节点，其中，宿节点的层级值为 1。如表中节点 1 和节点 2、节点 3 所示，节点 1 与节点 2 相邻，节点 2 和节点 3 相邻，节点 1 的层级值大于节点 2 的层级值，则说明节点 1 是节点 2 的下游节点，节点 3 的层级值小于节点 2 的层级值，则说明节点 2 是节点 3 的上游节点。根据上下游节点的区分，可以更清楚地计算两节点之间的流量转移速率。各节点初始值如表 5-3 所示。

表 5-3 各节点初始值

节点	度值	层级值
1	2	0.38
2	3	0.37
3	2	0.35
4	2	0.43
5	4	0.42
6	4	0.40
7	3	0.38
8	3	0.50

续表

节点	度值	层级值
9	4	0.52
10	4	0.50
11	4	0.42
12	2	0.38
13	2	0.58
14	4	0.74
15	4	0.77
16	3	0.51
17	2	0.40
18	2	0.87
19	2	1.00

根据负载-容量模型，可以得到流量与容量之间存在正比关系，根据负载-容量公式，可以计算出交通网络中各条边的初始流量与容量。根据路阻公式，可以计算出边与任意两条边之间的转移时间。然后，根据 Dijkstra 算法的步骤，在约束条件下，使用 Dijkstra 算法计算总时间。根据转移公式，可以得到传输时间。在本节中，假设 $i \to j$ 和 $j \to i$ 的传输时间相等。每个节点的服务时间是根据每个节点的重要性分配的，故障规模较大的节点的服务时间会更长。具体数值如表 5-4 所示。

表 5-4　各边初始值

序号	边	初始流量	容量	流量转移时间/min
1	$e_{(1.2)}$	3600	4320	8
2	$e_{(1.5)}$	6400	7680	9
3	$e_{(2,3)}$	3600	4320	9
4	$e_{(2,6)}$	14400	17280	11
5	$e_{(3,7)}$	3600	4320	9
6	$e_{(4.5)}$	6400	7680	9
7	$e_{(4.8)}$	3600	4320	8
8	$e_{(5,6)}$	25600	30720	12
9	$e_{(6,7)}$	14400	17280	11
10	$e_{(6,10)}$	25600	30720	12
11	$e_{(7,11)}$	14400	17280	11
12	$e_{(8,9)}$	14400	17280	11
13	$e_{(8,13)}$	3600	4320	8

续表

序号	边	初始流量	容量	流量转移时间/min
14	$e_{(9,10)}$	25600	30720	12
15	$e_{(9,14)}$	25600	30720	12
16	$e_{(10,11)}$	25600	30720	12
17	$e_{(10,15)}$	25600	30720	12
18	$e_{(11,12)}$	25600	30720	11
19	$e_{(12,17)}$	6400	7680	8
20	$e_{(13,14)}$	6400	7680	9
21	$e_{(14,15)}$	25600	30720	12
22	$e_{(14,18)}$	6400	7680	9
23	$e_{(15,16)}$	14400	17280	11
24	$e_{(15,19)}$	6400	7680	9
25	$e_{(16,17)}$	3600	4320	8
26	$e_{(18,19)}$	1600	1920	6

根据各边作为初始失效边发生级联失效的影响结果，可以得到由各初始失效边引起的具体的失效节点与失效边的位置与失效规模。根据表 5-5 可知，每条边作为初始失效边可能造成的失效规模在 5～13(不包括初始失效边)，失效规模大部分在 6～8，占总失效规模的 65.38%，边(18,19)引起的失效规模最大，可能是边(18,19)是目的地的原因，大量车辆聚集在这个地方，容易造成大规模拥堵。失效规模越大，拥堵越严重。各边发生级联失效的失效传播过程如表 5-5 所示。

表 5-5　各边发生级联失效的失效传播过程

边	失效传播过程
$e_{(1.2)}$	$e_{(1.2)} \to e_{(2,6)} \to e_{(3,7)} \to e_{(2,3)} \to e_{(6,5)} \to e_{(6,7)} \to e_{(6,10)}$
$e_{(1.5)}$	$e_{(1.5)} \to e_{(2,3)} \to e_{(2,6)} \to e_{(3,7)} \to e_{(3,2)} \to e_{(7,6)} \to e_{(7,11)}$
$e_{(2,3)}$	$e_{(2,3)} \to e_{(2,6)} \to e_{(1,5)} \to e_{(2,1)} \to e_{(6,5)} \to e_{(6,7)} \to e_{(6,10)}$
$e_{(2,6)}$	$e_{(2,6)} \to e_{(2,3)} \to e_{(1,5)} \to e_{(2,1)} \to e_{(3,7)}$
$e_{(3,7)}$	$e_{(3,7)} \to e_{(2,1)} \to e_{(2,6)} \to e_{(1.5)} \to e_{(1,2)} \to e_{(5,4)} \to e_{(5,6)}$
$e_{(4.5)}$	$e_{(4.5)} \to e_{(5,6)} \to e_{(1,2)} \to e_{(2,3)} \to e_{(6,5)} \to e_{(6,7)} \to e_{(6,10)}$
$e_{(4.8)}$	$e_{(4,8)} \to e_{(8,13)} \to e_{(9,10)} \to e_{(9,14)} \to e_{(9,8)} \to e_{(14,13)} \to e_{(14,15)} \to e_{(14.18)}$
$e_{(5,6)}$	$e_{(5,6)} \to e_{(6,7)} \to e_{(6,10)} \to e_{(2,1)} \to e_{(2,3)} \to e_{(2,6)} \to e_{(1,5)}$
$e_{(6,7)}$	$e_{(6,7)} \to e_{(6,5)} \to e_{(6,10)} \to e_{(2,1)} \to e_{(2,3)} \to e_{(2,6)} \to e_{(1,5)}$
$e_{(6,10)}$	$e_{(6,10)} \to e_{(6,5)} \to e_{(6,7)} \to e_{(2,1)} \to e_{(2,3)} \to e_{(2,6)} \to e_{(1,5)}$
$e_{(7,11)}$	$e_{(7,11)} \to e_{(11,10)} \to e_{(12,17)} \to e_{(12,11)} \to e_{(17,16)}$
$e_{(8,9)}$	$e_{(8,9)} \to e_{(9,10)} \to e_{(14,13)} \to e_{(14,15)} \to e_{(14,18)} \to e_{(14,9)} \to e_{(15,10)} \to e_{(15,16)} \to e_{(15,19)}$

续表

边	失效传播过程
$e_{(8,13)}$	$e_{(8,13)} \to e_{(9,10)} \to e_{(9,14)} \to e_{(9,8)} \to e_{(14,13)} \to e_{(14,15)} \to e_{(14,18)}$
$e_{(9,10)}$	$e_{(9,10)} \to e_{(9,14)} \to e_{(8,4)} \to e_{(8,13)} \to e_{(9,8)} \to e_{(14,13)} \to e_{(14,15)} \to e_{(14,18)}$
$e_{(9,14)}$	$e_{(9,14)} \to e_{(9,10)} \to e_{(8,4)} \to e_{(8,13)} \to e_{(8,9)} \to e_{(13,14)}$
$e_{(10,11)}$	$e_{(10,11)} \to e_{(11,7)} \to e_{(12,17)}$
$e_{(10,15)}$	$e_{(10,15)} \to e_{(15,16)} \to e_{(15,19)} \to e_{(14,9)} \to e_{(14,13)} \to e_{(14,18)} \to e_{(14,15)} \to e_{(9,8)} \to e_{(9,10)}$
$e_{(11,12)}$	$e_{(11,12)} \to e_{(17,16)} \to e_{(17,12)} \to e_{(16,15)} \to e_{(12,11)}$
$e_{(12,17)}$	$e_{(12,17)} \to e_{(11,7)} \to e_{(11,10)} \to e_{(10,6)} \to e_{(10,9)} \to e_{(10,15)} \to e_{(10,11)} \to e_{(9,8)} \to e_{(9,14)}$
$e_{(13,14)}$	$e_{(13,14)} \to e_{(14,15)} \to e_{(14,18)} \to e_{(9,8)} \to e_{(9,10)} \to e_{(9,14)} \to e_{(8,4)} \to e_{(8,13)}$
$e_{(14,15)}$	$e_{(14,15)} \to e_{(14,13)} \to e_{(14,18)} \to e_{(9,8)} \to e_{(9,10)} \to e_{(9,14)} \to e_{(8,4)} \to e_{(8,13)}$
$e_{(14,18)}$	$e_{(14,18)} \to e_{(14,13)} \to e_{(14,15)} \to e_{(9,8)} \to e_{(9,10)} \to e_{(9,14)} \to e_{(8,4)} \to e_{(8,13)}$
$e_{(15,16)}$	$e_{(15,16)} \to e_{(15,10)} \to e_{(15,19)} \to e_{(14,9)} \to e_{(14,13)} \to e_{(14,18)} \to e_{(14,15)} \to e_{(9,8)}$ $\to e_{(9,10)} \to e_{(9,14)} \to e_{(8,4)} \to e_{(8,13)}$
$e_{(15,19)}$	$e_{(15,19)} \to e_{(15,10)} \to e_{(15,16)} \to e_{(14,9)} \to e_{(14,13)} \to e_{(14,18)} \to e_{(14,15)} \to e_{(9,8)}$ $\to e_{(9,10)} \to e_{(9,14)} \to e_{(8,4)} \to e_{(8,13)}$
$e_{(16,17)}$	$e_{(16,17)} \to e_{(12,11)} \to e_{(12,17)} \to e_{(11,7)} \to e_{(11,10)} \to e_{(17,16)}$
$e_{(18,19)}$	$e_{(18,19)} \to e_{(15,10)} \to e_{(15,14)} \to e_{(15,16)} \to e_{(15,19)} \to e_{(14,9)} \to e_{(14,13)} \to e_{(14,18)} \to e_{(14,15)} \to e_{(9,8)}$ $\to e_{(9,10)} \to e_{(9,14)} \to e_{(8,4)} \to e_{(8,13)}$

为了更清晰地看到各边作为初始失效边引起的失效规模大小，将表 5-5 中数据进行了整理，具体内容如表 5-6 所示。

表 5-6　各边发生级联失效的影响结果

边	影响边数	影响节点数	失效边所占比例/%	失效节点所占比例/%
$e_{(1,2)}$	6	7	23.08	36.84
$e_{(1,5)}$	6	7	23.08	36.84
$e_{(2,3)}$	6	7	23.08	36.84
$e_{(2,6)}$	4	6	15.38	31.58
$e_{(3,7)}$	6	6	23.08	31.58
$e_{(4,5)}$	7	7	26.92	36.84
$e_{(4,8)}$	7	8	26.92	42.11
$e_{(5,6)}$	6	7	23.08	36.84
$e_{(6,7)}$	6	6	23.08	31.58
$e_{(6,10)}$	6	7	23.08	36.84
$e_{(7,11)}$	5	6	19.23	31.58
$e_{(8,9)}$	8	9	30.77	47.37
$e_{(8,13)}$	7	8	26.92	42.11

续表

边	影响边数	影响节点数	失效边所占比例/%	失效节点所占比例/%
$e_{(9,10)}$	7	8	26.92	42.11
$e_{(9,14)}$	5	6	19.23	31.58
$e_{(10,11)}$	3	5	11.54	26.32
$e_{(10,15)}$	8	8	30.77	42.11
$e_{(11,12)}$	5	5	19.23	26.32
$e_{(12,17)}$	8	9	30.77	47.37
$e_{(13,14)}$	7	8	26.92	42.11
$e_{(14,15)}$	7	7	26.92	36.84
$e_{(14,18)}$	7	8	26.92	42.11
$e_{(15,16)}$	11	10	42.31	52.63
$e_{(15,19)}$	11	10	42.31	52.63
$e_{(16,17)}$	5	6	19.23	31.58
$e_{(18,19)}$	13	9	50.00	47.37

根据失效规模，对各边引起的失效规模进行不同程度的拥堵分类，根据该分类，可对不同拥堵程度的道路采取不同的措施进行疏通。由于大部分道路属于中间路段，所以可能造成严重拥堵的边占比较大，只有小部分边缘路段可能会引起轻度拥堵。拥堵类型分类表如表 5-7 所示。

表 5-7　拥堵类型分类表

边	轻度拥堵	重度拥堵
$e_{(1,2)}$		√
$e_{(1,5)}$		√
$e_{(2,3)}$		√
$e_{(2,6)}$	√	
$e_{(3,7)}$		√
$e_{(4,5)}$		√
$e_{(4,8)}$		√
$e_{(5,6)}$		√
$e_{(6,7)}$		√
$e_{(6,10)}$		√
$e_{(7,11)}$	√	
$e_{(8,9)}$		√
$e_{(8,13)}$		√
$e_{(9,10)}$		√

续表

边	轻度拥堵	重度拥堵
$e_{(9,14)}$	√	
$e_{(10,11)}$	√	
$e_{(10,15)}$		√
$e_{(11,12)}$	√	
$e_{(12,17)}$		√
$e_{(13,14)}$		√
$e_{(14,15)}$		√
$e_{(14,18)}$		√
$e_{(15,16)}$		√
$e_{(15,19)}$		√
$e_{(16,17)}$	√	
$e_{(18,19)}$		√

5.3.2　不同控制策略分析

本章需要用到其他实验参数：假设共有 3 种技能、2 个控制中心、6 名员工，其中，控制中心 1 与控制中心 2 各有 3 名员工。控制中心 1 的员工为人员 1、人员 2、人员 3。控制中心 2 的员工为员工 4、员工 5、员工 6。各个控制中心的人员技能矩阵如表 5-8 所示。

表 5-8　人员技能矩阵

人员	技能 1	技能 2	技能 3
1	1	1	0
2	1	0	1
3	0	1	1
4	1	0	1
5	1	1	0
6	0	1	1

(1) 基于郑州市交通网络轻度拥堵情况下的控制策略分析。

对于轻度拥堵的边：$e_{(2,6)}$、$e_{(7,11)}$、$e_{(9,14)}$、$e_{(10,11)}$、$e_{(11,12)}$、$e_{(16,17)}$，可以采取各个控制中心独自完成疏通任务的策略。轻度拥堵的情况下，所需的人员不多，只需要拥堵区域的控制中心派遣疏通人员前往疏通拥堵路段即可。在截取的城市道路交通网络中，有两个控制中心，在轻度拥堵的情况下，本节分别讨论两个控制中心独自完成疏通任务的时间，通过不断地迭代，可以找到两个控制中心各自的最佳疏通时间与疏通顺序以及人员的安排。以 $e_{(9,14)}$ 为例找轻度拥堵情况下人员调度情况与最短完工时间，$e_{(9,14)}$ 引起的失效规模为 5，需要的技能如表 5-9 所示。

表 5-9 需要的技能

失效任务	技能 1	技能 2	技能 3
$e_{(9,14)}$	1	1	0
$e_{(9,10)}$	1	2	1
$e_{(8,4)}$	0	1	3
$e_{(8,13)}$	1	2	0
$e_{(8,9)}$	2	3	0
$e_{(13,14)}$	0	2	2

基于上述设置的参数进行仿真可以得到在轻度拥堵情况下单个控制中心在单独完成疏通任务时的人员派遣方案与任务疏通顺序以及完工时间。控制中心 1 的人员调度方案如表 5-10 所示。为了使得到的解更具有说服力，本节对该案例进行了 10 次求解，并从中选取最优的近似解，分别进行了 50 次、100 次、150 次、500 次迭代。由于是小规模运算，算法提前收敛，故上述不同迭代次数得到的完工时间均为 13.15 分钟。此时，在算法搜索过程中，遗传算法的进化曲线如图 5-6 所示。

表 5-10 控制中心 1 的人员调度方案

迭代次数	人员编号	人员调度方案
50 次	任务顺序	$e_{(9,14)} \to e_{(13,14)} \to e_{(8,13)} \to e_{(8,4)} \to e_{(8,9)} \to e_{(9,10)}$
	1	$e_{(8,4)}$
	2	$e_{(9,14)}, e_{(13,14)}, e_{(8,13)}, e_{(8,9)}, e_{(9,10)}$
	3	$e_{(9,14)}, e_{(13,14)}, e_{(8,13)}, e_{(8,4)}, e_{(8,9)}, e_{(9,10)}$
100 次	任务顺序	$e_{(9,14)} \to e_{(9,10)} \to e_{(8,9)} \to e_{(8,4)} \to e_{(8,13)} \to e_{(13,14)}$
	1	$e_{(9,14)}, e_{(9,10)}, e_{(8,4)}, e_{(13,14)}, e_{(8,13)}$
	2	$e_{(8,9)}, e_{(9,10)}$
	3	$e_{(9,14)}, e_{(9,10)}, e_{(8,4)}, e_{(13,14)}, e_{(8,13)}, e_{(8,9)}$
150 次	任务顺序	$e_{(9,14)} \to e_{(9,10)} \to e_{(8,9)} \to e_{(8,4)} \to e_{(8,13)} \to e_{(13,14)}$
	1	$e_{(13,14)}, e_{(8,13)}$
	2	$e_{(9,14)}, e_{(9,10)}, e_{(8,9)}, e_{(8,4)}$
	3	$e_{(9,14)}, e_{(9,10)}, e_{(8,9)}, e_{(8,4)}, e_{(13,14)}, e_{(8,13)}$
500 次	任务顺序	$e_{(9,10)} \to e_{(8,9)} \to e_{(9,10)} \to e_{(9,14)} \to e_{(13,14)} \to e_{(8,13)} \to e_{(8,4)}$
	1	$e_{(9,14)}, e_{(9,10)}, e_{(8,9)}, e_{(13,14)}, e_{(8,13)}$
	2	$e_{(9,14)}, e_{(9,10)}, e_{(8,9)}, e_{(13,14)}, e_{(8,13)}, e_{(8,4)}$
	3	$e_{(9,10)}, e_{(8,4)}$

若城市道路在轻度拥堵情况下，由控制中心 2 单独完成疏通任务，其他条件不变，不同迭代次数的完工时间均为 13.35 分钟。由于是小规模运算，数值提前收敛，故上述不同迭代次数得到的完工时间相同。此时，在算法搜索过程中，遗传算法的进化曲线如图 5-7 所示。

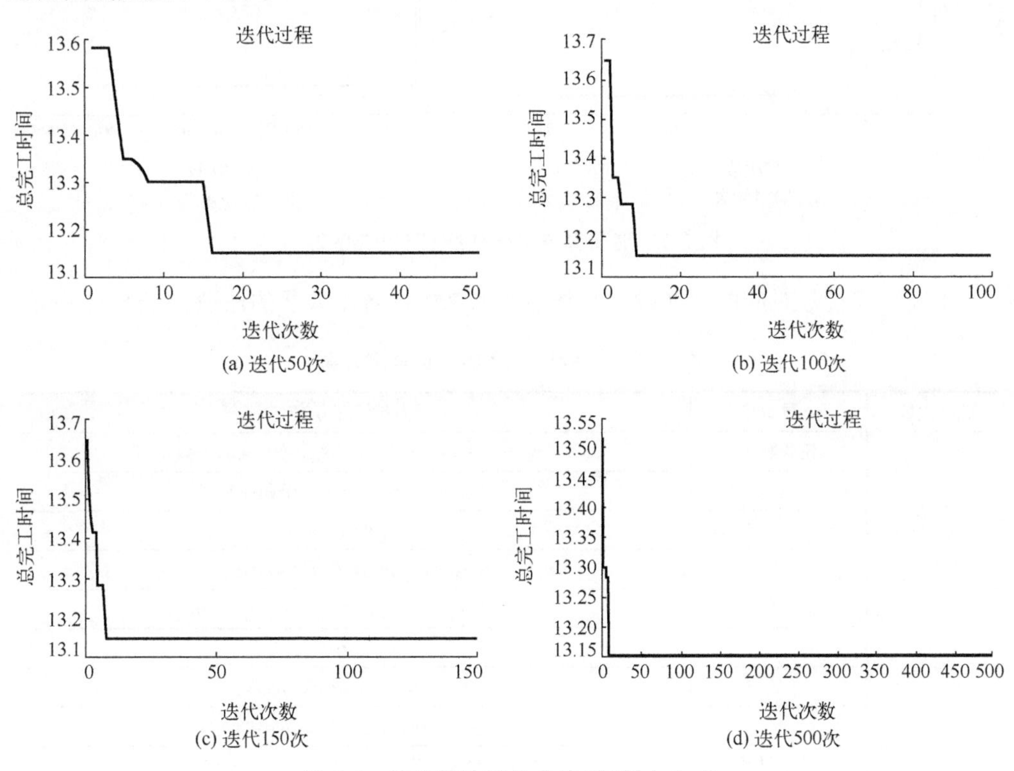

(a) 迭代50次　(b) 迭代100次

(c) 迭代150次　(d) 迭代500次

图 5-6　遗传算法进化曲线(控制中心 1)

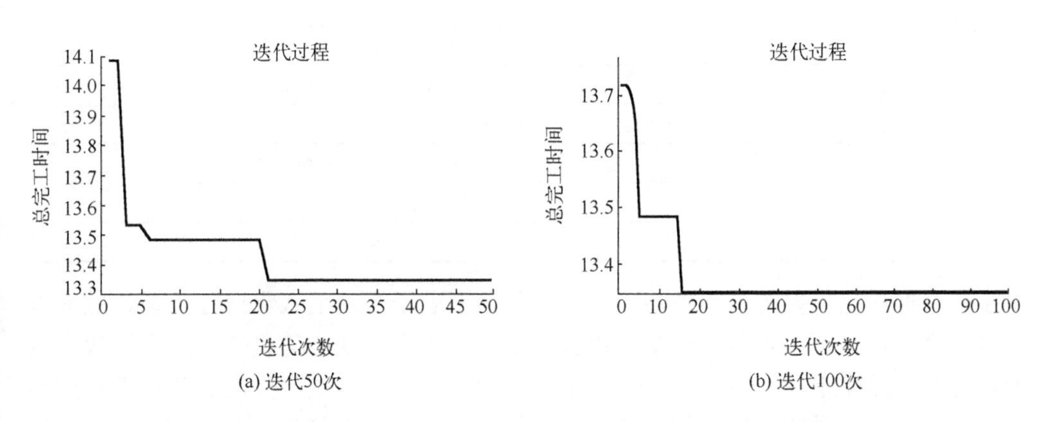

(a) 迭代50次　(b) 迭代100次

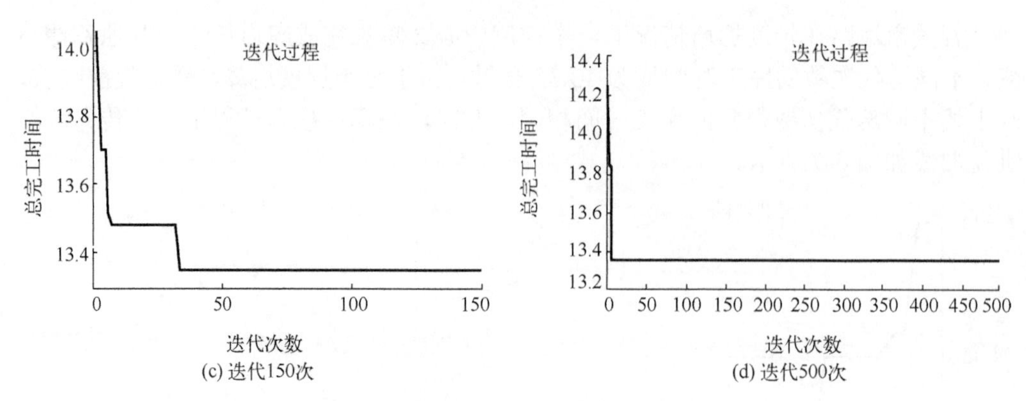

(c) 迭代150次　(d) 迭代500次

图 5-7　遗传算法进化曲线(控制中心 2)

不同迭代次数对应的疏通顺序与控制中心 2 中的各个人员的派遣如表 5-11 所示。

表 5-11　控制中心 2 的人员调度方案

迭代次数	人员编号	人员调度方案
50 次	任务顺序	$e_{(9,10)} \to e_{(9,14)} \to e_{(13,14)} \to e_{(8,13)} \to e_{(8,4)} \to e_{(8,9)}$
	4	$e_{(8,4)}, e_{(9,14)}, e_{(13,14)}, e_{(8,13)}, e_{(8,9)}, e_{(9,10)}$
	5	$e_{(9,10)}$
	6	$e_{(9,14)}, e_{(13,14)}, e_{(8,13)}, e_{(8,4)}, e_{(8,9)}, e_{(9,10)}$
100 次	任务顺序	$e_{(9,10)} \to e_{(9,14)} \to e_{(8,9)} \to e_{(8,4)} \to e_{(8,13)} \to e_{(13,14)}$
	4	$e_{(9,10)}, e_{(8,13)}, e_{(13,14)}$
	5	$e_{(9,14)}, e_{(9,10)}, e_{(13,14)}, e_{(8,4)}, e_{(8,9)}$
	6	$e_{(9,14)}, e_{(9,10)}, e_{(13,14)}, e_{(8,4)}, e_{(8,9)}, e_{(8,13)}$
150 次	任务顺序	$e_{(9,10)} \to e_{(9,14)} \to e_{(13,14)} \to e_{(8,13)} \to e_{(8,4)} \to e_{(8,9)}$
	4	$e_{(9,10)}, e_{(8,13)}$
	5	$e_{(9,14)}, e_{(9,10)}, e_{(13,14)}, e_{(8,4)}, e_{(8,9)}$
	6	$e_{(9,14)}, e_{(9,10)}, e_{(13,14)}, e_{(8,4)}, e_{(8,9)}, e_{(8,13)}$
500 次	任务顺序	$e_{(9,10)} \to e_{(8,9)} \to e_{(9,14)} \to e_{(13,14)} \to e_{(8,13)} \to e_{(8,4)}$
	4	$e_{(9,10)}, e_{(8,9)}, e_{(9,14)}, e_{(13,14)}, e_{(8,13)}, e_{(8,4)}$
	5	$e_{(9,10)}, e_{(8,9)}, e_{(9,14)}, e_{(13,14)}, e_{(8,13)}$
	6	$e_{(9,10)}, e_{(8,4)}$

一个拥堵点需要的疏通技能不同，可能需要若干个疏通人员前往疏通，故人员调度时会出现一个节点若干个员工都去的情况。由于算法的随机性，不同迭代次数的任务完成顺序不同且每个人员的派遣方式也不一样。但是不同的迭代次数得到的结果是一样的，说明在轻度拥堵情况下，控制中心 1 的疏通时间为 13.15 分钟。控制中心 2 的疏通时间为 13.35 分钟。不同迭代次数得到不同的疏通顺序与人员派遣

方案。控制中心可根据实际情况选择最合适的疏通路径。

(2)基于郑州市交通网络的严重拥堵情况下的控制策略分析。

对于严重拥堵的边可以采取各个控制中心合作完成疏通任务的策略。以边(18,19)引起的失效规模为例，总共有 14 个疏通任务。其中，各个疏通任务需要的技能如表 5-12 所示。

表 5-12　需要的技能

失效任务	技能 1	技能 2	技能 3
$e_{(18,19)}$	1	1	0
$e_{(15,10)}$	1	2	1
$e_{(15,14)}$	0	1	3
$e_{(15,16)}$	1	2	0
$e_{(15,19)}$	2	3	0
$e_{(14,9)}$	0	2	2
$e_{(14,13)}$	0	4	1
$e_{(14.18)}$	3	1	1
$e_{(14,15)}$	2	0	1
$e_{(9,8)}$	1	0	1
$e_{(9,10)}$	1	3	1
$e_{(9,14)}$	2	0	1
$e_{(8,4)}$	1	2	0
$e_{(8,13)}$	1	0	1

该严重拥堵情况包含 14 个疏通任务，若控制中心 1 与控制中心 2 合作完成疏通任务，算法在迭代了 55 次后，求解结果趋于稳定。将迭代了 150 次的结果作为最优结果输出，此时，得到的最优近似解是 31.43 分钟。在算法搜索过程中，遗传算法的进化曲线如图 5-8 所示。

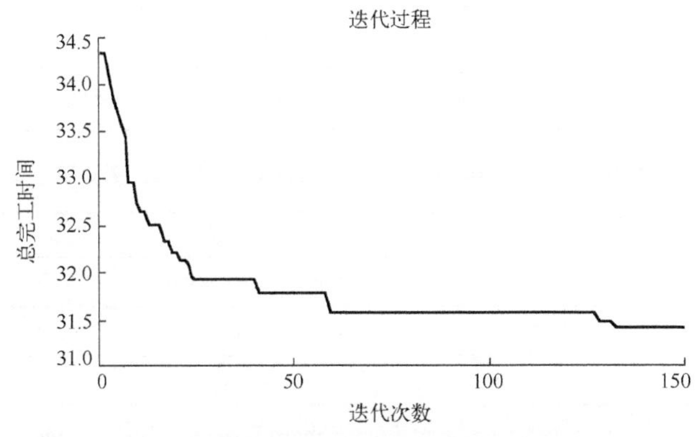

图 5-8　遗传算法进化曲线(联合疏通)

可以看出，优化曲线在开始阶段下降比较陡，随着进化过程的进行，优化曲线变化趋于平缓，并且在第55代收敛得到该问题的最优解。由于初始种群各染色体随机生成，在开始阶段适应度较差。但随着过程的进行，遗传算法搜索过程朝着目标更优化的方向收敛，解也逐渐向近似最优解靠近，到第55代左右后，解的波动性开始变小，并在150代搜索得到近似最优解。不同迭代次数对应的疏通顺序与各个人员的派遣如表5-13所示。任务执行顺序为 $e_{(15,16)} \to e_{(15,10)} \to e_{(15,19)} \to e_{(14,15)} \to e_{(9,14)} \to e_{(15,14)} \to e_{(14.18)} \to e_{(18,19)} \to e_{(9,10)} \to e_{(9,8)} \to e_{(14,19)} \to e_{(14,13)} \to e_{(8,13)} \to e_{(8,4)}$。

表5-13 控制中心联合调度方案

人员编号	人员调度方案
1	$e_{(15,14)}, e_{(14.18)}, e_{(9,8)}, e_{(14,9)}, e_{(14,13)}, e_{(8,13)}, e_{(8,4)}$
2	$e_{(15,16)}, e_{(14,15)}, e_{(9,14)}, e_{(15,14)}, e_{(14.18)}, e_{(18,19)}$
3	$e_{(15,10)}, e_{(9,10)}, e_{(9,8)}, e_{(14,9)}$
4	$e_{(15,19)}, e_{(9,10)}, e_{(14,13)}, e_{(8,13)}$
5	$e_{(15,10)}, e_{(15,19)}, e_{(14,15)}, e_{(8,4)}$
6	$e_{(15,16)}, e_{(15,10)}, e_{(9,14)}, e_{(14.18)}, e_{(18,19)}$

通过对上述内容的分析，在轻度拥堵情况下，对于控制中心1和控制中心2都选择迭代500次得到的解作为各控制中心单独完成疏通任务的近似最优解。在严重拥堵情况下，两个控制中心合作时选择迭代150次得到的解作为近似最优解。对最优结果进行总结如表5-14～表5-16所示。

表5-14 控制中心1独立工作的最优资源配置结果

员工编号	资源配置
1	$e_{(9,14)}, e_{(9,10)}, e_{(8,9)}, e_{(13,14)} e_{(8,13)}$
2	$e_{(9,14)}, e_{(9,10)}, e_{(8,9)}, e_{(13,14)} e_{(8,13)}, e_{(8,4)}$
3	$e_{(9,10)}, e_{(8,4)}$
疏通任务顺序	$e_{(8,9)} \to e_{(9,10)} \to e_{(9,14)} \to e_{(13,14)} \to e_{(8,13)} \to e_{(8,4)}$

表5-15 控制中心2独立工作的最优资源配置结果

员工编号	资源配置
4	$e_{(9,10)}, e_{(8,9)}, e_{(9,14)}, e_{(13,14)} e_{(8,13)}, e_{(8,4)}$
5	$e_{(9,10)}, e_{(8,9)}, e_{(9,14)}, e_{(13,14)} e_{(8,13)}$
6	$e_{(9,10)}, e_{(8,4)}$
疏通任务顺序	$e_{(9,10)} \to e_{(8,9)} \to e_{(9,14)} \to e_{(13,14)} \to e_{(8,13)} \to e_{(8,4)}$

表 5-16　控制中心 1 和控制中心 2 跨区域合作的最优资源配置结果

员工编号	资源配置
1	$e_{(15,14)}, e_{(14,18)}, e_{(9,8)}, e_{(14,9)}, e_{(14,13)}, e_{(8,13)}, e_{(8,4)}$
2	$e_{(15,16)}, e_{(14,15)}, e_{(9,14)}, e_{(15,14)}, e_{(14,18)}, e_{(18,19)}$
3	$e_{(15,10)}, e_{(9,10)}, e_{(9,8)}, e_{(14,9)}$
4	$e_{(15,19)}, e_{(9,10)}, e_{(9,8)}, e_{(14,9)}$
5	$e_{(15,10)}, e_{(15,19)}, e_{(14,15)}, e_{(8,4)}$
6	$e_{(15,16)}, e_{(15,10)}, e_{(9,14)}, e_{(14.18)}, e_{(18,19)}$
疏通任务顺序	$e_{(15,16)} \to e_{(15,10)} \to e_{(15,19)} \to e_{(14,15)} \to e_{(9,14)} \to e_{(15,14)} \to e_{(14.18)} \to e_{(18,19)} \to e_{(9,10)} \to e_{(9,8)} \to e_{(14,9)} \to e_{(14,13)} \to e_{(8,13)} \to e_{(8,4)}$

通过对上述内容的分析可得，在道路发生轻度拥堵时，所面临的情况并不复杂，各个控制中心负责完成各个区域的疏通任务，只存在内部的人员调度，人员派遣也相对简单。要是合作完成任务，就会在如何派遣人员的问题上花费更多的时间，导致完工时间增加。在道路发生严重拥堵时，拥堵节点数量较多，疏通任务也更复杂，需要更多的人员，面临的情况比轻度拥堵更加复杂。此时，当疏通任务数量一定时，即控制中心的负荷一定，两个控制中心合作完成任务，疏通人员数量增加，控制中心疏通拥堵任务的作业能力将会增强，任务完成时间就会缩短。因此在道路发生严重拥堵时，控制中心之间可以选择合作完成疏通任务。

5.4　本章小结

本章基于重要度和维修理论，分别研究了城市交通网络的级联失效及其拥堵程度判别，以及相应维修策略。根据城市道路不同程度的拥堵，提出了相应的解决方案，以最小化任务完成时间为目标分别建立了轻度拥堵疏通模型和严重拥堵疏通模型，利用遗传算法进行求解并得到了相应结果。

第 6 章 航材备件维修配置应用

现代化作战的不断发展对航材保障提出了更高的要求。本章在两级保障模式的背景下，首先对保障系统中组件的状态转移规律进行分析，分别给出了可修组件与不可修组件备件满足率的计算方式，然后引入综合重要度衡量不同组件可靠性变化对系统性能的影响，进而提出了系统级备件保障率，并基于此建立优化模型求解出各个组件的备份数量。本章在同时考虑直接需求与横向需求的条件下，首先对部分航材备件根据不同站点的任务需求进行初次分配，然后又提出了基于横向供应时间的节点重要度，对剩余航材备件进一步分配，最终得到所有备件合理的仓储位置和维修数量。

6.1 两级保障模式下航材备件的维修过程

6.1.1 允许横向供应的两级保障模式

考虑一个存在横向供应的两级航材备件供应系统，系统的第一级保障点由一个仓储中心和维修中心组成，系统的第二级共有 $J-1$ 个保障点，每个站点都有一个仓储点和维修点。仓储点和维修点均有能力限制，且一级保障点的维修能力要高于二级保障点，站点 LS_j 在作为机场的同时还直接负责飞机中队 N_j 的备件供应与组件修复。另外，不同飞行中队的飞机数量不同，且在未来一段时间内都有自己的任务，并在指定的空域内完成。所谓的横向供应是指，在某一站点因缺货不能满足备件需求时，可以向同级站点发出供货请求，以更好地保证飞机的完好程度以及中队的作战能力。该系统示意图如图 6-1 所示。

在存储策略上，当前大多数文献都采用 $(s,s-1)$ 的订货方式，保障站点每消耗一个备件即产生一次需求进行补货，这种方式针对故障率较低且备件昂贵的组件固然有其优势。但针对大多数较为普通的组件而言，由于较高的需求率和较低的保障费用，这种订货非但不能发挥其优势，反而还会产生较大的运输费用和较多的业务处理。吴龙涛就曾论证了 (T,S) 策略针对普通组件进行备份的优势，并对两级维修模式下的备件供应进行了建模。进一步，(T,S) 策略还可以保证未来某一战区具有持续的自主作战能力，越来越适合快节奏的现代化作战模式，所以本章也在这种订货方式下展开研究。

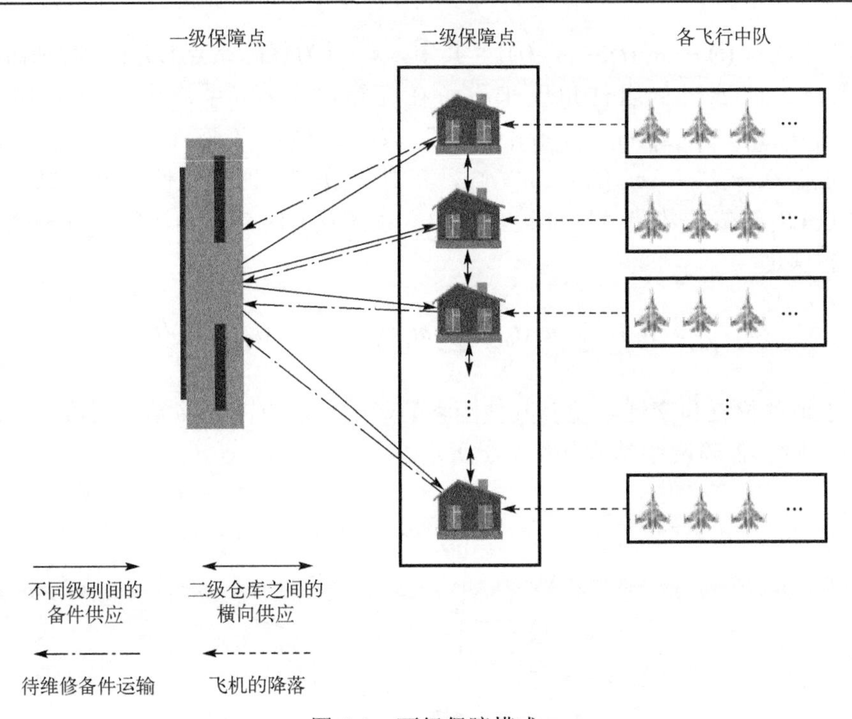

图 6-1　两级保障模式

6.1.2　航材备件的供应与维修过程

为保证该地区在未来一段时间有充足的自主作战能力，系统采取(T,S)订货策略，决策周期为T，即每隔一个周期T重新进行一次仓储配置。同级之间可以进行备件的横向调运，但在决策周期内整个保障系统不再进行补货。从整个供应系统角度来看，设飞机中队N_j含有n_j架飞机，共有J个保障站点组成集合$\Omega=\{\mathrm{LS}_1,\mathrm{LS}_2,\cdots,\mathrm{LS}_j,\cdots,\mathrm{LS}_J\}$。另外定义一级站点的序号为$\mathrm{LS}_J$，仅负责向更高级别申请货物与较高难度的修理工作，并不负责某一特定机群的保障任务。假设初始状态下所有飞机都能正常运行且没有正处于维修状态的组件，显然任意站点或组件的仓储状态都是时间的函数。针对组件C_j，假设供应保障系统在任意时刻t，正常工作数量状态为$S_{wi}(t)$，维修数量为$S_{mi}(t)$，可直接使用的仓储备份数量为$S_{ri}(t)$；在初始状态下，$S_{wi}(t_0)=x_{1i},S_{mi}(t_0)=x_{2i}=0,S_{ri}(t)=x_{3i}$。特别地，不可修组件的维修状态$S_{mi}(t_0)=x_{2i}=0$在整个运营过程中恒成立。保障供应系统从$t_0$时刻开始运行，系统的组件总数量在整个过程中满足

$$S_{wi}(t)+S_{mi}(t)+S_{ri}(t)=S_{wi}(t_0)+S_{mi}(t_0)+S_{ri}(t_0) \tag{6-1}$$

$$S_{wi}(t_0)+S_{mi}(t_0)+S_{ri}(t_0)=x_{1i}+x_{2i}+x_{3i}=\mathrm{TQ}(C_i) \tag{6-2}$$

为方便对不同站点进行研究，在此定义保障站点LS_j在时刻t的仓储状态为

$L_j(t)=\{s_{j1}(t),s_{j2}(t),\cdots,s_{ji}(t),\cdots,s_{jn}(t)\}$，其中，$s_{ji}(t)$ 为保障站点 LS_j 在 t 时刻储存备件 C_j 的数量；同理，从组件角度来看，在任意时刻 t 下系统内 C_i 的仓储状态为 $S_j(t)=\{s_{1i}(t),s_{2i}(t),\cdots,s_{ji}(t),\cdots,s_{Ji}(t)\}$，此时该种组件因故障而产生的维修状态为 $M_i(t)=\{m_{1i}(t),m_{2i}(t),\cdots,m_{ji}(t),\cdots,m_{Ji}(t)\}$，其中 $m_{ji}(t)$ 为 t 时刻组件 C_i 正在或者即将于保障站点 LS_j 维修的数量。同样地，令供应系统从 t_0 时刻开始运行，则整个过程中系统状态满足

$$\sum_{j=1}^{J}s_{ji}(t_0)+\sum_{f=1}^{J}n_f(t_0)=\sum_{j=1}^{J}m_{ji}(t_0)+\sum_{j=1}^{J}s_{ji}(t_0)=\mathrm{TQ}(C_i) \tag{6-3}$$

由于地理位置和交通环境及其他因素的影响，所有的保障站点形成一个网络结构 $G=(V,E)$。保障网络结构如图 6-2 所示。

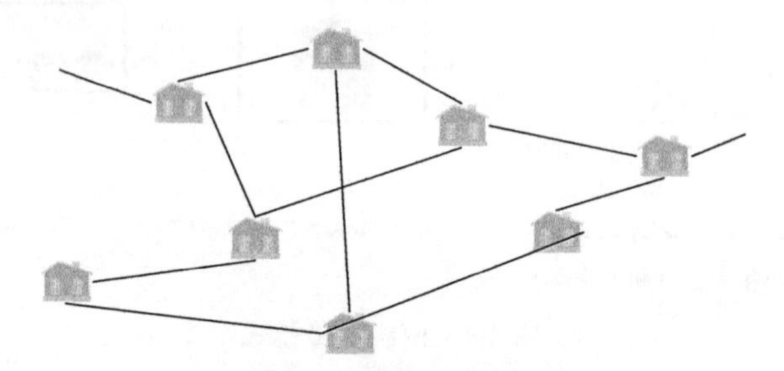

图 6-2　保障网络结构

对第 j 个保障站点之间的信息交流和交通状况进行分析，借助 Dijkstra 算法可得到不同站点之间的最短路径，进而得到最短供货时间矩阵为

$$T_{\mathrm{ID}}=\begin{pmatrix} t_{11} & \cdots & t_{1J} \\ \vdots & & \vdots \\ t_{J1} & \cdots & t_{JJ} \end{pmatrix}$$

其中，当 $m=n$ 时，当前站点直接供应更换组件，不需要横向或纵向调运，供应时间为零，即 $t_{mn}=0$；当 $m\neq n$ 时，$t_{mn}\neq 0$。

在 t_1 时刻保障站点 LS_m 的机群中某架飞机因 C_i 故障而产生备件需求时，按照时间最短原则进行备件供应，即寻找最及时的站点以最大程度地保证飞机的正常使用，且此次供货时间即为 t_{lm}。同时产生的故障组件先在现场进行维修，由于二级保障站点的维修能力有限，对组件 C_i 的维修成功概率为 p_{si}。若不能顺利修复则运送至一级站点继续修复，维修完成的组件成为新的备份就地储存或按规定送至指定地点。

首先检查其系统内的储存状态 $S_i(t)$，筛选出储存有该备件的站点组成集合 $\Omega^h=\{\mathrm{LS}_j\mid s_{ji}(t_1)\neq 0\}$，若 $\mathrm{LS}_m\in\Omega^h$，则直接进行备件更换。

然后，若 $\mathrm{LS}_k\notin\Omega^h$ 且 $\Omega^h\neq\varnothing$，则开始寻找站点 LS_l，该站点的横向运输时间需满

足 $t_{lk}=\min\{t_{jk}\mid \mathrm{LS}_j\in\Omega^h\}$；同时检查系统内的备件维修状态 $M_i(t)$，筛选出具有正在或即将接受维修的站点组成集合 $\Omega^m=\{\mathrm{LS}_j\mid m_{ji}(t_1)\neq 0\}$，根据修复时间函数计算站点 LS_j 的预计修复时间和供应时间 $t_j^k=t_{mj}+t_{jk}$，挑选最小时间 $t_p^k=\min\{t_j^k\mid \mathrm{LS}_j\in\Omega^m\}$。若 $t_{lk}\leqslant t_p^k$，则选择 LS_l 进行备件供应，此次供应时间为 t_{lk}；否则就选择 LS_p 进行备件供应，供应时间为 t_p^k。

所以系统的运行过程可从故障维修与备件供应两个方面来分析，大致的供应及维修过程分别如图 6-3 与图 6-4 所示。

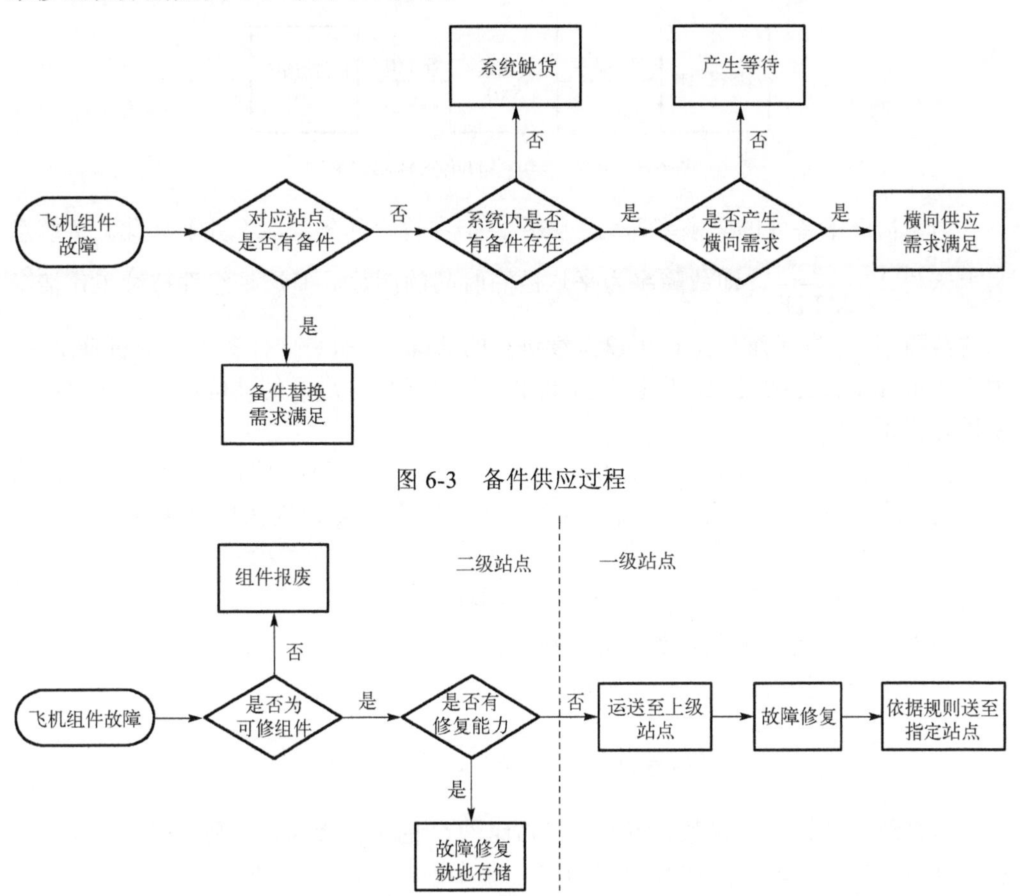

图 6-3 备件供应过程

图 6-4 备件维修过程

6.2 基于备件保障率的备件数量确定

首先针对可修组件与不可修组件给出相应的计算方式，然后基于组件的重要度提出一种新的系统级综合保障率。

6.2.1　单一备件保障率的计算

(1)不可修组件的备件满足率。

对不可修组件而言，所有故障组件的更换都需要借助仓储备件完成，其更换与保障过程相对简单。备件通过供应过程变为工作状态，工作状态下的组件故障后因无法维修而直接报废，整个状态转移过程单向进行，组件的状态转移的具体过程如图 6-5 所示。

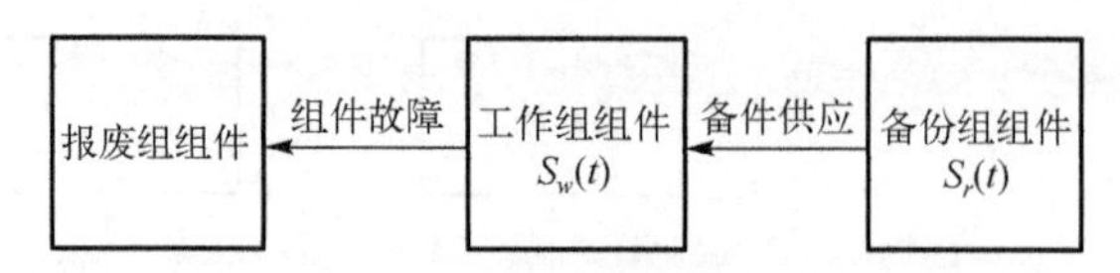

图 6-5　不可修组件的状态转移过程

通常情况下备件的需求率即为故障率，但在特定任务剖面下并非如此。传统意义上来说 $\lambda = \dfrac{1}{\text{MTTF}}$，即故障率为平均故障时间的倒数，但这是组件持续工作情况下的故障率。不同于维修工作可以持续进行的情况，对有特定任务安排的机群来说，因为飞机并不会持续飞行，所以为提高单个组件备件满足了的准确程度，需对故障率进行修正。

假设飞机每天的飞行时间为均匀分布，在 D 天的运行周期内每个飞行时间为 T_w，平均每天飞行时间为 T_d，持续飞行下的故障率为 λ_i'，则在特定任务条件下

$$\lambda_i' = \frac{T_w}{24D} \tag{6-4}$$

假设组件 C_i 寿命服从指数分布，则在固定运行周期内故障的发生是一个泊松过程，在固定的运行周期 T 内，单个组件故障的发生次数 x 满足

$$P(x=k) = \frac{(\lambda_i' T)^k}{k!} \mathrm{e}^{-\lambda T}, \quad k = 0,1,2\cdots \tag{6-5}$$

本系统内共有飞机 N 架，每架飞机对组件 C_i 的装机数为 h_i，则在固定周期内和相应任务水平下平均故障次数为 $Nh_i\lambda_i' T$，整个系统内组件 C_i 故障次数 X 满足

$$P(X=k) = \frac{(Nh_i\lambda_i' T)^k}{k!} \mathrm{e}^{-Nh_i\lambda' T}, \quad k = 0,1,2\cdots \tag{6-6}$$

对不可修组件来说，备件的来源只有初始状态下的备份 $Q(C_i) = S_{mi}(t_0)$。在系统故障数未达到备份数之前，所有的故障组件均可以被顺利更换；当备份数小于故障数时，系统便不能正常供应而产生缺货，所以不可修组件的备件满足率即为备件数小于等于故障次数的概率，而这也就是故障数 0～$Q(C_i)$ 的概率之和

$$\mathrm{RS}(C_i)=\sum_{k=0}^{Q(C_i)}\frac{(Nh_i\lambda_i'T)^k}{k!}\mathrm{e}^{-Nh_i\lambda_i'T},\quad k=0,1,2\cdots \tag{6-7}$$

(2) 可修组件的备件满足率。

对军用飞机的可修组件 C_i 而言，在使用期内不仅有故障率 λ_i，而且存在修复率 μ_i。在供应系统中，可修组件故障后即开始修复过程，维修成功的组件就地存储或运送至某一站点成为仓储备件，等待至有新的需求产生时用于替换故障组件；同时，为最大程度地保证飞机的正常使用，需从仓储备件中寻找相对应的组件进行更换。若无备件存在，则等待至下一个备件维修完成再进行更换。因此，一个组件总是在故障、工作与备份三种状态下相互转换。可修组件的状态转移如图 6-6 所示。

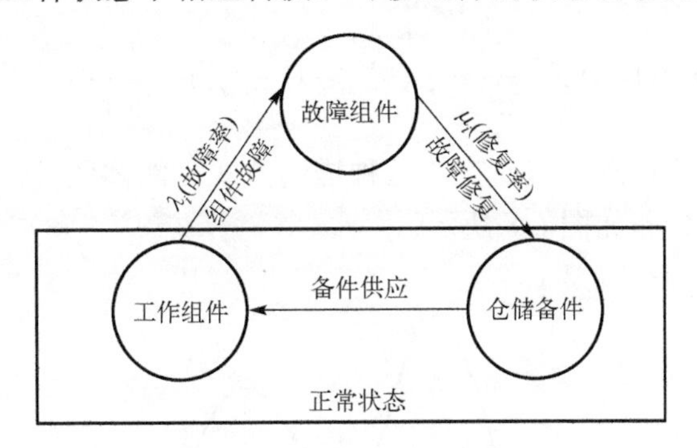

图 6-6　可修组件的状态转移

经其他学者研究表明，对很多组件而言正态分布可以更好地代表其故障修复时间。为了更现实地体现两级保障模式下的修复过程，可将故障组件的运输时间考虑在内。图 6-7 表示是否考虑运输时间对一级维修时间的影响。

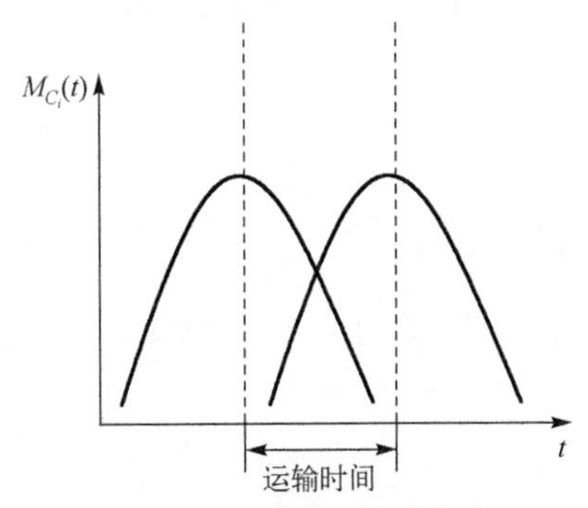

图 6-7　是否考虑运输时间的差异

若组件在一级站点的正常修复时间服从均值为 μ 标准差为 σ_{2i} 的正态分布 $m_{C_i}(t)$，则对保障站点 LS_j 而言，在考虑运输时间 t_{jJ} 的条件下，该组件的修复时间服从均值为 $\mu_{2i}^j=\mu+t_{jJ}$ 标准差为 σ_{2i} 的正态分布 $m_{C_i}(t+t_{jJ})=m_{C_i}^j(t)$。在站点 LS_j 处的

工作组件数量为 $n_j h_j$，所以从系统角度来看，组件 C_i 的修复时间服从均值为 μ_{2i} 标准差为 σ_{2i} 的正态分布，其中，$\mu_{2i}=\dfrac{\sum_{j=1}^{J-1} n_j h_i \mu_{2i}^j}{\sum_{j=1}^{J-1} n_j h_i}$。

可修组件如前文所述，二级站点能够成功修复 C_i 的概率仅为 p_{si}。若该组件在二级站点的修复时间服从均值为 μ_{1i} 标准差为 σ_{1i} 的正态分布，则对于任意可修组件，其修复时间可用双峰正态分布来描述。正常情况下，一级站点的修复时间要远大于二级修复时间，所以设 $\mu_{2i} \geqslant \mu_{1i}$，其概率密度函数为

$$M_{c_i}(t)=p_{sc_i}\frac{1}{\sqrt{2\pi}\sigma_{1i}}\mathrm{e}^{-\frac{(t-\mu_{1i})^2}{2\sigma_{1i}^2}}+(1-p_{sc_i})\frac{1}{\sqrt{2\pi}\sigma_{2i}}\mathrm{e}^{-\frac{(t-\mu_{2i})^2}{2\sigma_{2i}^2}} \tag{6-8}$$

相比较于单纯的正态分布而言，这种描述方式更能体现组件在这种背景下的修复特点，修复时间分布如图 6-8 所示。

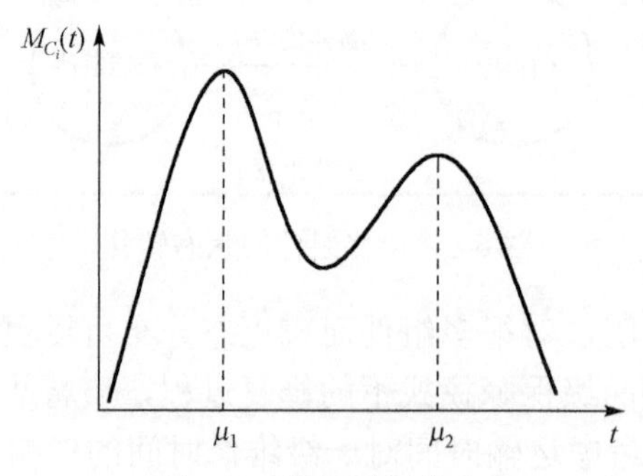

图 6-8　修复时间分布

平均修复时间为

$$\begin{aligned}\mathrm{MTTR}(C_i)&=\int_0^{\infty}\left[p_{sc_i}\frac{1}{\sqrt{2\pi}\sigma_1}\mathrm{e}^{-\frac{(t-\mu_1)^2}{2\sigma_1^2}}+(1-p_{sc_i})\frac{1}{\sqrt{2\pi}\sigma_2}\mathrm{e}^{-\frac{(t-\mu_2)^2}{2\sigma_2^2}}\right]\cdot t\mathrm{d}t\\&=p_{sc_i}\mu_1+(1-p_{sc_i})\mu_2=p_{sc_i}(\mu_1-\mu_2)+\mu_2\end{aligned} \tag{6-9}$$

因此可得到修复率为

$$\mu_i=\frac{1}{\mathrm{MTTR}(C_i)}=\frac{1}{p_{si}(\mu_{1i}-\mu_{2i})+\mu_{2i}} \tag{6-10}$$

由于可修备件的供应模式较为复杂，且状态也在持续改变，所以可分别对任意时刻下处于工作、备份及维修状态的组件数进行分析，综合考虑系统每一时刻的运行状态，最终借助备件满足率体现系统的保障效能。下面对处于不同状态下的组件

数量进行分析。

设任意组件初始状态下 $S_w(t_0)=x_1$， $S_m(t_0)=x_2=0$， $S_r(t_0)=x_3$，系统的组件总数量在整个过程中满足

$$S_w(t)+S_m(t)+S_r(t)=x_1+x_2+x_3=Q \tag{6-11}$$

当 $S_r(t)>0$ 时，因为有备件的存在，所以此时发生故障的组件均可以利用备份进行替换，工作的组件始终处于最佳状态。若单个组件的故障率为 λ，则对整个系统而言，工作状态下的组件数量到故障状态下组件数量的转移速率为 $\lambda S_w(t)$；同样地，若单个组件的维修率为 μ，维修状态下的组件数量到备份状态下组件数量的转移速率为 $\mu S_m(t)$；此时备件的供应速度依赖于所有工作组件的故障速度，所以组件从备份状态下到工作状态下的转移速率，等同系统中工作状态的组件数量到故障状态下组件数量的转移速率 $\lambda S_w(t)$。存在备件时的状态转移过程如图 6-9 所示。

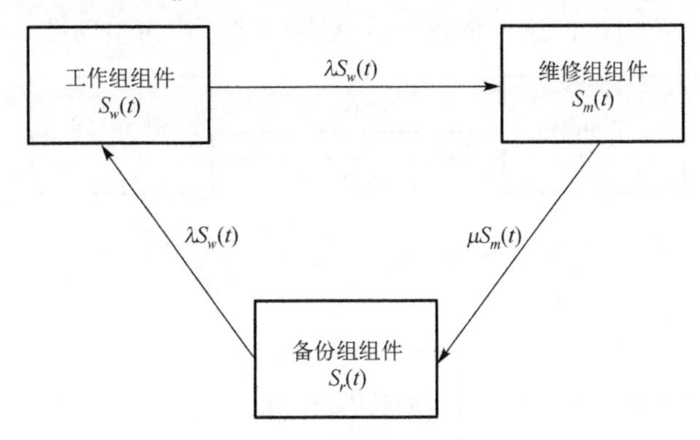

图 6-9　存在备件时的状态转移过程

借助图 6-9 所示的状态转移过程，我们可以利用微分方程得到存在有航材备件，即当 $S_r(t)>0$ 时不同状态之间组件数量的转移关系

$$S_w(t)=x_1-\int \lambda S_w(t)\mathrm{d}t+\int \lambda S_w(t)\mathrm{d}t=x_1 \tag{6-12}$$

$$S_m(t)=S_m(t_0)+\lambda S_w(t)t-\int \mu S_m(t)\mathrm{d}t=x_1\lambda t-\int \mu S_m(t)\mathrm{d}t \tag{6-13}$$

$$S_r(t)=S_r(t_0)-\lambda S_w(t)t+\int \mu S_m(t)\mathrm{d}t=x_3-\lambda S_w(t)t+\int \mu S_m(t)\mathrm{d}t \tag{6-14}$$

解微分方程可得

$$S_m(t)=\frac{\lambda x_1}{\mu}(1-\mathrm{e}^{-\mu t}) \tag{6-15}$$

$$S_r(t)=x_3+\frac{\lambda x_1(\mathrm{e}^{-\mu t}-1)}{\mu} \tag{6-16}$$

令 $S_r(t)=0$ 可解得

$$t=-\frac{1}{\mu}\ln\left(1-\frac{\mu x_3}{\lambda x_1}\right)=t_1 \tag{6-17}$$

仅当 $\lambda x_1>\mu x_3$ 且 $x_1x_3\neq 0$ 时，t_1 才为有意义的正实数。也就是说，一方面，若系统中组件的备份数量 x_3 与工作数量 x_1 确定，且二者均不为零的条件下，在维修率 μ 远大于故障率 λ 时，则系统理论上来说将不会产生缺货；另一方面，在某一组件的维修率 μ 和故障率 λ 确定的条件下，若备份数量 x_3 相对工作数量 x_1 而言比较大，则系统在实际过程中将很难产生缺货。这具有很强的现实意义，并且此时有 $S_m(t_1)=x_3$，$S_w(t_1)=x_1$。

在 t_1 之后备件数 $S_r(t)=0$，供应系统即将开始产生缺货。由于没有备件的存在，需更换的故障组件将通过维修系统供应，维修完成的组件来不及进入仓库成为备份就要被用于更换故障组件，这一情景下的状态转移过程可借助图 6-10 描述。

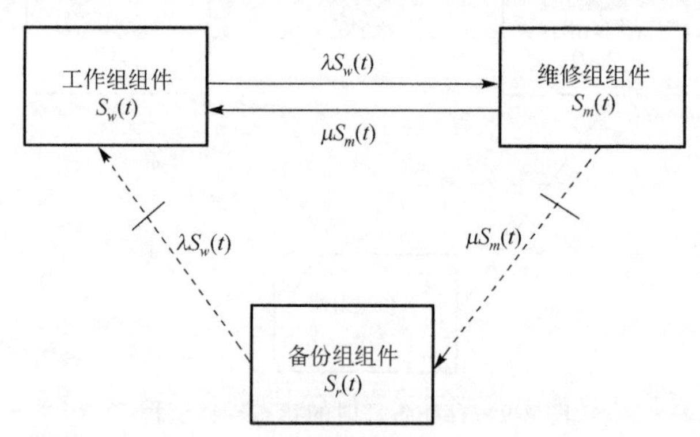

图 6-10　不存在备件时的状态转移过程

此时有

$$\begin{aligned}S_w(t)&=S_w(t_1)-\int\lambda S_w(t)\mathrm{d}t+\int\mu S_m(t)\mathrm{d}t\\&=x_1-\int\lambda S_w(t)\mathrm{d}t+\int\mu[Q-S_w(t)]\mathrm{d}t\end{aligned} \tag{6-18}$$

可解得

$$S_w(t)=\frac{Q\mu}{\mu+\lambda}+\left(x_1-\frac{Q\mu}{\mu+\lambda}\right)\mathrm{e}^{-(\mu+\lambda)t} \tag{6-19}$$

对函数 $S_w(t)$ 求导可得

$$S_w'(t)=(\mu x_3-\lambda x_1)\mathrm{e}^{-(\mu+\lambda)t} \tag{6-20}$$

因为 $\mu x_3-\lambda x_1<0$，所以 $S_w'(t)<0$ 恒成立，则 $S_w(t)$ 始终单调递减。由于 $S_w(0)=x_1$，

所以这理论上来讲也就意味着：在初始状态一定的情况下，系统一旦产生缺货，供应系统将一直缺货下去，直到下一周期开始补货。而在现实条件下可描述为，系统产生缺货后在不借助外力调整的条件下，很难再次回到图 6-9 所示的状态。所以，在 t_1 之后恒有 $S_r(t)=0$ 。

在整个运行周期 T 中，任意时刻可以正常工作的组件数量可表示为

$$S_w(t)=\begin{cases} x_1, & 0<t\leqslant t_1 \\ \dfrac{Q\mu}{\mu+\lambda}+\left(x_1-\dfrac{Q\mu}{\mu+\lambda}\right)\mathrm{e}^{-(\mu+\lambda)(t-t_1)}, & t_1<t\leqslant T \end{cases} \tag{6-21}$$

具体到任意可修组件 C_i 时，可得到系统中该组件在任意时刻下的处于工作状态的组件数量为

$$S_{wi}(t)=\begin{cases} x_{1i}, & 0<t\leqslant t_{1i} \\ \dfrac{\mathrm{TQ}(C_i)\mu_i}{\mu_i+\lambda_i}+\left(x_{1i}-\dfrac{\mathrm{TQ}(C_i)\mu_i}{\mu_i+\lambda_i}\right)\mathrm{e}^{-(\mu_i+\lambda_i)(t-t_{1i})}, & t_{1i}<t\leqslant T \end{cases} \tag{6-22}$$

其中

$$t_{1i}=\frac{1}{\mu_i}\ln\left(1-\frac{\mu_i x_{3i}}{\lambda_i x_{1i}}\right) \tag{6-23}$$

若将处于正常工作状态下的组件数量定义为系统的工作状态，则在整个运行周期内系统工作状态变化示意图如图 6-11 所示。

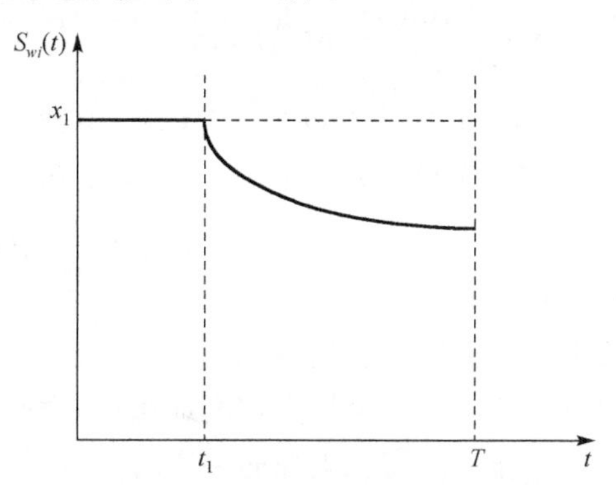

图 6-11　运行周期内系统工作状态示意图

丁定浩等提出在规定保障周期内备件平均保障概率的概念，之后有学者证明二态组件串联系统的备件满足率等效为该冷储备系统的平均工作时间与系统运营时间的比值，其实质是在系统工作状态的持续时间与总时间的比值。而针对本章系统而言，由于系统的状态随时间不断改变，则考虑以正常状态下的组件数量表示系统的运行性能。因此，备件保障率可看成不同工作状态下对时间的积分与期望工作状态

对时间积分的比值，即组件 C_i 的备件满足率可计算为

$$\mathrm{RS}(C_i)=\frac{\int_0^T S_{wi}(t)\mathrm{d}t}{Tx_{1i}}=\frac{\int_0^{t_{1i}} x_{1i}\mathrm{d}t+\int_{t_{1i}}^{T}\left[\frac{\mathrm{TQ}(C_i)\mu_i}{\mu_i+\lambda_i}+\left(x_{1i}-\frac{\mathrm{TQ}(C_i)\mu_i}{\mu_i+\lambda_i}\right)\mathrm{e}^{-(\mu_i+\lambda_i)(t-t_{1i})}\right]\mathrm{d}t}{Tx_{1i}} \tag{6-24}$$

它反映在初始状态确定的情况下，系统在一定运行周期内备份组件对系统保障需求的满足程度，体现着系统在运行周期内飞机的完好程度，也表明了系统在当前备份条件下的运行效果与期望状态的差距，形象地表述了系统的工作和保障效能。

6.2.2 系统级备件数量确定方式

(1)系统保障率的计算。

组件在故障和正常两种状态间相互交替，飞机也会因组件状态的变化而在可用与不可用状态之间转换，是一种典型的二态系统。假设所有中队使用的飞机均相同，整个飞机系统由 n 个组件 $\{C_1,C_2,\cdots,C_i,\cdots,C_n\}$ 组成，各组件之间的可靠性相互独立，整个飞机系统及组件只有故障与正常两种状态，且二者之间没有任何交集，飞机与组件的状态表示为

$$S=\begin{cases}0, & \text{飞机正常}\\ 1, & \text{飞机故障}\end{cases}\qquad C_i=\begin{cases}0, & \text{组件}C_i\text{正常}\\ 1, & \text{组件}C_i\text{故障}\end{cases} \tag{6-25}$$

则 C_i 的综合重要度可计算为

$$\begin{aligned}I(\mathrm{IM})_{C_i}^{S}&=\lim_{\Delta R(C_i)\to 0}\left(\frac{\Delta R(S)}{\Delta R(C_i)}\cdot R(C_i)\cdot\lambda_i\right)\\&=[P(S=0\mid C_i=0)-P(S=0\mid C_i=1)]\cdot P(C_i=0)\cdot\lambda_i\\&=[P(S=0\mid C_i=0)-P(S=0\mid C_i=1)]\cdot P(C_i=1)\cdot\mu_i\end{aligned} \tag{6-26}$$

其中，$R(S)$ 和 $R(C_i)$ 分别表示系统 S 与组件 C_i 的可靠性，$\Delta R(S)$ 表示组件可靠性变化为 $\Delta R(C_i)$ 时系统的可靠性变化量。

上面对可修组件和不可修组件的保障率分别进行了计算，但从系统角度来说，由于资源或其他条件的限制并不能完全最大程度地满足各种组件的需求。因此，为最大程度地提高系统的备份作用，需从更高的层次对系统级的保障率进行计算。

每个组件因其自身性质的不同会对整个系统的保障效能产生不同程度的影响，此处借助综合重要度来进行衡量。有学者证明了对综合重要度较大的组件进行维修，对整个系统性能带来的提升越大。备件的更换也可看成一种完美维修，因而对综合重要度较大的组件进行备份，可以对系统的性能提升产生最大作用，所以借助某一组件的综合重要度与所有组件重要度的比值来衡量该组件在所有组件中产生影响的

大小，得到权重 $\beta_{C_i}=\dfrac{I(\mathrm{IM})_{C_i}^S}{\sum_{i=1}^{n} I(\mathrm{IM})_{C_i}^S}$。

本章定义系统级的综合保障率计算为

$$\mathrm{SRS}=\sum_{i=1}^{n}\beta_{C_i}\mathrm{RS}(C_i) \tag{6-27}$$

在综合考虑组件故障规律、修复能力与系统结构特征的条件下，借助综合重要度来判定不同组件之间的相对影响大小的基础上，定量地表示整个系统的保障效能。

(2) 备件数的确定。

在现实条件下，决策者进行仓储配置时无疑想要最大化系统综合保障率，甚至随时随地满足所有的备件需求，但这要花费很大的代价并且没有必要。为帮助决策者合理地确定配置的种类及数量，本章在考虑存储容量和成本限制的条件情况下建立优化模型。

目标函数

$$\max\ \mathrm{SRS}=\sum_{i=1}^{n}\beta_{C_i}\mathrm{RS}(C_i) \tag{6-28}$$

约束条件

$$① \sum_{i=1}^{n} v_i\cdot Q(C_i)\leqslant V$$

$$② \mathrm{RS}(C_i)\geqslant R_t$$

$$③ Q(C_i)\leqslant \sum_{j=1}^{J} D_j^i$$

$$④ Q(C_i)\geqslant 0 \text{且为整数}$$

其中，v_i 是组件 C_i 的单价，V 表示系统购置备件的可花费的成本，借助①限制最大购置成本；R_t 表示单个组件要求的最低备件保障率，通过②来限制保障效能最低要求；D_j^i 表示在站点 LS_j 处最多存放备件 C_i 的个数，③表明系统总的配置数应小于最大容量限制。通过对该优化模型进行求解，即可得到某一备件合适的存储数量 $Q(C_i)$。

边际优化算法因其求解效果的准确性以及相当可观的收敛速度，成为当前很多保障优化模型中的核心算法，最优化理论的相关知识也提供了理论基础。对于上文中为合理确定备件数量而建立的优化模型，由于目标函数与约束条件都是单调递增的凸函数，且所求解变量均为整数，则根据凸函数的最优化理论，该优化模型的局部最优解即为最优解，是一种较为典型的保障优化模型。所以该模型的求解也可以利用边际优化算法实现：首先，可在满足约束条件②～④下得到一个初始可行解

$Q_0=(q_1,q_2,q_3,\cdots,q_n)$；然后若将系统备件保障率的增加看成投入成本所得到的一种收益，则可以借用边际分析法的思想，计算各个备件增加时的效益费用比

$$\mathrm{CER}_i=\frac{\mathrm{SRS}_{\mathrm{future}}-\mathrm{SRS}_{\mathrm{now}}}{\mathrm{Cost}_{\mathrm{future}}-\mathrm{Cost}_{\mathrm{now}}} \tag{6-29}$$

即在一次边际分析过程中选择增加一个 CER_i 值最大的备件，可以使用最小的代价带来最大收益，所以借助边际分析法结合模型中的约束条件①和③，通过不断计算所有组件的 CER_i 值，对可行解不断修正迭代以最终求得优化模型的最优解，这类似于爬山法的寻优过程，但因为该问题并不存在局部最优解，故这一思想可以在此处使用，具体求解过程如图 6-12 所示。

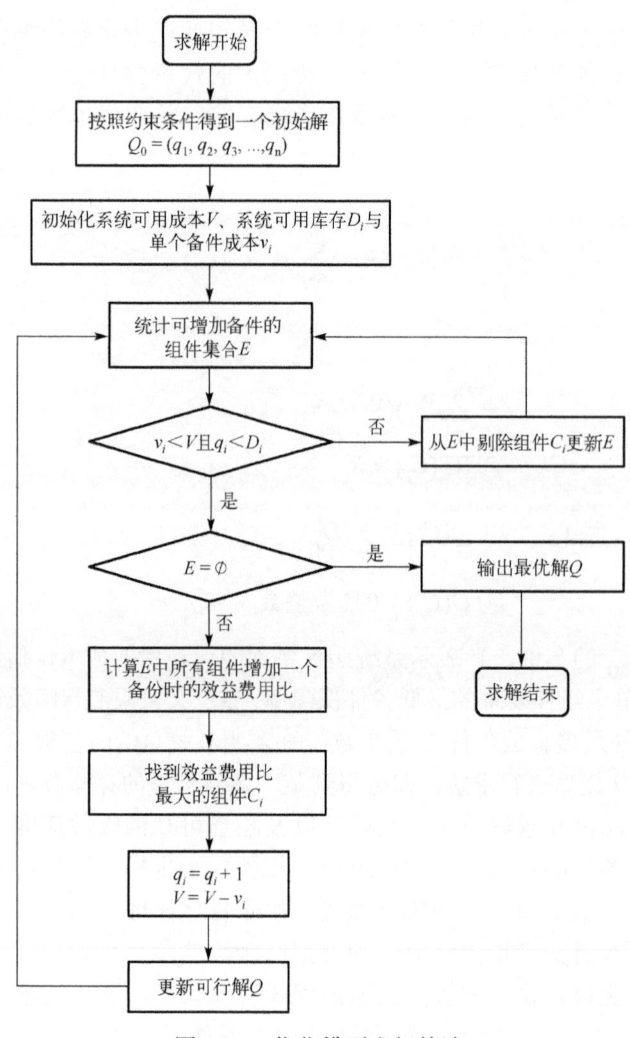

图 6-12　优化模型求解算法

6.3　基于重要度的备件维修配置

虽然当前系统允许横向和纵向两种供应方式，但无疑这两种方式所花费的时间都远大于飞机所在站点的直接供应，所以想避免横向和纵向供应两种方式。同时，备件数的限制使直接供应不能得到完全保证，因此需要在避免间接供应的同时对备件进行合理分配来缩短横向供应时间，从而最大限度地缩短整个的备件供应的时间。

6.3.1　考虑飞行任务和飞机数量的备件初次分配

决定备件存储位置的最重要因素一定是需求，但在当前保障模式下存在直接需求与横向需求两种，本节首先研究直接需求条件下的备件的存储位置。不同保障站点对应的机群都有自身的任务以及飞机数量，这也是产生备件需求的根本原因。根据前面所述，对保障站点 LS_j 拥有 n_j 架飞机，在未来一段供货周期 T 内每架飞机需要飞行 t_i^j 时间，则在组件 C_i 装机数为 h_j 的条件下，单架飞机所需的备件数量 X 满足

$$P(X=k)=\frac{(\lambda_i T)^k}{k!}\mathrm{e}^{-\lambda_i t_i^j},\quad k=0,1,2\cdots \tag{6-30}$$

整个保障站点 LS_j 对组件 C_i 的直接供应需求数量 Y_j^i 满足

$$P(Y_j^i=k)=\frac{(n_j h_i \lambda_i T)^k}{k!}\mathrm{e}^{-\lambda_i t_i^j},\quad k=0,1,2\cdots \tag{6-31}$$

则在这段周期内该站点平均所需 C_i 备件的数量为

$$E(Y_j^i)=N_j h_i \lambda_i t_i^j \tag{6-32}$$

前面已经计算出整个系统需配置 C_i 的数量为 $Q(C_i)$，为了能够较好地满足直接供应需求，我们设定初次分配比例 P_1，即有 $P_1\cdot Q(C_i)$ 的备份参与初次分配。不同保障站点之间初次分配的备份数量应满足

$$\begin{cases}\displaystyle\sum_{j=1}^{J} S_1 = P_1\cdot Q(C_i)\\ \displaystyle\frac{S_1^i}{E(Y_1^i)}=\frac{S_2^i}{E(Y_2^i)}=\cdots=\frac{S_j^i}{E(Y_j^i)}\cdots=\frac{S_J^i}{E(Y_J^i)}\end{cases} \tag{6-33}$$

考虑到备件数量的整数性质，需对初次分配数量向下取整，则站点 LS_j 初次分配应该得到的备份数量为

$$S_j^i=\left\lfloor \frac{Y_j^i}{\displaystyle\sum_{j=1}^{J} Y_j^i} P_1\cdot Q(C_i)\right\rfloor \tag{6-34}$$

由于仓储条件的限制，当 P_1 数值较大时，初次分配的理论数量很可能已经超过某一站点的容量限制，所以在考虑仓储容量限制时，站点 LS_j 初次分配到的备份数量为

$$S_j^i = \min\{S_j^i, D_j^i\} \tag{6-35}$$

剩余待分配 $Q_S(C_i)$ 可计算为

$$Q_S(C_i) = Q(C_i) - \sum_{j=1}^{J} S_j^i \tag{6-36}$$

这里的初次分配比例 P_1 确定也会对分配效果产生一定影响，其数值的确定也是一个值得讨论的问题，但本章不再继续讨论，可按照管理者依据现实状况结合经验指定。

6.3.2　基于横向供应时间重要度的备件维修分配

在部分备件的初始分配结束之后，对组件 C_i 有仓储备份状态 $S_i = \{S_1^i, S_2^i, \cdots, S_j^i, \cdots, S_J^i\}$，在当前状态下若不考虑横向供应，则各站点自身的保障率即直接供应的概率可借助 6.1 节和 6.2 节中的方法进行计算。

对不可修组件而言，在不考虑横向供应的条件下，保障站点 LS_j 的备件满足率即为故障数 0～ S_j^i 的概率之和

$$RS_j(C_i) = \sum_{k=0}^{S_j^i} \frac{(N_j h_i \lambda_i T)^k}{k!} e^{-N_j h_i \lambda_i T} \tag{6-37}$$

对可修组件而言，如 6.1 节中所述，在考虑运输时间的条件下，因地理位置的限制导致不同站点的一级维修时间有所差别，且服从正态分布 $m_{C_i}^j(t)$，则保障站点 LS_j 对可修组件 C_i 的修理时间服从双峰分布 $M_{C_i}^j(t)$

$$\begin{aligned} M_{C_i}^j(t) &= p_{s_{C_i}} \frac{1}{\sqrt{2\pi}\sigma_{1i}} e^{-\frac{(t-\mu_{1i})^2}{2\sigma_{1i}^2}} + (1 - p_{s_{C_i}}) m_{C_i}^j(t) \\ &= p_{s_{C_i}} \frac{1}{\sqrt{2\pi}\sigma_{1i}} e^{-\frac{(t-\mu_{1i})^2}{2\sigma_{1i}^2}} + (1 - p_{s_{C_i}}) \frac{1}{\sqrt{2\pi}\sigma_{2i}} e^{-\frac{(t-\mu_{2i}^j)^2}{2\sigma_{2i}^2}} \end{aligned} \tag{6-38}$$

同理可得该站点的对可修组件 C_i 的平均修复时间与修复率

$$MTTR_j(C_i) = p_{si}(\mu_{1i} - \mu_{2i}^j) + \mu_{2i}^j \tag{6-39}$$

$$\mu_i^j = \frac{1}{MTTR_j(C_i)} = \frac{1}{p_{si}(\mu_{1i} - \mu_{2i}^j) + \mu_{2i}^j} \tag{6-40}$$

初始运行状态下该站点处于工作状态下的数量为 $S_{wi}^j(t_0) = n_j h_j$， $S_{mi}^j(t_0) = 0$，

$S_{ri}^{j}(t_0)=S_j^i$，借助 6.1 节中的方法可以得到任意站点的可修组件 C_i 在运行周期内的备件满足率为

$$\mathrm{RS}_j(C_i)=\frac{\int_0^T S_{wi}^j(t)\mathrm{d}t}{Tn_jh_i} \tag{6-41}$$

综上所述，在任意站点 LS_j 对组件 C_i 的备件满足率可计算为

$$\mathrm{RS}_j\left(C_i\right)=\begin{cases}\displaystyle\sum_{k=0}^{S_j^i}\frac{(N_jh_i\lambda T)^k}{k!}\mathrm{e}^{-N_jh_i\lambda T}, & C_i\text{为不可修组件}\\ \dfrac{\int_0^T S_{wi}(t)\mathrm{d}t}{Tx_{1i}}, & C_i\text{为可修组件}\end{cases} \tag{6-42}$$

其中，$\mathrm{RS}_j(C_i)$ 代表着当不存在横向供应时，保障站点的备份数量完成保障任务的能力，也就是整个运行周期内可以满足系统需求的概率。所以在初次粗略分配完成后，保障站点 LS_j 对备件 C_i 产生横向供应需求的概率，也就是在不考虑横向供应的条件下 LS_j 产生缺货的概率

$$\mathrm{ID}_j^i=1-\mathrm{RS}_j(C_i) \tag{6-43}$$

横向供应存在的重要意义就是尽快满足备件需求，以支持飞机的正常飞行。所以当某一站点产生横向供应需求之后，应该按照时间最短原则向其他站点发出供货请求，即优先向距离最近且能供货的站点发出供货请求。当 LS_j 因没有现成备件而产生横向供应需求时，根据运输时间矩阵 T_{ID} 将其余站点按运输时间进行排序得 $\Omega_j=\{\mathrm{LS}_m^1,\mathrm{LS}_n^2,\cdots,\mathrm{LS}_l^f,\mathrm{LS}_g^{J-1}\}$，其中 LS_l^f 表示站点 LS_l 排第 f 位。而此时，某一站点 LS_l 有备件可以进行横向供应的概率即为至少存在一个备件的概率，也就是初始状态为 $S_{wi}^l(t_0)=S_l^i-1$ 时的备件保障率 $\mathrm{RS}_l^f(C_i)$，仍然可借助上述方法进行计算。

由于进行合理仓储配置的目的是尽快地保证飞机的正常飞行，所以需要将正常供应等待时间与横向供应时间进行对比，以决定是否进行横向供应。在正常供应下，LS_j 的备件预估等待时间为

$$T_{di}=\begin{cases}\infty, & C_i\text{为不可修组件}\\ \mathrm{MTTR_j}(C_i), & C_i\text{为可修组件}\end{cases} \tag{6-44}$$

而选择拥有备件的站点 LS_l 进行横向供应的备件预估等待时间为 t_{lj}，令 0-1 变量 α_{lj} 作为是否进行 LS_l 到 LS_j 横向转运的决策系数，则 α_{lj} 的值可计算为

$$\alpha_{lj}=\begin{cases}0, & T_{di}\leqslant t_{lj}\\ 1, & T_{di}>t_{lj}\end{cases} \tag{6-45}$$

即当 α_{lj} 等于 1 时进行横向供应，否则不进行横向供应。此时，按照时间排序优先向 LS_m^1 发出供货请求，当该站点有货时则产生横向供应进行供货；否则，向 LS_n^2 发出供货请求，以此类推。所以，站点 LS_j 向 LS_l 因 C_i 缺货而发生横向供应来满足此次需求的概率为

$$\begin{aligned}P_{lj}(C_i) &= \alpha_{lj} \cdot P(\text{站点LS}_l\text{有货且}\Omega_j\text{排序靠前站点均无货} \mid \text{站点LS}_j\text{无货}) \\ &= \alpha_{lj} \cdot \mathrm{RS}_l(C_i) \cdot \mathrm{ID}_j^i \prod_{k=1}^{f-1}[1-\mathrm{RS}_m^k(C_i)]\end{aligned} \tag{6-46}$$

借助式(6-46)，可计算得到当 LS_j 因 C_i 产生缺货时，由 LS_l 进行横向供应以满足该需求的概率及供应时间为 $\{P_{lj}(C_i), t_{lj}\}$，所以进而就可得到 LS_j 的期望缺货横向供应时间为

$$E[T_j^{\mathrm{ID}}(C_i)] = \sum_{l=1,l\neq j}^{J-2} t_{lj} \cdot P_{lj}(C_i) \tag{6-47}$$

实际上，在该供应保障系统中，不希望任何一个站点产生缺货，所有二级保障站点的性质相同，因此在不考虑一级维修站点的条件下，可将该供应系统抽象成为一个串联系统。不同于传统意义上的故障，此处可将站点的缺货定义为故障，所以二级站点 LS_j 就组件 C_i 而言的 Birnbaum 重要度为

$$I_{(i,j)}^{\mathrm{BM}}(t,C_i) = \frac{\partial R_{(i,S)}(t)}{\partial R_{(i,j)}(t)} = \frac{\prod_{k=1}^{J-1} R_{(i,k)}(t)}{R_{(i,j)}(t)} = \prod_{k=1,k\neq j}^{J-1} R_{(i,k)}(t) = \prod_{k=1,k\neq j}^{J-1} \mathrm{RS}_k(C_i) \tag{6-48}$$

在当前初始状态下，接下来的整个运行周期内，站点 LS_j 基于横向供应时间的 Birnbaum 重要度可计算为

$$I_{(i,j)}^{\mathrm{BM},t}(t,C_i) = \frac{E[T_j^{\mathrm{ID}}(C_i)]}{I_{(i,j)}^{\mathrm{BM},t}(t)} = \frac{\sum_{l=1,l\neq j}^{J-2} t_{lj} \cdot P_{lj}(C_i)}{\prod_{k=1,k\neq j}^{J-1} \mathrm{RS}_k(C_i)} \tag{6-49}$$

这一概念的计算所表述的物理意义为：保障供应网络中某一保障站点的 Birnbaum 重要度发生改变后对整个供应网络横向供应时间产生的影响大小。即同时考虑缺货概率和供应时间的条件下，认为应将剩余备件优先供应至横向供应时间重要度较大的地方，可以最大概率地降低横向供应时间。所以对所有二级站点按照该重要度的大小进行排序，并将备件送至排序第一的站点。之后更新各个站点的库存状态，重新计算上述指标并分配，直至所有备件分配完毕。分配流程如图 6-13 所示。

进一步，军事物流的发展越来越希望能通过合理的配置和灵敏的动态调度来替代大量的备件存储，此处也可以借助横向供应时间重要度对航材备件进行动态管理，及时调整各个站点的仓储状态以更好地满足保障需求：当二级站点 LS_j 产生一个没

有能力修复的组件 C_i 运送至一级站点 LS_J 后，不存在横向供应时，组件在一级站点于 t_q 时刻维修成功后，返回二级站点 LS_j 重新成为备件。若在此期间 LS_l 通过横向运输满足了 LS_j 的一个 C_i 需求，则令 $Q_S(C_i)=1$，$T=T-t_q$，并按照图 6-13 所示流程重新计算并将备件运输至指定位置。

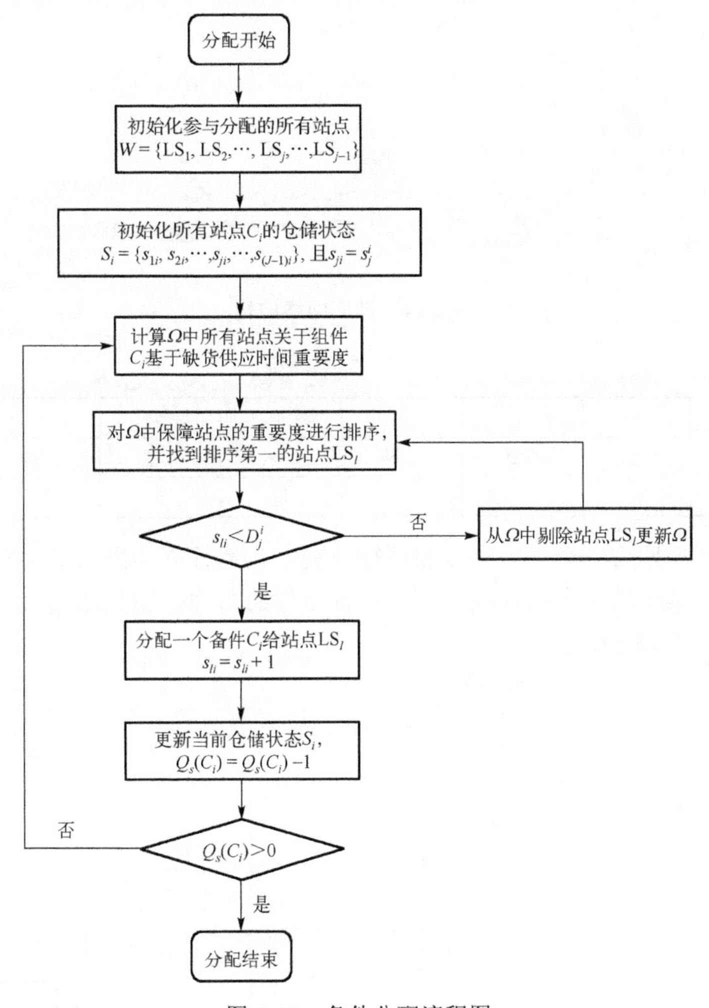

图 6-13　备件分配流程图

6.4　案 例 分 析

以某战区的保障状况为例，系统是由一个一级保障站点和五个二级保障站点组成的网络结构，其位置关系如图 6-14 所示，各个站点的级别属性及拥有飞机数量如表 6-1 所示。

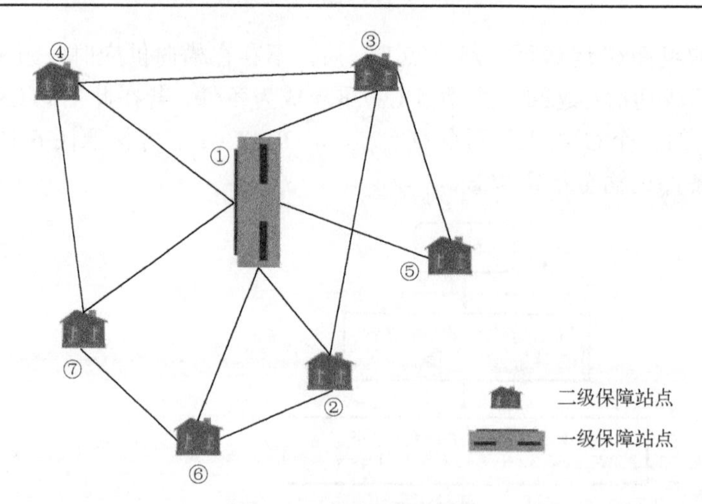

图 6-14　供应网络结构

表 6-1　站点特征

站点编号	1	2	3	4	5	6	7
站点属性	一级	二级	二级	二级	二级	二级	二级
飞机数量	无	14	10	13	9	11	13

系统运行周期为一个月，每月初进行补货，在运行周期内每架飞机平均每天飞行四小时。对其中的十个组件进行研究，各组件的名称、相互之间的关系以及所处位置抽象为图 6-15 所示。

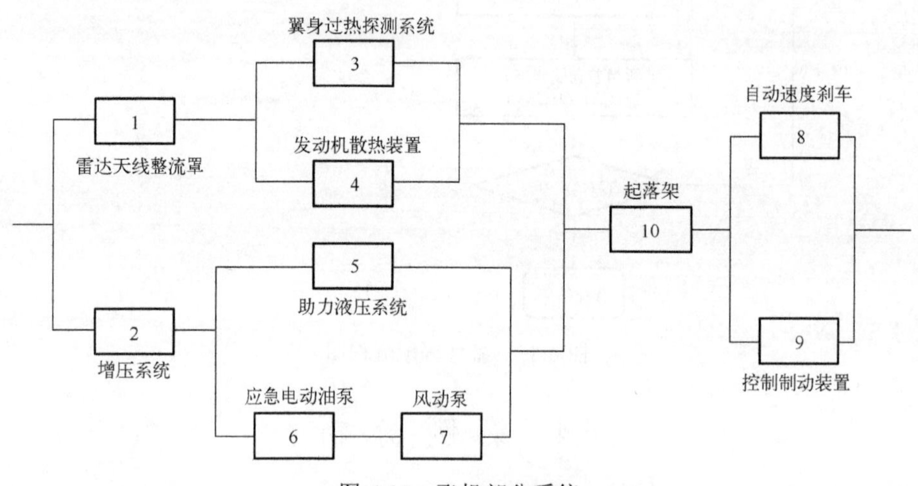

图 6-15　飞机部分系统

根据图 6-15 所示的串并联关系，借助综合重要度的计算方法，最终得到可修组件与不可修组件的可靠性及维修性数据分别如表 6-2 和表 6-3 所示。

表 6-2　不可修组件可靠性数据

组件编号	故障率	综合重要度	系统容量
1	0.0042	0.000576	52
4	0.0019	0.000063	34
8	0.0051	0.000331	45

表 6-3　可修组件可靠性数据

组件编号	故障率	修复率	综合重要度	系统容量
2	0.009	0.077	0.000351	8
3	0.0028	0.017	0.000059	11
5	0.0035	0.021	0.000064	12
6	0.0019	0.014	0.000013	40
7	0.0052	0.033	0.000037	11
9	0.0046	0.037	0.000342	9
10	0.0074	0.062	0.001684	8

6.4.1　单组件保障效能的影响分析

为了进一步表明单个组件在运行周期内的状态规律及验证模型的合理性，下面对不可修组件 C_1 与可修组件 C_2 在一个周期内的相关指标进行具体探究。

(1) 不可修组件。

首先计算相应周期下不可修组件 C_1、C_4 和 C_8 的平均故障次数并向下取整，结果如表 6-4 所示；然后分别计算运行周期内组件发生故障次数的概率，并作图 6-16 以观察组件的故障特征以及故障率对组件故障的影响，接着计算不同备件数量下的系统备件满足率，并作图 6-17 以观察不同故障率下备件数量对系统备件满足率的影响规律。

表 6-4　不可修组件的平均故障次数

组件编号	故障率	平均故障次数
1	0.0042	24
4	0.0019	35
8	0.0051	42

在图 6-16 中对平均故障次数进行了标注，由图可知，故障次数的概率近似服从正态分布，在到达平均故障次数之前，随着故障次数的增加，与之相对应的概率也逐渐增大，并在平均故障次数时最大；在平均故障次数之后，随着故障次数的增加，相应的发生概率逐渐减小。另外，随着故障率的增加，组件的平均故障次数升高且在平均故障次数下的概率下降。

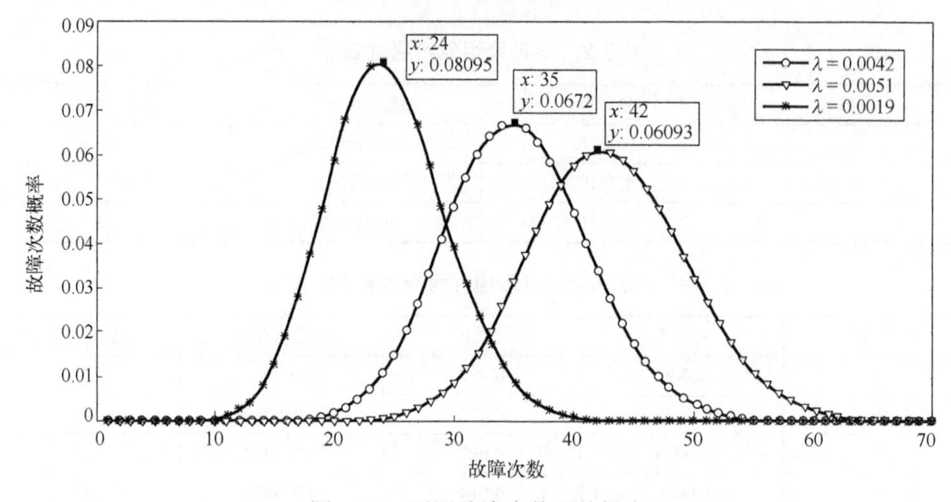

图 6-16　不同故障次数下的概率

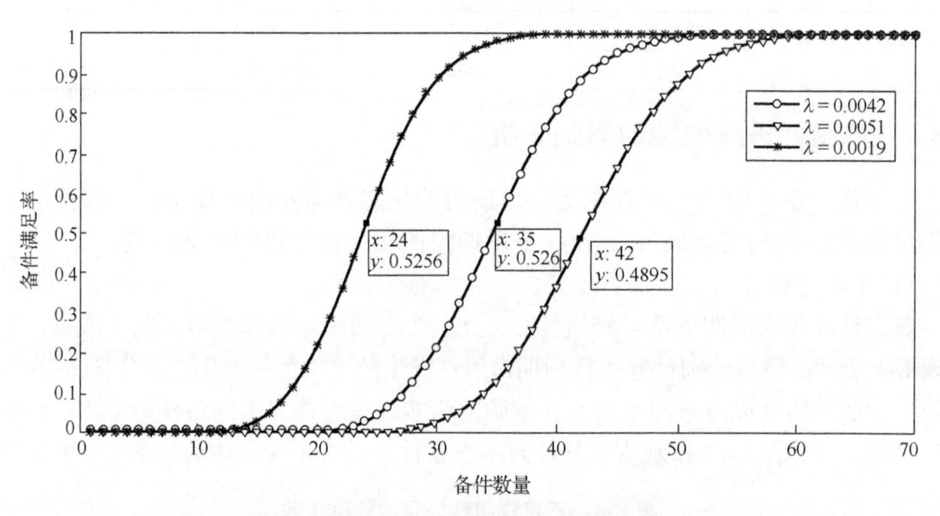

图 6-17　备件数量对备件满足率的影响

在图 6-17 中对备件数量等于平均故障次数时的备件满足率进行了标注。类似地，在备份数量到达平均故障次数之前，备件满足率随着备件数量的提升表现出边际效用递增的规律，并在平均故障次数附近边际效用最大，之后边际效用递减。在整个过程中，备件满足率随着备件数量的增多不断提升，并最终无限接近于 1。进一步还可以看到，当备件数量等于平均故障次数时，系统的备件满足率并不能达到管理者想要的效果，因此完全利用平均故障次数来确定组件的备份数量是不可取的。

(2)可修组件。

对可修组件 C_2 的备件数量与平均首次缺货时间进行探究，计算不同备件数量下系统的首次缺货时间，得到二者关系如图 6-18 所示。

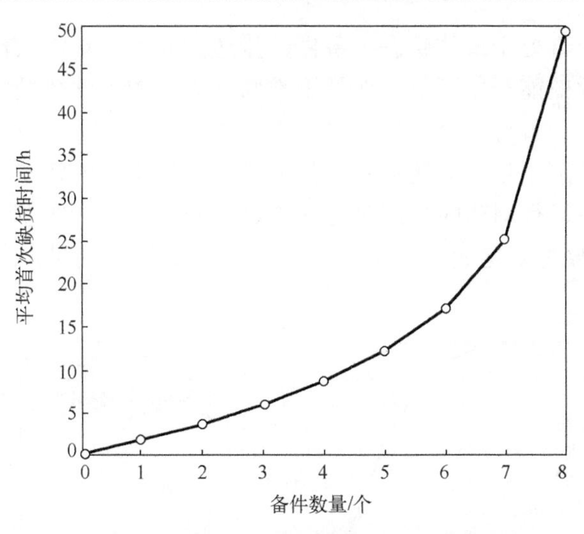

图 6-18　备件数量对平均缺货时间的影响

由图 6-18 可知，系统对可修组件 C_2 的平均首次缺货时间会随着备件数量的增多而增加，且增加的幅度呈现出增大的趋势，这表明备件数量的增加对首次缺货时间的影响会越来越大。对可修组件 C_2 在运行过程中不同状态下的数量随运行时间的变化规律进行统计，观察每一时刻下处于不同状态下的组件数量，得到不同状态下组件数量的变化规律如图 6-19 所示。

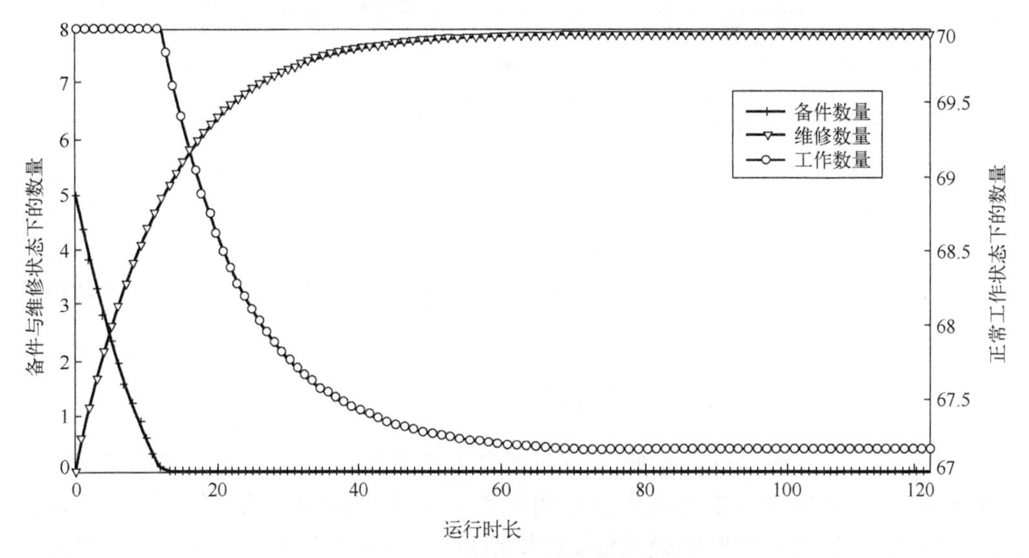

图 6-19　不同状态下组件数量的变化

由图 6-19 可知，在运行过程中：在备件数量变为 0 之前，工作状态下的组件数量依靠着备份和维修产生的新备份而保持不变，维修状态下的组件数量不断增加，系统的运行效能一直处于最佳状态；备件数量达到 0 后，正常工作的组件数量开始减少，系统的运行效能开始下降，而处于维修状态下的组件数量逐渐增加。备件数量在变为 0 之后便一直持续处于该状态，工作和维修状态下的组件数量也会随着运行时间的推进而逐渐平稳，系统最终达到另一种近似平衡的状态。

为进一步表明运行周期的长短对备件满足率的影响，分别对可修组件 C_2 与不可修组件 C_1 在备件数量确定的条件下，改变补货周期的长短观察满足率的变化并作图 6-20。

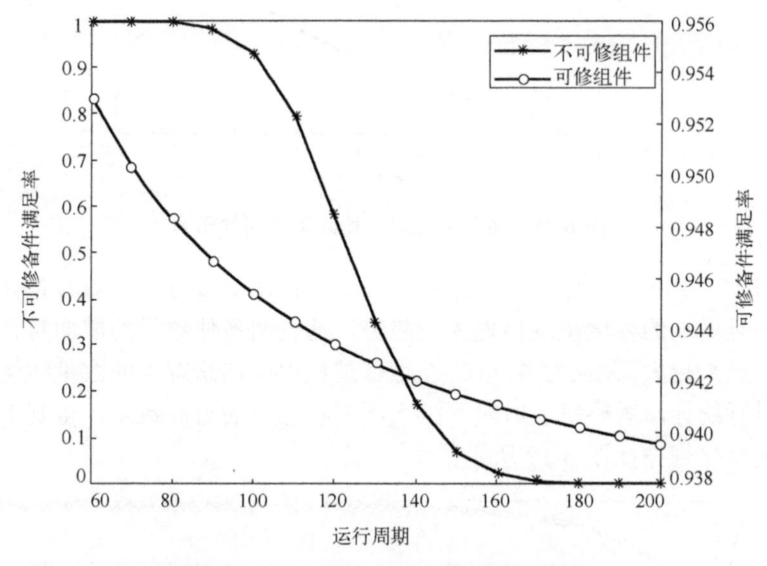

图 6-20　运行周期对备件满足率的影响

由图 6-20 可知，就备件满足率而言，运行周期对不可修组件的影响远远大于可修组件。这是因为可修组件在运行周期内由于修复率和故障率的关系，最终会达到一个近似平衡的状态；而不可修组件因没有修复能力，运行周期对其满足率的影响十分显著。因此在对备件的仓储管理中，对一些重要度较高且不可修组件的备份应该更加关注。

6.4.2　各组件备份数量的优化配置

在探究了组件满足率的影响关系与其合理性之后，借助上面所提出的算法，首先在满足最低保障要求与备件数量为整数的条件下得到初始可行解，然后计算增加相应组件备份数量时的效用比，借助边际分析法来选择下一步要增加的备件数量，逐步逼近最优解最大化系统级保障率，边际分析的具体求解过程如图 6-21 所示。

求解过程中随着迭代次数的增加，系统级保障率和成本的变化规律如图 6-22 所示。

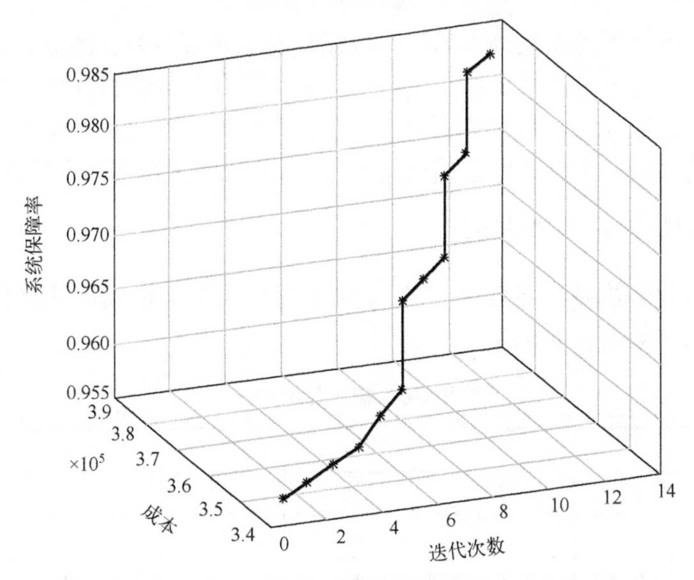

图 6-21　求解迭代过程

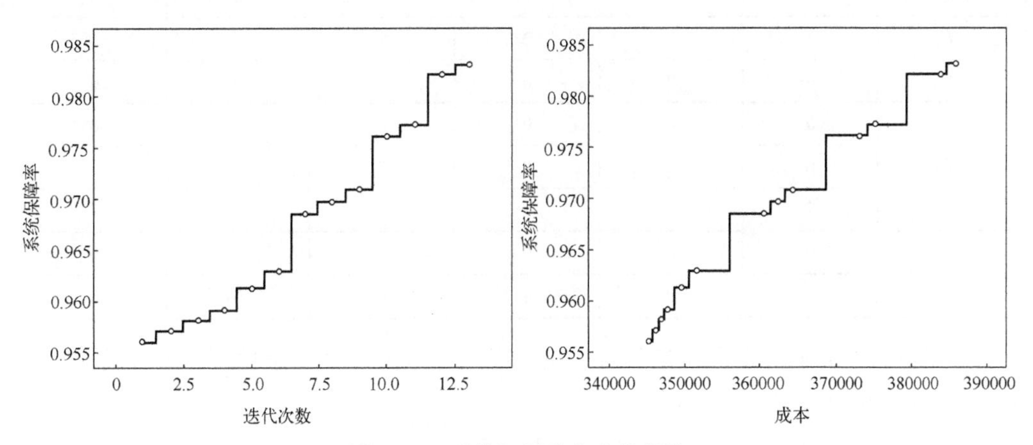

图 6-22　系统级保障率变化规律

根据部分约束给出的初始可行解，以及利用 6.3 节中所提出的边际优化方法迭代求解后，得到的模型最优解结果如表 6-5 所示。

表 6-5　备件数量求解结果

编号	1	2	3	4	5	6	7	8	9	10
初始解	45	4	3	23	4	1	5	54	3	4
最优解	48	8	3	23	4	1	5	54	6	7

相较于传统简单连乘的系统级保障率，这种备份数量的确定方式考虑了组件的

状态转移特性以及组件在系统中的结构特征，对系统备份效益的提升有更大的参考价值。另外，航材备件的共享在很大程度上减少了备件的数量需求，整个保障系统的求解方式很好地体现了航材共享的这一特征。这将极大地提升备件的利用率，解决了当前在民用航空中存在的备件周转率低下、备件购置费用和仓储费用高的问题。

6.4.3 仓储位置的决策求解

首先按照故障次数对备件数量的 80%进行初次分配以满足站点自身的保障需求，初次分配结果如表 6-6 所示。

表 6-6　初次分配结果

组件	站点					
	LS_2	LS_3	LS_4	LS_5	LS_6	LS_7
C_1	6	4	6	4	5	6
C_2	1	0	1	0	0	1
C_3	0	0	0	0	0	0
C_4	3	2	2	2	2	2
C_5	0	0	0	0	0	0
C_6	0	0	0	0	0	0
C_7	0	0	0	0	0	0
C_8	7	5	7	4	5	7
C_9	0	0	0	0	0	0
C_{10}	0	0	0	0	0	0

对图 6-14 所示的供应系统结构，在考虑路径运输时间的条件下，可看成加权无向的路网，利用邻接矩阵表示为

$$G=\begin{bmatrix} 0 & 4.2 & 4.8 & 5.7 & 5.4 & 5.8 & 6.3 \\ 4.2 & 0 & 6.5 & \infty & \infty & 4.6 & \infty \\ 4.8 & 6.5 & 0 & 7.3 & 6.1 & \infty & \infty \\ 5.7 & \infty & 7.3 & 0 & \infty & \infty & 8.2 \\ 5.4 & \infty & 6.1 & \infty & 0 & \infty & \infty \\ 5.8 & 4.6 & \infty & \infty & \infty & 0 & 5.5 \\ 6.3 & \infty & \infty & \infty & \infty & 5.5 & 0 \end{bmatrix}$$

其中，矩阵元素表示相连接的两站点之间的运输时间，∞表示两节点之间不直接相连接，借助 Dijkstra 算法可得到任意两站点之间的最短运输时间矩阵 T_{ID} 为

$$T_{\mathrm{ID}} = \begin{bmatrix} 0 & 4.2 & 4.8 & 5.7 & 5.4 & 5.8 & 6.3 \\ 4.2 & 0 & 6.5 & 9.9 & 9.6 & 4.6 & 10.1 \\ 4.8 & 6.5 & 0 & 7.3 & 6.1 & 10.6 & 11.1 \\ 5.7 & 9.9 & 7.3 & 0 & 11.1 & 11.5 & 8.2 \\ 5.4 & 9.6 & 6.1 & 11.1 & 0 & 11.2 & 11.7 \\ 5.8 & 4.6 & 10.6 & 11.5 & 11.2 & 0 & 5.5 \\ 6.3 & 10.1 & 11.1 & 8.2 & 11.7 & 5.5 & 0 \end{bmatrix}$$

经过初次分配后结果可得到该条件下所有二级站点在不进行横向供应时的可靠度与不可靠度，进而计算站点的重要度和期望缺货时间，最终得到相应组件对于某一站点基于横向供应时间的重要度，对该指标较高的站点优先分配备件，最终求解结果如表 6-7 所示。

表 6-7　最终分配结果

组件	站点					
	LS_2	LS_3	LS_4	LS_5	LS_6	LS_7
C_1	9	7	9	7	7	9
C_2	1	1	3	1	1	1
C_3	0	1	1	1	0	0
C_4	4	4	5	4	2	4
C_5	0	1	1	1	0	1
C_6	0	0	1	0	0	0
C_7	1	1	1	1	0	1
C_8	11	8	11	7	6	11
C_9	1	1	1	1	1	1
C_{10}	1	1	2	1	1	1

实质上，当初次分配比例达到百分之百时，即为传统意义上只考虑站点直接需求的备件分配模式，其分配结果如表 6-8 所示。

表 6-8　传统分配方式

组件	站点					
	LS_2	LS_3	LS_4	LS_5	LS_6	LS_7
C_1	10	7	9	6	8	9
C_2	2	1	1	1	1	2
C_3	1	0	1	0	0	1
C_4	5	2	4	3	4	4
C_5	1	0	1	0	1	1

续表

组件	站点					
	LS_2	LS_3	LS_4	LS_5	LS_6	LS_7
C_6	1	0	0	0	0	0
C_7	1	1	1	0	1	1
C_8	11	8	10	7	8	10
C_9	1	1	1	1	1	1
C_{10}	2	1	1	1	1	1

由表 6-7 与表 6-8 的对比可知，本章提出的分配方法相对于传统方法而言，不仅仅考虑到了本站点的需求状况，而且也兼顾到大概率存在的横向供应问题，综合考虑了站点的地理位置状况和横向需求，以尽可能地使备件的供应时间最短。

6.5 本章小结

本章基于重要度提出了一种考虑系统级备件保障率的备份维修配置方法。从直接供应和横向调运两方面入手，同时考虑不同站点的任务要求和地理位置特点，给出了基于供应时间重要度的备件仓储位置确定方法。最终得到了一个针对两级维修保障系统的仓储配置方案，来达到使整个备件供应系统能够更加经济高效运行的目的，对现实条件下航材备件仓储方案的制定具有一定的现实意义。

第 7 章　灌溉网络韧性应用

灌溉网络是保证粮食稳定生产的关键。现实中，灌溉网络经常受到自然灾害或人为破坏的干扰，导致严重的粮食减产。因此，水资源的配置是农业生产中值得关注的重要问题，对灌溉网络进行韧性分析具有重大意义。为了提高灌溉效率，减少生产损失，许多学者提出了不同的水资源分配方法。然而，在现有的文献中，关于以提高网络整体韧性为目标的水资源分配方法尚不完善。为了弥补这一不足，本章基于灌溉网络三个阶段的性能变化对其进行韧性分析及应用。

7.1　灌溉网络性能变化分析

灌溉网络中，节点包括需水节点和供水节点两类，需水节点通常指需要灌溉用水的农田、村庄、种植区等，供水节点通常包括水库、水井、自然湖泊等，链路包括水渠、河流等输水渠道，将节点连通，发挥输送水资源的作用。符合上述特征的均可视为灌溉网络。灌溉网络相较于传统的输水网络更加全面化、信息化、智能化，从而能够起到统筹优化配置灌溉水资源的作用，这减少了灌溉水在输送和分配过程中的浪费和损失，并且大幅度地提高了农业用水的效率，最终使灌溉网络得到最优化管理，形成一个新型的节水、节能和节约型的高效灌溉体系。

用 $W(N,\mathrm{IR},C)$ 表示一个灌溉网络，其中，N 表示一个需水节点集合，IR 表示一个供水节点集合，C 表示一个河流集合。假设 N 由市级节点组成，表示为 $N_j, j\in\mathbf{Z}^+$，IR 包含用于灌溉的主要水库，表示为 $\mathrm{IR}_\varsigma,\varsigma\in\mathbf{Z}^+$。需水节点和供水节点通过河流建立连接。在灌溉网络中，假设水库和河流从不因灾害而失效；所有节点的状态都是彼此独立的；每个失效的节点都可以在一定程度上恢复到正常状态。一个典型的灌溉网络如图 7-1 所示，它由分布在灌溉网络中的河流、城市和水库组成。

网络作物生产率为

$$c_p(t)=\frac{P^{\mathrm{Act}}(t)}{P^{\mathrm{Nor}}} \tag{7-1}$$

其中，P^{Nor} 是灌溉网络正常情况下的预期产量，是一个确定的值，不会随时间改变，因此有 $P^{\mathrm{Nor}}(t)=P^{\mathrm{Nor}}$。$P^{\mathrm{Act}}$ 是灌溉网络实际情况下的预期产量，$P^{\mathrm{Act}}(t)$ 的值会随时间及受灾情况的变化而变化。c_p 指系统作物生产率，是实际情况下的预期产量与正常情况下的预期产量的比值，因此 $c_p(t)$ 的值也会随时间改变。

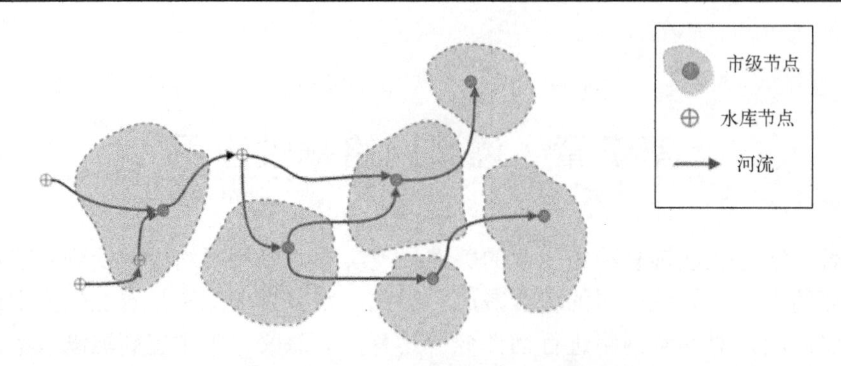

图 7-1　一个典型的灌溉网络示意图

灌溉网络性能通过作物生产率来衡量，$c_p \in (0,1]$，在该取值范围内，c_p 的值越大表示网络性能越好，当 $c_p = 1$ 时，说明灌溉网络完全没受到灾难影响，此时灌溉网络性能最好。灌溉网络受灾时种植的作物因受到干旱影响而减产，网络性能会逐渐下降到一个最低的水平 $c_{p_{\min}}$，但由于旱灾影响范围有限，整个网络不至于全部绝产，所以有 $c_{p_{\min}} > 0$。受限于紧缺的水源，灌溉网络性能最终无法完全恢复，最终网络作物生产率可被恢复到 $c_{p_{\text{final}}}$。网络性能变化的三个阶段如图 7-2 所示。

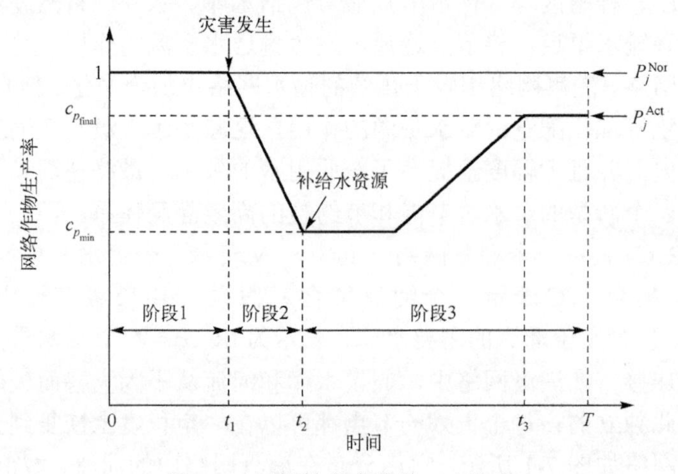

图 7-2　网络性能变化的三个阶段

时间 t 是连续的，$t \in (0,T]$，灌溉网络内所有节点性能的受损和恢复过程都发生在此时间段内。

(1) 第一阶段：正常运行阶段，$t \in (0,t_1]$，$c_p = 1$。灾害尚未发生，灌溉网络暂时未受到干旱的影响，整个灌溉网络处于正常运行状态，作物正常生长。

(2) 第二阶段：受灾阶段，$t \in (t_1,t_2]$。灾害发生，农作物生长会受到一定程度的影响，导致网络性能下降，在 $t = t_2$ 时，灌溉网络作物生产率下降到 $c_{p_{\min}}$。

(3) 第三阶段：恢复阶段，$t \in (t_2,T]$。水库中有限的蓄水被分配到部分失效节点，系统性能最终得到部分恢复，在$t=t_3$时，灌溉网络作物生产率恢复到$c_{p_{\text{final}}}$，之后保持恢复后的状态稳定运行。

对于灌溉网络内的各个节点，定义$P_j^{\text{Nor}}, j\in \mathbf{Z}^+$是$N_j$正常情况下的预期产量，同样为一个确定的值，不随时间改变，因此有$P_j^{\text{Nor}}(t)=P_j^{\text{Nor}}$。$P_j^{\text{Act}}, j\in \mathbf{Z}^+$是$N_j$实际情况下的预期产量，$P_j^{\text{Act}}(t)$的值会随时间及受灾情况的变化而变化。网络产量是节点产量的总和，也就是有$P^{\text{Act}}(t)=\sum_j P_j^{\text{Act}}(t)$以及$P^{\text{Nor}}=\sum_j P_j^{\text{Nor}}$。$c_{p_j}, j\in \mathbf{Z}^+$指某节点的作物生产率，是实际情况下的该节点预期产量与正常情况下的预期产量的比值

$$c_{p_j}(t)=\frac{P_j^{\text{Act}}(t)}{P_j^{\text{Nor}}} \tag{7-2}$$

在此系统内的节点是多态的，不能仅用正常运转与失效两种情况来概括节点性能。由于$P_j^{\text{Act}}(t)$的值为连续变化的，所以$c_{p_j}(t)$的值也为连续的，但为方便探究，将连续的节点作物生产率划分为若干个节点性能等级，对应于干旱灾害等级。本章将节点性能划分为 5 个等级，并用$l_{i,j}, i\in\{0,1,2,3,4\}$表示某节点所处的性能等级，$l_{i,j}: c_{p_j}\in(c_{p_j}^{i+1}, c_{p_j}^{i}]$，$c_{p_j}^{i}$是节点性能等级各等级的分界值。$i$从 0 到 4，节点性能等级由高到低，也就是说，处于$l_{0,j}$等级的节点性能处于最好状态，认为处于该等级的节点受到灾难打击的影响可忽略，节点处于正常运转状态，而处于$l_{4,j}$等级的节点性能最差。每个节点的性能会因受灾难影响的不同，在t_2时刻下降到不同性能等级。

综上，灌溉网络内各节点受灾前后以及恢复后的变化过程如图 7-3 所示。

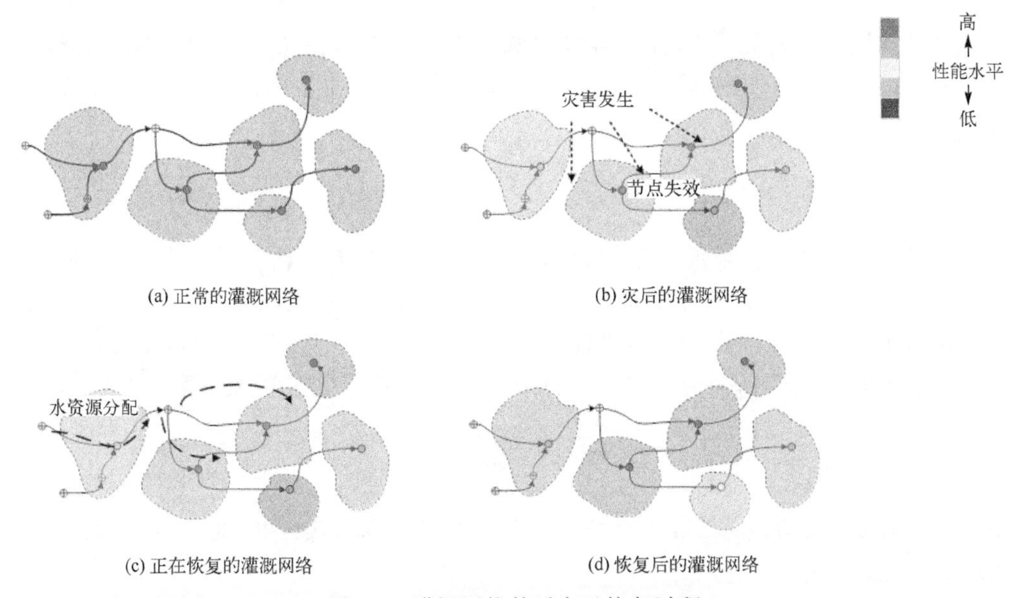

图 7-3　灌溉网络的受灾及恢复过程

7.2　灌溉网络的韧性分析和水资源分配

7.2.1　灌溉网络内的损失分析

灌溉网络的损失用Cpr表示，定义为系统性能达到最低时预期减少的产量，即在$t=t_2$时，系统正常情况下的预期产量与系统实际情况下的预期产量的差值。

$$\text{Cpr}=P^{\text{Nor}}-P^{\text{Act}}(t_2)=(1-c_{p_{\min}})P^{\text{Nor}} \tag{7-3}$$

在$t=t_2$时，$c_{p_j}(t_2)=c_{p_{\min_j}}$，其中$c_{p_{\min_j}}$为节点$j$的作物生产率最低值，灌溉网络内某节点的损失用$\text{Cpr}_j$表示，同样有

$$\text{Cpr}_j=P_j^{\text{Nor}}-P_j^{\text{Act}}(t_2)=(1-c_{p_{\min_j}})P_j^{\text{Nor}} \tag{7-4}$$

本章考虑的灌溉网络的损失为预期值，灌溉网络的预期损失可用$E[\text{Cpr}]$表示，是在考虑了所有可能的灾难强度的情况下，综合所有节点预期损失$E[\text{Cpr}_j]$，描述整个系统在$t=t_2$时作物预期减产损失的变量。灌溉网络的预期损失可由式(7-5)得到

$$E[\text{Cpr}]=E\left[\sum E[\text{Cpr}_j]\right]=E\left[\sum E[P_j^{\text{Nor}}-P_j^{\text{Act}}(t_2)]\right]=\sum(1-E[c_{p_{\min_j}}])P_j^{\text{Nor}} \tag{7-5}$$

定义一个0-1变量K，用于说明某节点处灾害是否发生。

$$K=\begin{cases}1, & \text{灾难发生}\\0, & \text{灾难不发生}\end{cases} \tag{7-6}$$

定义$\phi(l_{i,j})$为N_j处于$l_{i,j}$性能等级的概率质量函数。$c_{p_{\min_j}}(l_{i,j})$是节点性能等级$l_{i,j}$的代表值，为了反映出地理变异性，$c_{p_{\min_j}}(l_{i,j})$是$(c_{p_j}^{i+1},c_{p_j}^{i}]$范围内的一个随机值。那么$E[c_{p_{\min_j}}]$为

$$E[c_{p_{\min_j}}]=\sum_i c_{p_{\min_j}}(l_{i,j})\phi(l_{i,j}) \tag{7-7}$$

灾难的发生情况可以通过泊松分布进行建模，定义$T_j^{\text{cycle}}(l_{i,j})$(年)为$N_j$发生使节点性能下降到$l_{i,j}$等级的灾难的周期，如$i=1$时，依照历史经验来看，节点$j$每经过$T_j^{\text{cycle}}(l_{1,j})$年就会发生一次使节点性能水平下降到$l_{i,j}$等级的灾难，当$i=2,3,4$时以此类推，$i=0$时，$T_j^{\text{cycle}}(l_{0,j})$是作物正常生产的平均周期。定义年发生率$\varphi^{l_{i,j}}$为

$$\varphi^{l_{i,j}}=\frac{1}{T_j^{\text{cycle}}(l_{i,j})} \tag{7-8}$$

则灾难发生与否使得节点性能下降到$l_{i,j}$等级的概率可以用式(7-9)和式(7-10)表示

$$\phi(l_{i,j} \mid K=1)=\frac{\varphi^{l_{i,j}^K}}{K!}=\varphi^{l_{i,j}}\mathrm{e}^{-\varphi^{l_{i,j}}},\quad i=1,2,3,4 \tag{7-9}$$

$$\phi(l_{0,j} \mid K=0)=1-\sum_{i=1}^{4}\phi(l_{i,j} \mid K=1),\quad i=0 \tag{7-10}$$

可用一个初始概率矩阵 $\mathrm{Pr}_j^{\mathrm{initial}}$ 记录各性能水平等级发生的概率为

$$\mathrm{Pr}_j^{\mathrm{initial}}=[\phi(l_{0,j} \mid K=0),\phi(l_{1,j} \mid K=1),\cdots,\phi(l_{4,j} \mid K=1)] \tag{7-11}$$

综上，受灾难影响灌溉网络和节点受到的损失分别如下

$$E[\mathrm{Cpr}_j]=(1-E[c_{p_{\min_j}}])P_j^{\mathrm{Nor}}=\left(1-\sum_i c_{p_{\min_j}}(l_{i,j})\phi(l_{i,j} \mid K)\right)P_j^{\mathrm{Nor}} \tag{7-12}$$

$$\begin{aligned}E[\mathrm{Cpr}]&=P^{\mathrm{Nor}}-\sum E[c_{p_{\min_j}}]P_j^{\mathrm{Nor}}\\&=P^{\mathrm{Nor}}-\sum_j\left(\sum_i c_{p_{\min_j}}(l_{i,j})\phi(l_{i,j} \mid K)P_j^{\mathrm{Nor}}\right)\end{aligned} \tag{7-13}$$

7.2.2 灌溉网络内的恢复分析

本章在探究最佳水资源分配策略时关注到了性能恶化阶段，如果当某节点的作物生产率在下降到 $c_{p_{\min_j}}^{\mathrm{pre}}$ 时就采取措施阻止进一步恶化，这个过程称为有提前干涉的恶化过程。相反，没有提前采取措施的恶化过程称为无提前干涉的恶化过程。两种情况下的恢复过程如图 7-4 所示，下面分别讨论。

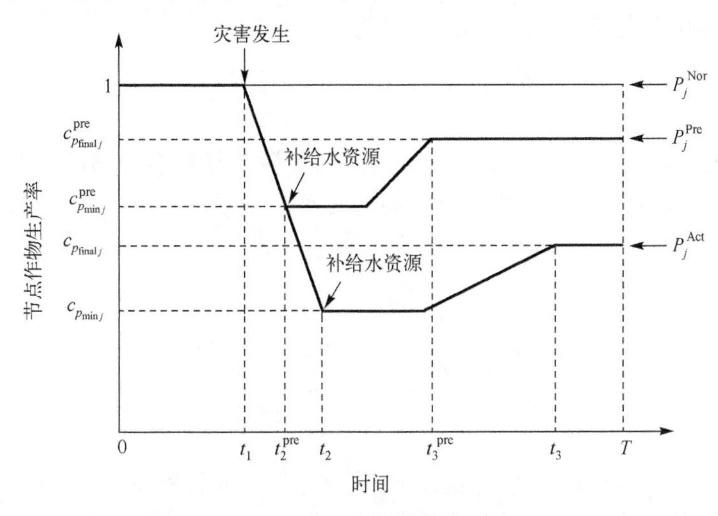

图 7-4　灌溉网络的恢复过程

灌溉网络的恢复过程可以通过马尔可夫过程进行建模，对系统及节点损失后的恢复进行评估，系统恢复用Ral表示，定义为系统性能恢复后挽回的损失

$$\mathrm{Ral}=(c_{p_{\mathrm{final}}}-c_{p_{\min}})P^{\mathrm{Nor}} \tag{7-14}$$

ξ_j 是一个 0-1 变量，是节点的恢复决策系数，用来说明此节点的恢复决策, 在水资源紧缺的情况下，有的节点不会被分配到水资源，因此不会得到恢复，此时 $\xi_j=0$，有的节点得到水资源并恢复，此时 $\xi_j=1$。

$$\xi_j=\begin{cases}1, & \text{该节点被恢复}\\ 0, & \text{该节点不被恢复}\end{cases} \tag{7-15}$$

假设 N_j 最终得到水资源并恢复，$\xi_j=1$，在节点方面，$t=t_3$ 时，$c_{p_j}(t_3)=c_{p_{\mathrm{final}_j}}$，其中 $c_{p_{\mathrm{final}_j}}$ 为 N_j 恢复后作物生产率，灌溉水网系统内某节点的恢复用 Ral_j 表示，恢复后节点损失用 $\mathrm{Cpr}_j^{\mathrm{final}}$ 表示

$$\begin{aligned}\mathrm{Ral}_j&=(c_{p_{\mathrm{final}_j}}-c_{p_{\min_j}})P_j^{\mathrm{Nor}}=[(1-c_{p_{\min_j}})-(1-c_{p_{\mathrm{final}_j}})]P_j^{\mathrm{Nor}}\\&=\mathrm{Cpr}_j-(1-c_{p_{\mathrm{final}_j}})P_j^{\mathrm{Nor}}\end{aligned} \tag{7-16}$$

节点预期恢复值 $E[\mathrm{Ral}_j]$ 为

$$E[\mathrm{Ral}_j]=E[\mathrm{Cpr}_j]-(1-E[c_{p_{\mathrm{final}_j}}])P_j^{\mathrm{Nor}} \tag{7-17}$$

将 $F_i^j(l_{i,j})$ 定义为恢复后 N_j 处于 $l_{i,j}$ 等级的概率质量函数，其中 $E[c_{p_{\mathrm{final}_j}}]$ 是 N_j 恢复后的预期节点作物生产率。和 $E[c_{p_{\min_j}}]$ 的计算过程相似，仍然考虑地理变异性的作用，$c_{p_{\mathrm{final}_j}}(l_{i,j})$ 是 $(c_{pj}^{i+1},c_{pj}^{i}]$ 范围内的一个随机值，该值对于性能等级 $l_{i,j}$ 范围内包含的所有 $c_{p_{\mathrm{final}_j}}$ 值具有代表性。因此，$E[c_{p_{\mathrm{final}_j}}]$ 为

$$E[c_{p_{\mathrm{final}_j}}]=\sum_{l_i}c_{p_{\mathrm{final}_j}}(l_{i,j})\cdot F_i^j(l_{i,j}) \tag{7-18}$$

马尔可夫奖励过程可以用于连续时间段内离散节点状态转移的建模，此处将其应用于表示 N_j 恢复阶段节点性能等级间的转移。用 $Q^{\mathrm{transfer}}(q_{i_m i_n}^j)$ 表示节点性能等级的转移率矩阵。

$$Q^{\mathrm{transfer}}(q_{i_m i_n}^j)=\begin{pmatrix}q_{00}{}^j & q_{01}{}^j & \cdots & q_{04}{}^j\\ q_{10}{}^j & q_{11}{}^j & \cdots & q_{14}{}^j\\ \vdots & \vdots & & \vdots\\ q_{40}{}^j & q_{41}{}^j & \cdots & q_{44}{}^j\end{pmatrix} \tag{7-19}$$

其中，$q_{i_m i_n}^j$ 表示 N_j 的性能水平等级从 $l_{i_m,j}$ 转移到 $l_{i_n,j}$ 的转移率，$l_{i_m,j}$ 和 $l_{i_n,j}$ 分别表示 $t=t_2$ 及 $t=t_3$ 时的节点性能等级，$i_m,i_n\in\{0,1,2,3,4\}$。$i_m>i_n$ 说明节点性能水平有所恢复；$i_m=i_n$ 说明节点性能水平保持不变，没有恢复也没有进一步恶化；$i_m<i_n$ 说明节

点性能水平恶化。在本章中，当系统进入恢复阶段，整个网络内的所有节点的性能水平不会进一步恶化，也就是说，$t \in (t_2, T]$时，只会有$i_m \geqslant i_n$，而$i_m < i_n$时的$q_{i_m i_n}^j$不存在。灌溉网络内所有节点在恢复阶段节点性能等级之间所有可能的转移情况如图 7-5 所示。

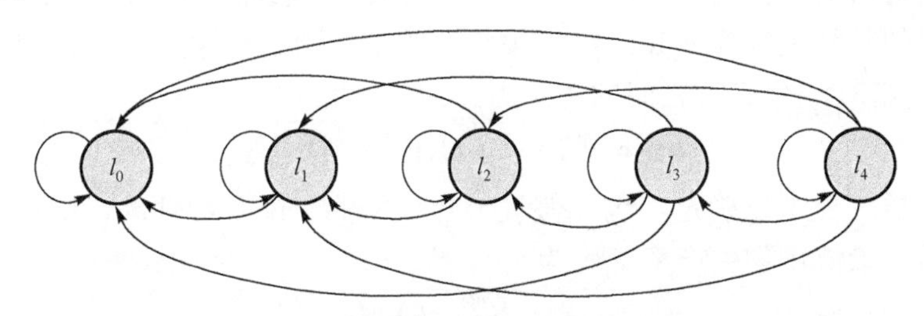

图 7-5　灌溉系统内节点性能转移

本章假设，当把节点从$l_{i_m,j}$等级恢复到$l_{0,j}$等级所用的水量补充完整视为转移过程完成，该水量用$E[\mathrm{Dw}(c_{p_j})]$表示。定义转移过程用时为t_j^{recover}，该灌溉网络内的平均水流速度为$\overline{v}^{\text{flow}}$，那么有

$$t_j^{\text{recover}} = \frac{\xi_j E[\mathrm{Dw}(c_{p_j})]}{\overline{v}^{\text{flow}}} \tag{7-20}$$

以及

$$q_{i_m i_n}^j = \begin{cases} \dfrac{1}{t_j^{\text{recover}}}, & \xi_j = 1 \\ 0, & \xi_j = 0 \end{cases} \tag{7-21}$$

接着，对转移过程给出更多的解释，在现实情况中，即使在环境完全适宜的情况下，作物也不一定会完全正常生长，因此即便N_j得到修复，该节点的性能水平等级也会以不同的概率进行转移，$\mathrm{Pr}^{\text{transfer}}(\mathrm{Pr}_{i_m i_n}^j)$矩阵表示在水量分配后，各节点在不同状态间的转移概率，表示N_j以一定的概率得到恢复。转移概率矩阵为

$$\mathrm{Pr}^{\text{transfer}}(\mathrm{Pr}_{i_m i_n}^j) = \begin{pmatrix} \mathrm{Pr}_{00}^j & \mathrm{Pr}_{01}^j & \cdots & \mathrm{Pr}_{04}^j \\ \mathrm{Pr}_{10}^j & \mathrm{Pr}_{11}^j & \cdots & \mathrm{Pr}_{14}^j \\ \vdots & \vdots & & \vdots \\ \mathrm{Pr}_{40}^j & \mathrm{Pr}_{41}^j & \cdots & \mathrm{Pr}_{44}^j \end{pmatrix} \tag{7-22}$$

由前面定义，只存在$i_m \geqslant i_n$，因此$i_m < i_n$时，$\mathrm{Pr}_{i_m i_n}^j = 0$。定义矩阵$\mathrm{Pr}_j^{\text{final}}$表示$N_j$恢复后处于各节点性能等级的概率

$$\mathrm{Pr}_j^{\text{final}} = [F_0^j(l_{0,j}), F_1^j(l_{1,j}), \cdots, F_4^j(l_{4,j})] \tag{7-23}$$

矩阵$\mathrm{Pr}_j^{\text{final}}$可由式(7-24)得到

$$\mathrm{Pr}_j^{\mathrm{final}} = \mathrm{Pr}_j^{\mathrm{initial}} \cdot \mathrm{Pr}^{\mathrm{transfer}}(\mathrm{Pr}_{i_m i_n}^j) \tag{7-24}$$

因此，$E[c_{p_{\mathrm{final}_j}}]$可根据式(7-18)计算得知，无提前干涉情况下的恢复可进一步通过式(7-17)计算。

由于提前阻断灾害的进一步破坏，恢复效果较无提前干涉情况好，定义因提前干涉而获得的额外恢复为$E[\mathrm{Ral}_j]^{\mathrm{add}}$，最终总的恢复预期可达到$E[\mathrm{Ral}_j]^{\mathrm{pre}}$。$E[\mathrm{Ral}_j]$、$E[\mathrm{Ral}_j]^{\mathrm{pre}}$和$E[\mathrm{Ral}_j]^{\mathrm{add}}$三者之间的关系为

$$E[\mathrm{Ral}_j]^{\mathrm{pre}} = E[\mathrm{Ral}_j]^{\mathrm{add}} + E[\mathrm{Ral}_j] \tag{7-25}$$

作物受损过程难以确定，因此假设节点性能的下降是线性的，即在$t = t_{2_j}^{\mathrm{pre}}$时刻提前干涉后，最低作物生产率$c_{p_{\min_j}}^{\mathrm{pre}}$为

$$c_{p_{\min_j}}^{\mathrm{pre}} = \frac{c_{p_{\min_j}}(t_{2_j}^{\mathrm{pre}} - t_1) + t_2 - t_{2_j}^{\mathrm{pre}}}{t_2 - t_1} \tag{7-26}$$

水从供水水库输送到节点的时间为t_j^{arrive}为

$$t_j^{\mathrm{arrive}} = \frac{d_{\zeta,j}^{\mathrm{res}}}{\overline{v}^{\mathrm{flow}}} \tag{7-27}$$

其中，$d_{\zeta,j}^{\mathrm{res}}$是$\mathrm{IR}_\zeta$与$N_j$间的距离，$\overline{v}^{\mathrm{flow}}$是灌溉网络内的平均水流速度。$E[\mathrm{Ral}_j]^{\mathrm{add}}$的值随着时间$t_{2_j}^{\mathrm{pre}}$的推移而减小，当$t_{2_j}^{\mathrm{pre}} = t_2$时，$E[\mathrm{Ral}_j]^{\mathrm{add}} = 0$。同样假设$E[\mathrm{Ral}_j]^{\mathrm{add}}$的值是随时间$t_{2_j}^{\mathrm{pre}}$线性下降，即

$$E[\mathrm{Ral}_j]^{\mathrm{add}} = \frac{t_2 - t_{2_j}^{\mathrm{pre}}}{t_2 - t_1 - t_j^{\mathrm{arrive}}} \max E[\mathrm{Ral}_j]^{\mathrm{add}} \tag{7-28}$$

为方便表示用α_j代表等式右边的系数。

$$\alpha_j = \frac{t_2 - t_{2_j}^{\mathrm{pre}}}{t_2 - t_1 - t_j^{\mathrm{arrive}}} \tag{7-29}$$

因此，式(7-28)简化为

$$E[\mathrm{Ral}_j]^{\mathrm{add}} = \alpha_j \max E[\mathrm{Ral}_j]^{\mathrm{add}} \tag{7-30}$$

因此，式(7-25)可被扩展为

$$\begin{aligned} E[\mathrm{Ral}_j]^{\mathrm{add}} &= E[\mathrm{Ral}_j]^{\mathrm{pre}} - E[\mathrm{Ral}_j] = (E[c_{p_{\mathrm{final}_j}}^{\mathrm{pre}}] - E[c_{p_{\mathrm{final}_j}}])P_j^{\mathrm{Nor}} \\ &= \alpha_j(\max E[c_{p_{\mathrm{final}_j}}^{\mathrm{pre}}] - E[c_{p_{\mathrm{final}_j}}])P_j^{\mathrm{Nor}} \end{aligned} \tag{7-31}$$

当$\alpha_j = 1$时，$E[c_{p_{\mathrm{final}_j}}^{\mathrm{pre}}] = \max E[c_{p_{\mathrm{final}_j}}^{\mathrm{pre}}]$并且有$E[\mathrm{Ral}_j]^{\mathrm{add}} = \max E[\mathrm{Ral}_j]^{\mathrm{add}}$。综上，考虑提前干涉的网络恢复为

$$\begin{aligned} E[\mathrm{Ral}] &= \sum \xi_j (E[c_{p_{\mathrm{final}_j}}^{\mathrm{pre}}] - E[c_{p_{\min_j}}])P_j^{\mathrm{Nor}} = \sum \xi_j E[\mathrm{Ral}_j]^{\mathrm{pre}} \\ &= \sum \xi_j (E[\mathrm{Ral}_j]^{\mathrm{add}} + E[\mathrm{Ral}_j]) \end{aligned} \tag{7-32}$$

7.2.3 灌溉网络的损失成本

在干旱时期，水是最宝贵的资源，因此本章以 $E[\mathrm{Dw}(c_{p_j})]$ 的值作为节点 j 的恢复成本进行考量，$E[\mathrm{Dw}(c_{p_j})]$ 已在前面被定义。定义补水系数 $E(\mathrm{COE}_j^{\mathrm{Dw}})$，反映实际情况下 N_j 所需补水量 $E[\mathrm{Dw}(c_{p_j})]$ 与 $\mathrm{Dw}(c_{p_j}=1)$ 的关系。

设 $t \in (t_2, T]$ 时，N_j 在没有受到灾难影响的情况下为维持作物生长仍需要的供水量为 $\mathrm{Dw}(c_{p_j}=1)$，在受到影响时

$$E[\mathrm{Dw}(c_{p_j})] = \mathrm{Dw}(c_{p_j}=1) E(\mathrm{COE}_j^{\mathrm{Dw}}) \tag{7-33}$$

在正常情况下，补水系数 $E(\mathrm{COE}_j^{\mathrm{Dw}}) \geqslant 1$，该系数与节点受影响程度有关，也就是与 $E[c_{p_{\min_j}}]$ 有关，当 $E[c_{p_{\min_j}}]=1$ 时，表示节点没有受到任何灾难的影响，此时 $E(\mathrm{COE}_j^{\mathrm{Dw}})=1$ 并且有 $E[\mathrm{Dw}(c_{p_j})] = \mathrm{Dw}(c_{p_j}=1)$。随着 $E[c_{p_{\min_j}}]$ 的值越小，节点受灾越严重，需要补给的水量越多，$E(\mathrm{COE}_j^{\mathrm{Dw}})$ 的值越大。本章假定变量 $E(\mathrm{COE}_j^{\mathrm{Dw}})$ 服从与 $E[c_{p_{\min_j}}]$ 有关的指数分布，其概率密度函数 $f(\mathrm{COE}_j^{\mathrm{Dw}})$ 为

$$f(\mathrm{COE}_j^{\mathrm{Dw}}) = E[c_{p_{\min_j}}] \mathrm{e}^{-E[c_{p_{\min_j}}]\mathrm{COE}_j^{\mathrm{Dw}}}, \quad \mathrm{COE}_j^{\mathrm{Dw}} \geqslant 0 \tag{7-34}$$

节点补水系数 $E(\mathrm{COE}_j^{\mathrm{Dw}})$ 可通过式(7-35)计算得

$$\begin{aligned} E(\mathrm{COE}_j^{\mathrm{Dw}}) &= \int_0^{+\infty} \mathrm{COE}_j^{\mathrm{Dw}} f(\mathrm{COE}_j^{\mathrm{Dw}}) d(\mathrm{COE}_j^{\mathrm{Dw}}) \\ &= \int_0^{+\infty} \mathrm{COE}_j^{\mathrm{Dw}} E[c_{p_{\min_j}}] \mathrm{e}^{-E[c_{p_{\min_j}}]\mathrm{COE}_j^{\mathrm{Dw}}} d(\mathrm{COE}_j^{\mathrm{Dw}}) = \frac{1}{E[c_{p_{\min_j}}]} \end{aligned} \tag{7-35}$$

因此，节点所需补充的水量 $E[\mathrm{Dw}(c_{p_j})]$ 可由式(7-33)和式(7-35)得

$$E[\mathrm{Dw}(c_{p_j})] = \mathrm{Dw}(c_{p_j}=1) E(\mathrm{COE}_j^{\mathrm{Dw}}) = \frac{\mathrm{Dw}(c_{p_j}=1)}{E[c_{p_{\min_j}}]} \tag{7-36}$$

7.2.4 韧性及韧性最优模型

网络的韧性描述的是网络受到攻击、出现故障后的恢复能力，在不同特征的网络中的定义略有不同。本章对灌溉网络韧性的定义为灌溉网络应对灾害打击时挽回损失的能力，这种情况下韧性通常被量化为系统性能的恢复值与损失值的比值，且在灌溉网络中恢复是节点恢复积累的过程，式(7-37)及式(7-38)分别定义了节点韧性 Re_j 与网络韧性 Re

$$\mathrm{Re}_j = \frac{E[\mathrm{Ral}_j] + E[\mathrm{Ral}_j]^{\mathrm{add}}}{E[\mathrm{Cpr}_j]} \tag{7-37}$$

$$\mathrm{Re}=\frac{\sum \xi_j(E[\mathrm{Ral}_j]+E[\mathrm{Ral}_j]^{\mathrm{add}})}{\sum E[\mathrm{Cpr}_j]}=\frac{E[\mathrm{Ral}]}{E[\mathrm{Cpr}]} \tag{7-38}$$

在灌溉网络中的韧性，$\mathrm{Re}\in[0,1],\mathrm{Re}_j\in[0,1]$，恢复后韧性越大说明恢复效果越理想。本章研究的目的在于使系统在灾后得到最好的恢复，即在恢复完成后，网络韧性 Re 的值最高。因此建立一个韧性最优模型。

$$\max \mathrm{Re}=\frac{\max E[\mathrm{Ral}]}{E[\mathrm{Cpr}]}=\frac{\max \sum \xi_j(E[\mathrm{Ral}_j]+E[\mathrm{Ral}_j]^{\mathrm{add}})}{E[\mathrm{Cpr}]} \tag{7-39}$$

约束于

$$\begin{cases} ① w_\zeta^{\mathrm{IR}} \leqslant \eta w_\zeta^{\mathrm{total}} \\ ② \sum_j (\xi_j E[\mathrm{Dw}(c_{p_j})]) \leqslant \sum_\zeta w_\zeta^{\mathrm{IR}} \\ ③ w_j^{\mathrm{receive}} = \begin{cases} E[\mathrm{Dw}(c_{p_j})], & \xi_j=1 \\ 0, & \xi_j=0 \end{cases} \end{cases}$$

这些约束确保恢复过程更加贴合实际。

约束① 参数 η 为水库中农业用水比例参数，w_ζ^{total} 为水库 IR_ζ 中存储的总水量，该约束表示某水库可用于农业灌溉的水量，限制了水库节点的供应能力。

约束② 此约束条件表示需求节点被满足的需求不超过供应节点的供应能力。

约束③ 为 N_j 实际接收的水资源，此约束表示若 N_j 被恢复，将向节点分配其所需的全部水量，若不被恢复，该节点将不会得到恢复资源。

灾难的发生会干扰多个节点，使之性能下降，在多节点需要补充水资源进行修复，而可分配水量有限的前提下，不能将所有节点的韧性恢复到理想状态，因此资源的合理配置、最佳恢复策略的制定至关重要。有限的水资源应优先分配给重要程度高的节点，本章引入恢复优先级的概念来衡量节点的重要程度。综合考虑节点两种情形下的恢复，N_j 的重要程度即恢复优先级用 Dop_j 表示，评估方法如下

$$\mathrm{Dop}_j=\mathrm{Re}(\xi_j=1,t_{2_j}^{\mathrm{pre}})-\mathrm{Re}(\xi_j=0) \tag{7-40}$$

恢复优先级 Dop_j 是一个随 $t_{2_j}^{\mathrm{pre}}$ 变动的评价准则，考虑时间因素后可反映节点恢复的轻重缓急，决策时依据系统内各个节点的 Dop_j 做出最优决策。下面通过定理做出更具体的解释。

定理 7-1　对于灌溉网络内的任意两个失效节点 N_{j_a} 和 N_{j_b}，如果 $\mathrm{Dop}_{j_a}>\mathrm{Dop}_{j_b}$，那么恢复 N_{j_a} 可以使网络得到更多恢复。如果 $\mathrm{Dop}_{j_a}<\mathrm{Dop}_{j_b}$，那么恢复 N_{j_b} 可以使网络得到更多恢复。否则，两节点对网络韧性的恢复贡献一样。

定理 7-2　现对一个由 n 个失效节点组成的系统进行恢复，对于任意两个节点 N_{j_a} 与 N_{j_b}，假设 $\mathrm{Dop}_{j_a}\geqslant\mathrm{Dop}_{j_b}$。用点集 N' 表示除 N_{j_a} 与 N_{j_b} 的其他所有失效节点，N'

的恢复对系统韧性的恢复作用表示为 $\mathrm{Re}(N')$，在此基础上，恢复 N_{j_a} 而不恢复 N_{j_b} 对系统韧性的恢复作用表示为 $\mathrm{Re}(N',N_{j_a})$，恢复 N_{j_b} 而不恢复 N_{j_a} 对系统韧性的恢复作用表示为 $\mathrm{Re}(N',N_{j_b})$，若恢复后 $\mathrm{Re}(N',N_{j_a})>\mathrm{Re}(N',N_{j_b})$，则表明恢复节点 N_{j_a} 的价值更大，反之，若 $\mathrm{Re}(N',N_{j_a})<\mathrm{Re}(N',N_{j_b})$，则表明恢复节点 N_{j_b} 的价值更大，若 $\mathrm{Re}(N',N_{j_a})=\mathrm{Re}(N',N_{j_b})$，则两节点具有同样的恢复价值。

对于 N_{j_a}

$$\begin{aligned}\mathrm{Dop}_{j_a}&=\mathrm{Re}(\xi_{j_a}=1,t_{2_{j_a}}^{\mathrm{pre}})-\mathrm{Re}(\xi_{j_a}=0)\\&=(\mathrm{Re}(\xi_{j_a}=1,t_{2_{j_a}}^{\mathrm{pre}})-\mathrm{Re}(\xi_{j_a}=1,t_{2_{j_a}}^{\mathrm{pre}}=t_2))+(\mathrm{Re}(\xi_{j_a}=1,t_{2_{j_a}}^{\mathrm{pre}}=t_2)-\mathrm{Re}(\xi_{j_a}=0))\end{aligned}\tag{7-41}$$

其中

$$\begin{aligned}&\mathrm{Re}(\xi_{j_a}=1,t_{2_{j_a}}^{\mathrm{pre}})-\mathrm{Re}(\xi_{j_a}=1,t_{2_j}^{\mathrm{pre}}=t_2)\\&=\frac{\sum\limits_{j\in N'}(\xi_j(E[\mathrm{Ral}_j]^{\mathrm{add}}+E[\mathrm{Ral}_j]))+E[\mathrm{Ral}_{j_a}]+\alpha_{j_a}\max E[\mathrm{Ral}_{j_a}]^{\mathrm{add}}}{E[\mathrm{Cpr}]}\\&-\frac{\sum\limits_{j\in N'}(\xi_j(E[\mathrm{Ral}_j]^{\mathrm{add}}+E[\mathrm{Ral}_j]))+E[\mathrm{Ral}_{j_a}]}{E[\mathrm{Cpr}]}=\frac{\alpha_{j_a}\max E[\mathrm{Ral}_{j_a}]^{\mathrm{add}}}{E[\mathrm{Cpr}]}\end{aligned}\tag{7-42}$$

接着，有

$$\begin{aligned}&\mathrm{Re}(\xi_{j_a}=1,t_{2_j}^{\mathrm{pre}}=t_2)-\mathrm{Re}(\xi_{j_a}=0)\\&=\frac{\sum\limits_{j\in N'}(\xi_j(E[\mathrm{Ral}_j]^{\mathrm{add}}+E[\mathrm{Ral}_j]))+E[\mathrm{Ral}_{j_a}]}{E[\mathrm{Cpr}]}\\&-\frac{\sum\limits_{j\in N'}(\xi_j(E[\mathrm{Ral}_j]^{\mathrm{add}}+E[\mathrm{Ral}_j]))}{E[\mathrm{Cpr}]}=\frac{E[\mathrm{Ral}_{j_a}]}{E[\mathrm{Cpr}]}\end{aligned}\tag{7-43}$$

因此，Dop_{j_a} 为

$$\mathrm{Dop}_{j_a}=\frac{\alpha_{j_a}\max E[\mathrm{Ral}_{j_a}]^{\mathrm{add}}+E[\mathrm{Ral}_{j_a}]}{E[\mathrm{Cpr}]}\tag{7-44}$$

同理，Dop_{j_b} 为

$$\mathrm{Dop}_{j_b}=\frac{\alpha_{j_b}\max E[\mathrm{Ral}_{j_b}]^{\mathrm{add}}+E[\mathrm{Ral}_{j_b}]}{E[\mathrm{Cpr}]}\tag{7-45}$$

在 $\mathrm{Dop}_{j_a}\geqslant\mathrm{Dop}_{j_b}$ 的前提下，有

$$\frac{\alpha_{j_a}\max E[\mathrm{Ral}_{j_a}]^{\mathrm{add}}+E[\mathrm{Ral}_{j_a}]}{E[\mathrm{Cpr}]}\geqslant\frac{\alpha_{j_b}\max E[\mathrm{Ral}_{j_b}]^{\mathrm{add}}+E[\mathrm{Ral}_{j_b}]}{E[\mathrm{Cpr}]}\tag{7-46}$$

不等式两边同时乘以非负值 $E[\mathrm{Cpr}]$，得

$$\alpha_{j_a} \max E[\mathrm{Ral}_{j_a}]^{\mathrm{add}} + E[\mathrm{Ral}_{j_a}] \geqslant \alpha_{j_b} \max E[\mathrm{Ral}_{j_b}]^{\mathrm{add}} + E[\mathrm{Ral}_{j_b}] \tag{7-47}$$

代入式(7-38)得

$$\mathrm{Re}(N', j_a) = \frac{\sum_{j \in N'} (\xi_j (E[\mathrm{Ral}_j]^{\mathrm{add}} + E[\mathrm{Ral}_j])) + E[\mathrm{Ral}_{j_a}] + \alpha_{j_a} \max E[\mathrm{Ral}_{j_a}]^{\mathrm{add}}}{E[\mathrm{Cpr}]}$$

$$\mathrm{Re}(N', j_b) = \frac{\sum_{j \in N'} (\xi_j (E[\mathrm{Ral}_j]^{\mathrm{add}} + E[\mathrm{Ral}_j])) + E[\mathrm{Ral}_{j_b}] + \alpha_{j_b} \max E[\mathrm{Ral}_{j_b}]^{\mathrm{add}}}{E[\mathrm{Cpr}]}$$

显然有

$$\mathrm{Re}(N', j_a) \geqslant \mathrm{Re}(N', j_b) \tag{7-48}$$

因此，恢复具有较大 Dop_j 的节点使系统韧性得到更好的恢复。为了实现最大的系统韧性，应将水资源优先分配给具有较大 Dop_j 的节点。

图 7-6 总结了灌溉网络内的水资源分配流程图。

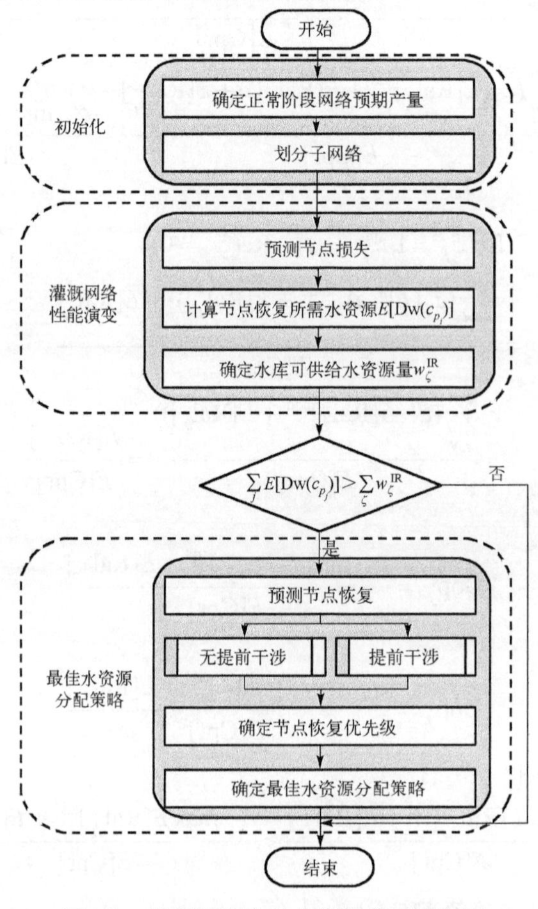

图 7-6　灌溉网络内的水资源分配流程图

(1) 系统状态初始化，系统初始处于正常运行状态，本章认为在受到灾害冲击之前，系统及系统内的所有节点的性能均为最佳状态，$c_p(t=0)=1, c_{p_j}(t=0)=1, \forall j \in N$。

(2) 子网络划分分析，以此明确各水库以及市级节点间的连接关系。首先，受地理分布的约束，某水库的水不可能运送到所有节点，因此整个灌溉水网系统可能会被划分为相互独立的子网络，各子网络间不存在水资源的相互输送，当然也不排除整个水网系统连通性较好，不存在独立子网络的情况。若子网络存在，因其独立性，恢复策略应该在子网络内考虑，不同子网络受到的约束会略有不同。若子网络不存在，应在整个系统内考虑所有节点的恢复策略，整个系统受到公共的约束。用 $W_s^{\text{sub}}(N_s^{\text{sub}}, \text{IR}_s^{\text{sub}}, C_s^{\text{sub}}), s \in \mathbf{Z}^+$ 表示子网络，不同的子网络间不会有任何交集，也就是每一个节点、水库以及连接河流属于且仅会属于一个子网络。

(3) 预测各节点损失，灾害发生后，系统内各个节点的性能受到灾害冲击，出现一定程度的失效，对各节点可能的损失程度进行评估。

(4) 计算各节点所需恢复资源 $E[\text{Dw}(c_{p_j})]$，根据前面所述，节点所需的恢复资源与节点受损后的性能水平有指数关系。

(5) 明确各水库可分配水量 $w_\zeta^{\text{IR}}, \zeta \in \mathbf{Z}^+$，这由水库总蓄水量以及可划分给农业生产的比例决定。

(6) 比较各节点所需水量和与各水库节点可供水量和，若有 $\sum_j E[\text{Dw}(c_{p_j})] > \sum_\zeta w_\zeta^{\text{IR}}$，则说明水源紧缺，需要有计划地恢复从而得到一个最佳的恢复效果。

(7) 预估节点恢复情况，其中包括两部分，其一是在节点性能恶化的过程中，没有提前干涉，节点性能水平下降到预估最低水平后才得到恢复，但由于作物的活性已经受到了打击，所以之后的恢复程度也是有限的。于是估计各个节点恢复情况的第二部分，有提前干涉的恢复过程，通过尽早补充缺少水分的干扰方式阻断灾害的恶化，使作物活性得以保持，恢复程度也能够得到一定程度的提升。

(8) 确定节点的恢复优先级 Dop_j，各节点遭受灾害打击后，需要对所有正在受损恶化或未恢复的节点进行计算并制定修复策略，决定优先恢复哪一个或哪几个节点，可同时恢复若干个节点。恢复的顺序依据恢复优先级 Dop_j 决定，优先级高的节点优先得到恢复。

(9) 得到恢复序列，依据恢复优先级进行资源的分配以修复节点，恢复过程结束，对恢复效果做出评价，整个灾害响应过程结束。

7.3 案例分析

本节以河南省内灌溉水网系统为例，模拟其性能受损并基于韧性的恢复过程，用以演示前面所提出的方法。首先，预测得到的节点失效和恢复情况，并按照本章的方法分析求解，得到一个确定的最佳水资源分配方案。接着，为检验恢复效果，模拟一种应对灾害无人统筹规划时的无序随机恢复情况，并与最佳恢复方案对比最终恢复效果。为检验提前干涉的意义，模拟了无提前干涉时的恢复，并得出相应的恢复方案，同样与最佳恢复方案对比恢复效果。以上检验的目的是分别从整体效果和时间价值两个角度考量本章提出方法的优越性。灌溉网络的抽象图如图 7-7 所示。

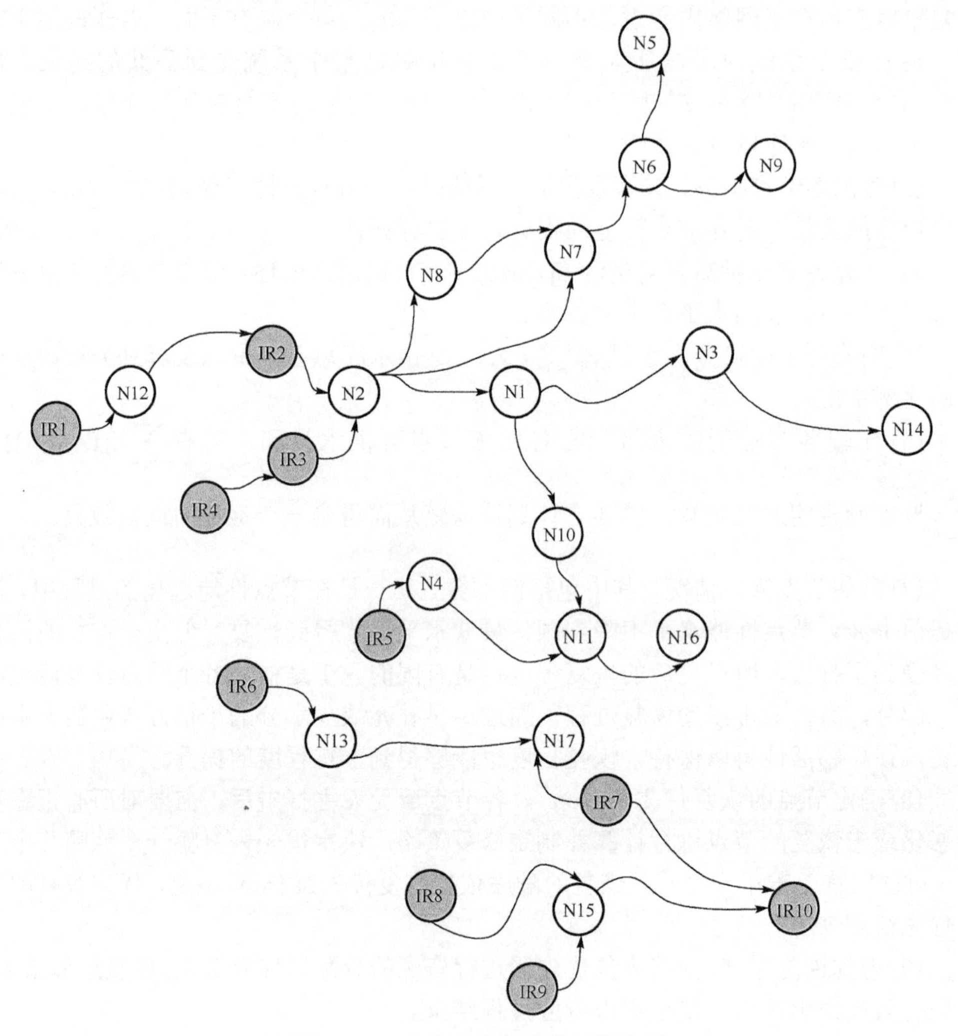

图 7-7 河南省内灌溉网络的抽象图

图 7-7 显示，河南省灌溉网络中共有 27 个节点，其中 17 个为市级节点，其余 10 个节点为水库节点，这些节点由 24 段河流连接。

N 中包含的市级节点如表 7-1 所示。

表 7-1　市级节点

编号	N1	N2	N3	N4	N5
市	郑州	洛阳	开封	平顶山	安阳
编号	N6	N7	N8	N9	N10
市	鹤壁	新乡	焦作	濮阳	许昌
编号	N11	N12	N13	N14	N15
市	漯河	三门峡	南阳	商丘	信阳
编号	N16	N17			
市	周口	驻马店			

IR 中包含的灌溉用水库节点如表 7-2 所示。

表 7-2　水库节点

编号	IR1	IR2	IR3	IR4	IR5
水库	三门峡水库	小浪底水库	陆浑水库	故县水库	燕山水库
编号	IR6	IR7	IR8	IR9	IR10
水库	鸭河口水库	宿鸭湖水库	丹江口水库	南湾水库	鲇鱼山水库

在受到灾难冲击前，各节点均正常运行，图 7-8 显示灌溉网络中各节点正常情况下的预期产量，数据参考河南省统计年鉴。

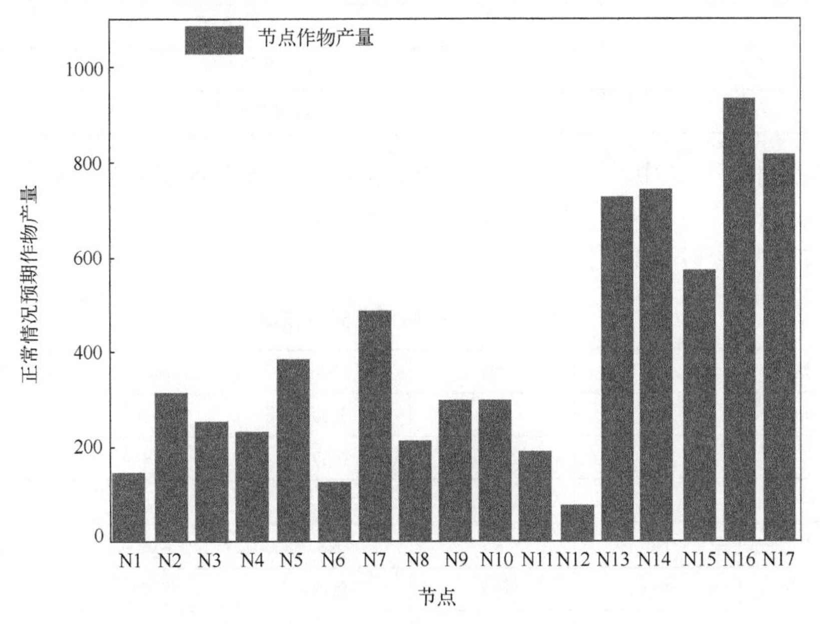

图 7-8　正常情况下各节点的预期作物产量

由于受到地理位置及河流分布的约束，水资源在系统内的分配不是完全自由的，依据各市级节点和水库节点之间的连通关系在整个系统内进行分析，划分出具有连通关系的子网络。河南省灌溉网络可以划分为 2 个子网络，分别为 $W_1^{\text{sub}}(N_1^{\text{sub}},\text{IR}_1^{\text{sub}},C_1^{\text{sub}})$ 和 $W_2^{\text{sub}}(N_2^{\text{sub}},\text{IR}_2^{\text{sub}},C_2^{\text{sub}})$，其中

$$N_1^{\text{sub}}=\{\text{N1,N2,N3,N4,N5,N6,N7,N8,N9,N10,N11,N12,N14,N16}\}$$

$$\text{IR}_1^{\text{sub}}=\{\text{IR1,IR2,IR3,IR4,IR5}\}$$

$$\begin{aligned}C_1^{\text{sub}}=\{&\text{IR1N12,N12IR2,IR2N2,IR4IR3,IR3N2,N2N8,N2N7,N2N1,}\\&\text{N1N10,N10N11,IR5N4,N4N11,N11N16,N8N7,N7N6,N6N5,N5N10}\}\end{aligned}$$

$$N_2^{\text{sub}}=\{\text{N13,N15,N17}\}$$

$$\text{IR}_2^{\text{sub}}=\{\text{IR6,IR7,IR8,IR9,IR10}\}$$

$$C_2^{\text{sub}}=\{\text{IR6N13,N13N17,IR7N17,IR7IR10,IR8N15,IR9N15,N15IR10}\}$$

节点性能可以被合理划分为离散的节点性能等级，划分准则如表 7-3 所示。

表 7-3　节点性能等级划分准则

$l_{i,j}$	$c_{p_j}\in(c_{p_j}^{i+1},c_{p_j}^{i}]$
$l_{0,j}$	$c_{p_j}\in(0.95,1]$
$l_{1,j}$	$c_{p_j}\in(0.90,0.95]$
$l_{2,j}$	$c_{p_j}\in(0.80,0.90]$
$l_{3,j}$	$c_{p_j}\in(0.70,0.80]$
$l_{4,j}$	$c_{p_j}\in(0,0.70]$

在灌溉水网系统中，节点的恢复策略建立在其失效和恢复情况的基础上，因此基于收集到的 1985 年～2006 年河南省各市旱灾数据预测潜在的节点失效结果，系统内各节点失效情况如表 7-4 所示。

表 7-4　系统内节点失效情况

编号	N1	N2	N3	N4	N5
市级节点	郑州	洛阳	开封	平顶山	安阳
$c_{p_{\text{final}_j}}$	0.94	0.91	0.69	0.88	0.85
$l_{i,j}$	1	1	4	2	2
编号	N6	N7	N8	N9	N10
市级节点	鹤壁	新乡	焦作	濮阳	许昌
$c_{p_{\text{final}_j}}$	0.98	0.84	0.80	0.93	0.90
$l_{i,j}$	0	2	3	1	2

续表

编号	N11	N12	N13	N14	N15
市级节点	漯河	三门峡	南阳	商丘	信阳
$c_{p_{\text{final}_j}}$	0.96	0.87	0.90	0.91	0.91
$l_{i,j}$	0	2	2	1	1
编号	N16	N17			
市级节点	周口	驻马店			
$c_{p_{\text{final}_j}}$	0.90	0.94			
$l_{i,j}$	2	1			

可见，节点间的失效情况多样化，个别节点预计会承受较严重的灾害打击，如 N3 和 N8，其性能水平等级会下降到较低甚至最低的等级，大部分节点会承受轻度或中度的灾害打击。

因为设处于 $l_{0,j}$ 等级的节点 j 节点处于正常运转状态，所以失效节点集 Ω 包含节点 N1、N2、N3、N4、N5、N7、N8、N9、N10、N12、N13、N14、N15、N16、N17，各节点正常运转状态下所需供水量 $\text{DW}(c_p=1)$ 参考河南统计年鉴、河南省水利厅统计数据。各失效节点的缺水量预测情况如表 7-5 所示，单位为亿立方米 (10^8m^3)。

表 7-5　各失效节点的缺水量预测情况

编号	N1	N2	N3	N4	N5
市级节点	郑州	洛阳	开封	平顶山	安阳
$E[\text{DW}(c_p=1)]$	4.16	10.07	6.17	2.84	5.84
编号	N7	N8	N9	N10	N12
市级节点	新乡	焦作	濮阳	许昌	三门峡
$E[\text{DW}(c_p=1)]$	18.97	10.75	8.20	2.76	1.33
编号	N13	N14	N15	N16	N17
市级节点	南阳	商丘	信阳	周口	驻马店
$E[\text{DW}(c_p=1)]$	9.77	8.48	9.41	13.80	5.00

各水库可供水量由该水库总蓄水量以及可分配给农业用水的比例决定，数据来自河南省水利年鉴，各水库可供水量如表 7-6 所示。

表 7-6　各水库可供水量

编号	IR1	IR2	IR3	IR4	IR5
水库	三门峡水库	小浪底水库	陆浑水库	故县水库	燕山水库
w_{ζ}^{IR}	27.83	21.12	3.63	3.59	2.90
编号	IR6	IR7	IR8	IR9	IR10
水库	鸭河口水库	宿鸭湖水库	丹江口水库	南湾水库	鲇鱼山水库
w_{ζ}^{IR}	2.90	2.80	3.59	3.04	2.02

修复所有节点需要 117.54 亿立方米的水量，而河南省内十大水库可供分配给农业用水量共 73.40 亿立方米，即有 $\sum_{j} E[\mathrm{Dw}(c_{p_j})] > \sum_{\zeta} w_{\zeta}^{\mathrm{IR}}$ ，显然无法满足所有节点恢复正常运转的需求，因此通过韧性最优模型来对恢复策略进一步求解。

在对各节点恢复情况预测时，首先给出五种性能水平的状态转移概率矩阵，该矩阵能够反映的性能水平越高，恢复时作物活性越高，恢复效果越理想，反之，性能水平越低，恢复时作物活性已受到较大影响，恢复效果较差，几乎不可能恢复到正常水平，甚至难以恢复至较高水平。

$$\mathrm{Tr}(\mathrm{Pr}_{i_m,i_n}^{j}) = \begin{bmatrix} 1 & 0 & 0 & 0 & 0 \\ 0.7 & 0.3 & 0 & 0 & 0 \\ 0.5 & 0.3 & 0.2 & 0 & 0 \\ 0.2 & 0.3 & 0.3 & 0.2 & 0 \\ 0 & 0.1 & 0.2 & 0.3 & 0.4 \end{bmatrix}$$

对无提前干涉情况下网络最终恢复效果进行预测，如表 7-7 所示。

表 7-7　无提前干涉时各失效节点的恢复

编号	N1	N2	N3	N4	N5
市级节点	郑州	洛阳	开封	平顶山	安阳
$c_{p_{\mathrm{final}_j}}$	0.96	0.94	0.85	0.92	0.92
$l_{i,j}$	0	1	3	1	1
编号	N7	N8	N9	N10	N12
市级节点	新乡	焦作	濮阳	许昌	三门峡
$c_{p_{\mathrm{final}_j}}$	0.92	0.90	0.95	0.95	0.93
$l_{i,j}$	1	2	1	1	1
编号	N13	N14	N15	N16	N17
市级节点	南阳	商丘	信阳	周口	驻马店
$c_{p_{\mathrm{final}_j}}$	0.94	0.95	0.95	0.94	0.96
$l_{i,j}$	1	1	1	1	0

在预测提前干涉的恢复情况时，首先应明确水库与失效市级节点的距离，进而根据需水量确定修复所需时间，包括水运输时间 t_j^{arrive} 以及状态转移时间 t_j^{recover} 。子网络 1 和子网络 2 内的两类时间分别如表 7-8 和表 7-9 所示。

表 7-8　$W_1^{\mathrm{sub}}(N_1^{\mathrm{sub}},\mathrm{IR}_1^{\mathrm{sub}},C_1^{\mathrm{sub}})$ 中水运输时间和状态转移时间

t_j^{arrive}	N1	N2	N3	N4	N5	N7	N8	N9	N10	N12	N14	N16
IR1	46.1	22.3	57.0	/	74.6	57.0	41.1	81.5	62.0	4.6	83.0	76.4

续表

t_j^{arrive}	N1	N2	N3	N4	N5	N7	N8	N9	N10	N12	N14	N16
IR2	21.1	7.4	32.9	/	54.8	34.4	21.5	60.1	37.5	/	58.8	60.5
IR3	22.8	12.4	35.3	/	57.2	37.1	22.6	62.0	39.3	/	61.2	54.7
IR4	34.7	14.4	51.9	/	70.4	48.5	35.7	79.3	60.4	/	59.3	78.6
IR5	/	/	/	8.0	/	/	/	/	/	/	/	26.2
t_j^{recover}	28.9	69.9	42.9	19.7	40.5	131.7	74.7	57.0	19.1	9.3	58.9	95.8

表 7-9　$W_2^{\text{sub}}(N_2^{\text{sub}},\text{IR}_2^{\text{sub}},C_2^{\text{sub}})$ 中水运输时间和状态转移时间

t_j^{arrive}	N13	N15	N17
IR6	7.4	/	31.6
IR7	/	/	11.4
IR8	/	6.6	/
IR9	/	15.7	/
IR10	/	34.2	/
t_j^{recover}	67.8	65.3	34.7

各节点最终的恢复效果与各受损节点被打击后能够达到的最低作物生产率具有直接的联系。随着提前干涉开始时间 $t_{2_{ja}}^{\text{pre}}$ 的推移，最低作物生产率变低，随之影响的是提前干涉下各失效节点恢复后的节点作物生产率 $c_{p_{\text{final}_j}}^{\text{pre}}$ 。各失效节点的 c_{p_j} 值在阶段 2 和阶段 3 内的变化范围如图 7-9 所示。

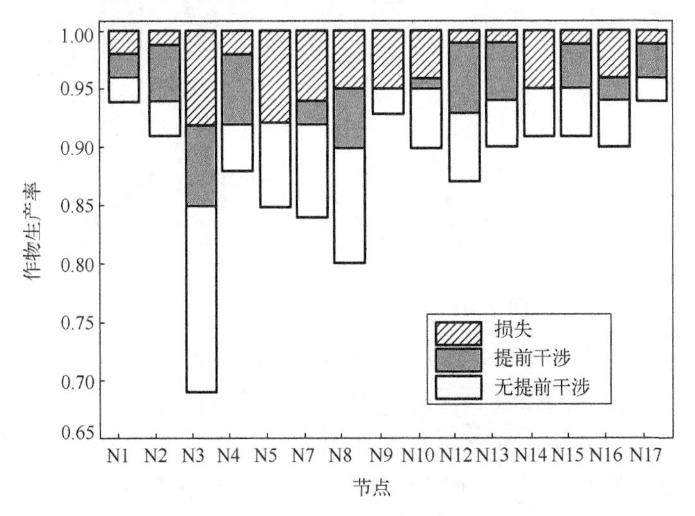

图 7-9　各失效节点的 c_{p_j} 值在阶段 2 和阶段 3 内的变化范围

①空白柱状图反映节点在无提前干涉情况下的恢复情况，有

$$c_{p_j} \in \{E[c_{p_{\min_j}}], E[c_{p_{\text{final}_j}}]\}$$

②深灰柱状图反映节点在提前干涉情况下的额外恢复情况，有

$$c_{p_j} \in \{E[c_{p_{\text{final}_j}}], \max E[c_{p_{\text{final}_j}}^{\text{pre}}]\}$$

深灰色柱状图的长短反映提前干涉的价值，可以看到节点 N5、N9、N14 没有深灰色部分，说明这三个节点没有提前恢复的必要。

③栅格柱状图反映恢复后的最小损失，反映节点 j 在第一时间被干涉，阻断进一步恶化，并得到充足恢复后的效果。可见，节点 N2、N12、N13、N15、N17 若第一时间得到充足恢复，则几乎可以被完全恢复。三种柱状图的加和表示的是灾后节点总损失。

接下来，各个节点的恢复优先级得以明确。各个阶段的 c_{p_j} 值只能从程度上反映恢复效果，但在衡量节点韧性以及系统韧性时是以产量为依据的，因此要制定最优恢复策略还需考虑节点的产量情况。本章最优恢复策略的制定依赖于节点的恢复优先级 Dop_j，Dop_j 值大的节点恢复的价值更大，应更优先恢复，各失效节点的恢复优先级如图 7-10 所示。

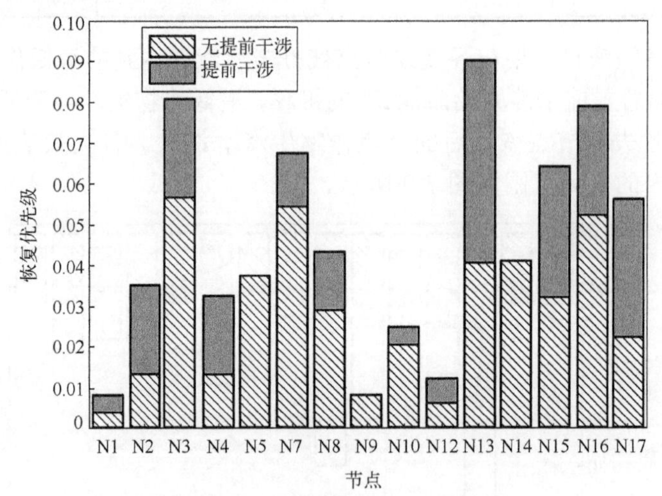

图 7-10　各失效节点的恢复优先级

各节点恢复后的作物生产率随恢复时间的不同而不同，可以看出对于大多数节点而言越早恢复，最终的作物生产率越高，恢复效果越好。

依据本章提出的方法，恢复优先级高的节点，在恢复顺序中应当处于靠前的位置，因此由已得出的 Dop_j 值，子网络 1 内各节点最佳恢复顺序为

{N3，N16，N7，N8，N14，N5，N2，N4，N10，N12，N9，N1}

子网络 2 内各节点最佳恢复顺序为

{N13，N9，N17}

本章假定失效节点若没有得到充足的水资源则不被视为恢复，剩余可分配水资源可向下顺延分配，因此最终恢复决策的制定参考但不完全取决于最佳恢复顺序。

本章不仅要解决在有限的资源条件下“恢复谁？”的问题，还要解决“先恢复谁？”的问题，通常其他学者仅做出第一步考虑，而没有从动态的角度考虑时间的紧迫性，本节中通过三个方案恢复效果的对比，肯定从全局出发统筹规划进行恢复的作用以及考虑时间价值的意义。

方案 1　考虑到早期干预，按照提出的规则进行恢复，保证了恢复后的最佳恢复效果和最大的系统韧性。方案 1 的水分配方法如表 7-10 所示，网络韧性恢复过程如图 7-11 所示。

表 7-10　方案 1 的水分配方法

	N1	N2	N3	N4	N5	N6	N7	N8	N9	N10	N11	N12	N13	N14	N15	N16	N17
ξ_i	0	0	1	0	0	0	1	1	0	0	0	1	0	1	1	1	1
IR1	0	0	0	0	0	0	**7**	**11**	0	0	0	**1**	0	**8**	0	0	0
IR2	0	0	**6**	0	0	0	**8**	0	0	0	0	0	0	0	0	**7**	0
IR3	0	0	0	0	0	0	0	0	0	0	0	0	0	0	0	**4**	0
IR4	0	0	0	0	0	0	**4**	0	0	0	0	0	0	0	0	0	0
IR5	0	0	0	0	0	0	0	0	0	0	0	0	0	0	0	**3**	0
IR6	0	0	0	0	0	0	0	0	0	0	0	0	0	0	0	0	**2**
IR7	0	0	0	0	0	0	0	0	0	0	0	0	0	0	0	0	**3**
IR8	0	0	0	0	0	0	0	0	0	0	0	0	0	0	**4**	0	0
IR9	0	0	0	0	0	0	0	0	0	0	0	0	0	0	**3**	0	0
IR10	0	0	0	0	0	0	0	0	0	0	0	0	0	0	**2**	0	0

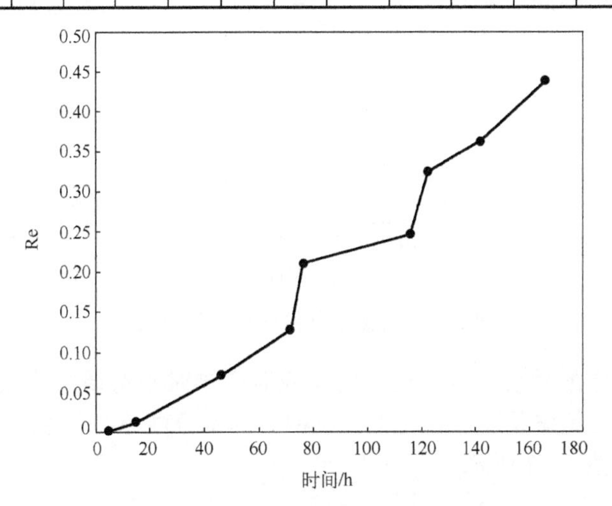

图 7-11　方案 1 的网络韧性恢复过程

方案 2　没有考虑提前干预，所以排除了时间因素的影响。方案 2 的水分配方法如表 7-11 所示，网络韧性恢复过程如图 7-12 所示。

表 7-11　方案 2 的水分配方法

	N1	N2	N3	N4	N5	N6	N7	N8	N9	N10	N11	N12	N13	N14	N15	N16	N17
ξ_i	0	0	1	1	1	0	1	0	0	1	0	1	0	1	1	1	1
IR1	0	0	0	3	2	0	0	0	0	3	0	1	0	8	0	11	0
IR2	0	0	0	0	2	0	19	0	0	0	0	0	0	0	0	0	0
IR3	0	0	2	0	2	0	0	0	0	0	0	0	0	0	0	0	0
IR4	0	0	4	0	0	0	0	0	0	0	0	0	0	0	0	0	0
IR5	0	0	0	0	0	0	0	0	0	0	0	0	0	0	0	0	0
IR6	0	0	0	0	0	0	0	0	0	0	0	0	0	0	0	0	2
IR7	0	0	0	0	0	0	0	0	0	0	0	0	0	0	0	0	3
IR8	0	0	0	0	0	0	0	0	0	0	0	0	0	0	4	0	0
IR9	0	0	0	0	0	0	0	0	0	0	0	0	0	0	3	0	0
IR10	0	0	0	0	0	0	0	0	0	0	0	0	0	0	2	0	0

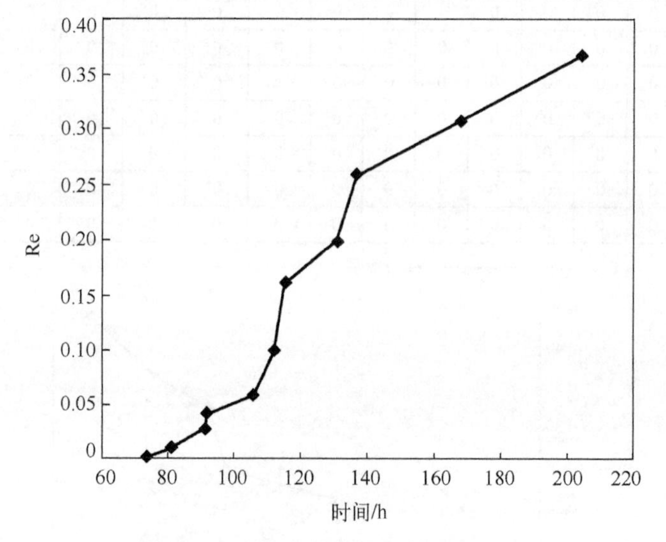

图 7-12　方案 2 的网络韧性恢复过程

方案 3　无序的随机恢复，模拟的是应对灾难时不协调的管理混乱状态，不考虑早期干预，恢复策略是随机决定的。案例 3 的水分配方法如表 7-12 所示，网络韧性的恢复过程如图 7-13 所示。

表 7-12　方案 3 的水分配方法

	N1	N2	N3	N4	N5	N6	N7	N8	N9	N10	N11	N12	N13	N14	N15	N16	N17
ξ_i	1	0	1	0	1	0	1	0	1	1	0	0	0	0	0	1	1
IR1	0	0	0	0	**1**	0	**19**	0	**8**	0	0	0	0	0	0	0	0
IR2	0	0	**6**	0	**1**	0	0	0	0	0	0	0	0	0	0	**14**	0
IR3	**4**	0	0	0	**4**	0	0	0	0	0	0	0	0	0	0	0	0
IR4	0	0	0	0	0	0	0	0	0	0	0	0	0	0	0	0	0
IR5	0	0	0	0	0	0	0	0	0	**3**	0	0	0	0	0	0	0
IR6	0	0	0	0	0	0	0	0	0	0	0	0	0	0	0	0	**2**
IR7	0	0	0	0	0	0	0	0	0	0	0	0	0	0	0	0	**3**
IR8	0	0	0	0	0	0	0	0	0	0	0	0	0	0	**4**	0	0
IR9	0	0	0	0	0	0	0	0	0	0	0	0	0	0	**3**	0	0
IR10	0	0	0	0	0	0	0	0	0	0	0	0	0	0	**2**	0	0

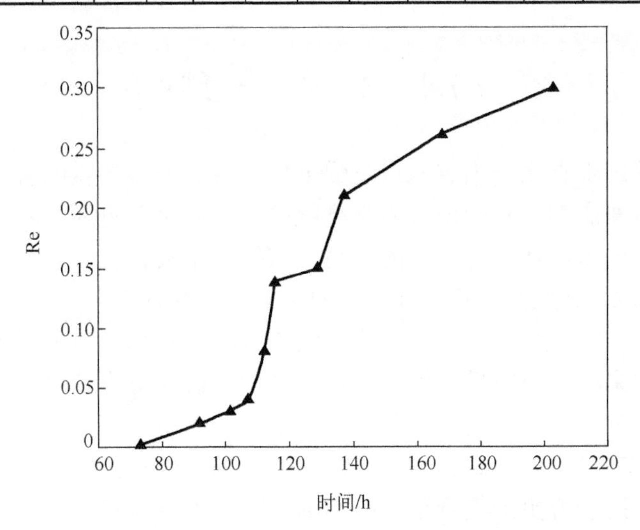

图 7-13　方案 3 的网络韧性恢复过程

最后，为了验证所提出方法的优越性，对三种方案恢复后的系统韧性值和用于恢复的总时间进行了比较和分析，如图 7-14 所示。

在方案 1 中，系统韧性恢复到 0.435 只需要 166.1 小时。在方案 2 中，系统韧性可以恢复到 0.36，但这个过程需要 203.7 小时。在方案 3 中，需要 203.7 小时来恢复系统，但系统韧性只能恢复到 0.30。方案 1 较方案 2 可多恢复 41.95 万吨农作物，较方案 3 可多恢复 75.51 万吨农作物。这说明，提出的方法有很好的改善效果。阻止灾难恶化的早期干预不仅提高了最终的恢复效果，挽回了更多的损失，而且在减少用于网络恢复的总时间方面表现得更好。

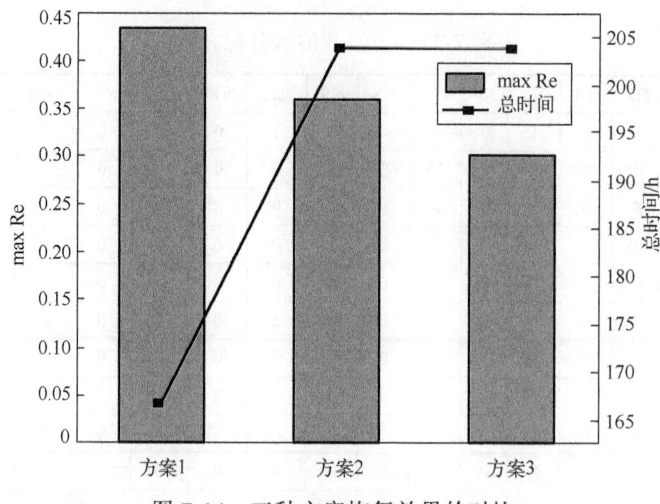

图 7-14　三种方案恢复效果的对比

7.4　本 章 小 结

河南省是我国粮食生产大省，也是受干旱灾害影响较严重的省份，为减少干旱对粮食生产的负面影响，对河南省内灌溉网络的研究至关重要。本章将灌溉网络视为一个由水库、城市和河流等组成的网络。依据干旱灾害发生规律，将灌溉网络性能变化过程归结为三个阶段，将连续变化的节点性能合理划分为五个节点性能等级。为量化节点潜在的损失和恢复情况，建立泊松分布来模拟节点的损失情况，建立马尔可夫奖励过程来模拟节点性能等级的转移过程。假设节点的恢复成本服从指数分布，量化了失效节点恢复所需的水资源。值得注意的是，本章在研究干旱影响下灌溉网络的应急策略时，创新地关注到了网络性能的恶化阶段，这是干旱灾害特有的性质，因此本章的研究更加符合旱灾的实际情况。本章从灾后恢复的角度提出了抵抗干旱的灵活策略。为了最大限度地提高网络抗灾能力和最小化产量总损失，建立了一个最优韧性模型。另外，提出了一个新的节点优先级度量，以指导水资源的分配，确保了水资源的充分利用。本章所提出方法的有效性在案例研究中得到了证实。

第 8 章　装备保障网络韧性应用

高新技术的发展及其在军事领域的应用，使得作战环境更加复杂，战场损伤更加残酷，装备保障工作面临挑战。因此，对装备保障体系进行韧性分析和优化，从而提高其抵抗外部攻击、抵御级联失效、减少或防止性能损失以及保证装备保障功能的正常运行能力具有重要意义。本章采用复杂网络方法，针对装备保障网络节点的异质性以及各个单元之间的交互联系，建立了包含作战和保障单元的三层装备保障耦合网络；为了识别网络中的关键节点和薄弱环节，提出了两种重要度方法：信息重要度和损失重要度；接着，从网络失效分析和韧性优化策略两个方面进行了装备保障网络韧性的研究。

8.1　装备保障体系网络化建模及节点重要度分析

8.1.1　装备保障三层耦合网络建模

现实中的装备保障需要完成作战装备维修任务和物资保障任务，本节将作战系统体系结构分为打击敌方目标的作战子系统、对我方毁伤装备和结构进行维修，以及对我方装备和机构进行物资供应的保障子系统，具体结构如图 8-1 所示。每个子

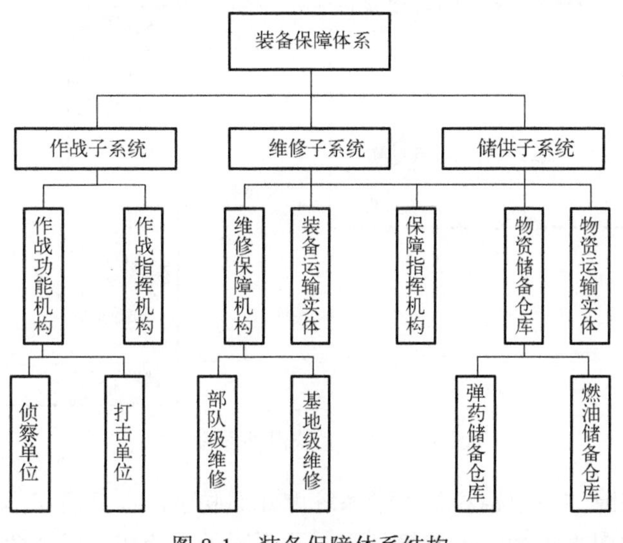

图 8-1　装备保障体系结构

系统都有其对应的决策机构以及功能机构，例如，维修子系统包括接受和下达维修命令的决策指挥机构、实施维修机构以及运送装备的运输实体等。本章设置维修保障采用两级维修的体制，对于维修和储供两个保障子系统，认为其共用同一套保障指挥体系。

在现实的作战过程中，所有子系统之间都是存在联系的，保障单元和作战单元之间交互频繁，作战子系统在受到敌方打击后需要维修保障子系统对其装备或机构进行维修保障，从而恢复其原有的作战功能；同时，如果没有储存供应保障子系统对作战子系统中装备或机构提供的储供保障，则它们在弹药或燃油耗尽时将失去其自身功能而失效。同时，子系统内部也存在密切联系，包含能够完成任务的完整功能链，功能链内的各个单元之间存在信息或物资的传递。

图 8-2 为各子系统内外部联系图，初步表明了子系统内部以及各个子系统之间的相互联系。其中，决策指挥机构主要完成作战-保障体系中信息和指令的传递功能，各个子系统之间的交互主要通过信息传递以及保障运输来完成。箭头表示信息和物资运输的方向。

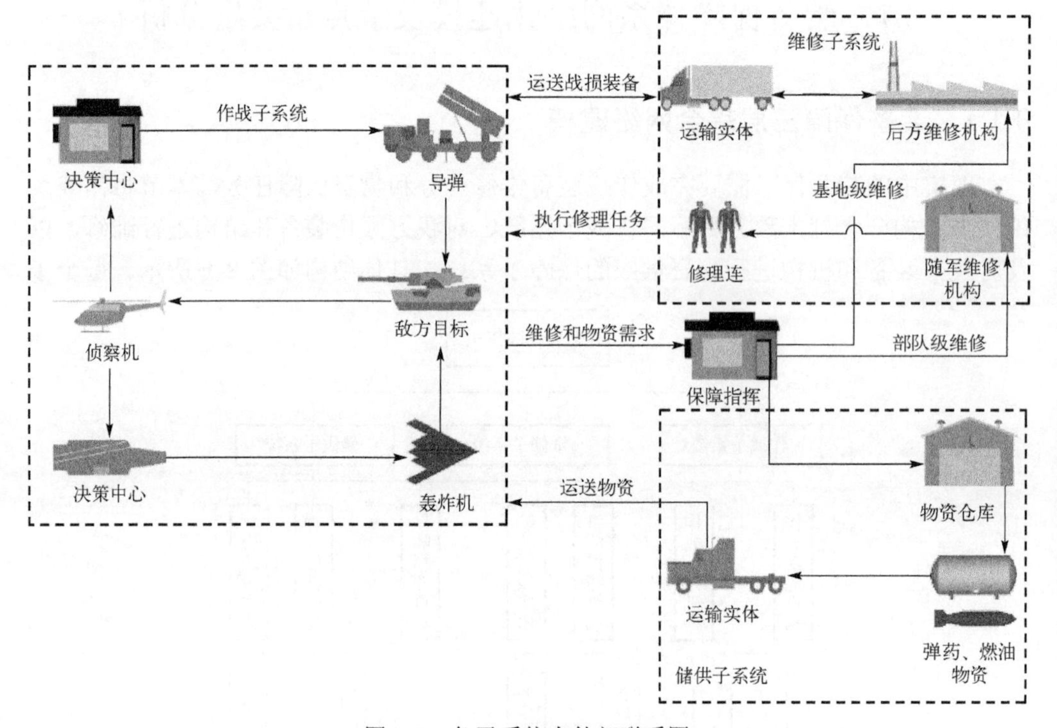

图 8-2　各子系统内外部联系图

基于装备保障体系结构和各个子系统内外部联系，本节建立了装备保障三层耦合网络模型，如图 8-3 所示。该模型阐明了不同子系统在作战使命任务驱动下相互联系的耦合关系，该网络将作战子系统设置为杀伤层(A)，将维修子系统设置为维修层(R)，将储存供应子系统设置为储供层(S)，通过层与层之间相互的指挥关系和支援协同构成装备保障多重耦合网络；其中，杀伤层主要完成打击敌方目标节点的任务。当杀伤层节点需要维修保障或者物资补充时，向保障指挥中心发送维修或物资需求，保障指挥中心将维修或者物资任务分配给相应的机构，由这些机构完成对杀伤层的维修储供保障任务。总之，杀伤层节点所需维修及物资主要依赖于维修层及储供层的保障工作，而后两者的实际功能则通过对杀伤层进行保障而体现。

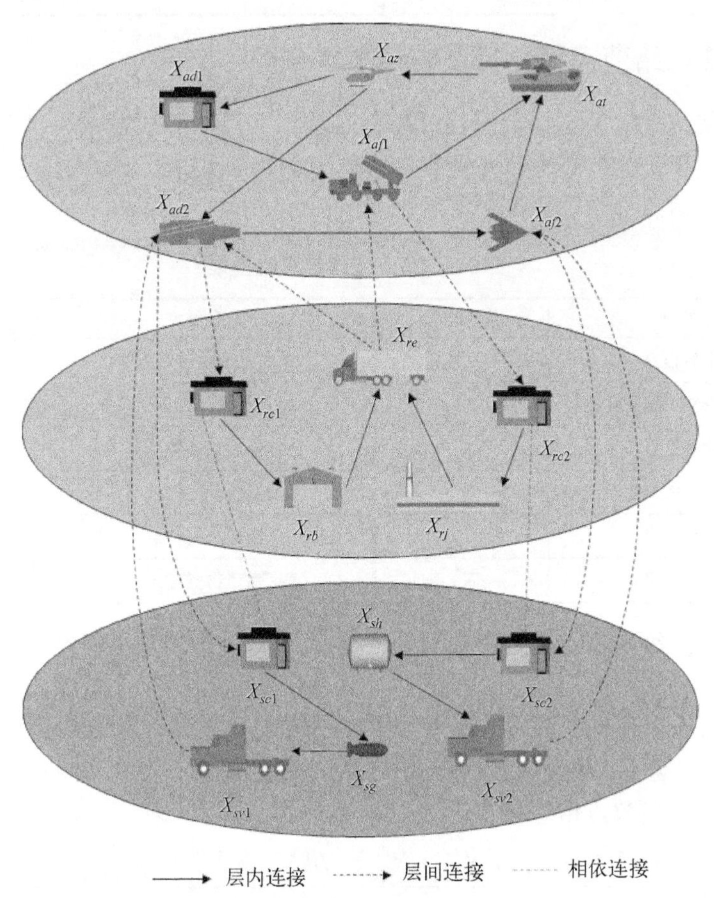

图 8-3　小规模装备保障网络

本节将装备保障多层耦合网络模型$\psi=(W,\varphi)$用进行表示。W_A为杀伤层网络，W_R为维修层网络，W_S为储供层网络，φ表示层间相依边的集合，用X_{ij_k}表示网络中的节点，i表示节点层级，j表示节点类型，k为同类型节点的个数。各节点表示方式如表 8-1 所示。

表 8-1　节点编码表

编码	节点名称	编码	节点名称
X_{az}	侦察节点	X_{ad}	决策节点
X_{af}	打击节点	X_{at}	目标节点
X_{rc}	维修保障指挥节点	X_{rb}	部队级维修节点
X_{rj}	基地级维修节点	X_{re}	维修运输实体
X_{sc}	储供保障指挥节点	X_{sg}	弹药储备节点
X_{sh}	燃油储备节点	X_{sv}	物资运输实体

8.1.2　考虑网络节点信息传递的信息重要度

考虑到装备保障多层耦合网络的拓扑结构和节点的异质性，通过对不同信息类型分配权重，本节建立了基于网络节点信息传递的信息重要度。网络中节点 X_{ij} 的传递信息类型和信息边数如表 8-2 所示。

表 8-2　节点传递信息类型表

信息类型	信息边数	信息类型	信息边数
申请维修信息	$N_{X_{ij}}^{1}$	提供基地级维修信息	$N_{X_{ij}}^{7}$
下达维修指挥信息	$N_{X_{ij}}^{2}$	提供部队级维修信息	$N_{X_{ij}}^{8}$
申请物资信息	$N_{X_{ij}}^{3}$	维修装备运输信息	$N_{X_{ij}}^{9}$
下达物资指挥信息	$N_{X_{ij}}^{4}$	物资装备运输信息	$N_{X_{ij}}^{10}$
获取目标信息	$N_{X_{ij}}^{5}$	燃油物资信息	$N_{X_{ij}}^{11}$
打击目标信息	$N_{X_{ij}}^{6}$	弹药物资信息	$N_{X_{ij}}^{12}$

基于不同层级中节点传递信息类型，以及不同信息的重要程度，给出节点信息重要度定义。

杀伤层节点发出的信息主要包括申请维修信息、申请物资保障信息以及目标信息等；收到的信息主要包括目标信息、保障装备运输信息以及提供的维修信息等。因此，定义杀伤层节点信息重要度为

$$I_{X_{aj}}=\frac{\alpha(N_{X_{aj}}^{1}+N_{X_{aj}}^{3}+N_{X_{aj}}^{7}+N_{X_{aj}}^{8})+\beta(N_{X_{aj}}^{9}+N_{X_{aj}}^{10})+\gamma(N_{X_{aj}}^{5}+N_{X_{aj}}^{6})}{K_{aj}} \tag{8-1}$$

维修层节点发出的信息主要包括下达维修指挥信息、提供维修信息以及维修装备运输信息等；收到的信息主要包括申请维修信息。因此，定义维修层节点信息重要度为

$$I_{X_{rj}}=\frac{\alpha(N_{X_{rj}}^{1}+N_{X_{rj}}^{2})+\beta(N_{X_{rj}}^{8}+N_{X_{rj}}^{9})+\gamma N_{X_{rj}}^{7}}{K_{rj}} \tag{8-2}$$

同理，定义储供层节点信息重要度为

$$I_{X_{sj}}=\frac{\alpha(N_{X_{sj}}^{3}+N_{X_{sj}}^{4})+\beta(N_{X_{sj}}^{11}+N_{X_{sj}}^{12})+\gamma N_{X_{sj}}^{10}}{K_{sj}} \tag{8-3}$$

其中，α、β、γ 分别表示不同信息重要度权重，$\alpha+\beta+\gamma=1$；K_{sj} 表示为进行节点信息重要度归一化引入的节点 X_{ij} 的度。

信息重要度不仅反映了节点在网络拓扑结构中的重要程度，通过对传递信息类型分配权重，也反映了节点承担功能任务的重要程度。

8.1.3　考虑部分节点失效情况下的损失重要度

网络的失效过程是所有网络节点失效过程的叠加。此外，由于每个节点状态的综合影响，网络呈现出不同的效用。因此，本节首先考虑使用网络性能来定量地表示由节点失效引起的网络性能的损失。本节使用 $a_0\leqslant a_1\leqslant\cdots\leqslant a_M$ 来表示与系统的状态空间 $\{0,1,2,\cdots,M\}$ 相对应的网络性能水平。假设多层耦合网络的所有节点都有两种状态：完美功能和失效(分别用 1 和 0 来表示)。节点 i 的状态表示为 $X_i(t)$；网络状态表示所有网络节点状态的组合，网络的状态由 $S(X(t))$ 表示，是所有网络节点的状态空间。默认情况下，当网络处于状态 0(完全故障)时，$a_0=0$。因此，系统的性能可以通过不同系统状态的系统效用预期来衡量，表示为

$$U(X(t))=\sum_{j=0}^{M}a_j\Pr[S(X(t))=j]=\sum_{j=1}^{M}a_j\Pr[S(X_1(t),X_2(t),\cdots,X_n(t))=j] \tag{8-4}$$

其中，a_j 表示网络状态为 j 时的网络性能水平。

然后，定义节点的 LIM(Loss Importance Measure)，它是指当网络的某些节点失效时，其他未失效的节点对网络性能的影响。节点的 LIM 值越高，修复该节点时网络性能恢复得越多，因此该节点的维修优先级越高。LIM 为确定节点的维修优先级提供了理论依据。

当节点 i 发生故障时，节点 i 的状态变为 0，此时网络性能可以表示为

$$U(0_i,X(t))=\sum_{j=1}^{M}a_j\Pr[S(X_1(t),\cdots,X_{i-1}(t),0_i,X_{i+1}(t),\cdots,X_n(t))=j] \tag{8-5}$$

在这种情况下，节点 k 的 LIM 以偏导数的形式表示为

$$I_{k/i}(t)=\frac{\partial(U(0_i,X(t)))}{\partial\rho_k(t)}=\sum_{j=1}^{M}(a_j-a_{j-1})\{\Pr[S(1_k,0_i,X(t))\geqslant j]-\Pr[S(0_k,0_i,X(t))\geqslant j]\} \tag{8-6}$$

其中，$\rho_k(t)=\Pr[X_k(t)=1]$。

相似地，当网络多个节点失效时，网络性能为

$$U(0_{N'},X(t))=\sum_{j=1}^{M}a_j\Pr[S(0_{N'},X(t))=j] \tag{8-7}$$

其中，N' 表示失效节点集合。

此时，节点 k 的 LIM 表示为

$$I_{k/N'}(t)=\frac{\partial(U(0_{N'},X(t)))}{\partial\rho_k(t)}=\sum_{j=1}^{M}(a_j-a_{j-1})\{\Pr[S(1_k,0_{N'},X(t))\geqslant j]-\Pr[S(0_k,0_{N'},X(t))\geqslant j]\} \tag{8-8}$$

本节以军用机场为例，从中抽取出装备保障网络中一些比较重要的节点，对这些节点进行分析，考虑它们对网络性能的影响。为方便计算，将其简单抽象成并串联结构，如图 8-4 所示。

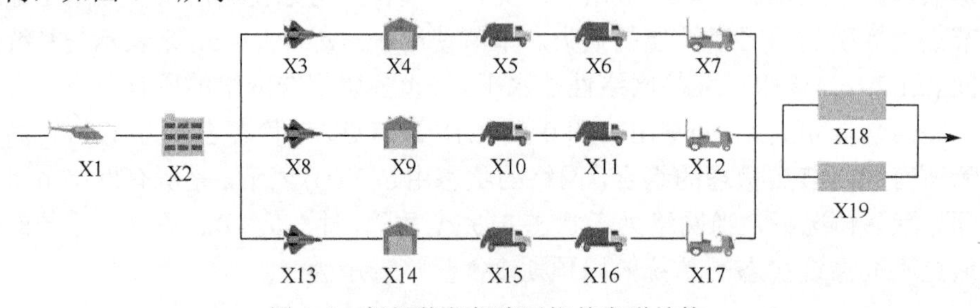

图 8-4　机场装备保障网络并串联结构

该并串联结构包含三条保障链路，主要负责对战斗机的维修和储供保障。三条链路保障任务的实现由机场指挥中心进行协调指挥，同时设置了备用跑道。当其中一个链路中的一个节点失效时，其他两个链路不受失效节点的影响，整个网络继续运行，但网络性能会有不同程度的下降；当一个节点及其所有备份节点失效时，整个网络可能会失去保障功能而失效。机场指挥中心是关键节点，该节点没有设置冗余，所以指挥节点的故障有可能导致整个网络崩溃。

假设节点的失效时间服从 Weibull 分布 $W(t;\theta,\gamma)$，节点可靠性 $R(t)=\exp[-(t/\theta)^{\gamma-1}]$，故障率 $\lambda(t)=(\gamma/\theta)\cdot[(t/\theta)^{\gamma-1}]$。同类型的节点具有相同参数。每个节点的比例和形状参数如表 8-3 所示。将网络所有状态进行简化，包含完美运行和完全失效共有 48 种状态，网络状态和对应的性能参数如表 8-4 所示。

表 8-3　节点比例和形状参数

编号	节点名称	比例参数 θ	形状参数 γ
X1	无人侦察机	2758	3.86
X2	机场指挥中心	1927	2.46
X18, X19	跑道	3586	1.83

续表

编号	节点名称	比例参数 θ	形状参数 γ
X3, X8, X13	战斗机	4255	2.18
X4, X9, X14	维修机构	6134	2.35
X5, X6, X10, X11, X15, X16	物资车	7328	3.37
X7, X12, X17	维修车	3102	2.11

表 8-4　网络状态和对应的性能参数

k	网络状态		a_j	k	网络状态				a_j
1	X10		0.9	25	X9	X10			0.56
2	X11		0.9	26	X9	X11			0.56
3	X15		0.9	27	X14	X15			0.56
4	X16		0.9	28	X14	X16			0.56
5	X8		0.8	29	X8	X9	X12		0.476
6	X13		0.8	30	X13	X14	X17		0.476
7	X9		0.7	31	X8	X9	X10		0.504
8	X14		0.7	32	X8	X9	X11		0.504
9	X12		0.85	33	X13	X14	X15		0.504
10	X17		0.85	34	X13	X14	X16		0.504
11	X10	X15	0.81	35	X8	X10	X12		0.612
12	X10	X16	0.81	36	X8	X11	X12		0.612
13	X11	X15	0.81	37	X13	X15	X17		0.612
14	X11	X16	0.81	38	X13	X16	X17		0.612
15	X8	X10	0.72	39	X9	X10	X12		0.476
16	X8	X11	0.72	40	X9	X11	X12		0.476
17	X13	X15	0.72	41	X14	X15	X17		0.476
18	X13	X16	0.72	42	X14	X16	X17		0.476
19	X8	X12	0.68	43	X8	X9	X10	X12	0.4284
20	X13	X17	0.68	44	X8	X9	X11	X12	0.4284
21	X9	X12	0.595	45	X13	X14	X15	X17	0.4284
22	X14	X17	0.595	46	X13	X14	X16	X17	0.4284
23	X8	X9	0.56	47	完全失效状态				0
24	X13	X14	0.56	48	完美运行状态				1

网络状态一栏表示不同状态时的失效节点，比如，状态 11 中的失效节点为 X10 和 X15。当网络完全失效时，网络性能值为 0，网络所有节点完好时，网络性能值为 1。

以图 8-4 的装备保障网络为例，通过 MATLAB 对 LIM 进行仿真，得到了不同节点失效条件下的节点维修优先级，如图 8-5～图 8-8 所示。

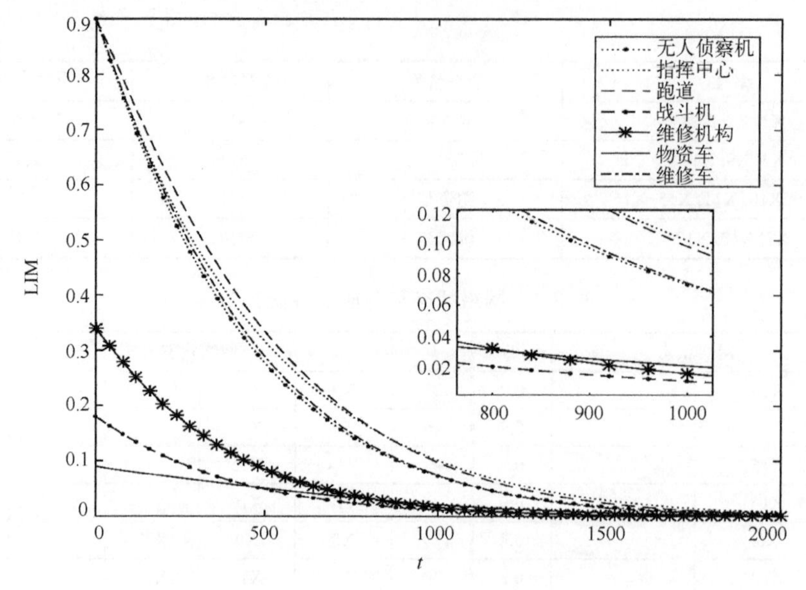

图 8-5　节点 X10 失效时的 LIM

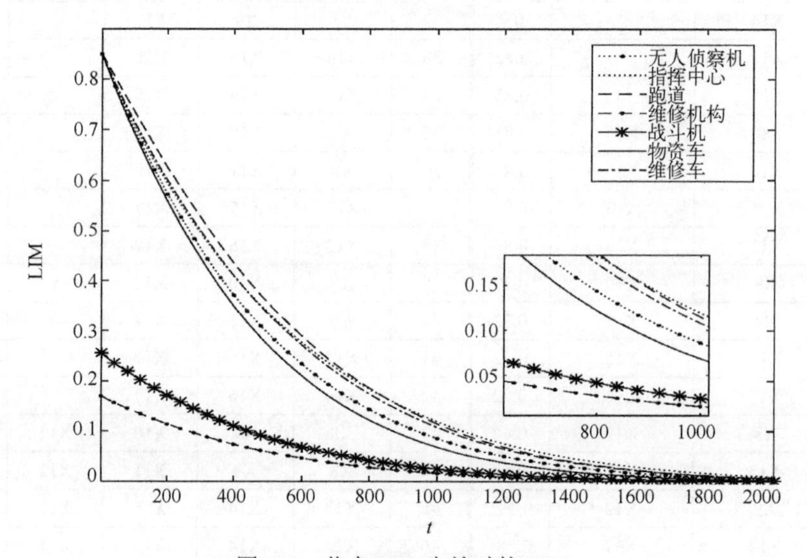

图 8-6　节点 X12 失效时的 LIM

LIM 反映了不同失效条件下各个节点对网络性能的影响，影响越大，该节点对于网络就越重要，也就是说，各节点在不同失效条件下的维修优先级可以通过装备保障网络节点的 LIM 值来表示。从图 8-5～图 8-8 可以看出，各个节点的 LIM 值在 1000 单位时间之前迅速下降，然后缓慢下降至 0。另外，还可以观察到，机场指挥中心、机场跑道和无人侦察机的维修优先级始终很高，因为它们是该装备保障网络的关键节点，这些节点冗余数量设置较小，它们的失效可能会导致整个装备保障网

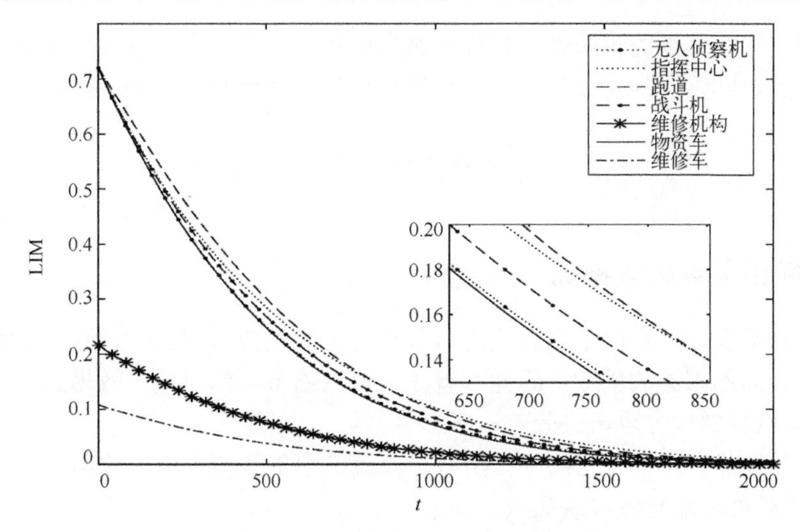

图 8-7 节点 X8 和 X10 失效时的 LIM

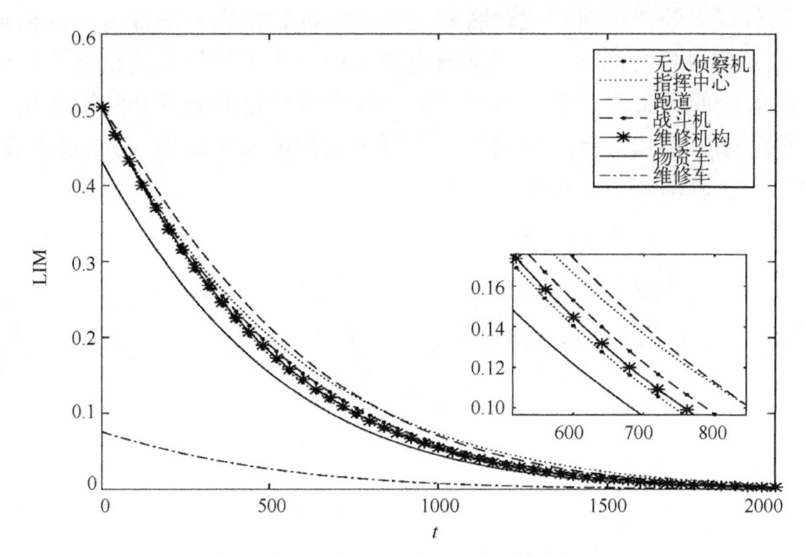

图 8-8 节点 X8、X9 和 X10 失效时的 LIM

络的失效。因此，应该把重点放在这些节点的维修上。维修车的维修优先级始终较低，表示它接受预防性维修的机会较低。因此，应严格保持维修车的高可靠性，以确保装备保障工作的正常运行。

通过仿真可知，装备保障网络开始运行时，跑道的维修优先级高于机场指挥中心，但跑道 LIM 曲线下降的斜率较大。随着时间的推移，这两个节点的维修优先级会发生变化。因此，需要随着时间的推移调整维修重点。此外，对比不同条件下的曲线可以看出，当某个节点失效时，该节点对应的冗余节点对网络性能的影响将会变大，因此冗余节点的预防性维修优先级也将更高。当一个节点发生失效时，应更多地注意其他回路中的冗余节点，尽可能确保其正常运行。

8.2 装备保障网络失效分析

8.2.1 网络节点失效模式

本节分析多层耦合网络受到攻击后节点可能的失效原因。在对网络进行攻击时，网络节点会因不同原因失效，因此，首先分析网络节点的可能失效模式。

(1) 节点受到敌方攻击失效。

在装备保障多层耦合网络中，所有节点都有可能在遭受敌方攻击后失效。

(2) 负载再分配导致级联失效。

级联失效是指网络中一个或少数几个节点或边的失效会通过节点之间的耦合关系引发其他节点失效，进而产生级联效应，最终导致相当一部分节点甚至整个网络的崩溃[47]。在多层耦合网络中，当某节点失效时，为了保持系统正常的功能，使系统达到平滑降级的效果，失效节点承担的负载会以一定的方式分配给其相邻节点，如果负载再分配后相邻节点的负载超过其可承受的最大负载量，则该相邻节点失效。级联失效过程示意图如图 8-9 所示。

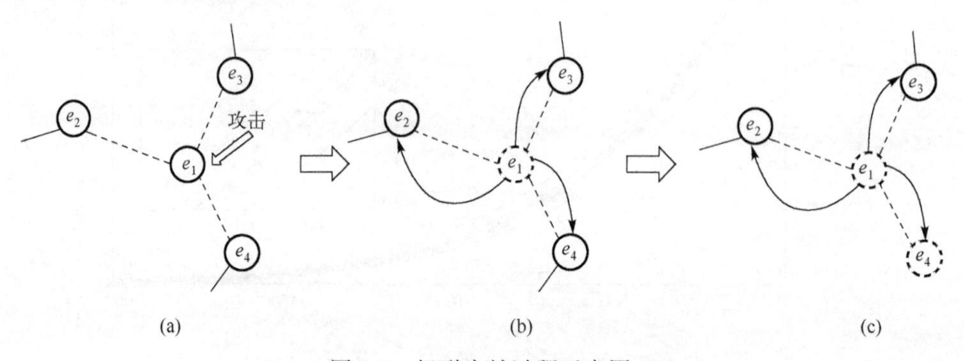

图 8-9　级联失效过程示意图

当节点 X_{re1} 受到攻击失效后，开始进行负载再分配过程，最后，节点 X_{re4} 因负载再分配后自身负载超出其可承受容量而失效。

(3) 缺失保障链失效。

打击敌方的任务并不能依靠作战系统中的单一装备或机构实现，而是通过不同装备和结构之间组成的链路来完成的，将打击链路称为杀伤链。对于杀伤链内节点来说，它们除了遭受蓄意攻击和网络级联的影响而失效以外，也可能因缺失维修保障或储供保障而失效；本节借鉴杀伤链引出实现保障任务的保障链，并规定：当节点缺失维修保障链或储供保障链，即存在某条保障链数量为 0 时，该节点失效。节点缺失保障链的失效过程示意图如图 8-10 所示。

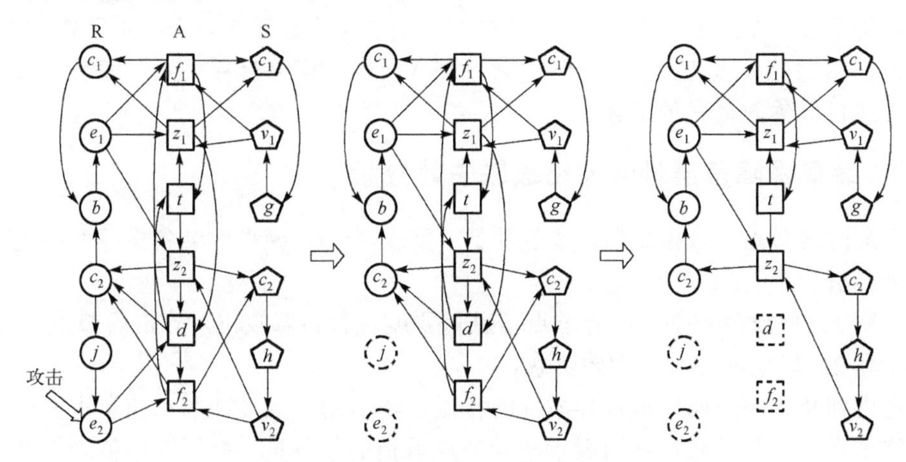

图 8-10　节点缺失保障链的失效过程示意图

假设在多层耦合网络中对节点 X_{re2} 进行攻击使其失效，节点 X_{re2} 失效被移出网络，且与其相连的所有边都将断开，导致节点 X_{rj} 失效；由于 X_{rj} 与 X_{re2} 的失效，杀伤层节点 X_{ad} 与 X_{af2} 的基地级维修保障链 $X_{ad} \to X_{rc2} \to X_{rj} \to X_{re2} \to X_{ad}$ 和 $X_{af2} \to X_{rc2} \to X_{rj} \to X_{re2} \to X_{af2}$ 断裂，从而使二者失效，同时它们的全部相连边都将断开，即节点 X_{ad} 与 X_{af2} 满足节点缺失保障链失效模式的描述。

(4) 节点缺失上级机构或下级目标失效。

在现实军事作战中，若节点缺失对其布置指令及任务的上级机构或缺失指挥与保障的下级目标，则该机构很有可能因无法发挥其原本功能而失效。节点缺失任务或目标的失效过程示意图如图 8-11 所示。

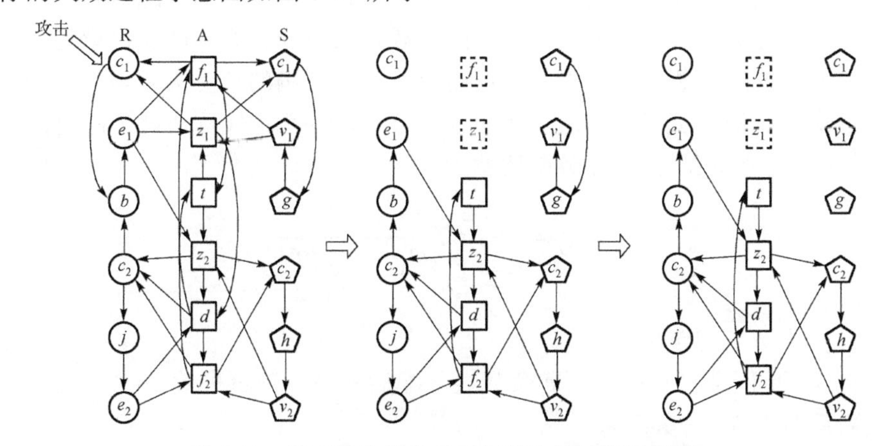

图 8-11　节点缺失任务或目标的失效过程示意图

假设在多层耦合网络中对节点 X_{rc1} 进行攻击使其失效，该节点被移出网络，且与其相连的所有边都将断开；缺失保障链会导致杀伤层节点 X_{af1} 与 X_{az1} 的部队级维修保障链断裂，从而使二者失效，同时它们的全部相连边都将断开；由于 X_{af1} 与 X_{az1} 的失效，储供层节点 X_{sc1} 缺失任务失效且使 X_{sv1} 失去保障目标失效，即节点满足缺失任务或目标失效模式的描述。

8.2.2 装备保障多层耦合网络级联失效分析

定义网络节点失效模式后，本节基于“负载-容量”模型对装备保障网络进行级联失效分析。

步骤 1：假设敌方基于我方节点信息重要度进行蓄意攻击，攻击后节点失效。

步骤 2：确定网络节点初始负载。

考虑到装备保障网络节点异质性的特点，本节用节点度和节点信息重要度来定义网络节点的初始负载，从而表示不同节点承担的任务量，并用容量值表示节点的负载属性。

$$R_{X_{ij}}(0)=\delta(V_{ij}^{1^{\sigma}}+V_{ij}^{2^{\tau}})+(1-\delta)I_{X_{ij}} \tag{8-9}$$

其中，V_{ij}^1 表示节点的内部度，V_{ij}^2 表示节点外部度，σ 和 τ 分别表示 V_{ij}^1 和 V_{ij}^2 的负载系数，δ 和 $1-\delta$ 分别表示节点度和信息重要度在节点初始负载中的权数。

节点容量值由节点初始负载和节点对负载的容忍程度来决定，可表示为

$$C_{X_{ij}}=(1+\omega)R_{X_{ij}}(0) \tag{8-10}$$

其中，ω 为负载容忍系数。

步骤 3：失效节点负载再分配。

当某一节点受到攻击失效时，其自身负载将按照某一规则分配给其邻接节点，邻接节点原有任务负载加上再分配得到的负载，其总和就有可能超过承受能力的最大容量阈值，导致该邻接节点失效，进而引发更大范围的节点失效。

本节采用一种基于节点剩余负载的分配方式，并考虑实际作战中距离因素，节点 X_{ij} 对其邻接节点 $X_{ij'}$ 的负载分配比例为

$$P_{ij\to ij'}=\frac{C_{X_{ij'}}-C_{X_{ij'}}(0)}{l_{ij\to ij'}\sum_{j\in U}[C_{X_{ij}}-C_{X_{ij}}(0)]} \tag{8-11}$$

其中，$l_{ij\to ij'}$ 为节点间距离。

步骤 4：更新节点负载，判断负载再分配后的节点是否失效。

更新后节点 $X_{ij'}$ 的负载为

$$C_{X_{ij'}}^{*}=C_{X_{ij'}}+C_{X_{ij}}P_{ij\to ij'} \tag{8-12}$$

判断负载再分配后的节点是否失效，若更新后邻接节点负载超出其可承受的阈值，则该节点失效并转到步骤 3 进行节点负载的重新分配；否则转到步骤 5。

步骤 5：判断网络是否稳定。

若运行到某时刻，网络中不再出现新的失效故障节点，则说明多层耦合网络级联失效过程结束，网络稳定。

8.2.3　基于信息重要度攻击时的网络级联失效仿真分析

本节仿真基于复杂网络可视化软件 Gephi 生成了由 90 个节点组成的装备保障多层耦合网络，如图 8-12 所示。其中，杀伤层设置了 5 个作战指挥节点、5 个目标节点、10 个侦察节点和 10 个打击节点；维修层设置了 5 个维修指挥节点、5 个基地级维修节点、5 个部队级维修节点和 15 个运输实体；储供层设置了 5 个储供指挥节点、5 个弹药储备节点、10 个运输实体和 10 个燃油储备节点。

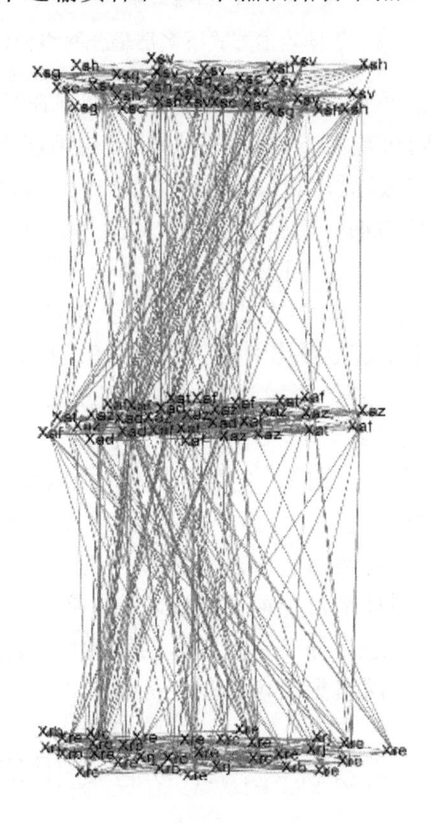

图 8-12　装备保障多层耦合网络

根据信息重要度进行攻击时的装备保障多层耦合网络级联失效仿真，并与随机攻击情况时的网络性能进行比较，基于式(8-16)和式(8-17)得到仿真结果如图 8-13 所示。

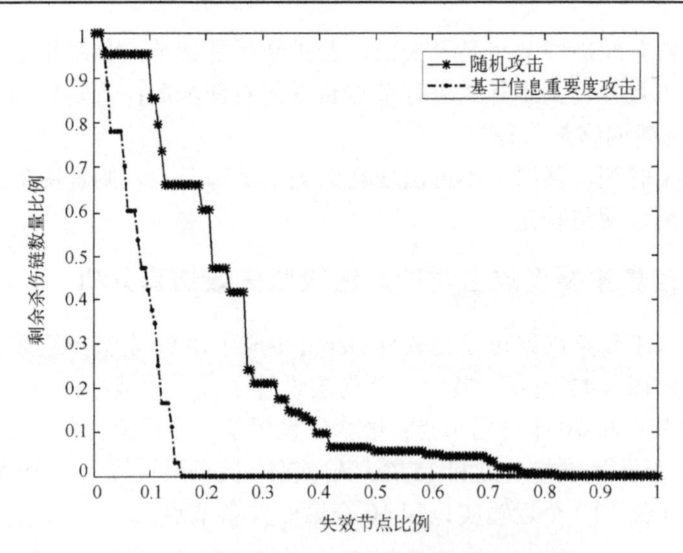

图 8-13　不同攻击方式下多层耦合网络韧性

可以看出，在基于信息重要度攻击下，多层耦合网络在任何时候的网络性能(剩余杀伤链数量比例)都低于随机攻击下的网络；随机攻击情况下，当失效节点比例达到 0.1(即网络中 10%的节点失效)时，剩余杀伤链数量比例为 0.95；节点失效比例为 0.26 时，剩余杀伤链数量比例为 0.41；直到节点失效比例为 0.91 时，剩余杀伤链数量比例才变为 0。基于信息重要度攻击网络重要节点时，剩余杀伤链数量比例急剧下降，当失效节点比例达到 0.1 时，剩余杀伤链数量比例下降至 0.37，当失效节点比例达到 0.15 时，多层耦合网络中剩余杀伤链数量比例就已经降为 0。上述结果说明基于信息重要度攻击的总体效果要优于随机攻击，通过计算网络节点重要度，能够识别多层耦合网络的重要节点，这些节点在网络拓扑结构中处于关键位置，且承担着重要的功能任务，一旦失效对网络造成的影响是巨大的，会引发大规模的级联失效、节点缺失保障链的失效与节点缺失任务与目标的失效，从而导致网络中杀伤链数量的快速下降。

因此，本节考虑多层耦合网络节点及相邻边异质性所提出的节点信息重要度能够准确地找出网络中的薄弱环节，并能够在仅攻击小部分节点后，使网络的性能大幅度下降、功能快速丧失，进而导致多层耦合网络的崩溃或瓦解。后续仿真中将基于信息重要度进行多层耦合网络剩余可分配任务量韧性策略的分析。

8.3　装备保障网络韧性分析优化

8.3.1　基于信息重要度攻击时的网络级联失效仿真分析

本节提出了剩余可分配任务量韧性策略，其考虑了多层耦合网络的节点异质性，并将节点剩余可分配任务量与节点间实际距离作为连边恢复的重要依据，同时恢复策略没有改变原始网络中杀伤链或保障链的链路结构。

假设作战过程中敌方完全掌握我方节点的信息，则可根据本节所定义的节点重要度计算方法对我方进行精准打击，因此对于重要失效节点的恢复策略便不再适用；为有效缓解多层耦合网络级联失效和耦合失效传播所造成的影响，以增强网络韧性，这里主要考虑在重要节点失效后，其他节点间连边的恢复。

当节点 X_{ij} 遭受攻击失效后，其邻接节点将与其断开连接，这些断开的节点称为原节点(失效节点的邻接节点)，为有效缓解多层耦合网络级联失效和耦合失效传播所造成的影响，原节点应该与某一节点 $X_{ij_{(*)}}$ 进行连边的恢复。

本节规定备选恢复节点 $X_{ij_{(*)}}$ 的选择依据为：优先选择与失效节点同类型节点中剩余可分配任务量最大且二者距离最短的节点。装备保障网络节点剩余可分配任务量从节点拓扑位置和节点传递信息量两方面反映节点剩余可承受的任务量。在这里定义节点 $X_{ij_{(*)}}$ 优先恢复系数 H 的计算公式为

$$H=\frac{q(C_{X_{ij_{(*)}}}-R_{X_{ij_{(*)}}})}{l_{X_{ij'}\to X_{ij(*)}}} \tag{8-13}$$

其中，q 为节点类型一致性系数，$q=1$ 表示同类型节点，$q=0$ 表示非同类型节点，只有与失效节点 X_{ij} 同类型的节点才能作为备选恢复节点，$C_{X_{ij_{(*)}}}$ 为备选恢复节点的容量，$R_{X_{ij_{(*)}}}$ 为备选恢复节点的负载，$C_{X_{ij_{(*)}}}-R_{X_{ij_{(*)}}}$ 表示该节点的剩余可分配任务量；$l_{X_{ij'}\to X_{ij(*)}}$ 为节点 X_{ij} 与 $X_{ij_{(*)}}$ 间的实际距离。H 越大，表明原节点与该节点恢复连边时，该节点因接受原节点负载后失效的概率越小。

基于上述依据，应选择恢复系数 H 最大的备选恢复节点与原节点进行连边的恢复。然而，该方法虽然选取了优先恢复节点 $X_{ij_{(*)}}$，但该节点因剩余可分配任务量的限制很有可能无法承受所有原节点的恢复，所以规定原节点 $X_{ij',ij'\in U}$ 与节点 $X_{ij_{(*)}}$ 间的连边是否恢复要考虑原节点的负载大小及二者间的实际距离，本节定义原节点与节点 $X_{ij_{(*)}}$ 间连边的恢复概率为

$$Q(X_{ij'},X_{ij_{(*)}})=\frac{\mathrm{e}^{-\left(\frac{R_{X_{ij'}}}{\rho}\right)}}{l^{\vartheta}_{X_{ij'}\to X_{ij(*)}}} \tag{8-14}$$

其中，$R_{X_{ij'}}$ 为原节点 $X_{ij'}$ 的负载，$l_{X_{ij'}\to X_{ij(*)}}$ 为原节点 $X_{ij'}$ 与 $X_{ij_{(*)}}$ 间的实际距离，$f_{X_{ij'}\to X_{ij(*)}}$ 为恢复两节点连边的成本，ρ 为负载权重系数，ϑ 为距离的权重系数，本节设置 $\rho=\vartheta=1$。上式说明，若原节点在与失效节点断开后的负载较大，且距离优先恢复节点 $X_{ij_{(*)}}$ 较远，则二者间连边的恢复概率较小。

简言之，剩余可分配任务量韧性策略是在蓄意攻击节点后，令该节点的邻接节点(原节点)以一定概率重连到网络中优先恢复系数最大的失效节点的同类型节点

上；该策略在受攻击网络层内级联失效结束时开始实施，目的是缓解级联失效对整个网络的影响。

本节以剩余杀伤链数量比例作为装备保障网络的韧性指标，杀伤链数量表示摧毁目标节点链路的冗余程度，杀伤链数量越多，冗余度越高，则表明该网络被影响的程度越低，网络韧性越高。剩余可分配任务量韧性策略在恢复阶段的描述如图 8-14 所示。

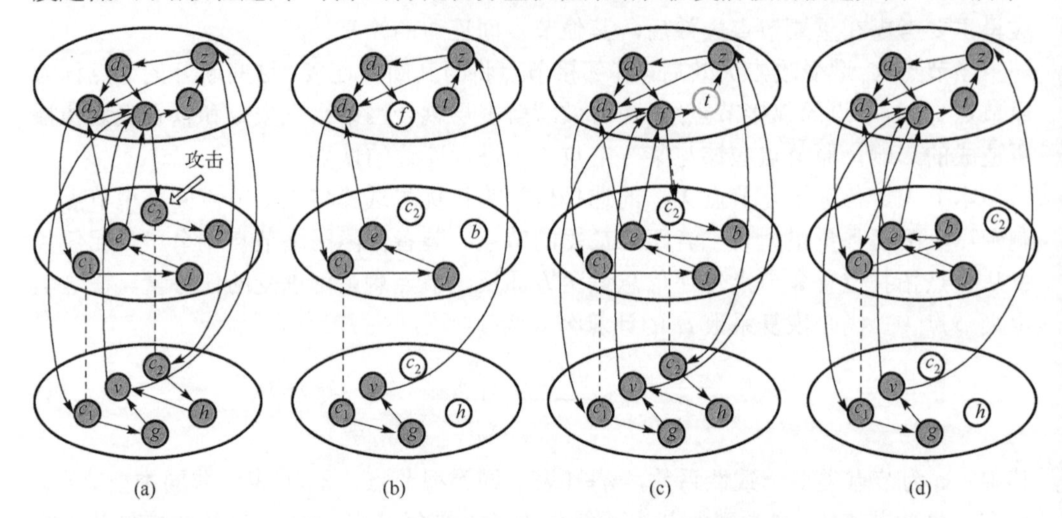

图 8-14　剩余可分配任务量韧性策略示意图

初始杀伤链数量公式 N^A 可表示为

$$N^A = N_{tzdf} + N_{tzzdft} + N_{tzddft} + N_{tzzddft} + N_{tzdzdft} + N_{tzzdzdft} + N_{tzddzdft} \tag{8-15}$$

其中，N_{tzdf}、N_{tzzdft}、N_{tzddft} 等表示杀伤层中各类型节点从侦察到毁伤目标节点的完整路径。未实施韧性策略前，节点 C_2 遭到攻击失效后引发网络级联失效与耦合失效。设遭受攻击后的剩余杀伤链数量为 N^{A*}，则剩余杀伤链数量比例为

$$P_{N^{A*}} = \frac{N^{A*}}{N^A} \tag{8-16}$$

令 N_u 表示网络初始节点数量，网络级联失效与耦合失效后的失效节点数量表示为 N_u^*，则失效节点比例 $P_{N_u^*}$ 为

$$P_{N_u^*} = \frac{N_u^*}{N_u} \tag{8-17}$$

此时由于打击节点 f 失效，所有的打击链路失效，$P_{N^A} = 0$，失效节点比例 $P_{N_u^*} = \dfrac{N_u^*}{N_u} = \dfrac{5}{15} = \dfrac{1}{3}$，此时杀伤层完全丧失打击敌方目标的功能。

实施剩余可分配任务量韧性策略后，假设失效节点 C_2 同类型节点中，由式(8-13)

得到的优先恢复系数 H 最大的节点为 $X_{ij_{(*)}H_{\max}}$（图 8-14 中为 C_1），则失效节点的邻接节点以式(8-14)得到的概率与 C_1 进行相连边的恢复，即 $(f,C_2)\to(f,C_1)$、$(C_2,b)\to(C_1,b)$，当相连边恢复后，设此时的剩余杀伤链数量为 $N^{A*}_{X_{ij_{(*)}}H_{\max}}$，失效节点数量为 $N^{*}_{X_{ij_{(*)}}H_{\max}}$，则实施剩余可分配任务量韧性策略后的剩余杀伤链数量比例 $P_{实施策略|N^{A*}}$ 和失效节点比例 $P_{实施策略|N_u^*}$ 为

$$P_{实施策略|N^{A*}}=\frac{N^{A*}_{X_{ij_{(*)}}H_{\max}}}{N^{A}} \tag{8-18}$$

$$P_{实施策略|N_u^*}=\frac{N^{*}_{X_{ij_{(*)}}H_{\max}}}{N_u} \tag{8-19}$$

图 8-14 中实施剩余可分配任务量韧性策略后，$P_{实施策略|N^{A*}}=1$，$P_{实施策略|N_u^*}=\frac{1}{5}$。

8.3.2　剩余可分配任务量韧性策略仿真分析

为验证本章提出的剩余可分配任务量韧性策略的有效性，本节基于多层耦合网络模型、剩余杀伤链数量比例韧性指标及信息重要度，对实施韧性策略后的网络韧性进行分析，同时将未实施韧性策略的网络作为对照。基于式(8-16)和式(8-17)得到未实施策略时的多层耦合网络韧性；基于式(8-18)和式(8-19)得到实施剩余可分配任务量韧性策略后的网络韧性，仿真结果如图 8-15 所示。

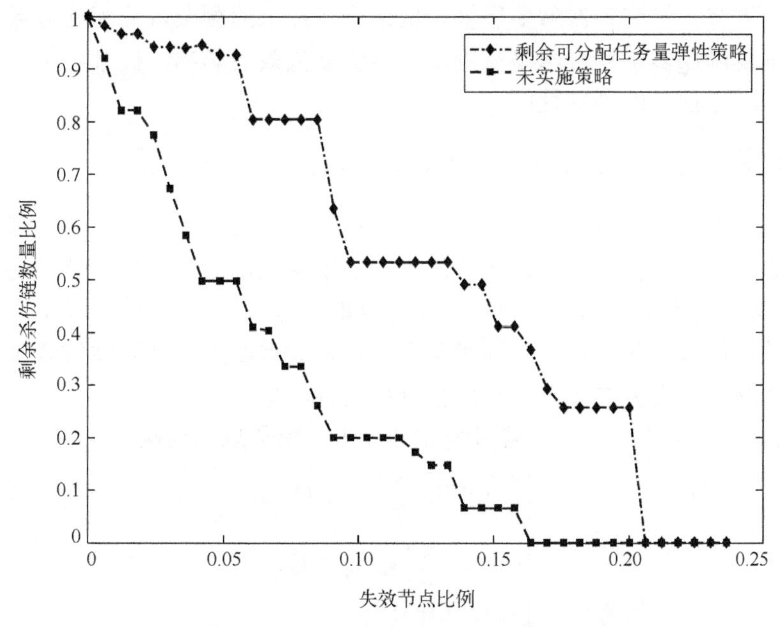

图 8-15　实施和未实施韧性策略的多层耦合网络韧性

从图 8-15 中抽取一些统计数据进行比较，如图 8-16 所示。

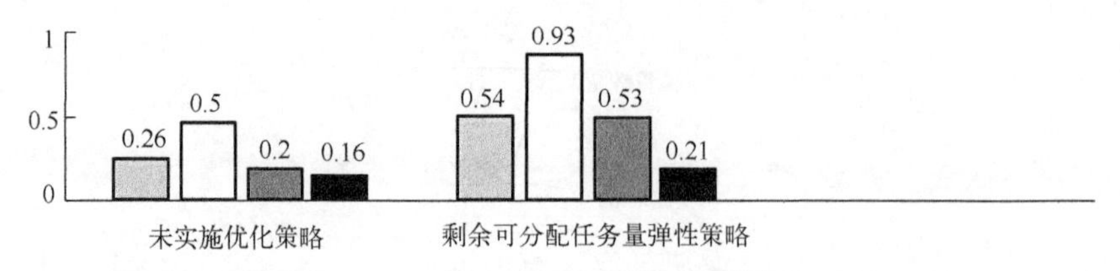

图 8-16　实施和未实施韧性策略的多层耦合网络韧性统计数据比较

从图 8-15 可以看出，未实施策略前多层耦合网络中剩余杀伤链数量比例基本在任何时候都低于实施剩余可分配任务量韧性策略的网络。综合图 8-16 可以看出，实施剩余可分配任务量韧性策略时，网络平均性能为 54%，较未实施优化策略提高了 28%；当失效节点比例为 4.8%时，剩余杀伤链数量比例为 93%，当失效节点比例为 11%时，剩余杀伤链数量比例为 53%，相对未实施优化策略大幅度提升，且该策略使网络崩溃时的失效节点比例由 16%提高至 21%，推迟了网络完全丧失杀伤敌方目标功能的时间。

因此，本节针对装备保障多层耦合网络模型提出的剩余可分配任务量韧性策略能够很大程度降低多层耦合网络受到攻击后级联失效的影响，提升网络的韧性，提升网络在失效过程中的平均性能。

8.3.3　考虑节点维修的预防性维修策略模型及仿真分析

当每个节点的维护成本相同时，节点的预防性维修优先级可以通过其重要度的排序来确定。然而，在现实中，应考虑有限的维修成本约束，每个节点的维修成本往往不同(具有高重要度的节点可能需要更高的维修成本)。因此，为了在成本约束下使网络的性能最大化，提出了一种基于节点损失重要度的预防性维修策略，该策略主要运用整数规划方法来确定预防性维护组件的集合。

(1) 当某一个节点失效时，需要解决以下 0-1 整数规划问题

$$\begin{cases} Z=\max \sum\limits_{k\in G,k\neq i} I_{k/i}(t)\cdot x_k \\ \text{s.t. } c_i+\sum x_k\cdot c_k\leqslant C \\ x_k\in\{0,1\} \end{cases} \tag{8-20}$$

其中，G 表示网络节点集合，c_i 表示节点 i 的维修成本，c_k 表示节点 k 的预防性维修成本，x_k 为 0-1 变量，表示是否对节点 k 进行预防性维修，1 表示对节点 k 进行预防性维修，0 表示不进行预防性维修。C 表示总的维修成本约束。

(2) 当多个节点失效时，需要解决以下整数规划问题

$$\begin{cases} Z = \max \sum\limits_{k \in G, k \notin N'} I_{k/N'}(t) \cdot x_k \\ \text{s.t. } c_{N'} + \sum x_k \cdot c_k \leqslant C \\ x_k \in \{0,1\} \end{cases} \tag{8-21}$$

其中，$c_{N'}$ 为维修失效节点所需要的维修成本。

对于上述整数规划模型，当某一个节点失效时，最优解表示为 $\{x_k^*, k \neq i\}$；当多个节点失效时，最优解为 $\{x_k^*, k \notin N'\}$，因此，最优的预防性维修节点集为 $\{k \mid x_k^* = 1\}$。本节针对 8.1.3 节案例中的 LIM 仿真，在确定不同失效条件下各节点的维修优先级后，考虑到成本约束，不同的总维修成本将有相应的不同最优预防性维修策略。各节点的维修和预防性维修成本如表 8-5 所示。

表 8-5　各节点的维修和预防性维修成本

节点	编号	维修成本	预防性维修成本
无人侦察机	X1	3000	1500
机场指挥中心	X2	12000	5900
跑道	X18, X19	11000	5300
战斗机	X3, X8, X13	7000	3100
维修机构	X4, X9, X14	10000	4200
物资车	X5, X6, X10, X11, X15, X16	5000	2300
维修车	X7, X12, X17	5500	2500

通过求解方程(8-20)和方程(8-21)，可以得到在不同总维修成本约束下特定时间使网络性能最优的预防性维修节点集。分析不同情况下总维修成本约束对预防性维护节点选择的影响，结果如表 8-6～表 8-9 所示，其中，1 表示对该节点进行预防性维修，0 表示不对该节点进行维修。考虑到节点维修成本和维修优先级，可以看出，无人侦察机的预防性维修成本较低且维修优先级较高，所以在不同情况下的预防性维修节点集中，总会考虑对无人侦察机进行预防性维修。在 600h 时，由于关键节点和其他节点的维修优先级曲线之间存在较大差距，所以倾向于选择跑道进行预防性维修。在运行至 800h 时，各个节点的维修优先级曲线之间的差距变小，战斗机的较低维护成本使其成为预防性维修的首选。

此外，不同失效情况将导致优先选择不同的节点预防性维修。当节点 X10 失效

时，随着总维修成本的增加，指挥中心和维修机构更有可能被选择进行预防性维修；当节点 X12 失效时，随着总维修成本的增加，更有可能选择物资车进行预防性维修。在节点 X8 和 X10 同时失效的情况下，更倾向于对跑道进行预防性维修。当 X8、X9 和 X10 同时失效时，更倾向于对维修机构进行预防性维修。

表 8-6　节点 X10 失效，$t = 600$h 时的预防性维修节点集

节点	成本约束							
	15000	16000	17000	18000	19000	20000	21000	22000
无人侦察机	1	1	1	1	1	1	1	1
指挥中心	0	0	0	0	0	0	1	1
跑道	1	1	1	1	1	1	1	1
战斗机	0	0	0	0	0	0	0	0
维修机构	0	0	0	1	1	1	0	0
物资车	0	0	1	0	0	1	0	0
维修车	1	1	1	1	1	1	1	1

表 8-7　节点 X12 失效，$t = 600$h 时的预防性维修节点集

节点	成本约束							
	15000	16000	17000	18000	19000	20000	21000	22000
无人侦察机	1	1	1	1	1	1	1	1
指挥中心	0	0	0	0	0	0	0	0
跑道	1	1	1	1	1	1	1	1
战斗机	0	0	0	0	0	0	0	0
维修机构	0	0	0	0	0	0	1	1
物资车	0	0	0	1	1	1	1	1
维修车	1	1	1	1	1	1	1	1

表 8-8　节点 X8 和 X10 失效，$t = 800$h 时的预防性维修节点集

节点	成本约束							
	18000	19000	20000	21000	22000	23000	24000	25000
无人侦察机	1	1	1	1	1	1	1	1
指挥中心	0	0	0	0	0	0	0	0
跑道	0	0	0	0	1	1	1	1
战斗机	1	1	1	1	1	1	0	1
维修机构	0	0	0	0	0	0	0	0
物资车	0	1	1	1	0	0	1	1
维修车	0	0	0	0	0	0	1	0

表 8-9　节点 X8、X9 和 X10 失效，$t=800\mathrm{h}$ 时的预防性维修节点集

节点	成本约束							
	28000	29000	30000	31000	32000	33000	34000	35000
无人侦察机	1	1	1	1	1	1	1	1
指挥中心	0	0	0	0	0	0	0	0
跑道	0	0	0	0	1	0	0	1
战斗机	1	1	1	1	1	1	1	1
维修机构	0	0	1	1	0	1	1	0
物资车	0	1	0	0	0	1	1	1
维修车	0	0	0	0	0	0	0	0

8.3.4　韧性重要度及仿真分析

在基于损失重要度确定预防性维修节点集后，为了测量一个或多个节点发生故障时预防性维修的恢复效率，本节提出了基于网络系统韧性的 RIM(Resilience Importance Measure)。

首先，基于式(8-4)，可以得到

$$\frac{\mathrm{d}U(X(t))}{\mathrm{d}t}=\frac{\mathrm{d}\left(\sum_{j=1}^{M}a_j\Pr[S(X(t))=j]\right)}{\mathrm{d}t}=\sum_{j=1}^{M}a_j\sum_{i=1}^{n}\frac{\mathrm{d}R_i(t)}{\mathrm{d}t}\frac{\partial\Pr[S(X(t))=j]}{\partial R_i(t)} \tag{8-22}$$

其中，$R_i(t)$表示节点i的可靠性，$i\in[1,n]$，n为网络节点数量。

由 $\Pr[S(X(t))=j]=\Pr[X_i(t)=1]\Pr[S(1_i,X(t))=j]+\Pr[X_i(t)=0]\Pr[S(0_i,X(t))=j]=R_i(t)\Pr[S(1_i,X(t))=j]+(1-R_i(t))\Pr[S(0_i,X(t))=j]$ 以及 $\lambda_i(t)=-\frac{\mathrm{d}R_i(t)/\mathrm{d}t}{R_i(t)}$，可以得出

$$\begin{aligned}\frac{\mathrm{d}U(X(t))}{\mathrm{d}t}&=-\sum_{i=1}^{n}\sum_{j=1}^{M}a_jR_i(t)\lambda_i(t)\{\Pr[S(1_i,X(t))=j]-\Pr[S(0_i,X(t))=j]\}\\&=-\sum_{i=1}^{n}I_i(t)\end{aligned} \tag{8-23}$$

其中，$I_i(t)$表示节点i的综合重要度。节点失效时单位时间内的网络性能损失表示为性能损失重要度(Performance Loss Importance Measure，PLIM)。在对节点进行维修的情况下，单位时间内网络性能的恢复表示为性能恢复重要度(Performance Recovery Importance Measure，PRIM)。然后，在两种情况下讨论了维修组件集的 RIM。

(1) 单个节点失效。

单位时间内的网络性能损失等于节点i失效导致的网络性能损失。根据式(8-23)，

节点 u 的 PLIM 为

$$\begin{aligned}\mathrm{PLIM}_u(t)&=\left|\frac{\mathrm{d}(U(X(t))-U(0_u,X(t)))}{\mathrm{d}t}\right|=\left|\frac{\mathrm{d}U(X(t))}{\mathrm{d}t}-\frac{\mathrm{d}U(0_u,X(t))}{\mathrm{d}t}\right|\\&=\left|-\sum_{i=1}^{n}I_i(t)+\sum_{i=1}^{n}I_i(t)_{0_u}\right|=I_u(t)\end{aligned} \tag{8-24}$$

其中，$I_u(t)$ 表示节点 u 的综合重要度。

在维修失效节点 u 和预防性维修节点 $\{k\mid x_k^*=1,k\neq u\}$ 的过程中，单位时间内网络性能的改善等于网络中所有正常节点的 PRIM 之和

$$\mathrm{PRIM}_{k/u}(t)=I_{k/u}(t)^*_{\{k|x_k^*=1,k\neq u\}}-I_{k/u}(t)_{\{k|x_k^*=1,k\neq u\}} \tag{8-25}$$

其中，$\mathrm{PRIM}_{k/u}(t)$ 表示在维修节点 u 时，预防性维修 k 对网络性能恢复的贡献，$I_{k/u}(t)^*$ 表示预防性维修后的系统性能，$I_{k/u}(t)$ 表示预防性维修前的系统性能。

接着，基于式(8-24)和式(8-25)，可以定义和评估节点 k 的 RIM 为

$$\mathrm{RIM}_{k/u}(t)=\frac{\mathrm{PRIM}_{k/u}(t)}{\mathrm{PLIM}_u(t)} \tag{8-26}$$

也就是说，节点 k 的 RIM 等于所有预防性维修节点的 PRIM 值之和与 PLIM 之比。节点的 RIM 越大，维修时网络性能的恢复效率越高，这意味着应为这些节点提供更高的维护优先级，以能够最大程度地提高网络性能。

(2)多个节点失效。

用 $N'=\{i_1,i_2,i_3,\cdots,i_y\}$ 来表示失效节点集合，单位时间内网络性能损失等于失效节点 $i_1,i_2,i_3,\cdots,i_y$ 性能变为 0 时引起的性能损失。失效节点集合的 PLIM 为

$$\begin{aligned}\mathrm{PLIM}_{N'}(t)&=\left|\frac{\mathrm{d}(U(X(t))-U(0_{N'},X(t)))}{\mathrm{d}t}\right|=\left|\frac{\mathrm{d}U(X(t))}{\mathrm{d}t}-\frac{\mathrm{d}U(0_{N'},X(t))}{\mathrm{d}t}\right|\\&=\left|-\sum_{i=1}^{n}I_i(t)+\sum_{i=1}^{n}I_i(t)_{0_{N'}}\right|=\sum_{i=1}^{y}I_i(t)\end{aligned} \tag{8-27}$$

基于式(8-25)，多个节点失效时的 PRIM 为

$$\mathrm{PRIM}_{k/N'}(t)=I_{k/N'}(t)^*_{\{k|x_k^*=1,k\notin N'\}}-I_{k/N'}(t)_{\{k|x_k^*=1,k\notin N'\}} \tag{8-28}$$

基于式(8-27)和式(8-28)，失效节点 k 的 RIM 可表示为

$$\mathrm{RIM}_{k/N'}(t)=\frac{\mathrm{PRIM}_{k/N'}(t)}{\mathrm{PLIM}_{N'}(t)} \tag{8-29}$$

最后，对不同失效情况下的预防性维修策略集进行 RIM 仿真，计算出当某些节点在特定时间失效时，不同总维修成本的最优预防性维护策略对应的 RIM 值。仿真结果如图 8-17～图 8-20 所示。

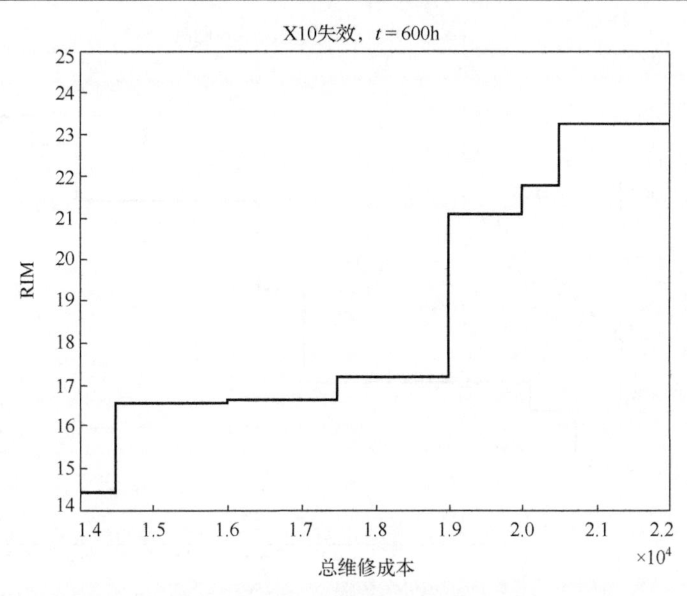

图 8-17　节点 X10 失效时的 RIM

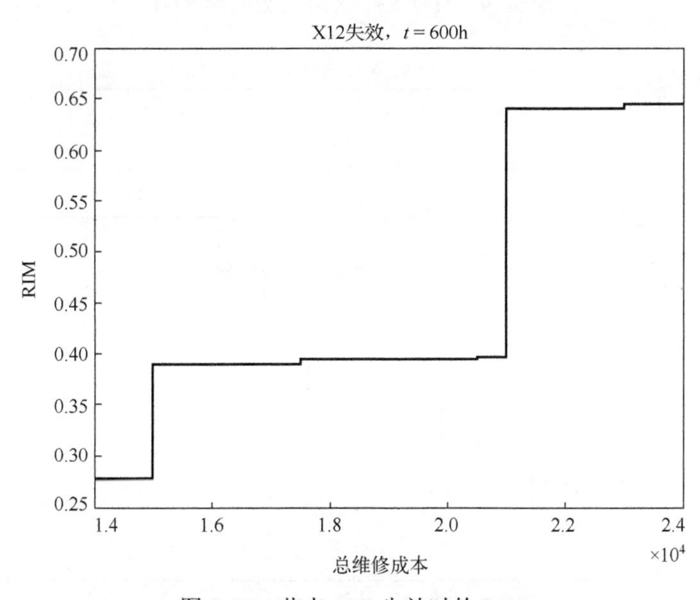

图 8-18　节点 X12 失效时的 RIM

可以看出，随着总维修成本的增加，选择进行预防性维修的节点数量增加，因此 RIM 值以阶梯状的形式持续增加。当节点 X10 在 600h 失效时，RIM 值在早期阶段没有显著增加，但在总维修成本为 19000 时迅速增加，随后的增加趋势也不再明显。在这种情况下，选择 19000 的总维修成本效果是最好的，可以实现较高网络性

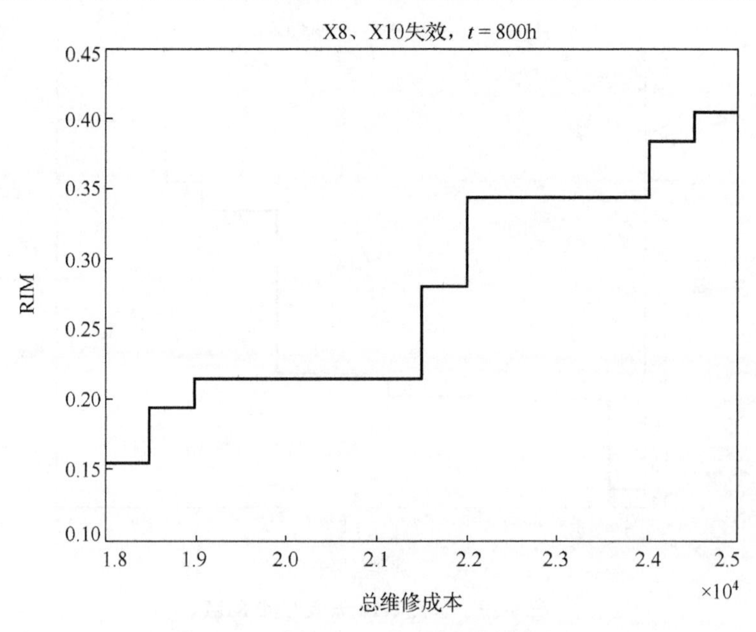

图 8-19　节点 X8、X10 失效时的 RIM

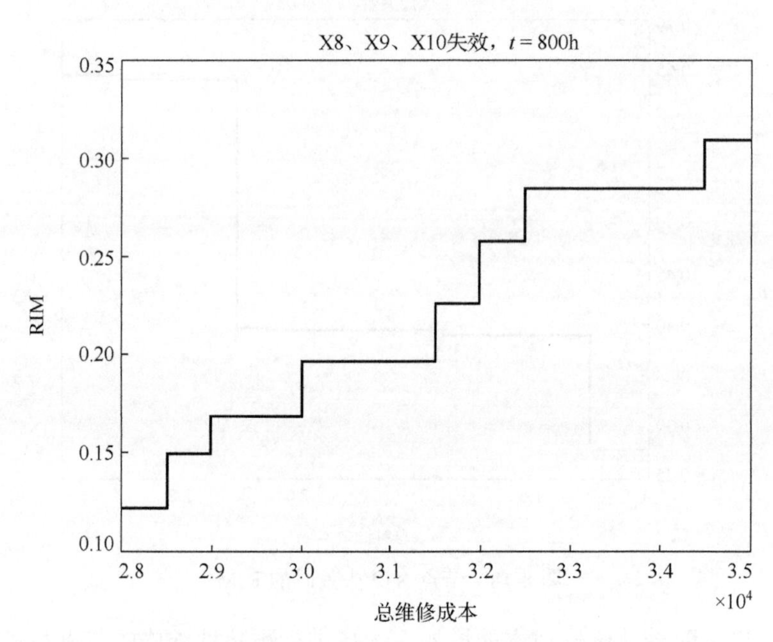

图 8-20　节点 X8、X9、X10 失效时的 RIM

能的恢复效率并控制总维修成本的效果。当节点 X12 失效且总维修成本为 15000 和 21500 时，RIM 值在 600h 时迅速增加。因此，应根据实际对成本和性能的要求选择合适的维修成本。当多个节点失效时，对应于不同维修成本的节点集变化较小，因此 RIM 值的变化多于单个节点失效时的变化。多个节点失效时维护总成本也需要根据实际情况进行控制。

8.4　本章小结

本章主要研究了运用复杂网络方法进行装备保障体系网络化建模、装备保障网络各个节点重要度指标建立、网络失效分析中节点失效模式和装备保障网络级联失效模型的建立、装备保障网络韧性分析和优化问题。通过案例分析和仿真得到了一些结论。

(1) 考虑到节点承担的功能任务以及各个节点之间的交互联系特征，本章建立了装备保障三层耦合网络。该网络分为杀伤层、维修层以及储供层三个层级，不同层级承担着不同类型的功能任务：杀伤层主要承担对敌方目标的打击功能，维修层主要承担我方战损节点的维修任务，储供层主要对我方节点所需物资进行储备与供应。不同层级间也存在紧密的交互联系，包括各层单元之间的信息传递以及实体传递等。

(2) 提出了两种装备保障网络节点重要度指标：节点信息重要度以及节点损失重要度。信息重要度主要考虑了网络拓扑结构以及网络节点异质性因素；节点损失重要度主要体现了网络受到敌方攻击之后，各个节点对网络性能的影响程度。通过按照信息重要度对网络进行攻击以及随机攻击时的网络性能变化进行比较可以得出结论：本章提出的节点信息重要度能够准确地找出网络中的薄弱环节，并能够在仅攻击小部分节点后，使网络的性能大幅度下降、功能快速丧失，进而导致多层耦合网络的崩溃或瓦解。该重要度有助于实现对敌方节点的精准打击。节点损失重要度反映了不同失效条件下网络节点的维修优先级，根据节点损失重要度评估，证实了装备保障网络的关键节点是指挥中心和跑道。案例研究还表明，节点失效会导致其他链路中的冗余节点具有更高的维修优先级。后续以此为依据制定了相应的预防性维修策略，在成本约束下最大化网络性能，提高网络恢复能力。

(3) 定义了装备保障网络节点的失效模式，基于负载-容量模型建立了装备保障网络级联失效模型。该模型以节点度和节点损失重要度定义节点的负载并以此反映节点承受任务量，基于容忍系数定义了节点容量。负载分配采用一种基于节点剩余负载再分配的方式。该级联失效模型为本章的韧性分析以及韧性策略的提出奠定了理论基础。

(4) 对于装备保障网络韧性分析和优化，本章提出了两种韧性策略：剩余可分配任务量韧性策略和基于节点损失重要度的预防性维修策略。剩余可分配任务量韧性策略以节点剩余容量和节点间距离为依据，通过重建失效节点的同类型节点与失效节点邻接节点的相连边，将失效节点的负载分配至优先恢复系数最大的同类型节点上，从而减少级联失效的影响。通过与未实施优化策略时的网络性能进行比较分析，验证了剩余可分配任务量韧性策略的有效性，能够很大程度降低多层耦合网络受到攻击后级联失效的影响，提升网络的韧性，增加网络在失效过程中的平均性能。基于节点损失重要度的预防性维修策略通过找出建立的线性规划问题最优解，能够得到成本约束下使网络性能最大的预防性维修节点集，为提高网络恢复能力提供指导。

(5)提出了一种韧性重要度来评估实施预防性维修时网络性能的恢复效率，韧性重要度的实质是预防性维修节点后系统性能的恢复量与节点失效时系统性能的损失量之比。通过计算不同失效情况下最优预防性维修节点集的韧性重要度，能够为控制成本以及提高网络恢复效率提供指导。

第 9 章　集群网络韧性应用

新型集群无人机系统已将韧性作为其重要设计目标之一，即在部分无人机、站点、链路发生毁伤或性能降级后，经过自适应重构后仍然能恢复完成任务的能力。无人机系统韧性作为一类新的通用质量特性，既与其组成结构单项通用质量特性，如可靠性、维修性等密切相关，也与体系层面的抗毁性、脆弱性以及具体重构和修复策略密切相关。

9.1　无人机集群的性能要求及其数量优化

9.1.1　多阶段任务特征

集群任务的多阶段性体现在：无人机集群的任务具有严格顺序限制，不同任务难以并行完成，须按既定的时间顺序串联进行，同时其状态在不同阶段间具有连续性和传递性。假设一个无人机集群需要在某区域进行侦察并完成打击任务，那么这一集群系统的总任务就可以描述为起飞、集结、侦察、打击和返航五个阶段，图 9-1 中集群任务的五个阶段之间有着明确的先后顺序，任何阶段的失败都将导致整个任务的失败，这就是一种典型的多阶段任务过程。

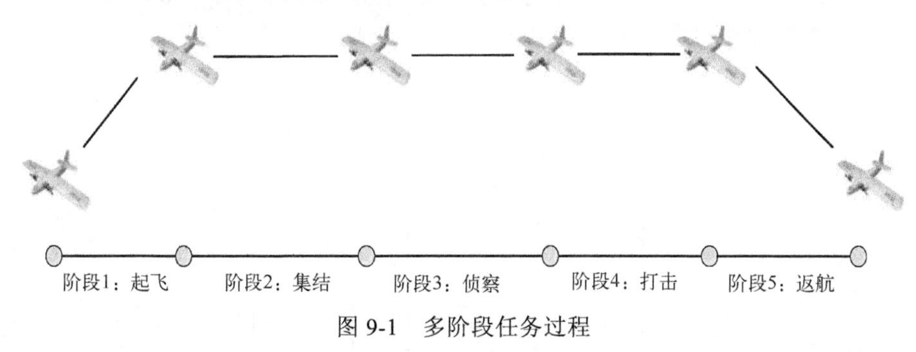

图 9-1　多阶段任务过程

从集群中单架无人机的角度来看，它自身需要在正常状态下遍历某项集群任务的各个阶段。而一架无人机失效与否取决于各个子系统在各个时刻下的状态，因此某架无人机能否成功完成某项任务，就完全依赖于各个子系统能否健康地度过整个任务阶段。任意子系统的故障都会对无人机的任务执行产生影响，但一架无人机在多阶段任务的执行过程中，某个特定子系统并不一定参与所有阶段的任务执行。例如，通信系统在整个任务过程中都要处于正常状态以保证信息的有效传递，而发射回收系统只参与无人机的起飞与回收阶段。因此无人机在各个阶段的失效状况及机理并不相同，可以利用可靠性框图对任务各个阶段所需的子系统进行分析。

假设在集群系统中仅有一种子系统组成相同的无人机，各个子系统之间相互独立且仅有故障与正常两种状态。对于一个面向 M 个阶段任务的无人机集群，设集群中的所有无人机均相同且由 $S=\{s_1,s_2,\cdots,s_j\}$ 共 j 个子系统组成，则根据子系统的参与情况可以得到任务各个阶段的可靠性框图。例如，在由两个任务阶段组成无人机集群任务过程中共需要用到 s_a、s_b、s_c、s_d 四个子系统，其中，阶段 1 需要用到子系统 s_a、s_b、s_c，阶段 2 需要用到子系统 s_b、s_c、s_d。由于任意子系统的故障都将导致无人机无法完成相应的子任务，所以这两个阶段的可靠性框图分别如图 9-2 和图 9-3 所示。

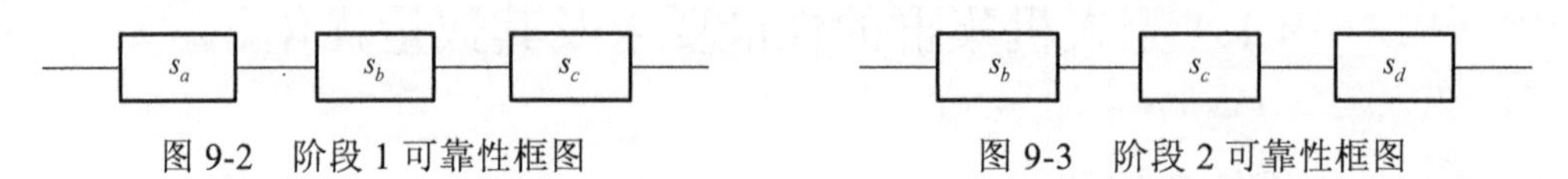

图 9-2　阶段 1 可靠性框图　　图 9-3　阶段 2 可靠性框图

假设集群系统在各个阶段的运行时间 $T=[T_1,T_2,T_3,\cdots,T_M]$，其中，$T_m$ 表示阶段 m 的持续时间。设子系统 s_i 在 m 阶段的加速系数为 α_m^i，则依据加速失效模型得

$$Q_m^i = F_i(\alpha_1^i T_1 + \alpha_2^i T_2 + \cdots + \alpha_m^i T_m) \tag{9-1}$$

$$P_m^i = 1 - Q_m^i \tag{9-2}$$

其中，Q_m^i 为子系统 s_i 在 m 阶段结束时的累计失效概率，P_m^i 即为 m 阶段结束时的可靠度。特别地，当子系统在 s_i 不参与 m 阶段的任务执行时，$\alpha_m^i = 0$。某一子系统在任务过程的可靠度变化过程如图 9-4 所示。

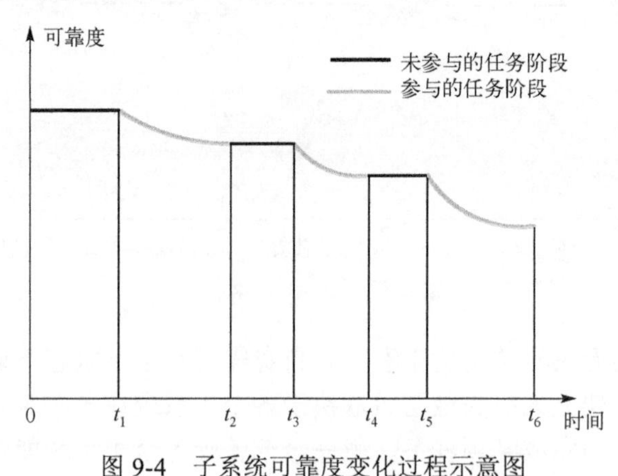

图 9-4　子系统可靠度变化过程示意图

如图 9-4 所示，在 $[0,t_1]$ 阶段该子系统未参与执行任务，可靠度不变；在 $[t_1,t_2]$ 阶

段参与任务执行，子系统可靠度降低。这样一来，就将整架无人机的可靠度映射到各个子系统上，通过了解各个子系统的运行状态及结构关系就可以得到整机的可靠度，即整机的可靠度为各子系统的函数

$$R_{\mathrm{UAV}}(t)=f(R(s_1),R(s_2),\cdots,R(s_L)) \tag{9-3}$$

由于无人机的目的是完成各阶段的任务，所以定义无人机的可靠性为在规定条件下的任意阶段能够正常完成该阶段任务的概率。设无人机的所有子系统组成集合 $S_m=\{s_1,\cdots,s_L\}$，则无人机在 m 阶段末的可靠度为

$$P_m=\prod_{i=1}^{L}P_m^i=\prod_{i=1}^{L}(1-Q_m^i)=\prod_{i=1}^{L}[1-F_i(\alpha_1^iT_1+\alpha_2^iT_2+\cdots+\alpha_m^iT_m)]$$

则在 m 阶段末的累计失效概率为

$$Q_m=1-P_m=1-\prod_{i=1}^{L}[1-F_i(\alpha_1^iT_1+\alpha_2^iT_2+\cdots+\alpha_m^iT_m)]$$

进而得到某架无人机在 m 阶段过程中的失效概率以及可靠度为

$$q_m=Q_m-Q_{m-1}=\prod_{i=1}^{L}F_i(\alpha_1^iT_1+\alpha_2^iT_2+\cdots+\alpha_{m-1}^iT_{m-1})-\prod_{i=1}^{L}F_i(\alpha_1^iT_1+\alpha_2^iT_2+\cdots+\alpha_m^iT_m)$$

$$p_m=1-q_m$$

假定某架无人机在 $m-1$ 阶段都成功完成任务，则在 m 阶段的失效概率为

$$\theta_m=\frac{q_m}{P_{M-1}}=\frac{Q_m-Q_{(m-1)}}{\prod_{i=1}^{L}(1-Q_m^i)} \tag{9-4}$$

9.1.2　基于 n/k 系统的多阶段任务可靠性计算

集群系统在任务执行过程中不可避免地出现单架机的失效状况，但无人机集群自身本来就是一个冗余系统，允许存在一些无人机的故障，因此并不是所有的失效都会直接导致任务的失败。例如，在执行侦察任务时，无人机数量只需要能够覆盖所需要的面积即可认为任务可以完成。实际上，在集群任务的执行过程中会受到任务的特殊要求、自然环境条件的变化、敌人的防护攻击以及其他各种因素的影响，因此集群往往会做出编队调整以适应任务需求和应对随机因素，这也就导致了无人机集群系统的通信拓扑结构不断变化。此外，近些年来无人机的自主性和智能化程度越来越高。这主要依赖于不断发展的通信系统，集群接收地面任务指令以及自组织等智能行为活动都离不开一个可靠的通信系统。通过以上分析可以总结得到无人机集群系统完成某项多阶段任务的必要条件是：在集群正常通信的基础上，能够接

收指令应对条件变化，并根据自身装备的有效负载在指定区域完成指定任务。下面就在任务剖面和通信剖面的双重约束下，利用 n/k 表决模型对集群任务的完成条件进行具体分析。

(1)任务剖面下的无人机数量要求。

无人机作为任务完成的参与者,其数量的多少直接影响着集群的任务完成情况。在发射阶段，集群需要集结足够的无人机数量，才能进行正常的自组织活动，否则任务难以执行；在收回阶段，若成功返航的无人机数量过少，则表明任务代价过高，任务执行结果也视为失败。除此之外，侦察、打击等各项任务的执行也都需要有足够数量的无人机来支持。

以侦察任务为例，每架无人机的侦察范围都是以自身为圆心以 r_1 为半径的圆，即侦察面积 $s=\pi r_1^2$，而集群系统的侦察覆盖面积需要达到 S_d。通过集群系统的编队设计与移动，尽可能地满足覆盖面积要求。在不考虑通信约束的条件下，设 N 架无人机的最大侦察覆盖面积为

$$S=S_1\cup S_2\cup\cdots\cup S_n=\bigcup_{i=1}^{N}S_i$$

其中，S_i 为第 i 架无人机的侦察面积，为满足任务要求，须满足 $S_d\subseteq S$。所以从任务剖面角度来看，集群中的无人机数 k 需大于最少无人机数限制 k_r，任务才可以正常运行。具体示例如图 9-5 所示。

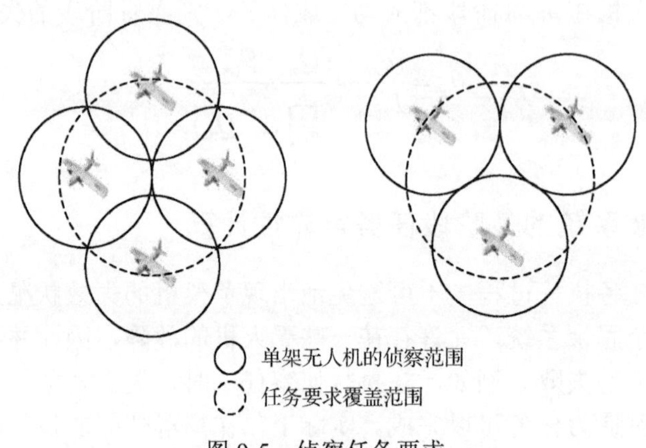

图 9-5　侦察任务要求

在对某一指定圆形区域进行全面侦察搜索时，需要集群可以全方位地覆盖某一区域，此时就存在最少无人机数量限制。由图 9-5 可以看出，四架无人机可以调整至特定的编队结构来实现任务要求范围的面积全覆盖。相反地，三架机无论怎样调整编队结构都不能完全覆盖任务要求的侦察范围。所以在不考虑通信约束的条件下，该项任务在侦察阶段的最低无人机数量要求为 4。这也直接表明了在任务剖面下无

人机集群存在着最低数量要求。

(2)通信剖面下的无人机数量要求。

设某架无人机的通信距离为 r_2，则其通信覆盖面积为 πr_2^2。即在集群任务执行过程中，某架无人机可以和在通信覆盖面积内的其他无人机进行通信交互。即使是在编队拓扑结构重构时，一架无人机也只能与通信范围内的其他无人机进行通信重连。进一步，集群在进行编队结构以侦察覆盖面积满足任务要求的同时，无疑将会增大各架无人机之间的距离，这将直接影响集群的通信质量。

若某架无人机不能与其他无人机进行正常通信连接时，集群将因不能实现自组织而导致任务失败。此时，就需要增加一定数量的无人机，以增加侦察面积的重合率为代价，提高集群的任务冗余度来缩短无人机之间的距离以实现集群的正常运行。因此，从通信剖面角度来看，系统也存在最少无人机数量限制，集群中的无人机数 k 须大于最少无人机数限制 k_c。具体示例如图 9-6 所示。

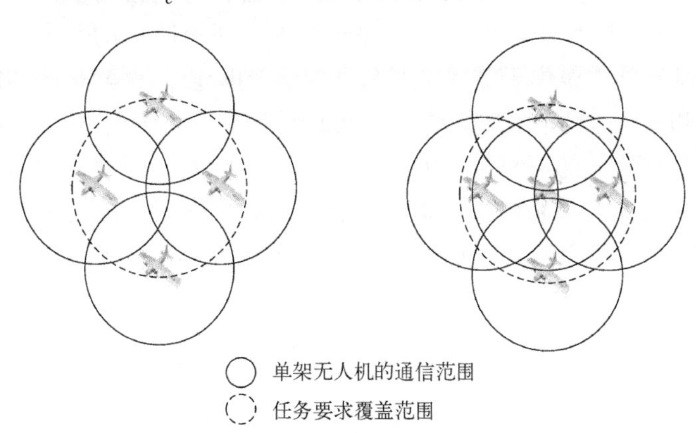

图 9-6　通信范围要求

在图 9-6 的示例中，可以看到四架机可以满足任务覆盖要求，这里再来考察这一编队的通信能力。如图 9-6 左图所示，由于通信距离的限制，各个无人机均不在自己的通信范围内，难以实现信息的传递，进而导致任务失败。因此需要以提高侦察重合率为代价，增加无人机来实现通信拓扑的正常进行，实现方式如图 9-6 右图所示。因此，在考虑通信约束的条件下，该任务的最低无人机数量应该为 5。这也直接表明了在通信剖面下无人机集群也存在有无人机数量的最低要求。

(3)集群多阶段任务可靠性的计算。

在任务剖面和通信剖面下对集群中的无人机数量均有最低要求，所以此处可以借助多阶段 n/k 模型对无人机集群的多阶段任务可靠性进行分析和计算。设在阶段 m，任务和通信拓扑要求的最低无人机数分别为 k_m^c 和 k_m^r。实际上，由于任务要求的编队结构不同，k_m^c 和 k_m^r 的大小关系并不确定。而为了保证集群任务的完成，二者的数量要求都需满足，因此阶段 m 中无人机的最低要求数量为 k_m，满足 $k_m=\max\{k_m^c,k_m^r\}$。基于此，一个面向多阶段任务的无人机集群可靠性计算就可以借助 n/k 模型来进行。首先在任务要求和通信拓扑的双重约束下得到所有阶段的无人机数量要求，组成集合 $K=\{k_1,k_2,\cdots,k_M\}$，其中 M 为任务阶段总数。令 $z_i=k_{M+1-i}$，则 $\{z_1,z_2,\cdots,z_M\}$ 即为集合 K 的倒序排列。

设 $y_n=\max\{z_1,z_2,\cdots,z_n\}$，如果 $y_n>y_{n-1}$，那么就称 z_n 为一个记录值。利用 $\{L_j,j=1,2,\cdots,g\}$ 来表示记录值出现的位置，其中 g 为记录值出现的总数。令 $u_j=z_{L_j}=k_{M+1-L_j},j=1,2,\cdots,g$，则 $\{u_n,n=1,2,\cdots,g\}$ 就形成了序列 $\{z_1,z_2,\cdots,z_M\}$ 的高阶记录值。由 z_j 的定义可以看出，$u_j=z_{L_j}=k_{M+1-L_j},j=1,2,\cdots,g$。令 $n_0=0,n_1=M+1-L_g$，$n_2=M+1-L_{g-1},\cdots,n_g=M+1-L_1$，所以 $n_k,k=1,2,\cdots,g$ 就表示原始序列 $\{k_1,k_2,\cdots,k_M\}$ 出现记录值的阶段位置索引。

集群中的无人机数量随着任务阶段的推进只会减少不会增多，下一阶段的无人机数量将依赖于上一阶段集群的状态；另一方面，所有阶段的要求均须满足任务才算最终完成，因此只需聚焦于需求数量较为特殊的阶段，也就是所谓的记录值。例如，在 m 阶段和 $m-1$ 阶段中所需的无人机最低数量分别为 k_m 和 k_{m-1}，若 $k_m>k_{m-1}$，则可以直接关注阶段 m 的可靠性。因为若 m 阶段的集群可以满足无人机数要求，则 $m-1$ 阶段的要求一定可以被满足。借助这样一种思想，对一个无人机集群的多阶段任务过程可靠性的计算而言，与最低无人机要求为 $\{k_{n_1},k_{n_2},\cdots,k_{n_g}\}$ 的多阶段集群任务等价。

$$k_{n_1}>k_{n_2}>\cdots>k_{n_g}$$

$$k_j>k_{n_r},\quad n_{r-1}<j\leqslant n_r,\quad r=1,2,\cdots,g$$

定义 S_i^W 为无人机集群在 i 阶段末剩余的可用无人机数量，设集群任务开始之前投入的无人机总数量为 n，则在第一阶段末剩余无人机数量为 j 的可能性为

$$P(S_1^W=j)=C_n^j(1-q_1)^j q_1^{n-j} \tag{9-5}$$

则成功完成第一阶段任务的概率为

$$P(S_1^W\geqslant k_1)=\sum_{j=k_1}^{n}C_n^j(1-q_1)^j q_1^{n-j} \tag{9-6}$$

定义 $B(n,j,q)=C_n^j(1-q)^j q^{n-j}$，则当 $j\geqslant k_1$ 时，$P(S_1^W=j)=B(n,j,q_1)$ 为从多阶段任务角度保证整体任务完成的能力，在基于记录值的计算方式下，实际上第一阶段末的完好无人机数量应大于等于 k_{n_1}，其概率可以计算为

$$P(S_1^W\geqslant k_1)=\sum_{j=k_{n_1}}^{n}C_n^j(1-q_1)^j q_1^{n-j}$$

令 $p_{i,j}=P(S_i^W=j)$，则当 $h=n_{r-1}+1, r=2,3,\cdots,g$ 时，在第 h 阶段末的状态为 j 的概率可以计算为

$$P(S_h^W=j)=p_{h,j}=\sum_{i=\max\{j,k_{n_{r-1}}\}}^{n}p_{h-1,i}B(i,j,\theta_h),\quad k_{n_r}\leqslant j\leqslant n$$

当 $h=n_{r-1}+2, r=2,3,\cdots,g$ 时，第 h 阶段末的状态为 j 的概率可以计算为

$$P(S_h^W=j)=p_{h,j}=\sum_{i=j}^{n}p_{h-1,i}B(i,j,\theta_h),\quad k_{n_r}\leqslant j\leqslant n$$

无人机集群的多阶段任务可靠性即为所有阶段的最低要求数均能成功满足，因此其可靠度可以计算为

$$R=P(S_M^W\geqslant k_M)=\sum_{j=k_M}^{n}P(S_M^W=j)=\sum_{j=k_M}^{n}p_{M,j}$$

特别地，故障监测机制也存在有一定失误，这导致集群在任务执行过程中发生的一些故障将难以发现。此种情况下，地面决策者将会误以为无人机仍然具有任务执行能力而进行任务分配或编队指导，这将直接导致任务的失败。因此，定义无人机失效发生但未发现将直接导致任务失败。设 m 阶段的故障覆盖率为 c_m，定义 $B(n,j,q,c)=C_n^j(1-q)^j(cq)^{n-j}$，令 $t_{i,j}=P(S_i^W=j)$，同理可得到在不完全覆盖下的无人机集群多阶段任务可靠性为

$$R=P(S_M^W\geqslant k_M)=\sum_{j=k_M}^{n}P(S_M^W=j)=\sum_{j=k_M}^{n}t_{M,j}\tag{9-7}$$

9.1.3　集群数量重要度分析及优化

由上述分析计算可以明显地看到，无人机集群多阶段任务完成的概率与无人机的数量密切相关，任务可靠度是初始无人机数量的函数

$$R(x)=\begin{cases}\sum_{j=k_M}^{x}p_{M,j}, & \text{完全覆盖}\\ \sum_{j=k_M}^{x}t_{M,j}, & \text{不完全覆盖}\end{cases}$$

其中，x 为机群的初始无人机数量，然而无人机的数量并不是越多越好。首先，任务可靠性并不一定是初始无人机数量的严格增函数；然后，在不完全故障覆盖的条件下，过多的无人机将会使故障不被发现的现象增加，进而降低任务成功的可能性；最后，过多的无人机数量势必增加成本和资源的投入，不符合经济性要求。为了定

量地衡量无人机数量变化对任务可靠度的影响，在同时考虑集群数量与可靠度变化的条件下，针对多阶段任务提出基于集群无人机数量的重要度指标。

首先，针对由单一无人机类型组成的集群系统，无人机集群由相同类型的无人机组成，其基于无人机数量的重要度 $I(x)$ 可以计算为

$$I(x)=\frac{R(x+1)-R(x)}{R(x)} \tag{9-8}$$

该式所表示的含义为：对单一无人机类型组成的集群系统，当无人机数量增加一个时，集群系统多阶段任务可靠性提升的程度。需要特别注意的是，I 存在小于零的情况，即无人机数量的增长有可能造成任务可靠性的下降。

同时，协同合作已经成为无人机集群任务执行的必然方向，异构无人机集群也越来越多地被应用于实际任务的执行过程。不同类型的无人机各司其职，协同配合共同完成某项多阶段任务。例如，在某项集群任务中，需要侦察无人机进行侦察，轰炸无人机进行护航和打击。因此，一个集群系统中可能存在多种无人机类型。

由于集群中的任何一种无人机数量不满足要求都会导致任务失败，所以从多阶段任务角度来看，不同类型无人机之间为串联关系。设 E 种不同类型的无人机 $\{1,2,\cdots,e,\cdots,E\}$ 共同组成一个集群，且初始投入数量分别为 $x_1,x_2,\cdots,x_E$，各类无人机的可靠度分别为 $R_1,R_2,\cdots,R_E$，则整个集群系统的多阶段任务可靠性可表示为

$$R(x_1,x_2,\cdots,x_e,\cdots,x_E)=R_1(x_1)\cdot R_2(x_2)\cdots R_e(x_e)\cdots R_E(x_E)$$

所以，对异构无人机集群而言，此时 e 类型无人机基于集群数量的重要度可以计算为

$$I_e(x_1,x_2,\cdots,x_e,\cdots,x_E)=\frac{R(x_1,x_2,\cdots,x_e+1,\cdots,x_E)-R(x_1,x_2,\cdots,x_e,\cdots,x_E)}{R(x_1,x_2,\cdots,x_e,\cdots,x_E)} \tag{9-9}$$

该式的含义可以表述为：在异构型无人机集群中，当 e 类型无人机增加一个时，系统多阶段任务可靠性提升的程度。同样地，I_e 也存在小于零的值，这意味着对该类型无人机数量投入的增加非但不会提升任务可靠性，甚至还会产生相反的影响。

毫无疑问，决策者希望通过较小的投入来获得更高的任务可靠性，利用尽可能少的资源来尽可能多地提升任务完成的概率。借助重要度 $I(x)$，可以对单类型集群的数量进行重要度分析，衡量无人机初始数量变化对系统任务可靠性的提升程度；而重要度 $I_e(x_1,x_2,\cdots,x_e,\cdots,x_E)$ 可以帮助我们在异构无人机集群中，衡量各个类型无人机数量变化对系统任务可靠性的影响程度。

对单一类型的无人机集群而言，由于不需要资源的分配，重要度 I 更加侧重于分析投入的无人机数量是否合理。当重要度 $I(x)<0$ 时，$R(x)$ 为投入数量 x 的减函数。理想的集群最优无人机数量 x 出现在 $I(x)=0$ 处，但由于无人机数量整数特征的限制，单类型集群的最佳无人机数量 x' 满足

$$I(x'-1)>0 \text{ 且 } I(x')<0$$

即使是在有资源限制的时候，决策者也可以依据这一指标看到数量变动的影响，结合一定的现实因素做出较为合理的决策。

对异构无人机集群而言，面临着资源的分配问题，任何一架无人机的出动都将产生资金成本和维护成本等。因此，在有限资源的约束下，针对异构无人机集群提出基于重要度的初始无人机数量确定方式。

目标函数

$$\max R(x_1,x_2,\cdots,x_e,\cdots,x_E)$$

约束条件

$$\sum_{i=1}^{E} c_i x_i \leqslant C \tag{9-10}$$

$$x_i \leqslant X_i \tag{9-11}$$

$$x_i \geqslant \max\{k_m^i, m=1,2,\cdots,M\} \tag{9-12}$$

$$x_i \text{ 为整数} \tag{9-13}$$

其中，c_i 表示出动一架 i 型无人机需要消耗的资源数，总资源数为 C。此处并没有确定这一变量的具体含义，在处理特定问题时可以赋予不同的含义，它可以表示人力、物力、财力等现实资源约束，也可以表示可操控的最大集群等技术约束。k_m^i 表示在 m 阶段所需 i 类型无人机的最低数量。式(9-10)表示消耗资源不能超过规定资源数，式(9-11)表示某类型的无人机数不能超过所拥有的无人机总数，式(9-12)表示应拥有完成任务的可能性。

边际优化算法具有收敛速度快、计算准确等优点，被广泛应用于备件的最优库存以及可靠性分配等问题中。在解决这种资源条件限定下的最优决策问题时，相比较于遗传算法、粒子群算法这类启发式算法来说，边际优化算法的求解过程更加直观，有利于决策者对整个优化过程的把握。针对本节中这一简单的离散优化模型，就可以基于重要度利用边际优化算法进行求解。

借助边际分析的思想，可以在首先在式(9-12)和式(9-13)的最低约束下得到一个初始可行解 $X=(x_1,x_2,\cdots,x_e,\cdots,x_E)$。由于 $I_e(x_1,x_2,\cdots,x_e,\cdots,x_E)$ 表示 e 类型无人机数量增加一个时对系统任务可靠性提升的程度，而 c_i 表示出动一架 i 型无人机需要消耗的资源数，所以引入边际分析中消费比的思想。借助式(9-14)对该模型中的投入产出比进行计算

$$V_e=\frac{I_e(x_1,x_2,\cdots,x_e,\cdots,x_E)}{c_e} \tag{9-14}$$

该式的含义为：增加一架e类型无人机需投入c_e的资源，可以对系统任务可靠性提升程度为$I_e(x_1,x_2,\cdots,x_e,\cdots,x_E)$，则投入单位资源对系统任务可靠性的提升程度为$V_e$。由此可见，$V_e$越大，投入单位资源所得到的提升就越多，管理者希望借助该指标使每次投入都发挥最大效用。特别地，当管理者对成本要求不严格或各机型之间差别不大时，可取$c_e=1$，即最终目的为最大化任务可靠度。基于该指标，就可以得到优化模型完整的求解方式，具体求解过程如图 9-7 所示。

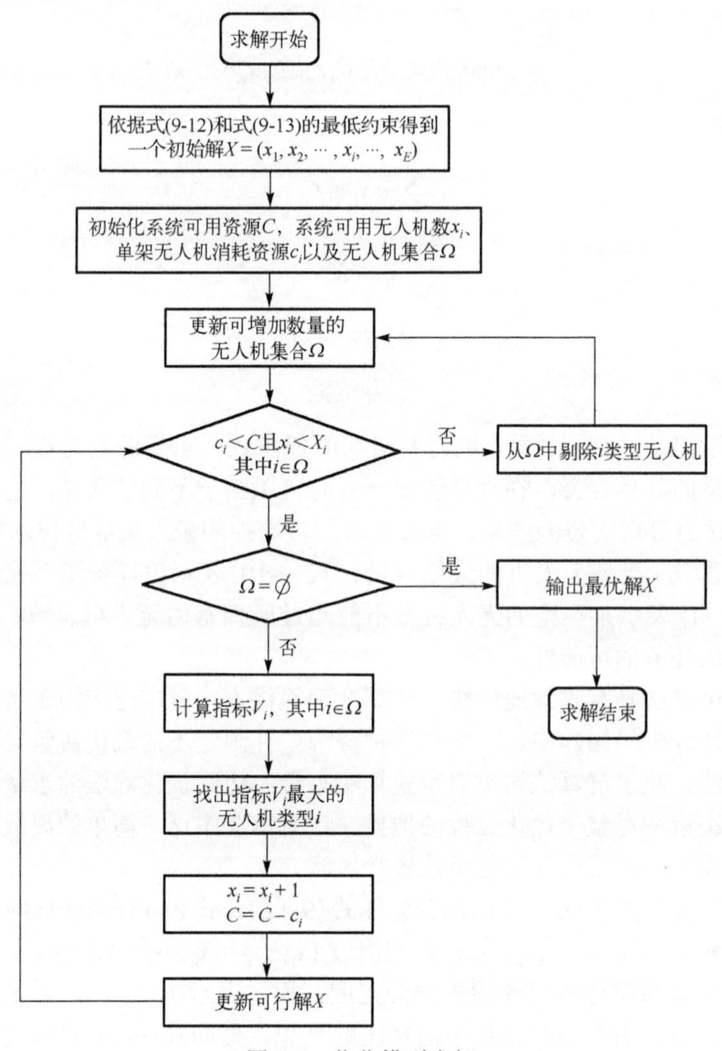

图 9-7　优化模型求解

当$c_e=1$时，该求解过程就类似于学习率为 1 的梯度下降法，而寻优的方向由重要度指标确定，通过优化模型的求解最终确定各种类型无人机的初始数量来最大化任务可靠度。通过重要度或基于重要度的投入产出比指导寻优过程的优势在于：可以帮助管理者看到每增加一次投入所产生的效果，保证每一步的投入都能效益最大化，整个分析优化过程都可以在管理者的掌控之中。

9.1.4　无人机数量优化算例

考虑一个无人机集群任务过程，需要经历起飞、集结、巡航、侦察、打击、返航六个阶段，各个阶段的持续时间与最小无人机数量要求如表 9-1 所示。

表 9-1　各个阶段数据

阶段	1	2	3	4	5	6
持续时间	10	22	24	25	16	8
要求数量	35	30	28	31	33	29

根据前面定义得到该情境下的一组记录值为(35,33,33,33,33,29)。假设集群中所有无人机均为同一类型，都由 S_1 飞机机体、S_2 飞控系统、S_3 发射收回系统、S_4 通信系统、S_5 续航系统以及 S_6 有效负载组成。此处认为所有的子系统寿命均服从 Weibull 分布

$$F(t;\alpha,\beta)=1-\exp\left\{-\left(\frac{t}{\beta}\right)^{\alpha}\right\}$$

其可靠性参数与所参与任务阶段如表 9-2 所示。

表 9-2　子系统相关信息

子系统	S_1	S_2	S_3	S_4	S_5	S_6
α	2.3	3	2.8	3.1	2	2.4
β	340	320	220	230	300	360
参与阶段	1～6	1～6	1,6	1～6	1～6	3,4

为探究无人机数量对任务可靠度的影响，在上述基础条件下，改变无人机数量，并计算集群的任务可靠度得到图 9-8。

由图 9-8 可知，在完全故障监测条件下，随着无人机数量的增加其任务可靠度也不断上升，并最终趋近于 1，整个过程中可靠度呈现上升趋势，上升速度越来越慢。而在不完全故障监测条件下 ($c=0.985$)，随无人机数量的增长集群的任务可靠度先上升并在 40 时达到最大，随后不断下降。这是因为在不完全故障监测条件下，集群中将因存在未发现的故障而导致任务失败，且随着无人机数量的增多，这一情况发生的概率也将随之增加。

因此，为探究故障监测机制对集群任务可靠度的影响，调整故障监测概率 c，计算不同监测能力下的任务可靠度变化，如图 9-9 所示。

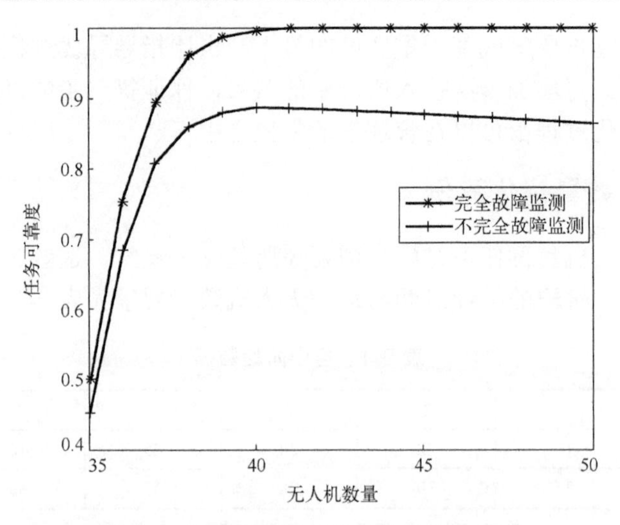

图 9-8　任务可靠度与无人机数量的关系

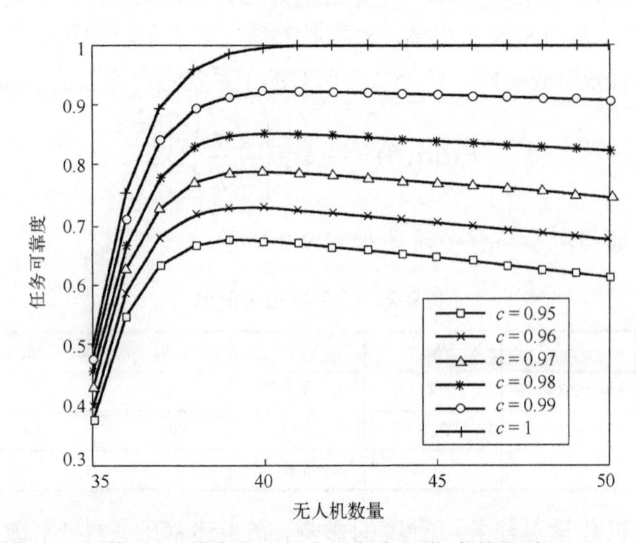

图 9-9　故障监测能力对任务可靠度的影响

由图 9-9 可知，随着故障监测机制的不断完善，集群的任务可靠度不断上升，可靠度的极值点也越来越高。在极值点之后的下降程度越来越平缓，并在值为 1 的时候不再下降。此外，可以明显地看到故障监测机制的微小改变，即可以对任务可靠度带来十分明显的影响，这直接影响着集群任务能否成功的概率，因此在此后的设计过程中应在这方面给予重点关注。

进一步，想要了解在无人机数量的变化过程中重要度的变化趋势，以及故障监测的完善与否对这一指标的影响。为此，在计算不同条件下重要度值并得到图 9-10。其中，0 刻度线是为了更直观地感受重要度值的正负。

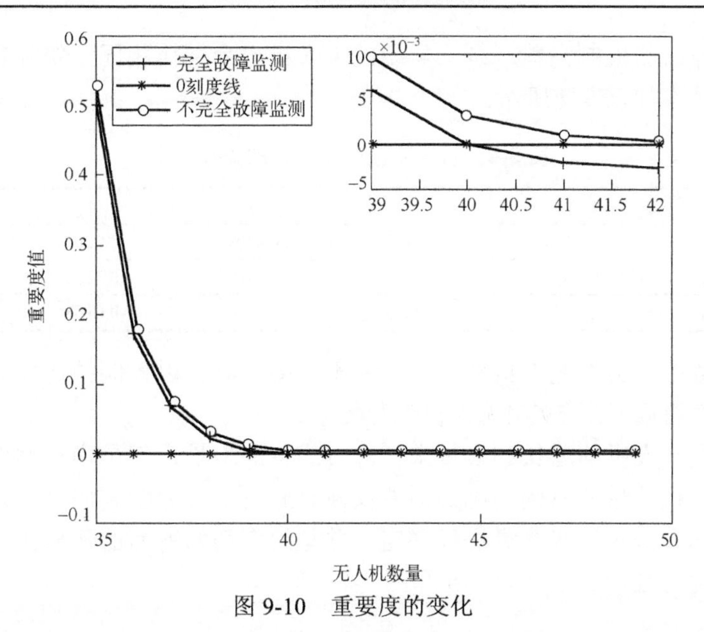

图 9-10　重要度的变化

通过图 9-10，可以直观地看到故障监测条件对重要度值的影响并不大，二者几乎重合，即在不同条件下，虽然无人机数量的改变对可靠度绝对值的提升有差别，但提升的程度几乎相同，这也从侧面反映了重要度应用在这一条件下的合理性。随着无人机数量的增加，对可靠度的提升程度都越来越小。

但是同时，二者却又有着本质的区别。通过放大图可以看到，在集群基数为 40 时：故障监测机制完善的条件下，虽然其重要度无限靠近 0 但始终处于 0 的上方，这表明无人机数量的增多不能造成有效提升，此时增加投入已经不合理但并不会依然无害于任务的完成。而在故障监测机制不完善时，存在有重要度处于 0 下方的情况，这表明过多的无人机数量将造成任务成功概率的降低。

对于基于重要度的异构无人机数量分配，选取一个较小的集群任务作为案例进行分析。

设某一任务共经历发射、集结、侦察、打击、返航五个阶段，共需三种类型的无人机参与。侦察无人机负责探究战场状况，打击型无人机打击指定目标区域，反辐射无人机保证集群任务执行时不受电磁干扰，在任务执行的各个阶段均需要一定量无人机参与任务。各个阶段需要的无人机数如表 9-3 所示。

表 9-3　各个阶段所需无人机数

阶段	1	2	3	4	5
侦察无人机	25	21	23	24	20
打击无人机	23	17	20	22	19
反辐射无人机	8	4	5	6	5

假设故障监测机制完善，统一类型的无人机寿命规律相同，统计各个阶段内无人机的失效概率如表 9-4 所示。

表 9-4　各个阶段内无人机的失效概率

阶段	1	2	3	4	5
侦察无人机	0.0124	0.0157	0.0184	0.0205	0.0046
打击无人机	0.0018	0.0037	0.0102	0.0139	0.0043
反辐射无人机	0.0046	0.0069	0.0124	0.0158	0.0097

该项任务中各类型无人机参与数量并不算多，此处以控制技术作为限制，地面指挥中心最多可同时对 59 架无人机进行控制。

不同类型无人机的增长都会带来任务可靠度的增长，但是增长程度并不同，因此在确定无人机数量的时候，确实需要权衡到底将资源分配到何种无人机上去。上面所提的优化方法对最优数量进行确定，并与给定初始解后的随机优化进行对比，优化结果与优化过程分别如表 9-5 和图 9-11 所示。

表 9-5　优化结果

优化方法	重要度指导	随机 1	随机 2	随机 3
无人机组成	[25,25,9]	[26,23,10]	[28,23,8]	[24,23,12]
任务可靠度	0.996118	0.912706	0.902262	0.883974

由表 9-5 可知，不同优化方法的最终结果存在一定差距，在重要度指导下的寻优效果要好于随机增加无人机数量。值得一提的是，这一结果还是在初始解给定的条件下进

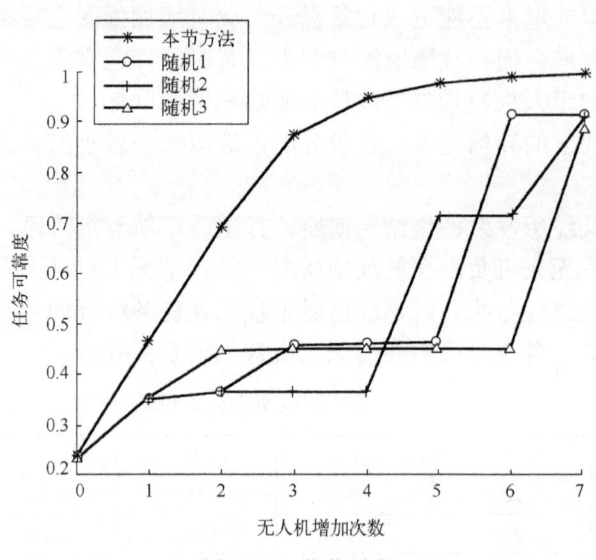

图 9-11　优化过程

行的，且优化的过程很短，已经产生了较为明显的差距。如果不给定初始解，且集群更加庞大的时候，将产生更多的无人机数量组合方式，两种方法的结果差距将更加明显。

本节所提方法的一个优势就在于保证优化的每一步都能使资源的效益最大化，重要度指导下对任务可靠度提升的每一步都要优于随机优化过程。同时，这有利于管理者清楚地知道投入带来的效益如何，以及当前的集群已经到达何种程度。

9.2　无人机集群韧性分析及编队重构优化

9.2.1　基于重要度的集群韧性分析

无人机系统各要素及其通用质量特性对无人机系统整体韧性贡献度差距较大，且随着时间推移、空间变换，系统内部的薄弱环节和关键组件可能变化，遭受外部冲击导致性能下降的程度也不同，这导致分析无人机系统韧性以及相关的脆弱性、恢复性，进而改进或优化设计更加困难。假设编队的无人机数量为 N，第 i 架无人机在飞行中的位置特征由式(9-15)所示

$$\begin{cases}\dot{x}_i = v_i \cos\gamma_i \cos\chi_i \\ \dot{y}_i = v_i \cos\gamma_i \sin\chi_i \\ \dot{z}_i = v_i \sin\gamma_i\end{cases} \tag{9-15}$$

其中，$\dot{x}_i$、$\dot{y}_i$ 和 $\dot{z}_i$ 用于描述第 i 架无人机的位置坐标，v_i 代表其飞行速度，γ_i 和 χ_i 是该无人机的飞行路角和航向角，运动特征计算为

$$\begin{cases}\dot{v}_i = \dfrac{T_i - D_i}{m_i} - g\sin\gamma_i \\ \dot{\gamma}_i = \dfrac{g}{v_i}(n_i\cos\theta_i - \cos\gamma_i) \\ \dot{\chi}_i = \dfrac{g n_i \sin\theta_i}{v_i \cos\gamma_i}\end{cases} \tag{9-16}$$

其中，推力 T_i、载荷因子 n_i 和倾斜角 θ_i 表示外环变量并被选为每架无人机的控制输入，D_i 表示气动阻力，m_i 是第 i 架无人机的重量，g 是重力加速度。考虑以标准形式描述第 i 架无人机运动的非线性系统，其可表示为 $\dot{x}(t) = f(t, x_i(t), u_i(t))$，其中，状态变量 $x_i = [v_i, \gamma_i, \chi_i, x_i, y_i, z_i]^{\mathrm{T}} \in \mathbf{R}^6, \forall i \in \{1, \cdots, N\}$，控制输入参数 $u_i = [u_{i1}, u_{i2}, u_{i3}]^{\mathrm{T}} \in \mathbf{R}^3$，$\forall i \in \{1, \cdots, N\}$ 包括推力 T_i、载荷因子 n_i 和倾斜角 θ_i。因此，本节中多无人机编队系统的数学模型可以用复合状态空间形式描述为 $\dot{X}(t) = f(t, X_i(t), U_i(t))$。

编队结构的状态可表示为 $X = [x_1, x_2, \cdots, x_N]^{\mathrm{T}} \in \mathbf{R}^{6N}$，连续控制输入因素 $U = [u_1, u_2, \cdots, u_N]^{\mathrm{T}} \in \mathbf{R}^{3N}$。给定一组连续的控制输入 U 和初始状态 $X(0) = X_0$，在任

何时间 $t \in (0,T]$ 形成的状态可以唯一确定为

$$X(t) = X(0) + \int_0^t f(\tau, X(\tau), U(\tau))\mathrm{d}\tau$$

借助该公式可以看到，在初始状态给定的条件下，任意时刻 t 的状态可由 U 单独表示为 $X(t|U)$。为最大化系统韧性，已有学者给出了编队重构过程的轨迹优化方案，下面给出优化模型目标函数和约束条件的标准形式

$$J(U) = \Phi_0 X(T|U) + \int_0^T L_0(t, X(t|U), U(t))\mathrm{d}t$$

同时

$$g_i(U) = \Phi_i X(\tau_i|U) + \int_0^T L_i(t, X(t|U), U(t))\mathrm{d}t, \quad \forall i \in \{1, \cdots, M\}$$

其中，T 表示结构重组的时间，也就是系统维修的持续时间。因此，重构的优化问题就可以表述为：首先在重要度的指导下，设定最终的目标结构；然后依据优化模型找到一组合适的连续控制输入 U 和结束时间 T 以最大化系统韧性 R。

$$\max R$$

约束于

$$U_{\min} \leqslant U(t) \leqslant U_{\max}, \quad \forall t \in [t_0, t), \quad t > 0$$

$$g_i(U, \Delta t) = \sum_{i=1}^{N} [\Delta x(T) - x_i^m]^2 + [\Delta y(T) - y_i^m]^2 + [\Delta z(T) - z_i^m]^2$$

$$D_{\text{safe}} \leqslant d_{i,j} \leqslant D_{\text{comm}}$$

其中，$\Delta x(T) = x_i(T) - x_m(T)$，$\Delta y(T) = y_i(T) - y_m(T)$ 和 $\Delta z(T) = z_i(T) - z_m(T)$ 表示节点 i 处的无人机与编队中心之间 m 的位置差，$m \in \{1, \cdots, N\}$。$[x_i^m, y_i^m, z_i^m]$ 代表修复过程结束后节点 i 处的无人机相对于编队中心 i 的位置坐标，$d_i^j = \sqrt{\begin{matrix}(x_i(t) - x_j(t))^2 + (y_i(t) \\ -y_j(t))^2 + (z_i(t) - z_j(t))^2\end{matrix}}$ 为任意两个节点 i 和 j 处无人机之间的距离，D_{safe} 和 D_{comm} 分别表示安全的防撞距离和最大通信距离。通过对优化模型进行求解就可以得到集群结构的恢复过程。

上述过程实际上就给出了无人机重组过程的仿真方法，因此在此基础上，提出了基于整体性能变化的无人机系统重要度分析技术，其解决方案如图 9-12 所示。

若将无人机系统中的各无人机看成节点，假设无人机之间的通信链路为双向，则借助无向图对系统的集群结构进行描述，集群结构与无向图之间的映射关系如图 9-13 所示。

所有无人机组成一个顶点集 $V = \{v_1, v_2, \cdots, v_n\}$，不同无人机之间的联系抽象为边，定义边集合 E，如果 $\{v_i, v_j\}$ 之间存在连接关系则 $\{v_i, v_j\} \in E$，最终无人机集群结构可

以抽象为一个无向无环的简单图 $G=\{V,E\}$。由于无人机在任务执行过程中无法进行维修，所以当某一节点遭受扰动或打击而无法继续任务时，便将相应节点看成故障并剔除。借助优化模型并通过结构重组的方式，对无人机系统中遭受损伤的节点进行维修，以最大程度地保证系统性能，破坏与恢复过程如图 9-14 所示。

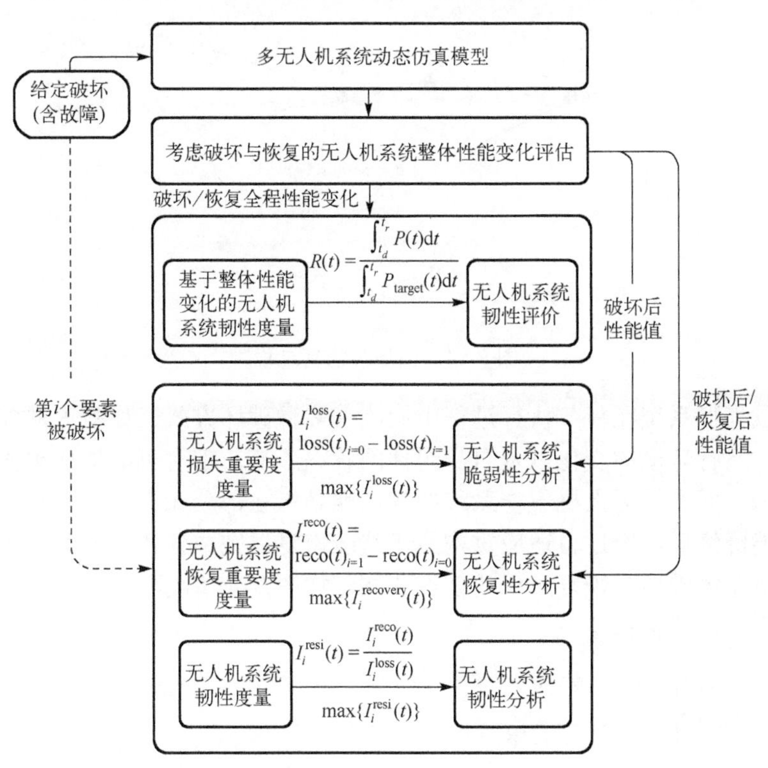

图 9-12　基于整体性能变化的无人机系统重要度分析技术方案

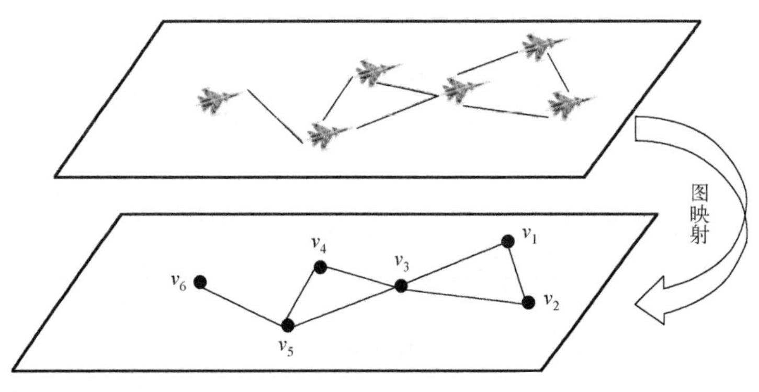

图 9-13　结构与图的映射

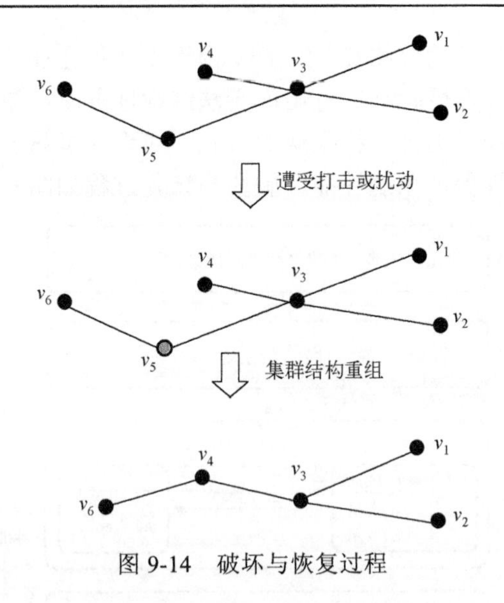

图 9-14　破坏与恢复过程

无人机集群系统在任务执行过程中面临着多种破坏方式，如敌人的随机打击和蓄意攻击、飞行环境的变化以及自身组件的状态改变，都有可能造成无人机的损毁或性能下降。而所谓无人机集群系统的韧性就是指在部分无人机、站点、链路发生毁伤或性能降级后，经过自适应重构后仍然能恢复以完成任务的能力。因此，建立面向无人机系统破坏与恢复过程的韧性认知，如图 9-15 所示。

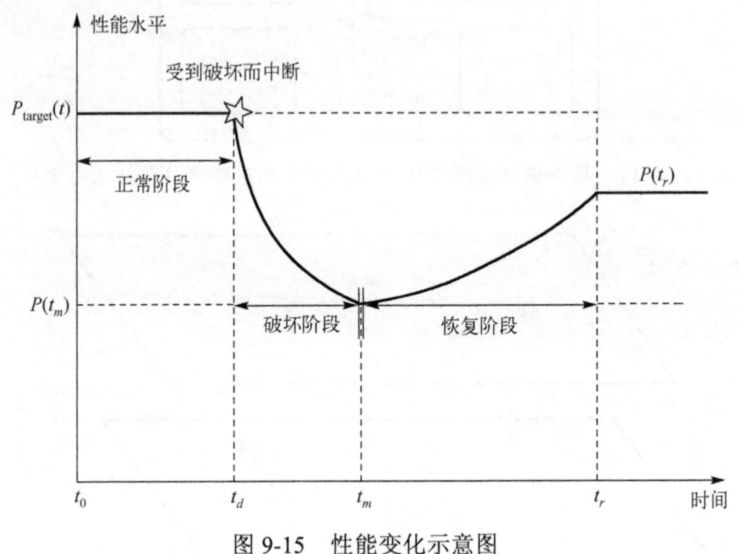

图 9-15　性能变化示意图

图中，$P_{\text{target}}(t)$ 表示无人机系统正常运行需达到的整体性能水平，在 t_d 时刻系统遭受攻击导致系统性能降低，并在 $t_d \sim t_m$ 的破坏阶段下降至 $P(t_m)$；之后，以结构重组的方式对无人机系统进行性能恢复，并通过 $t_m \sim t_r$ 的恢复阶段，在 t_r 时刻恢复到 $P(t_r)$。一般来说 $P(t_m) \leqslant P(t_r) \leqslant P_{\text{target}}(t)$，此外，由于无人机系统的时空动态特征，$P_{\text{target}}(t)$ 可能随时间、空间发生变化。

基于此，以性能变化为依据给出同时考虑破坏时间、破坏程度、恢复时间与恢复程度的韧性度量

$$R(t) = \frac{\int_{t_d}^{t_r} P(t)\mathrm{d}t}{\int_{t_d}^{t_r} P_{\text{target}}(t)\mathrm{d}t} \tag{9-17}$$

此时的关键变为如何度量系统的整体性能。

联合侦察任务作为无人机群的最常见任务之一，主要是为了搜集敌方信息而展开的飞行活动，通常习惯以整个机群所覆盖的侦察面积来表述系统性能。假定任意时刻 t 某一无人机所能侦察到以自身为圆心以 r 为半径的圆的范围 $S_i(t)$，$S_i(t) = \pi r^2$，同时整个无人机群的任务性能为无人机群所能侦察到所有面积的集合，可表示为 $S(t) = S_1(t) \cup S_2(t) \cup \cdots \cup S_n(t) = \bigcup_{t=1}^{N} S_i(t)$。

因此，在这些情况下可以将多无人机系统的性能定义为：当前覆盖区域与初始值的比率，计算公式为

$$P(t) = \frac{S(t)}{S(t_0)}, \quad t > 0 \tag{9-18}$$

其中，$P(t)$ 的范围为 $(0,1]$，可以表述系统各个时刻的系统性能与初始值的差距。

进一步，还关心系统哪些部分被破坏后，对其韧性影响最大，有时也会有脆弱性分析需求(哪些节点更容易被破坏)和恢复性分析(哪些节点的恢复效果更佳)，从而实现韧性的设计改进。为此，提出了基于重要度的分析方法。

假设无人机系统由 n 架无人机组成一个无向无环的图 $G = \{V, E\}$，则无人机系统的性能水平由这 n 架无人机的侦察面积和通信状况决定。假设 $x_i(t)$ 为节点 i 处的无人机状态，则无人机系统性能水平可以表示为 $x_i(t)$ 的 n 元函数。把 i 划分为两个状态，$x_i(t) = 1$ 表示节点 i 处的无人机正常工作，$x_i(t) = 0$ 表示节点 i 处的无人机不可用。

由于整个韧性过程由破坏扰动阶段和恢复阶段两阶段组成，所以按时间段依次进行分析，首先对扰动阶段分析系统的脆弱性，再对恢复阶段分析系统的恢复性，进而最终分析系统的韧性。

脆弱性：因节点 i 处的无人机遭受干扰而导致无人机系统整体性能下降时，系统在破坏阶段 $[t_d, t_m]$ 内的损失程度可表示为

$$\text{loss}(t) = P_{\text{target}}(t) - P(t_m) = f_l(x_1(t), x_2(t), \cdots, x_n(t))_{x_i(t)=1} - f_l(x_1(t), x_2(t), \cdots, x_n(t))_{x_i(t)=0} \tag{9-19}$$

基于 Birnbaum 重要度的思想，节点 i 的损失重要度表示了节点 i 处无人机状态变化对无人系统整体性能损失的影响程度。无人机系统性能的总损失为

$$\mathrm{LOSS}=\int_{t_d}^{t_m}[P_{\mathrm{target}}(t)-P(t)]\mathrm{d}t \tag{9-20}$$

损失重要度可计算为

$$I_i^{\mathrm{loss}}=\frac{\int_{t_d}^{t_m}[P_{\mathrm{target}}(t)-P(t)]\mathrm{d}t}{\int_{t_d}^{t_m}P_{\mathrm{target}}(t)\mathrm{d}t} \tag{9-21}$$

因为脆弱性考虑破坏过程，即整体性能水平损失情况，则可以通过比较所有要素的损失重要度 I_i^{loss} 来分析系统脆弱性，则 $\max\{I_i^{\mathrm{loss}},i=1,2,\cdots,n\}$ 表示对无人机系统脆弱性影响最大的要素。

恢复性：为了对无人机所处节点进行修复而进行集群结构重组时，系统在恢复阶段 $[t_m,t_r]$ 的恢复程度可以表示为

$$\mathrm{reco}(t)=P(t_r)-P(t_d)=f_r(x_1(t),x_2(t),\cdots,x_n(t))_{x_i(t)=1}-f_r(x_1(t),x_2(t),\cdots,x_n(t))_{x_i(t)=0} \tag{9-22}$$

同理，节点 i 的恢复重要度表示在节点 i 遭受破坏后，通过运动轨迹调整和集群结构重组的方式进行不完美修复时，修复与否对系统性能恢复的影响程度，则无人机系统恢复的总性能为

$$\mathrm{RECO}=\int_{t_m}^{t_r}[P(t)-P_d(t)]\mathrm{d}t \tag{9-23}$$

恢复重要度可计算为

$$I_i^{\mathrm{reco}}=\frac{\int_{t_m}^{t_r}[P(t)-P_d(t)]\mathrm{d}t}{\int_{t_m}^{t_r}P(t)\mathrm{d}t} \tag{9-24}$$

因为恢复性考虑恢复过程，即整体性能恢复水平，则可以通过比较所有要素的恢复重要度 I_i^{reco}，分析系统恢复性，则 $\max\{I_i^{\mathrm{reco}},i=1,2,\cdots,n\}$ 表示对无人机系统恢复性影响最大的要素。

韧性重要度：在此基础上，同时考虑破坏和恢复过程，通过节点 i 的恢复重要度与损失重要度定义集群结构中节点 i 的韧性重要度为

$$I_i^{\mathrm{resi}}=\frac{I_i^{\mathrm{reco}}}{I_i^{\mathrm{loss}}}=\frac{\int_{t_m}^{t_r}[P(t)-P_d(t)]\mathrm{d}t\cdot\int_{t_d}^{t_m}P_{\mathrm{target}}(t)\mathrm{d}t}{\int_{t_m}^{t_r}P(t)\mathrm{d}t\cdot\int_{t_d}^{t_m}[P_{\mathrm{target}}(t)-P(t)]\mathrm{d}t} \tag{9-25}$$

可以通过比较所有要素的韧性重要度 I_i^{resi}，对系统韧性进行分析，则 $\max\{I_i^{\mathrm{resi}}(t),$

$i=1,2,\cdots,n\}$ 表示对无人机系统韧性影响最大的要素。

在进行无人机系统损失重要度、恢复重要度和韧性重要度的仿真分析后，可以找出无人机系统中的薄弱环节和关键组件。在此基础上，综合考虑多种任务模式，可以给出系统在遭受敌方干扰、攻击造成部分无人机的毁伤或性能降级后的结构优化方案。

同时以此为指导，还可以在任务执行前对特殊位置的无人机进行冗余设计、重点防护，在任务执行中进行重点观测；另外在对敌机进行打击时，以这些指标为依据，使用较小的攻击代价获得期望的杀伤效果。

9.2.2　无人机集群的韧性优化

(1) 关键节点防护。

在无人机起飞之前的任务准备阶段，为提高机群任务完成的可能性往往要对无人机进行保障工作，但保障资源以及时间总是有限的，所以如何安排维护顺序合理利用资源就成为了一个关键问题。从韧性角度考虑，可利用有限资源对集群结构中关键节点处的无人机进行预防性维护，提升其在任务执行过程中的抗干扰能力。此处便可以利用韧性重要度寻找到关键节点，使有限的资源发挥最大的作用，较高程度地提升无人机群任务执行过程中的韧性性能。

假设同一机群中的无人机遭受扰动时的破坏规律相似，借助指数分布来描述这一性能降级过程，那么在扰动阶段机群的性能可表示为

$$P_{\text{down}}(\lambda,t)=\mathrm{e}^{-\lambda t} \tag{9-26}$$

预防性维护的作用就体现在对参数 λ 的改变上，在同一扰动的影响下，有效的预防性维护可以改变对无人机的破坏速度。甚至在破坏较小或者脆弱性较好的情况下，扰动并不能对无人机造成完全破坏，机群可以不进行修复而继续执行任务。

同样地，抗扰动能力较好的无人机，韧性重要度会降低，进而降低对该无人机维护的必要性。

定理 9-1　通过预防性维护使某一节点处无人机在扰动阶段的破坏速率由 λ 减小至 λ_h 时，则该节点处无人机的韧性重要度降低，无人机集群系统的韧性提升。

证明：在当前破坏规律下，设扰动持续时间 $T=t_m-t_d$，无人机系统的性能损失和损失重要度为

$$\begin{cases}\text{LOSS}(t)=\displaystyle\int_{t_d}^{t_m}[P_{\text{target}}(t)-P(t)]\mathrm{d}t=\int_{t_d}^{t_m}[1-\mathrm{e}^{-\lambda(t-t_d)}]\mathrm{d}t=\int_0^T(1-\mathrm{e}^{-\lambda t})\mathrm{d}t=T+\frac{1-\mathrm{e}^{-\lambda T}}{\lambda}\\ I_i^{\text{loss}}(\lambda)=\dfrac{\displaystyle\int_{t_d}^{t_m}[P_{\text{target}}(t)-P(t)]\mathrm{d}t}{\displaystyle\int_{t_d}^{t_m}P_{\text{target}}(t)\mathrm{d}t}=1+\frac{1-\mathrm{e}^{-\lambda T}}{T\lambda}\end{cases} \tag{9-27}$$

对损失重要度求导可得

$$\frac{\partial I_i^{\text{loss}}}{\partial \lambda}=\frac{\lambda T \mathrm{e}^{-\lambda T}-(1-\mathrm{e}^{-\lambda T})}{T\lambda^2}=\frac{(1+\lambda T)\mathrm{e}^{-\lambda T}-1}{\lambda^2}<0 \tag{9-28}$$

即性能损失函数对破坏速率 λ 的一阶偏导数小于 0。

而当在节点 i 处的无人机所投入的预防性维护资源增多时，破坏速率 λ 降低至 λ_d，所以

$$I_{(i,\text{before})}^{\text{loss}}(\lambda)<I_{(i,\text{after})}^{\text{loss}}(\lambda_d) \tag{9-29}$$

而预防性维护并不能改变集群任务过程中的恢复过程，所以

$$\begin{cases} I_{(i,\text{before})}^{\text{reco}}=I_{(i,\text{after})}^{\text{reco}} \\ \dfrac{I_{(i,\text{before})}^{\text{reco}}}{I_{(i,\text{before})}^{\text{loss}}}>\dfrac{I_{(i,\text{after})}^{\text{reco}}}{I_{(i,\text{after})}^{\text{loss}}} \end{cases} \tag{9-30}$$

则

$$I_{(i,\text{before})}^{\text{resi}}>I_{(i,\text{after})}^{\text{resi}} \tag{9-31}$$

所以通过增加对某一无人机预防性维护资源的投入，可以在提升无人机降低破坏速率的基础上，降低该无人机的韧性重要度。与此同时，恢复过程不变，设恢复阶段 $t_r-t_m=T_0$，$\int_{t_m}^{t_r}P(t)\mathrm{d}t=E$ 都为定值，则韧性值计算为

$$R(\lambda)=\frac{\int_{t_d}^{t_r}P(t)\mathrm{d}t}{\int_{t_d}^{t_r}P_{\text{target}}(t)\mathrm{d}t}=\frac{\int_{t_d}^{t_m}P(t)\mathrm{d}t+\int_{t_m}^{t_r}P(t)\mathrm{d}t}{\int_{t_d}^{t_r}P_{\text{target}}(t)\mathrm{d}t}=\frac{\int_0^T \mathrm{e}^{-\lambda t}\mathrm{d}t+E}{T+T_0}=\frac{(1-\mathrm{e}^{-\lambda T})+E\lambda}{(T+T_0)\lambda} \tag{9-32}$$

同样地，依然观察 λ 改变对韧性性能的影响，对 $R(\lambda)$ 求导

$$\frac{\partial R}{\partial \lambda}=\frac{(T\mathrm{e}^{-\lambda T}+E)(T+T_0)\lambda-(T+T_0)(E\lambda+1-\mathrm{e}^{-\lambda T})}{[(T+T_0)\lambda]^2}=\frac{(T\lambda+1)\mathrm{e}^{-\lambda T}-1}{(T+T_0)\lambda^2}<0 \tag{9-33}$$

所以无人机在面对扰动时的破坏速率从 λ 降至 λ_d 时，系统韧性会提高

$$R(\lambda)<R(\lambda_d) \tag{9-34}$$

综上所述，一方面，有效的预防性维护可以降低无人机在面对扰动时的破坏速率，降低该节点处的韧性重要度，提高系统的韧性；另一方面，韧性重要度在机群起飞前，可以有效表示某一无人机需要维护的必要程度，代表对系统韧性性能提升的重要性。

该定理从侧面表明，韧性重要度可以代表任务执行前，某架无人机进行维护的必要程度。

(2) 编队结构优化。

在无人机集群任务的执行过程中不可维修，但可以通过集群结构的重构来提高集群的整体性能。如前面所述，通过冗余设计在关键节点处的无人机遭受损伤后，可通过冗余节点处的无人机移动完成不完美修复。同时，由于集群结构的不同，不同位置节点的无人机损毁将对整个集群系统的韧性产生不同影响，此处以韧性重要度来描述某一节点处的无人机对系统韧性的贡献程度，并以此对无人机编队在任务执行过程中进行重构指导。

在进行无人机的集群重构时，要满足以下三个原则：第一，要保证所有无人机处于集群之中，最终的重构结果不能出现拓扑分割现象；第二，要尽快地确定修复方式，并通过特定节点处的无人机移动完成自修复；第三，要较高程度地保证修复过程及修复完成后集群的任务性能。其中第一点是为了保证所有无人机是一个任务集体，处于可以控制的通信范围之中，让机群中所有无人机以一个整体来执行任务，对这一原则的理解可借助图 9-16 表示。

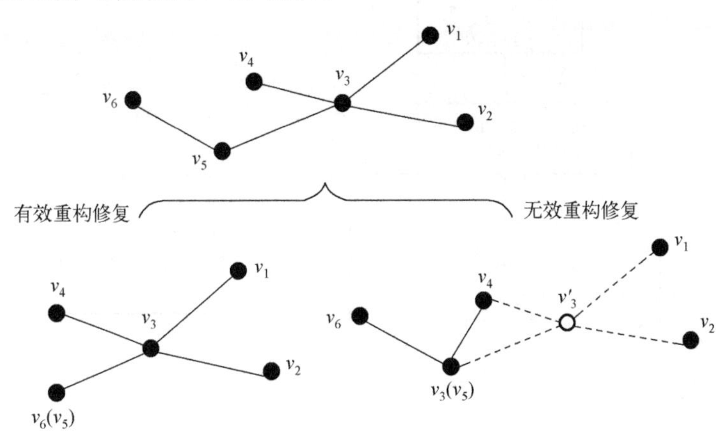

图 9-16　重构修复示意图

当节点 v_5 遭受扰动而破坏后，利用其他无节点处无人机的移动可以产生多种修复方案，但并不一定都可行(此处先不考虑系统韧性性能)。将节点 v_6 处的无人机移动到遭受破坏的节点 v_5 处，无人机群可正常运行，所有节点都处于统一通信拓扑结构中，是一种可行的修复方式；而若将 v_3 处的无人机移动至破坏节点进行修复，则将产生拓扑分割现象，导致 v_1 和 v_2 处的节点成为独立个体，不能成为集群结构的一部分，是一种不可行的修复方式。

重构过程中的后两个原则均为集群韧性的表现与约束，而韧性重要度即代表着集群系统结构中某一节点处的重要程度，因此在这一指标的指导下来确定无人机集群在任务执行过程中的修复方式是合理的。形成指导方案过程如图 9-17 所示。

对某一任意编队 $G=(V,E)$，节点 v_j 处的无人机遭受扰动或破坏时：

步骤 1：根据无人机集群的性能变化特点来计算当前所有位置节点的恢复重要度 $\mathrm{Re}=\{I_i^{\mathrm{reco}}, i=1,2,\cdots,n\}$。

步骤 2：寻找韧性重要度小于节点 v_j 的所有节点，并按该指标从小到大进行排序，形成集合 $\Omega=\{v_m \mid I_m^{\mathrm{reco}}<I_j^{\mathrm{reco}}\}$，且 $m\in\{1,2,\cdots,n\}$，若集合为空，则选择不移动为修复方案并跳至步骤 4。

步骤 3：在集合 Ω 中寻找节点 v_k 满足 $I_k^{\mathrm{reco}}=\min\{I_m^{\mathrm{reco}} \mid v_m\in\Omega\}$。

步骤 4：判断节点 v_k 处的无人机移动至破坏节点 v_j 处是否能够成为一种有效修复方式，如果可以则将这一移动方式成为修复方案；否则从集合 Ω 中剔除节点 v_k 并返回步骤 3。

步骤 5：按照修复方案移动相应无人机完成重构自修复。

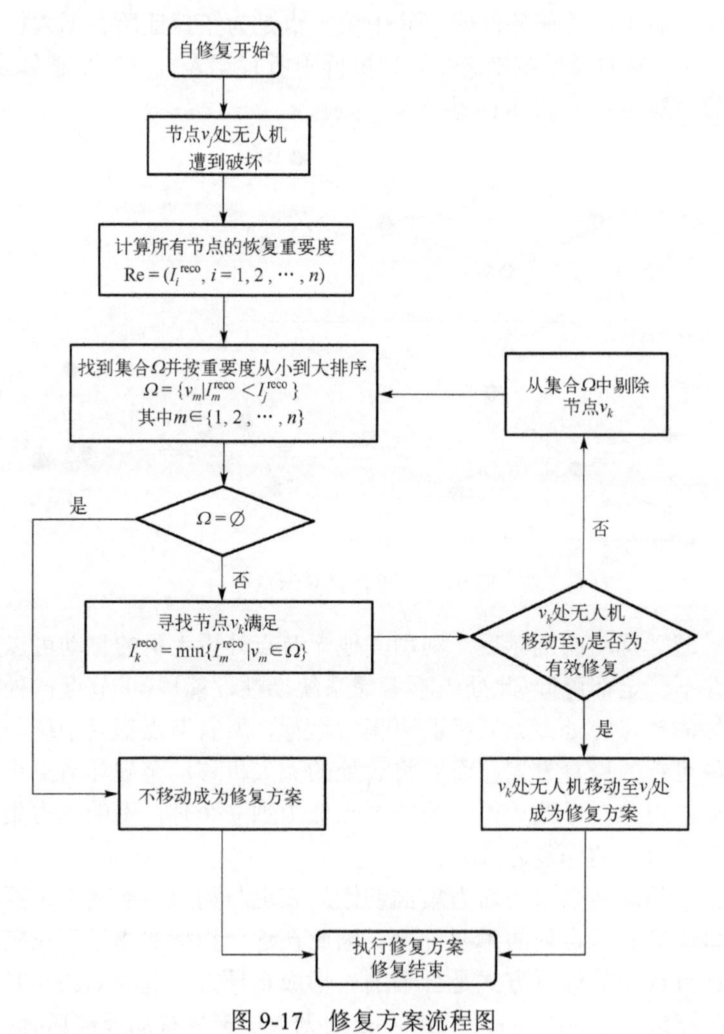

图 9-17　修复方案流程图

在实际无人机的运行控制过程中，由于动力因素各方面的限制，事实上更多地是趋近于想要的结果，很难精确到达指定位置。而这种移动方案可以尽量减少无人机的移动数量，可以在一定程度上提升重构过程中编队的安全性和稳定性，并且在形成目标结构的条件下找到合适的运动轨迹。

9.2.3　编队结构优化算例

以常见的三角形六架机的侦察任务为例，定义破坏事件为对无人机进行扰动，导致系统性能降级。另外，为保证集群结构的稳定性，在对该种结构的一架无人机进行破坏后，往往希望系统保持 V 字型结构，如图 9-18 所示。

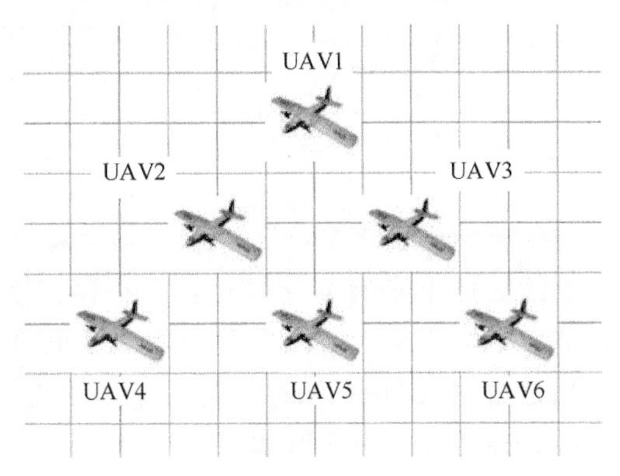

图 9-18　V 字型结构示例

设定初始速度为 40m/s，各个节点的初始相对位置坐标如表 9-6 所示。

表 9-6　各节点的初始相对位置

无人机编号	x/km	y/km	z/km
UAV1	0	10	2.5
UAV2	−10	0	2.5
UAV3	10	0	2.5
UAV4	−20	−10	2.5
UAV5	20	−10	2.5
UAV6	0	−10	2.5

在设定安全距离、通信距离以及相关运动参数后，对系统中无人机的三维运动轨迹进行仿真，分别对各个节点的无人机进行破坏，在不进行结构变动指导的情况下，利用优化模型并借助 PSO 算法寻找最优控制参数、统计过程中的性能变化，以最大化系统韧性性能，并计算各个节点的韧性重要度。仿真过程中性能变化如图 9-19 所示。

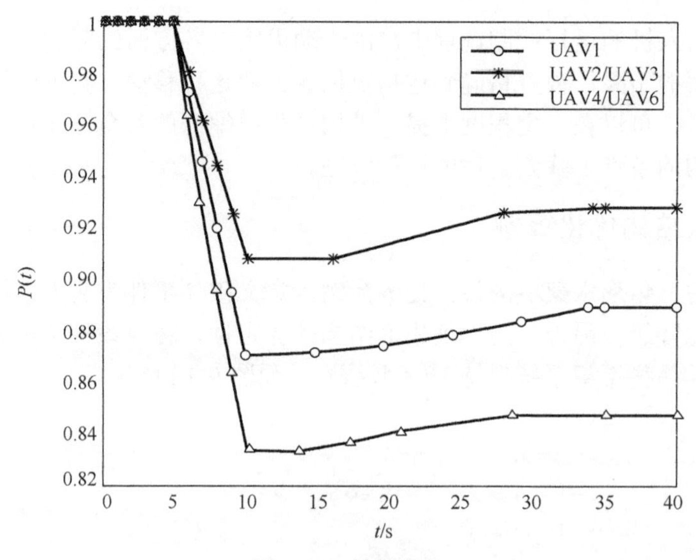

图 9-19　性能变化

特别地，因为 UAV5 的破坏不影响 V 字型结构，不存在恢复过程，故不计算其韧性重要度，作为冗余节点参与重构，所以不考虑其恢复重要度，作为维护 V 字型结构的冗余节点补齐最后位置。依据仿真结果计算各个节点处无人机的损失重要度、恢复重要度和韧性重要度并排序如表 9-7 所示。

表 9-7　重要度值及排序

无人机	损失重要度	排序	恢复重要度	排序	韧性重要度	排序
UAV1	0.066343	2	0.010483	1	0.158012	2
UAV2	0.04711	3	0.008232	2	0.174749	1
UAV3	0.04711	3	0.008232	2	0.174749	1
UAV4	0.085943	1	0.007496	3	0.08722	3
UAV6	0.085943	1	0.007496	3	0.08722	3

为了直观地观察各个节点无人机重要度差异，画条形图进行对比，如图 9-20 所示。

可以看到，同一架无人机从不同的时间段来看，所表现出的重要程度也会发生改变。例如，在遭受打击时的扰动破坏阶段，UAV4 和 UAV5 更为重要；在恢复阶段，UAV1 的恢复优先级应该更高；在整个韧性过程中，UAV2 和 UAV3 更应受到关注，虽然脆弱性并不最差，恢复优先级也并不高，但是遭到破坏时修复难度大，从而会使无人机集群系统表现出较差的韧性性能。因此，在不同的阶段所需重点关注的位置也不尽相同。

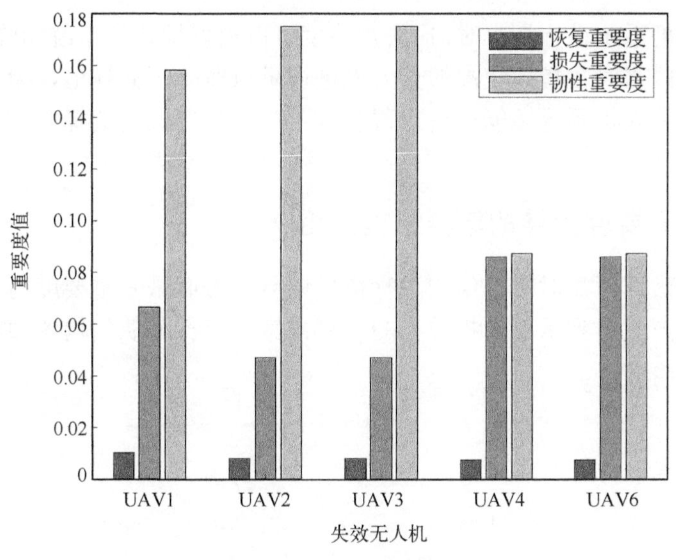

图 9-20　各重要度对比

9.2.4　损失重要度对打击程度的影响

如图 9-21 所示，分别对各个节点处的无人机进行破坏，并统计各个节点处(除 UAV5)外遭受破坏后无人机系统性能的降级程度，并与其损失重要度相比较。

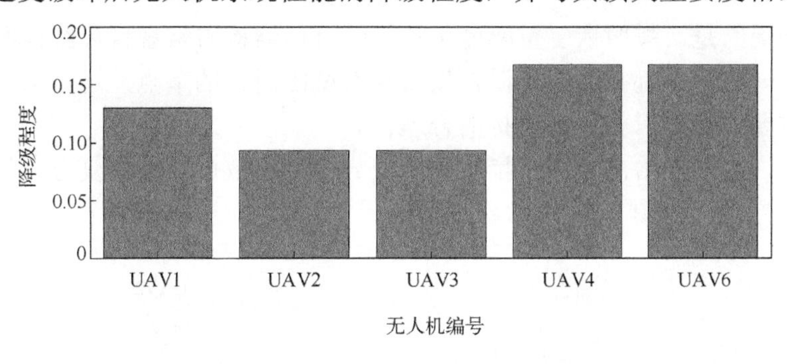

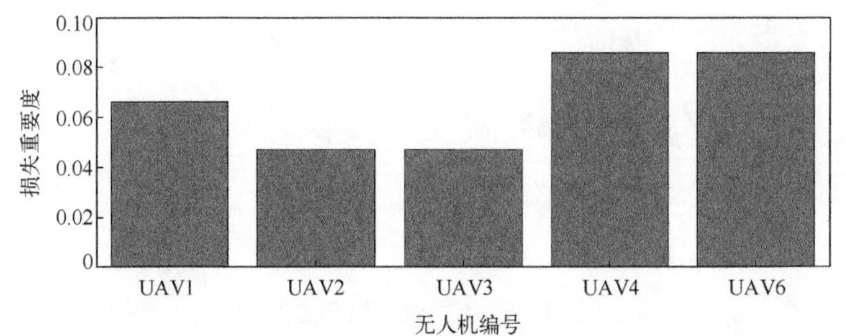

图 9-21　无人机系统性能的降级程度与其损失重要度的对比

在对无人机系统进行打击时，损失重要度可以很好地代表系统面临的损失程度，因此在扰动阶段需对该指标较高的无人机进行重点监管。同样地，为一次性最大程度地降低敌方无人机系统性能而进行蓄意攻击时，也可优先选择此类无人机进行重点打击。

9.2.5　恢复重要度指导的集群结构重组

在 UAV1 破坏后需对集群结构进行指导恢复，按照恢复重要度的排序结果结合上面所述恢复方式得到重要度指导下的恢复方案，目标编队结构图如图 9-22 所示。

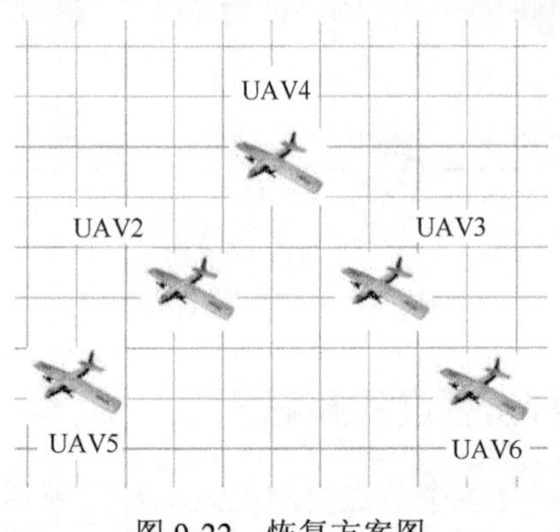

图 9-22　恢复方案图

值得一提的是，按照恢复重要度所指导的目标结构与常规目标结构所期望的 V 字型结果是一致的，都是希望可以首先恢复 UAV1 所在的节点，这也从侧面表明了借助恢复重要度指导目标编队结构的合理性。

同样地，也分别给出不给予指导完全依靠控制参数调整的恢复方案和随机指导的编队恢复方案，如图 9-23 所示。

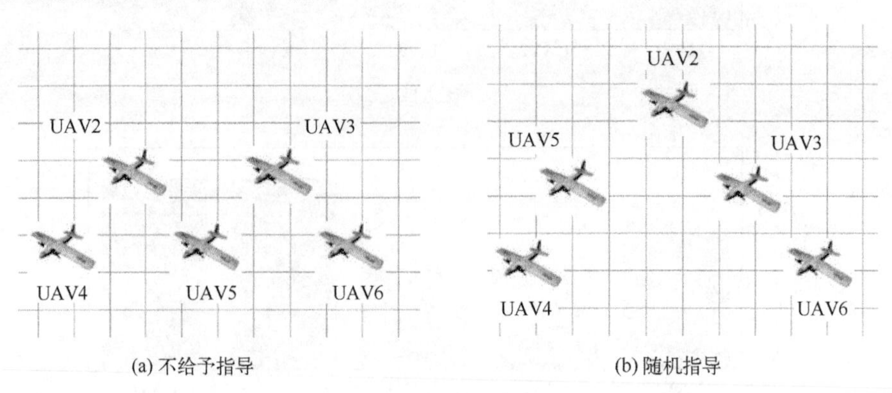

图 9-23　不同编队恢复方案

而实际上，无人机编队的重构控制一直都是一个热点话题，如果控制技术不足很难实现想要达到的编队效果。此处为了在实际编队控制条件下展开对比，也借助优化模型以最大化韧性为目标找到最优控制参数与运动轨迹，但因技术限制无法达到完全理想的效果。在这里，重要度起到编队目标结构和移动的指导作用，但并不能起到完全控制作用。借助 PSO 算法求解控制优化模型，得到三种指导方案下无人机的轨迹图如图 9-24 所示。

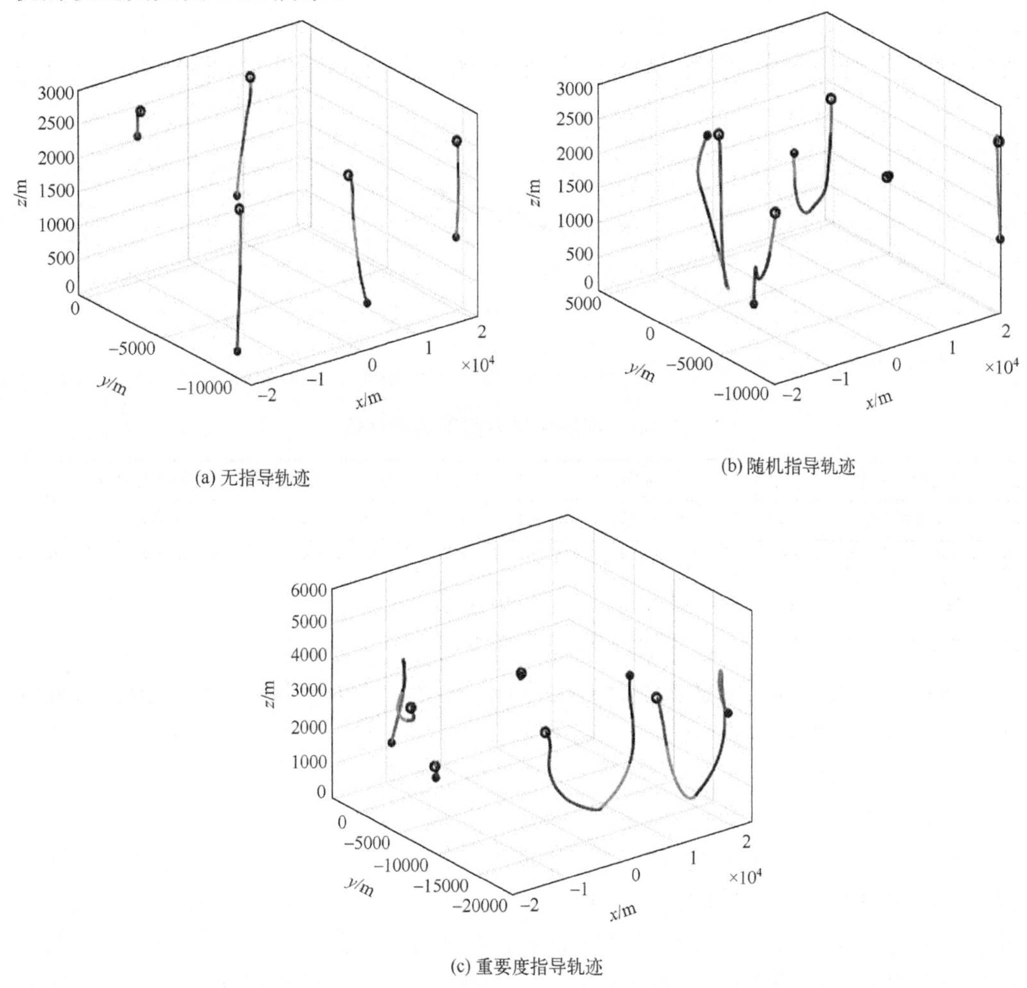

(a) 无指导轨迹

(b) 随机指导轨迹

(c) 重要度指导轨迹

图 9-24　不同方案下无人机的轨迹图

统计恢复效果及恢复过程中的性能变化，得到系统的韧性过程图如图 9-25 所示。计算三种指导方案下的系统韧性值如表 9-8 所示。

由三种模式下的韧性计算结果可知，借助恢复重要度或韧性重要度进行编队目标结构的指导，结合适当的控制方式可以对系统的韧性提升起到一定的作用。

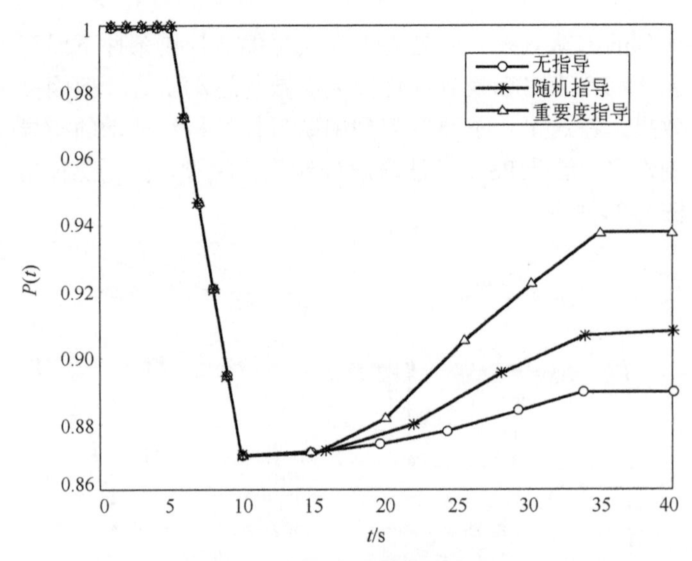

图 9-25　系统韧性变化过程

表 9-8　不同指导方案下的韧性值

指导方案	无指导	随机指导	重要度指导
韧性值	0.887222	0.892799	0.913245

9.3　本 章 小 结

本章对无人机集群的任务执行特征进行了分析，无人机集群被建模为具有分阶段任务要求的系统，在通信和任务双重约束下找到了最少的无人机数量要求，然后给出了基于记录值的任务可靠性计算方法。为了量化测量无人机数量变化的影响，从数量角度提出了一种新的重要度，该重要度可以扩展到异构群体，分别从扰动角度、恢复角度以及整个韧性角度对无人机系统中各个节点的作用进行了评价。基于损失重要度分析了系统的脆弱性、基于恢复重要度分析了系统的恢复性以及基于韧性重要度评价了各节点对系统韧性的影响。在系统遭受打击的扰动阶段，更加关注损失重要度较高的无人机的性能状况，尽量避免较大程度的性能降级；在打击结束后的恢复阶段，更倾向于依靠无人机的移动使恢复重要度较高的节点优先恢复，以使得系统更好地继续运行；而从整个韧性过程的角度看，更加关注韧性重要度较高的无人机健康状况。

参考文献

[1] 万良琪, 陈洪转, 欧阳林寒, 等. 柔顺复杂装备系统多状态动态退化演变可靠性建模与分析[J]. 系统工程理论与实践, 2018, 38(10): 2690-2702.

[2] 陈童, 谢经伟. 面向预防性维修的两种失效竞争下多状态系统可靠性模型[J]. 系统工程理论与实践, 2020, 40(3): 807-816.

[3] Zheng R, Chen B K, Gu L D. Condition-based maintenance with dynamic thresholds for a system using the proportional hazards model[J]. Reliability Engineering and System Safety, 2020, 204: 107123.

[4] Yang L, Ye Z S, Lee C G, et al. A two-phase preventive maintenance policy considering imperfect repair and postponed replacement[J]. European Journal of Operational Research, 2019, 274: 966-977.

[5] Wang X L, Li L S, Xie M. An unpunctual preventive maintenance policy under two-dimensional warranty[J]. European Journal of Operational Research, 2020, 282(1): 304-318.

[6] Hashemi M, Asadi M, Zarezadeh S. Optimal maintenance policies for coherent systems with multi-type components[J]. Reliability Engineering and System Safety, 2019, 195: 106674.

[7] Zhang N, Fouladirad M, Barros A. Maintenance analysis of a two-component load-sharing system[J]. Reliability Engineering and System Safety, 2017, 167: 67-74.

[8] Jiang T, Liu Y. Selective maintenance strategy for systems executing multiple consecutive missions with uncertainty[J]. Reliability Engineering and System Safety, 2019, 193: 106632.

[9] Liu B, Wu S, Xie M, et al. A condition-based maintenance policy for degrading systems with age- and state-dependent operating cost[J]. European Journal of Operational Research, 2017, 263(3): 879-887.

[10] Gao K, Peng R, Qu L, et al. Jointly optimizing lot sizing and maintenance policy for a production system with two failure modes[J]. Reliability Engineering and System Safety, 2020, 202: 106996.

[11] Wu S, Coolen F, Liu B. Optimization of maintenance policy under parameter uncertainty using portfolio theory[J]. IISE Transactions, 2016, 49: 711-721.

[12] 李军亮, 祝华远, 王利明, 等. 考虑混合维修策略的复杂系统区间可用度[J]. 系统工程与电子技术, 2020, 42(5): 1190-1196.

[13] 李琦, 李婧, 蒋增强, 等. 考虑个体差异的系统退化建模与半 Markov 过程维修决策[J]. 计算机集成制造系统, 2020, 26(2): 331-339.

[14] 岳德权, 高俏俏. 具有两种失效状态的δ-冲击模型的最优维修策略[J]. 系统工程理论与实践, 2015, 35(8): 2113-2119.

[15] 张晓红, 曾建潮. 基于状态空间分割的两组件系统机会维修优化[J]. 系统工程理论与实践, 2015, 35(6): 1547-1560.

[16] Wu S, Clements-Croome D. Preventive maintenance models with random maintenance quality[J]. Reliability Engineering and System Safety, 2005, 90(1):99-105.

[17] 赵斐, 刘学娟. 含关键组件复杂系统的预防性维修策略优化模型[J]. 工业工程与管理, 2016, 21(2): 100-107.

[18] 高俏俏. 有两种故障状态的两组件串联系统的预防维修策略[J]. 运筹与管理, 2021, 30(3): 117-122, 136.

[19] 赵洪山, 张路朋. 基于可靠度的风电机组预防性机会维修策略[J]. 中国电机工程学报, 2014, 34(22): 3777-3783.

[20] Dui H Y, Wu S, Zhao J B. Some extensions of the component maintenance priority[J]. Reliability Engineering and System Safety, 2021, 214: 107729.

[21] 张峻豪, 张则言, 傅钰. 基于设备可靠性的风电场预防性机会维修策略[J]. 四川电力技术, 2019, 42(6):36-40.

[22] 熊律, 王红. 以可靠度为中心的动车组设备预防性维修策略[J]. 铁道科学与工程学报, 2021, 18(3): 751-757.

[23] Albert R, Jeong H, Barabasi A L. Error and attack tolerance of complex networks[J]. Nature, 2001, 406(6794): 378-382.

[24] Buldyrev S V, Parshani P, Paul G, et al. Catastrophic cascade of failures in interdependent networks[J]. Nature, 2010, 464(7291): 1025-1028.

[25] Sun D, Guan S T. Measuring vulnerability of urban metro network from line operation perspective[J]. Transportation Research Part A: Policy and Practice, 2016, 94: 348-359.

[26] Yang Y, Liu Y, Zhou M, et al. Robustness assessment of urban rail transit based on complex network theory: a case study of the Beijing Subway[J]. Safety Science, 2015, 79: 149-162.

[27] Ma F, Shi W J, Yuen K F, et al. Exploring the robustness of public transportation for sustainable cities: a double-layered network perspective[J]. Journal of Cleaner Production, 2020, 265: 121747.

[28] 兑红炎, 陈栓栓, 段东立. 面向可靠性的网络级联失效分析[J]. 运筹与管理, 2021, 30(11): 106-112.

[29] Woods D D. Four concepts for resilience and the implications for the future of resilience engineering[J]. Reliability Engineering and System Safety, 2015, 141: 5-9.

[30] Greco R, Di N A, Santonastaso G. Resilience and entropy as indices of robustness of water distribution networks[J]. Journal of Hydro Informatics, 2012, 14(3): 761-771.

[31] Pagani A, Meng F L, Fu G T, et al. Quantifying resilience via multiscale feedback loops in water distribution networks[J]. Journam of Water Resources Planning and Management, 2020:

04020039.

[32] Zhang L, Lu J, Fu B B, et al. A review and prospect for the complexity and resilience of urban public transit network based on complex network theory[J]. Complexity, 2018: 2156309.

[33] Gilani M, Kazemi A, Ghasemi M. Distribution system resilience enhancement by microgrid formation considering distributed energy resources[J]. Energy, 2020, 191: 116442.

[34] Rocco C, Barker K, Moronta J, et al. Community detection and resilience in multi-source, multi-terminal networks[J]. Proceedings of the Institution of Mechanical Engineers, Part O: Journal of Risk and Reliability, 2018, 232(6): 616-626.

[35] Azadegan A D. A typology of supply network resilience strategies: complex collaborations in a complex world[J]. Journal of Supply Chain Management, 2021, 57(1): 17-26.

[36] Zhao K, Kumar A, Harrison T P, et al. Analyzing the resilience of complex supply network topologies against random and targeted disruptions[J]. IEEE Systems Journal, 2011, 5(1): 28-39.

[37] Levalle R R, Nof S Y. Resilience in supply networks: definition, dimensions, and levels[J]. Annual Reviews in Control, 2017, 43: 224-236.

[38] Wang Y C, Xiao R B. An ant colony based resilience approach to cascading failures in cluster supply network[J]. Physica A: Statistical Mechanics and Its Applications, 2016, 462: 150-166.

[39] Nair R, Avetisyan H, Miller-Hooks E. Resilience framework for ports and other intermodal components[J]. Transportation Research Record, 2010, 2166: 54-65.

[40] Verschuur J, Koks E E, Hall J W. Port disruptions due to natural disasters: insights into port and logistics resilience[J]. Transportation Research: Part D, 2020, 85: 102393.

[41] Liu H L, Tian Z H, Huang A Q, et al. Analysis of vulnerabilities in maritime supply chains[J]. Reliability Engineering and System Safety, 2018, 169: 475-484.

[42] Wan C P, Yang Z L, Zhang D, et al. Resilience in transportation systems: a systematic review and future directions[J]. Transport Reviews, 2018, 38(4): 479-498.

[43] Feng Q, Liu M, Dui H Y, et al. Importance measure-based phased mission reliability and UAV number optimization for swarm[J]. Reliability Engineering and System Safety, 2022, 223: 108478.

[44] Chen L W, Dui H Y, Zhang C. A resilience measure for supply chain systems considering the interruption with the cyber-physical systems[J]. Reliability Engineering and System Safety, 2020, 199: 106869.

[45] Rahman S, Hossain N U I, Govindan K, et al. Assessing cyber resilience of additive manufacturing supply chain leveraging data fusion technique: a model to generate cyber resilience index of a supply chain[J]. CIRP Journal of Manufacturing Science and Technology, 2021, 35: 911-928

[46] Liu T, Li P, Chen Y, et al. Community size effects on epidemic spreading in multiplex social

networks[J]. PLoS ONE, 2016, 11(3): 0152021.

[47] Lopez-Cuevas A, Ramirez-Marquez J, Sanchez-Ante G, et al. Community perspective on resilience analytics: a visual analysis of community mood[J]. Risk Analysis, 2017, 37(8): 1566-1579.

[48] Kameshwar S, Cox D T, Barbosa A R, et al. Probabilistic decision-support framework for community resilience: incorporating multi-hazards, infrastructure interdependencies, and resilience goals in a Bayesian network[J]. Reliability Engineering and System Safety, 2019, 191: 106568.

[49] 周虹, 陈志雄. 面向民用飞机排故的增强型符号有向图[J]. 航空学报, 2016, 37(12): 3821-3831.

[50] 崔建国, 傅康毅, 齐义文, 等. 飞机液压系统库存备件综合保障决策方法[J]. 控制工程, 2014, 21(6): 843-847.

[51] 崔建国, 傅康毅, 陈希成, 等. 基于灰色模糊与层次分析的多属性飞机维修决策方法[J]. 航空学报, 2014, 35(2): 478-486.

[52] Xu J T, Luo N, Yang Y, et al. Reliability analysis for the hydraulic booster control surface of aircraft[J]. Journal of Aircraft, 2017, 54(2): 456-463.

[53] 史永胜, 王艳新. 基于 Petri 网的维修保障过程可视化建模与仿真[J]. 计算机工程与设计, 2015, 36(2): 534-538.

[54] 朱敬成, 刘辉, 王伦文. 基于网络拓扑重合度的关键节点识别方法[J]. 计算机应用研究, 2021, 38(12): 3581-3585.

[55] Wang S B, Zhao J L. Multi-attribute integrated measurement of node importance in complex networks[J]. Chaos, 2015, 25(11): 113105.

[56] Zhang X, Yuan X M, Yuan J G. Node importance evaluation for supply chain network based on weighted improved node contraction method[J]. Application Research of Computers, 2017, 34(12): 3801-3805.

[57] 王梓行, 姜大立, 杨闰楠. 军事供应链网络风险与节点重要度研究[J]. 国防科技, 2019, 40(6): 88-95.

[58] Wang L J, Zheng S Y, Wang Y G, et al. Identification of critical nodes in multimodal transportation network[J]. Physica A: Statistical Mechanics and Its Applications, 2021, 580: 126170.

[59] Li J W, Wen X X, Wu M G, et al. Identification of key nodes and vital edges in aviation network based on minimum connected dominating set[J]. Physica A: Statistical Mechanics and Its Applications, 2020, 541: 123340.

[60] Xu Z P, Ramirez-Marquez J E, Liu Y, et al. A new resilience-based component importance measure for multi-state networks[J]. Reliability Engineering and System Safety, 2020, 193:

106591.

[61] Fang Y P, Pedroni N, Zio E. Resilience-based component importance measures for critical infrastructure network systems[J]. IEEE Transactions on Reliability, 2016, 65(2): 502-512.

[62] Si S B, Zhao J B, Cai Z Q. Recent advances in system reliability optimization driven by importance measures[J]. Frontiers of Engineering Management, 2020, 7(3): 335-358.

[63] Dui H Y, Si S B, Yam R C M. Importance measures for optimal structure in linear consecutive-k-out-of-n systems[J]. Reliability Engineering and System Safety, 2018, 169: 339-350.

[64] Almoghathawi Y, Barker K. Component importance measures for interdependent infrastructure network resilience[J]. Computers and Industrial Engineering, 2019, 133: 153-164.

[65] Miziula P, Navarro J. Birnbaum importance measure for reliability systems with dependent components[J]. IEEE Transactions on Reliability, 2019, 68(2): 439-450.

[66] Barker K R, Ramirez-Marquez J E, Rocco C M. Resilience-based network component importance measures[J]. Reliability Engineering and System Safety, 2013, 117: 89-97.

[67] Balakrishnan S, Zhang Z. Criticality and susceptibility indexes for resilience-based ranking and prioritization of components in interdependent infrastructure networks[J]. Journal of Management in Engineering, 2020, 36(4): 04020022.

[68] Baroud H, Barker K. Bayesian kernel approach to modeling resilience-based network component importance[J]. Reliability Engineering and System Safety, 2018, 170: 10-19.

[69] Dui H Y, Zheng X Q, Wu S M. Resilience analysis of maritime transportation systems based on importance measures[J]. Reliability Engineering and System Safety, 2020, 209: 107461.

[70] 兑红炎, 陈栓栓, 马婧, 等. 基于可靠性弹性指标的系统弹性度量方法[J]. 运筹与管理, 2022, 31(2): 77-84.

[71] Dui H Y, Zheng X Q, Guo J J, et al. Importance measure-based resilience analysis of a wind power generation system[J]. Proceedings of the Institution of Mechanical Engineers, Part O: Journal of Risk and Reliability, 2021, DOI: 1748006X211001709.

[72] Li R Y, Gao Y. On the component resilience importance measures for infrastructure systems[J]. International Journal of Critical Infrastructure Protection, 2022, 36: 100481.

[73] Wen M L, Chen Y B, Yang Y, et al. Resilience-based component importance measures[J]. International Journal of Robust Nonlinear Control, 2019, 30(11): 4244-4254.

[74] Dui H Y, Xu Z, Chen L W, et al. Data-driven maintenance priority and resilience evaluation of performance loss in a main coolant system[J]. Mathematics, 2022, 10: 563.

[75] Wu S, Coolen F. A cost-based importance measure for system components: an extension of the Birnbaum importance[J]. European Journal of Operational Research, 2013, 225: 189-195.

彩　图

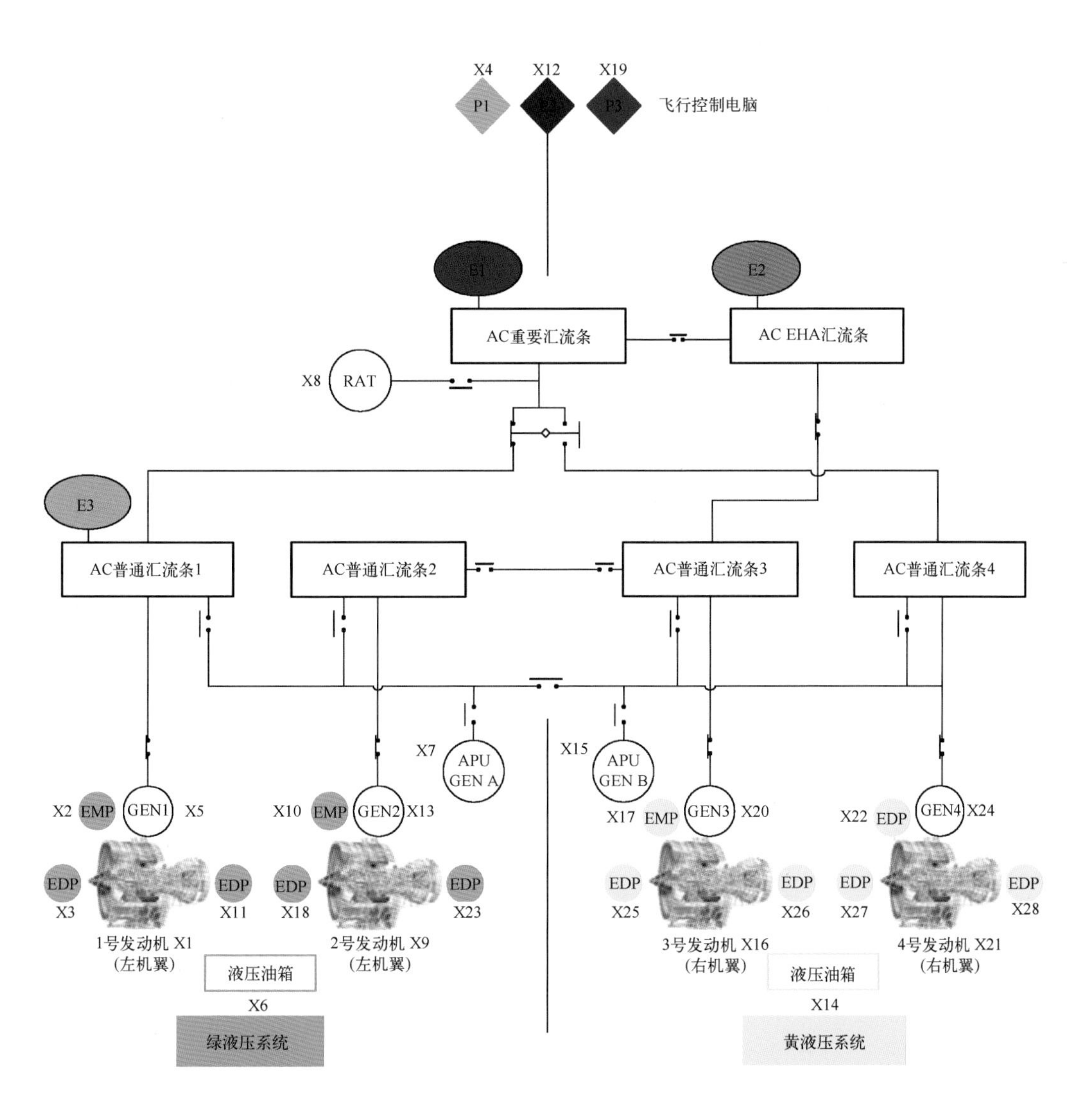

图 2-2　A380 飞机液压动力作动系统

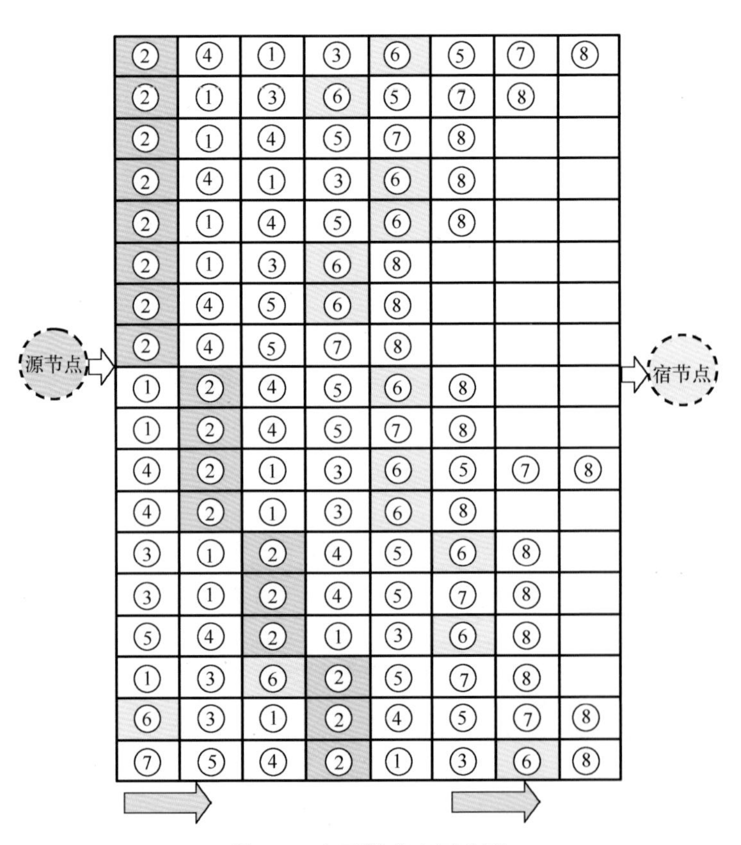

图 5-3　上下游节点区分图